NEW 식품미생물학 & 실험

홍태희 · 여생규 · 윤재영 · 최화정 · 하상철 · 현재석 · 홍강희

지구문화사
JIGU PUBLISHING Co.

머리말

2000년대 들어 과학실용화가 극치에 달하여 컴퓨터를 이용한 사차원의 세계가 펼쳐졌습니다.

아울러 미생물을 이용한 유전공학이 인간뿐만 아니라 생명체의 건강과 번성에 크게 기여할 것으로 모든 과학자들이 전망하고 있습니다.

과거에 미생물의 이용이라 함은, 식품공업에서 주류・장류・유제품 생산을 위한 양조・발효가 전부였다고 해도 과언이 아닙니다.

오늘날에는 그 밖에도 효소, 아미노산, 핵산 관련물질 등을 이용하여 생리활성제품(건강식품 등), 의약품, 농약, 균체사료 등은 물론, 미생물에 의한 물질의 변환, 폐수처리 등 환경보전, 광물의 정련, 유전공학을 이용한 생명체의 복제 등이 이루어져 미생물은 실로 모든 생명체를 살리는 불가사의한 물질이 되어가고 있습니다.

이 책은 이러한 미생물 및 유전공학의 전문서라기보다는 미생물을 식품에 이용하는 데 기초가 되는 이론과 실습서로 이해하기 쉽게 엮으려 노력했습니다. 따라서 대학의 식품관련학과, 조리관련학과의 필독서가 될 것으로 사료됩니다. 모쪼록 이 분야 교수님들의 지도와 편달을 부탁드리며, 기회가 되는대로 최신의 내용을 첨가하여 개정판을 내도록 최선을 다할 것입니다.

끝으로 이 책이 출판되기까지 애써주신 여러 교수님들, 지구문화사 임직원들에게 감사의 말씀을 드립니다.

갑오년 새봄에

필 자 대표

차례 contents

제 3 장 곰 팡 이

제 4 장 효 모

차례 contents

제 5 장 세 균

제 6 장 조 류

제 7 장 바이러스

제 8 장 버 섯 류

제 9 장 미생물 세포의 일반성분

차례 contents

제 10 장 미생물의 생리와 생육

제 11 장 미생물의 물질대사

제 12 장 식품과 식품보장 중의 미생물

차례 contents

제 15 장 미생물학 실험

제 16 장 식품의 위생검사

제 17 장 식품미생물학 응용실험

제 1 장

서 론

1-1 생명의 본질과 기원

지구가 태양에서 분리된 지 47억년, 지상에 첫 생명이 나타난 지 35억년, 최초의 인간이 서서 생활하게 된 지 35만년이다. 생명의 우주편재론(宇宙遍在論, theory of panspermia)은 아직 증명되지 않았으나, 지상의 생명이 지구 외부세계에서 왔을 것이라고 말하던 아레니우스(Svante August Arrhenius, 1859~1927)의 설은 받아들여지지 않았다. 따라서 지구상의 모든 생명체의 기원은 지구에서 구해야 한다.

인간이 가지고 있는 생명관은 매우 다양하다. 대다수의 상식인과 신학도들은 '생명은 육체에 깃든 형이상학적인 어떤 활력(vital force)'이라고 믿고 있다. 이와 같은 생기론(vitalism)적 생명관은 감성면에서는 수긍이 되나, 분자생물학적으로 보아서는 객관적 가치가 없다.

생기론과는 반대로 생명체의 구성에만 관심을 누어 모든 생명체를 회학물질의 단순한 집합체로서의 기계로 보는 기계론(mechanism)이 등장하였다. 이는 역사적으로 중세 종교주의에 반발한 근대 유물주의(唯物主義)의 이론적 근거가 되었다.

생기론적 생명론은 생명체의 기능면에 치중하여 생명체의 물질적 부분에서는 멀어졌지만, 기계론적 생명론은 생명체의 구성면에 치우쳐서 원자론(atomism)에 함락되었고, 또한 생명체 안에 존재하는 유기적 기능, 즉 변이·진화 등을 경시하였다.

생명철학의 이 두 논점의 끝없는 대립은 "생명은 어떻게 존재하는가."라는 명제의 등장으로 관심의 방향이 바뀌었다.

이에 따라 생명체에서 공통적으로 볼 수 있는 생장(growth), 생식(reproduction), 운동(mobility), 자극반응(irritability), 변이(variability), 적응(adaptability) 등에 관하여 관찰 · 실험 · 기록하는 생물학은 생물적 자연에 관하여 방대한 지식이 축적되었다. 또한 생물학의 큰 비약을 가능하게 한 다윈(Charles Darwin, 1809~1882)의 진화론(Darwinism)이 등장하였다.

다윈주의의 요점은 인간을 망라한 모든 생물군이 먹이(영양)와 생식을 바탕으로 변이를 한다는 것이다. 즉, 생명체가 존속하려면 이 변이형질은 주어진 환경에 잘 적응하는 소위 적자생존된 것이어야 하며, 자연선택(natural selection)되어야 한다는 것이다. 다윈은 그때까지 기술된 무수한 생물의 분류, 형태, 생리 등의 3차원적 표현에 시간적 차원을 도입하여 4차원으로 하는 동시에, 이들 생명현상을 보다 넓은 개념의 테두리에 포괄시켰다.

생물학의 발전은 자연과학, 즉 수학, 물리학, 화학, 공학 등의 발전에 따라 자극과 제약을 받는다. 20세기에 접어들어서 화학도의 구원으로 생화학(biochemistry)이라는 분야가 출현하였다.

다윈이 형태와 기능에 의하여 생물적 자연을 다윈주의의 밑에 개괄한 것에 자극받은 생화학도는 다윈의 진화계열에 존재하는 모든 생명체의 화학적 분석에 의한 개괄을 시작하였다. 이들이 발견한 놀라운 사실은 모든 생명체가 단세포이든 다세포이든 소수의 공통된 분자들, 즉 단백질 · 핵산 · 탄수화물 · 지질로 이루어졌다는 사실이다.

가장 단순한 생명체는 하나의 세포로 이루어진 생물이며, 이 단세포생물도 다세포생물과 마찬가지로 영양 · 생식 · 유전 · 변이 · 진화한다.

20세기 후반에 이르러 생명관은 생명의 본질에 기초한 형태, 생리, 영양, 유전, 변이, 진화 등 생명현상의 분자적 적용의 일대 종합에서 구하려고 한다.

최초의 생명 탄생에 대한 의문의 대답으로 생물학상의 세 가지 방법론 이전에는 자연발생설(spontaneous generation theory)이 지배적이었다. 그러나 자연발생설에 대한 반대 연구로, 1864년 Pasteur Louis 는 소위 Pasteur flask 에 육즙을 넣고 끓여 두면 미생물이 발생하지 않으며 발효나 부패도 일어나지 않는다는 것을 증명하였고, 영국의 존 틴달(John Tyndall, 1820~1893)은 먼지나 부유물이 전혀 없는 상자 안에 끓인 육즙을 두면 미생물이 다시 발생하지 않는다는 것을 증명하여 자연발생설을 결정적으로 부정하였다.

최초 생명의 탄생에 대한 3가지 방법론은

① 세포학설(1839년 Matias, Theodor Schwan Schleiden)
② 유기 진화학설(1859년 Charls Dawin)
③ 화학적 진화론(1924년 Alexander Ivanovich Oparin)

등이었으며, 이후 생물 발생설(biological generation)이 등장하였다. 그러나 "최초의 생물체는 어떻게 생성되었는가 ?"라는 문제에 이 학설은 "신이 창조했다, 지구에서 기원하였다, 우주로부터 날아왔다." 등의 분분한 토론을 이어오는 약점을 드러냈다.

우주의 빅뱅(big bang) 이후 지금으로부터 약 47억년 전, 다시 말해 지구 탄생 이후 10~15억년이 지나서 뇌우와 화산활동이 잠잠해지고 지각은 냉각되었다. 원시대기(primitive atmosphere)에는 수소, 수증기, 암모니아, 메탄 등이 환원 상태의 가스로 존재하였으며, 유리산소는 존재하지 않았다. 그러므로 은하계(galaxy)에 다량 존재하는 H_2, He, O_2, N_2, C (양적 순서)는 생명체의 기본 원소가 되었다.

또한 우주계의 원소 분포와 지구상의 원소 분포의 대동소이한 점은 지구만이 생명체의 발생 조건을 갖춘 곳이 아니라는 것을 시사한다. 통계학적으로 10^{22} 개의 항성 가운데 생명체를 발생시킬 수 있는 항성이 적어도 10^8개 정도는 있다고 추산된다. 그러나 유기물은 생명을 가진 생명체에서만 생성된다고 믿었던 당시에 유기물의 합성은 놀라운 발견이었다.

1828년 독일에서는 Göttingen 대학의 프리드리히 뵐러(Fridrich Wöhler) 가 시안암모늄 (NH_4CNO)으로부터 요소를 합성하였다. 1950년에는 시카고 대학에서 원시 대기의 가스만으로, 밀러(Stanly L. Miller) 는 전기방전에 의해서 몇 가지 간단한 아미노산을 얻었다. 그러나 산소가 있는 상태에서는 합성이 이루어지지 않았다.

분자 합성의 에너지원으로는 태양의 자외선, 지구 주변에서 발생하는 방전, 이온화 방사선, 지각 및 화산활동의 열에너지 등이 이용된다. 화학적 진화론은 무기물에서 유기물이 합성되고 다시 유기물에서 활성물질이 합성됨으로써 세포로 진화되었다는 것이다.

He, H_2, NH_3, CH_3, H_2O 등이 태양에너지, 방전, 고열 등에 의하여 amino acid, Nucleotide 합성, 단당류, 지방산 등을 생성하고 이들의 2차 중합으로 단백질, 핵산 등 생명체의 기본물질이 생성되었다는 것이다.

자가촉매 (autocatalysis) ⟶ 분자 선택 (molecular selection) ⟶ 활성물질로 진화 ⟶ 세포

1-2 미생물학의 발전

미생물(microorganisms 또는 microbes : 희랍어로 '작다'라는 의미의 micros 와 '생물'이라는 뜻의 bios 의 합성어)은 현미경으로 그 형태를 볼 수 있는 일군의 작은 생물을 말하며, 주로 단세포(單細胞) 혹은 균사(菌絲)로 이루어져 있다.

1675년에 네덜란드의 레벤후크(A. V. Leeuwenhoeck) 가 최초로 200배 배율의 현미경으로 빗물을 관찰하던 중에 움직이는 많은 작은 생명체를 발견했으며, 이 미생물들을 작은 동물로 생각하여 극미동물(animalcules) 이라고 불렀다.

아리스토텔레스(Aristoteles, B. C. 384~322) 가 제창하여 10여 세기 동안 대다수의 지식인과 과학자들이 신봉하여 왔던 자연발생설은 부정되었다.

프랑스의 파스퇴르(L. Pasteur) 는 유리병 입구를 S 자 형태로 길게 구부린 Pasteur flask 안에 육즙을 끓여 두면 미생물이 발생하지 않으며, 발효나 부패도 일어나지 않는다는 것을 증명하였다. 영국의 존 틴달 (1820~1893)은 먼지 등 부유물이 전혀 없는 상자 안에 끓인 육즙을 두면 미생물이 다시 발생하지 않는다는 사실을 밝혀냈다.

1837년에 Cagniad-Latour와 Schwann 및 Kützing 등은 각각 독자적으로, 알코올 발효과정에서 나타나는 효모는 현미경적 식물이고, 알코올 발효는 효모의 생리적 기능으로 당류를 에탄올과 이산화탄소로 전환시키는 것이라고 주장하였다. 그러나 이 주장은 당대의 대표적 화학자들의 강력한 반대에 봉착하였다. 그들은 발효나 부패가 순수한 화학적 과정이며, 여기에 생물이 관여할 수 없는 것이라고 하였다.

그러나 파스퇴르의 연구결과로 모든 발효과정이 미생물의 생화학 활동에 의한 결과라는 것이 밝혀졌다. 파스퇴르는 알코올 발효와 젖산 발효를 구하였을 뿐만 아니라, 효모는 산성배지에서 잘 자라고 젖산균은 중성배지에서 더 잘 자랄 수 있다는 것을 밝힘으로써 양조업계의 문제점을 해결하였다.

또 알코올 발효는 호기적 조건보다는 혐기적 조건에서 더욱 효과적으로 진행될 수 있으나, 효모 자신의 생장은 호기적 조건에서 더욱 촉진된다는 파스퇴르 효과(Pasteur effect)를 발표하였다.

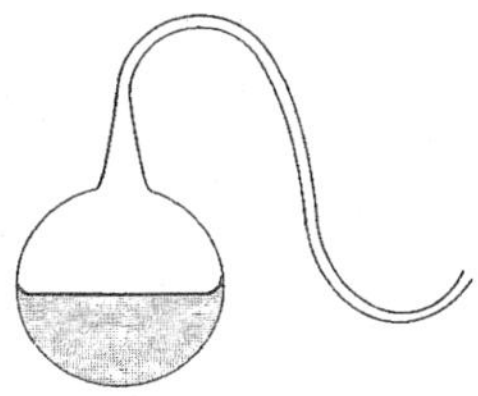

그림 1-1 Pasteur flask (goose neek flask)

파스퇴르가 알코올 발효는 살아있는 효모에 의한 것이라고 단정하였으나, 1897년에 E. Buchner (1860~1917)는 맥주 효모의 무세포 추출액이 당액을 발효시키는 것을 보았다. 이후 그는 발효는 효모 세포 내에서 생산되는 효소에 의하여 일어난다는 것을 증명하였으며 그 효소를 'zymase' 라고 명명하였다. 즉, 효모세포 없이도 세포가 만든 가용성 효소의 도움으로 알코올 발효를 일으킬 수 있다는 사실을 발견한 것이다.

Zymase 라는 용어는 현재 더 이상 사용되지 않으나, 당 분해계 효소 전부를 포함하는 용어이며, 이로부터 발효현상은 효소라는 각도에서 연구가 진행되었다. 이후 Coenzyme 의 발견, 발효중간체인 당 인산 ester 의 발견, Meyerhof 에 의한 해당작용(解糖作用, glycolysis) 연구 등과 더불어 1940년경까지 알코올 발효기작의 복잡한 대사과정이 특이한 효소의 촉매에 의해서 일어나는 단순한 화학반응의 연속으로 이루어진다는 것이 해명되었으며, 이것이 생화학의 주류가 되었다.

1870년경에는 혼합배양에서 순수배양으로 대체되어야만 미생물의 형태나 기능에 대한 올바른 이해를 얻을 수 있다는 것이 알려지기 시작했다. 세균의 순수배양에 처음으로 성공한 사람은 1878년 영국의 Lister(리스터) 이다.

같은 해 덴마크의 한센(E. C. Hansen) 은 초산균의 단세포 분리에 성공하였고, 소위 희석법에 의한 순수배양법(pure culture system)을 확립하여 효모 등 미생물 분류에 이바지하였다.

독일의 코흐(R. Köch) 는 각종 세균을 순수분리했다. 1881년 gelatin 을 넣은 고체배지 위에 도말법(塗抹法, streak method)으로 세균을 분리하고, 다시 반복 도말 배양으로 형성되는 colony 로부터 미생물을 분리하는 순수배양법을 개발하였다. 또 면전(綿栓, 솜마개)을 한 시험관에 사면배양하는 방법과 평판배양법으로 순수배양하는 방법 등을 창안하였다.

1882년에 독일의 린드너(Lindner) 는 소적배양법(小滴培養法, hanging-drop preparation)을 발표하였다. 1883년에 Köch 의 제자인 Hesse 부인은 처음으로 한천(agar)을 사용하였으며, 그 다음 제자인 R. J. Petri (1887)는 샬레(Schale, 페트리 접시)를 고안하여 미생물 분리조작을 더욱 편리하게 하였다.

이와 같이 Pasteur 와 Köch 등 위대한 학자에 의하여 기초가 세워진 미생물학을 바탕으로 제 1차 세계대전을 전후하여 알코올 발효공업 및 탄약의 원료가 되는 아세톤·부탄올 공업이 발달하고, 제 2차 세계대전 때에는 항생물질인 Penicillin 의 발견으로 시작되는 항생물질 공업의 발전이 이뤄졌다.

1943년 S. A. Waksman 은 gram 양성균뿐만 아니라 음성균, 특히 결핵균에 특효가 있는 항생물질인 streptomycin 을 발견하였다.

오늘날 많은 항생물질이 각종 미생물에서 발견되었고, 최근에는 미생물을 이용한 항암 및 항바이러스에 대한 연구가 활발히 진행되고 있다.

미생물에 의한 효소 생산에서는 amylase 와 protease 를 비롯하여 50여 종의 효소가 생산되며, 모든 효소를 미생물에서 찾기 위해 노력하고 있다. 그 외에도 NAD 와 FAD 및 ATP 등의 조효소 생산과 각종 비타민의 발효법에 의한 생산도 중요한 공업 분야에서 이용되고 있다.

1960년을 전후하여 저개발국가의 단백질 부족현상을 해소하기 위하여 당시에는 값싼 원유를 탄소원으로 이용한 식용 효모의 대량생산이 계획되었다. 세계 선진국가에서의 단세포 단백질(SCP) 생산계획은 1974년 세계적인 석유파동으로 인해 원가면에서 타산이 맞지 않는 계획이 되었다.

최근 큰 사회문제로 대두된 산업폐수 공해에 대한 해결책의 하나로 폐액 중의 유기물을 이용하여 미생물을 생산하고 동시에 폐액 중의 BOD나 COD 등을 낮춘다는 일거양득의 연구도 진행되고 있다.

이처럼 미생물을 이용한 각 분야의 발전이 양조공업 및 발효공업 등의 이름을 미생물산업이라는 명칭으로 바뀌게 하였으며, 최근에는 미생물공학(microbial technology)이라는 학문 분야로 발전되었다. 한편으로는 미생물 유전생화학 및 분자생물학 등의 발전을 포함한 생명과학(life science)이라는 학문 분야로 체계화되어 오늘날 활발하게 연구가 추진되고 있다.

1-3 식품미생물학의 분류상 위치

미생물에는 보통 세균, 점균(粘菌), 효모, 버섯, 조류(藻類) 및 원생동물(原生動物) 등이 포함되고, 자연계의 어디에나 존재해 사람에게 유용하거나 또는 유해한 작용을 한다. 미생물학(microbiology)은 미생물의 형태, 구조, 성분, 영양, 생리 및 분류와 생태를 비롯한 작용, 대사산물, 대사기작(代謝機作) 등에 관한 연구를 뜻한다.

미생물학은 이론적 기초가 되는 세포학, 형태학(morphology), 생태학(ecology), 분류학(taxonomy), 유전학 및 유전생화학, 생리화학, 생물물리학을 주로 하는 일반미생물학(general microbiology)과 동식물의 병원균을 연구하는 병원미생물학(pathogenic microbiology), 그리고 미생물의 응용연구에 중점을 두는 응용미생물학(applied microbiology) 등으로 나눌 수 있다.

생태적 특징에 의하여 토양미생물학(soil microbiology), 공중미생물학(microbiology of air), 수생미생물학(aquatic microbiology), 식품미생물학(food microbiology), 낙농미생물학(dairy microbiology), 석탄 및 석유미생물학(coal and petroleum microbiology), 지구미생물학(geo microbiology), 우주미생물학(space microbiology) 혹은 곤충미생물학(insect microbiology) 등으로도 나눈다.

미생물 상호간의 유연관계를 구명하는 것은 학문적으로나 실용적으로 매우 중요하다. 현재까지는 원생동물을 제외한 모든 미생물이 식물계에 편입되며, 식물은 현화식물(顯花植物, Phanerogamae)과 은화식물(隱花植物, Cryptogamae)로 대별된다.

은화식물은 다시 엽상식물(葉狀植物, Thallophyta), 선태식물(蘚苔植物, Bryophyta) 및 양치식물(羊齒植物, Pteridophyta)로 나눈다. 뿌리, 줄기, 잎 등이 분화되지 않은 엽상식물은, 다음 표 1-1과 같이 균류(fungi), 조류(Algae) 및 지의류(Lichens)로 나눈다.

표 1-1 미생물의 분류

- 엽상식물
  - 균류(菌類) Fungi
    - 분열균류(分裂菌類) Schizomycetes ……세균, 방사선균
    - 점균류(粘菌類) Myxomycetes
    - 진균류(眞菌類) Eumycetes
      - 편모균류(鞭毛菌類) ……곰팡이
      - 접합균류(接合菌類) ……곰팡이
      - 자낭균류(子嚢菌類) ……곰팡이, 효모
      - 담자균류(擔子菌類) ……버섯, 효모
      - 불완전균류(不完全菌類) ……곰팡이, 효모
  - 조류(藻類) Algae
  - 지의류(地衣類) Lichens

균류는 엽록소가 없는 것으로, 조류와 구별된다. 지의류는 자낭균이나 담자균이 녹조(綠藻)나 남조(藍藻)와 공생하는 복합생물이다.

균류에 속하는 3군(群) 중 점균류(粘菌類)는 세포막이 없다는 점에서, 그리고 분열균류는 핵막과 미토콘드리아(mitochondria) 가 없다는 점에서 각각 다른 2군과 구별된다. 모든 미생물 세포는 본질적으로 동등한 기능을 가지고 있으나, 크게 나누어 진핵세포(眞核細胞, eucaryotic cell)와 원시핵세포(原始核細胞, procaryotic cell)로 나눌 수 있다.

진핵세포를 가진 미생물을 고등미생물(higher protists), 원시핵세포를 가진 미생물을 하등미생물(lower protists)이라고 한다. 사상균(絲狀菌, filamentous fungi)·효모(酵母, yeast)·원생동물(protozoa) 및 남조(藍藻)를 제외한 모든 조류(algae)는 고등미생물에 속하고, 세균(細菌, bacteria)·방선균(放線菌, actinomycetes)·남조(blue green algae)는 하등미생물에 속한다.

1-4 자연계에서 미생물의 역할

자연계의 물질순환과 에너지의 수요·공급은 서로 밀접한 관계를 가지며, 잘 조화된 구조로 이루어져 있다. 식물성 플랑크톤과 녹색식물 및 조류들은 공기 중의 CO_2 와 흡수한 H_2O 를 가지고 Pigments (Chlorophyll, carotenoide)에 의해 받아들인 태양의 빛에너지로 유기화합물을 합성하여 생물계에 공급한다.

육상생물계에서는 식물을 초식동물이, 이들을 다시 육식동물이 영양물질이나 에너지원으로 이용한다. 수생생물계에서는 식물성 plankton 을 동물성 plankton 이, 그리고 이들을 다시 작은 어류가, 그리고 작은 어류는 더 큰 어류가 이용하는 잘 짜여진 food chain 이 형성되어 있다.

에너지의 출납에는 필연적인 생물체 구성 물질들의 순환이 뒤따른다. 탄소, 산소, 질소, 인 및 그 밖의 무기물 등의 원소가 유기물이 되어 생물계에 공급되고, 생명체들의 사멸 등으로 다시 무기물이 되어 비생물권으로 환원된다. 이 물질순환에 관여하는 미생물의 역할은 생태적으로 매우 중요하다. 물질순환에서 특히 중요한 탄소와 질소의 순환에서 미생물의 역할은 지대하다고 할 수 있다.

1. 탄소의 순환

공기 중 탄산가스는 녹색식물, 조류, 일부 세균의 광합성에 의해 탄수화물 및 단백질 등으로 생합성된다(그림 1-2 참조).

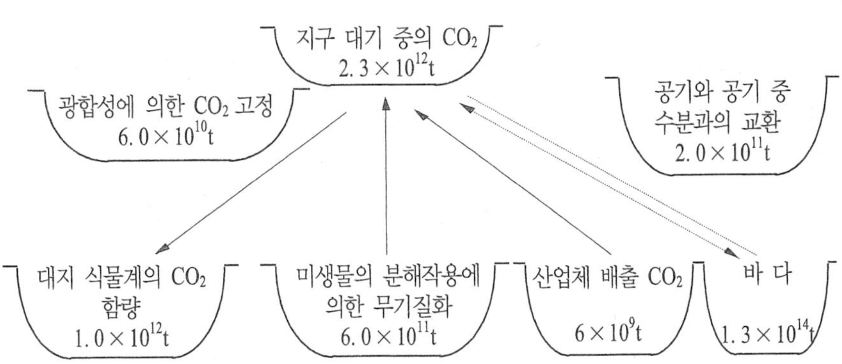

그림 1-2 탄소의 순환

지구 대기 중에는 탄산가스의 형태로 겨우 0.03% 존재하며, 총량(量)은 2.3 ×1,011t 정도가 된다. 이는 각종 광합성 생물체들이 약 40여 년 동안 사용하면 소진(消盡)되는 양이다.

식물 및 미생물이 각종 유기물을 분해하거나 화석 연료의 사용함으로써 탄소의 소모와 생성의 균형이 유지된다. 토양에서 식물체가 미생물의 분해를 받을 때는 당질, hemicellulose, cellulose, lignin 순으로 분해된다. 그리고 분해되기 어려운 lignin 등은 토양 중에 부식질(腐植質, humus)로 남는다.

2. 질소의 순환

공기 중 70% 가량을 차지하는 질소는 질소 고정균에 의하여 고정되고, 식물에 섭취되어 글루탐산, 아스파라긴산 등을 거쳐서 단백질 및 핵산 등의 함질소화합물로 합성된다. 초식 및 육식동물에 섭취된 이들은 분해되고, 다시 재합성되어 이용된다.

식물이나 동물들의 사체는 각종 미생물의 분해작용에 의해서 주로 암모늄태 질소로 되고, 이어서 화학성 독립영양균인 *Nitrosomonas* 와 *Nitrobacter* 등의 질소화세균에 의해 질소화 작용(nitrification)을 받아서 질산태질소로도 된다.

혐기성(anaerob)의 토양에서 질산염의 일부는 *Pseudomonas* 등의 탈질소작용(denitrification)에 의해 질소가스가 되어서 공기 중으로 비산(飛散)한다. 이것은 일종의 호흡작용으로, 탈질소균이 분자상의 산소 대신에 질산염을 전자수용체로 이용하는 까닭이다.

공중질소고정균은 남조류(藍藻類) ; *Nostoc, Anabaena* 속이 있고, 종속영양균(從屬營養菌) ; *Azotobacter, Clostridium, Achromobacter, Aerobacter* 속, 광합성균(光合成菌) ; *Chlorobium, Rhodospirillum* 속, 화학영양균 ; *Methanobacterium* 속, 공서균(共棲菌) ; *Rhizobium* 속 등이 있으며, 이들에 의하여 고정되는 공중질소의 양은 연간 약 108t 이다.

1-5 식품 중의 미생물

식품에는 많은 종류의 미생물이 혼재하고 있으며, 그 균군(菌群)들은 주위 환경의 영향을 받아서 적응적으로 생태를 유지한다. 식품을 오염시키는 미생물은 오염원(汚染源)이 되는 토양, 공기, 물 및 동물의 배설물 등에서 유래된다.

토양 중 세균으로는 *Bacillus, Clostridium, Micrococcus* 속, 곰팡이는 *Aspergillus, Penicillium, Rhizopus* 속, 방선균은 *Streptococcus* 속이 있으며, 이 외에도 효모, 조류, 원생동물 등 거의 모든 미생물이 존재한다.

공기 중에는 세균 *Micrococcus, Sarcina, Bacillus* 속, 곰팡이 *Cladosporium, Alternaria, Penicillium* 속 등, 수중에는 세균 *Pseudomonas, Achromobacter, Vibrio* 속 등이 주로 있고, 동물의 배설물 중에는 장내세균류인 *Escherichia, Enterococcus, Proteus, Lactobacillus, Clostridium* 속 등이 주로 존재한다.

식품에 오염된 이들 미생물들은 서로 길항(拮抗, antagonism) 또는 상조(相助, synergism)로 작용하며, 특정한 생리기능(젖산 발효, 알코올 발효 등)을 기초로, 환경의 영향을 받아 새로운 단위군(unit)으로 이루어진다. 식품의 조성, 함수량, 온도, 습도 및 산소와의 접촉 유무 등의 환경에 따라 변패의 주역이 되는 미생물군이 각각 세균, 효모, 곰팡이 등 특정적으로 나타나며, 이들을 그 식품의 미생물상(microflora) 이라고 한다.

제 2 장

일반미생물학 개론

2-1 미생물의 명명법

학술연구에 공통으로 사용하는 학명(學名, scientific name)은 국제명명규약(際際命名規約)에 따라 붙여지며, 또한 인위적으로 불리는 속명(俗名, common name)도 있다.

미생물은 원생동물을 제외하고는 모두 식물계에 편입되어 있으며, 그 중 효모와 곰팡이는 국제식물명명규약(International Rule of Botanical Nomenclature), 세균과 방선균은 국제세균명명규약(International Code of Nomenclature of Bacteria)에 따라 명명한다.

미생물의 학명은 원칙적으로 대문자로 시작하는 속(屬)명과 소문자로 시작하는 종(種)명을 함께 쓰는 이명법(binominal nomenclature)이 통용된다.

속명은 그 속에 속하는 종들의 공통적인 특징을 나타내는 라틴어의 실명사(實名詞), 또는 실명사로 사용되는 형용사의 주격 단수형이다. **종명**은 그 균의 성상이나 기원 또는 내력 등을 나타내는 라틴어의 형용사, 혹은 형용사화한 명사 또는 명사의 소유격을 쓴다. 분리 및 발견에 관계가 깊은 지명이나 인명을 라틴어로 명명하기도 한다.

균을 동정한 결과 속명은 판명되었으나 이미 알려진 종과 일치하지는 않고 신종으로 하기도 어려울 경우에는 속명 다음에 species 의 약자인 sp. 를 붙인다. 신종일 때는 기재자로서 처음 발표할 때에 한하여 자기 이름을 붙이지 않고 n. sp. (novitas species) nov. sp. 혹은 sp. nov. 라고 표시하며, 변종일 경우에는 기본 종명 다음에 var. (variety)를 쓰고 다시 변종명(變種名)을 붙인다.

미생물 역시 다음과 같은 위계를 가지며, 각 위계명에는 고유의 어미(語尾)를 붙여서 분류학상의 표지로 한다.

표 2–1 미생물 명명의 어미(語尾)

위 계 명	영 어 명	라 틴 어 명	위계의 어미
1. 부(部)(문 ; 門)	division	divisio	-mycota
2. 아부(亞部)(亞門)	sub-	sub-	-mycotina
3. 강(綱)	class	classis	-mycetes
4. 아강(亞綱)	sub-	sub-	-mycetidae
5. 목(目)	order	ordo	-ales
6. 아목(亞目)	sub-	sub-	-ineae
7. 과(科)	family	familia	-aceae
8. 아과(亞科)	sub-	sub-	-oideae
9. 족(族)	tribe	tribus	-eae
*10. 아족(亞族)	sub-	sub-	-inae
11. 속(屬)	genus	genus	
12. 종(種)	species	species	
13. 변종(變種)	variety	varietas	

* 표의 위계는 임의로 사용하며, 속명과 종명은 이탤릭체로 써서 다른 것과 구별한다. 속 이상의 위계명은 이탤릭체를 쓰지 않으며 복수형으로 한다.

2–2 미생물의 분류법

미생물을 분류하는 방법으로는 자연분류법(natural classification)과 인공분류법(artificial classification)의 두 가지가 있다.

자연분류법은 미생물의 본질적인 성질, 즉 형태, 생리, 생식, 유전 등을 고려하여 계통적으로 분류하는 방법이다. 인공분류법은 구균, 간균 혹은 탄화수소 자화균, 목재부후균(木材腐朽菌)과 같이 임의의 성질에 중심을 두어 실용적으로 분류하는 방법이다.

최근에는 미생물의 일반적인 성질이 궁극적으로 DNA 의 화학적 구조의 차이에 있다고 생각해 이를 비교함으로써 분류하는 분자생물학적 분류법이 일반화되고 있다.

세균과 같이 자연분류가 어려운 것은 생화학적 성질의 차이, 즉 세포벽 화학적 조성의 차이나 효소 단백의 유무와 같은 것을 분류의 근거로 하는 생화학적 분류법이 사용되고 있다. 또는 통계적으로 균주 간의 유사성(overall similarity)을 기초로 분류하는 수치적 분류법(numerical taxonomy) 등이 사용된다.

1. 자연적 분류법

미생물에서는 진화과정을 추적할 수 있는 화석이 극히 드물고, 고등생물에서와 같은 개체발생(個體發生)도 관찰할 수 없으므로 자연적 분류는 인공적이 된다. 곰팡이에서는 다른 생물에서와 같이 유성생식법을 가장 중요한 성질로 삼아서 자연적 분류법(natural classification)을 이용하고 있다.

2. 인공적 분류법

세균이나 유성생식이 알려지지 않은 불완전균류의 분류는 인공적 분류법(artificial classification)에 따른다. 그 결과로 정해진 속(屬)은 자연적 분류법에 의한 속과 구별하여 형식적 속(form genus)이라고 한다.

생태적 특징에 따른 것으로서 토양미생물(土壤菌, soil microorganism), 수서미생물(水棲菌, aquatic microorg.), 해양미생물(marine microorg.), 식품미생물(food microorganism), 낙농미생물(dairy microorg.), 목재부후균(木材腐朽菌, wood decaying microorg.), 분생균(糞生菌, coprophilous microorg.), 곰팡이 기생균(fungicolous microorg.) 등으로 분류한다.

대사산물(代謝産物)에 따라 알코올 효모, 젖산균, 초산균, 메탄올균, 질소고정균, 황산화균, 철산화균, 섬유소분해균, 아질산균 등으로 분류하기도 한다. 그러나 이것은 실용상의 명칭으로 단일균군은 아니며 또한 일부 성질에 공통성이 있으나 그 밖의 성질에서는 전혀 다른 속을 포함한다.

3. 분자생물학적 분류법

이론적으로 가장 완전하다고 할 수 있는 분류는 각 균주가 가진 유전자의 차이, 즉 DNA 를 구성하고 있는 nucleotide 배열의 차이에 따라 분류하는 분자생물학적 분류법(molecular biological taxonomy)이다. 그러나 이 nucleotide 배열의 차이를 알아내는 것이 아직 어려우므로 DNA 의 염기조성(鹽基組成, average base composition)이나 염기배열의 상동성(相同性)을 비교하여 분류하려고 한다.

4. 생화학적 분류법

생화학적 분류법(biochemical taxonomy)은 형태적 특징이 적은 미생물군을 분류하는 데에 사용되는 기본적 성질, 즉 세포벽의 조성이나 cytochrome 조성 등의 차이, 탄수화물 대사에 관여하는 각종 분해효소와 같은 효소단백의 유무, lysine 합성 경로의 차이 등 비교생화학적 성질, 면역학적 성질, 기타 paper chromatography 같은 방법이나 전기영동법(電氣泳動法) 등으로 알 수 있는 여러 성질의 차이를 기초로 하여 분류하는 방법이다.

세포벽 조성의 차이를 측정하여 분류하는 데는 보통 아미노산과 아미노당 및 당 조성의 비교가 사용된다. Cummins 와 Harris 는, 세균에서 속을 구별할 때 세포벽의 아미노산 조성의 차를 비교하는 것이 좋고, 속 중의 종을 구별하는 데에는 당 조성의 차를 이용하는 것이 적당하다고 하였다.

5. 수치적 분류법

이 분류법은 Adansonian system 이라 불리기도 하며, M. Adanson (1957)이 처음으로 시도하였다.

각 균종 간의 여러 성질에 대한 유사성(similarity value), 또는 유사성을 통계적으로 나타냄으로써 분류하는 방법이 바로 수치적 분류법(numerical taxonomy)이다. 이때 각 성질은 평등한 비중으로 평가되고, 전체의 유사성이 가장 높은 것은 순차적으로 모아서 분류된다.

따라서 일반적으로 행하고 있는 계통적 방법과는 아주 다르다. 이 방법은 통계에 있어서 적어도 40~50 또는 수백 가지의 단위성질(형태, 배양성상, 생리, 생화학적 성상 등)이 필요하며, 결과는 컴퓨터로 처리하는 것이 편리하다.

2-3 미생물 세포의 구조와 기능

미생물세포는 진핵세포(眞核細胞, eucaryotic cell)와 원시핵세포(原始核細胞, procaryotic cell)로 대별된다. 진핵세포는 세포의 크기에서 원시핵세포보다 크며, 핵, 인, 미토콘드리아(mitochondria) 를 핵막이 감싸고 있으며, 진화의 정도가 높은 고등 동식물에서와 같은 복잡한 구조를 가진다.

원시핵세포에는 막(menbrane)으로 싸인 핵이나 미토콘드리아가 없으며, 전자현미경을 이용하여 핵 부위를 감지할 수 있는데, 그 안에 인(仁)은 없고 핵미세섬유(核微細纖維)가 많이 있다.

핵 부위의 DNA 분자는 한 줄의 긴 환(環)을 이루고 있다. 진핵세포에는 호흡효소가 미토콘드리아에 집중적으로 존재하나, 원시핵세포에는 호흡효소가 mesosome 이나 세포막 부위에 있다.

미생물 분류학상 곰팡이, 효모, 버섯 등의 진균류, 원생동물, 남조(濫藻) 이외의 일반 조류는 진핵세포에 속하고, 이들을 고등원생생물(higher protista)이라고 한다.
원시핵세포에 속하는 세균, 방선균, 남조는 하등원생생물(lower protista)이라고 불린다.

1. 진핵세포

진핵세포(eucaryotic cell)는 외측에 비교적 두터운 세포벽(cell wall)이 있다. 그것은 세포의 형태를 유지하고 세포 내부를 보호하는 역할을 하며, 균종에 따라 각각의 특징적인 성분으로 이루어져 있다. 세포벽의 안쪽에 위치한 엷은 세포막(원형질막, cytoplasmic membrane)은 지질과 단백질의 복합체로 단위막 구조를 하고 있으며, 세포 내외로 물질을 선택적으로 투과하는 역할을 한다.

세포막 안에 있는 모든 물질을 원형질(plasma)이라고 하며, 세포벽을 효소 등으로 제거한 세포막으로 싸인 세포를 원형질체(原形質體, protoplast)라고 한다. protoplast는 서로 다른 세포 간의 융합에 의한 신품종을 육성하는 데 이용된다.

원형질막 안에는 핵, mitochondria, 액포(液胞, vacuole), ribosome, 지방구(油滴, lipid granule) 등이 있다.

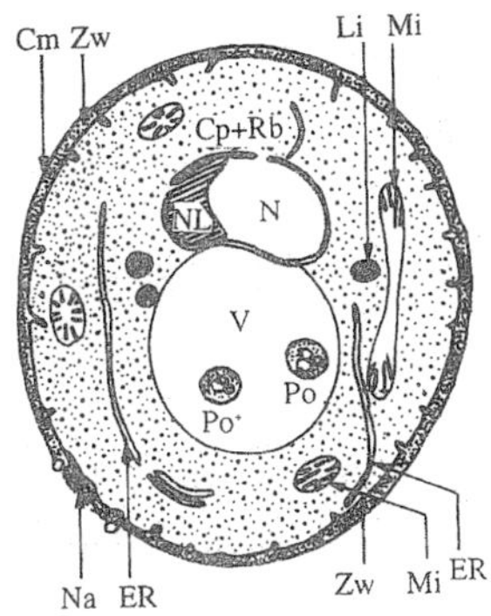

Cm : 원형질막, Cp : 원형질, D : Dictyosom,
ER : endoplasmic recticulum (막조직),
Li : 지방립(脂肪粒), Mi : mitochondria,
N : 핵, Na : bud scar (출아흔), Rb : ribosome,
V : vacuole (액포), Zw : 세포벽

그림 2-1 진핵세포의 단면도
(1회 출아한 효모)

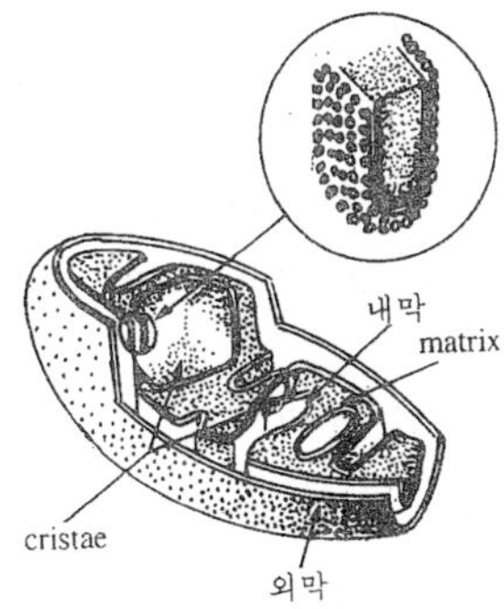

그림 2-2 mitochondria의 모형도

핵(nucleus)은 구멍(핵공, nuclear pore)이 있는 이중막으로 싸여 있는데, 이 구멍은 원형질 성분과 핵성분의 교환을 위한 통로로 추정된다. 핵에는 인(nucleolus)과 유전형질을 지니는 DNA로 이루어진 염색체(chromosome)가 있다.

미토콘드리아(mitochondria)는 세포 내에 몇 개 정도가 존재하며, 호기적인 세포에 있어서 에너지를 생산하는 곳으로 추정된다. 인산화효소, 호흡효소, TCA-회로 효소 및 지방산화 효소들이 집약적으로 존재하는 입자이다.

그림 2-2와 같이 내막은 교차된 붕(棚, cristae)이 있으며, 이것은 조건에 따라 변형도 되고 혐기성에서는 세포 내에서 전혀 보이지 않을 수도 있다.

리보솜(ribosome) 은 유전정보에 따라 단백질 합성을 하는 장소이다. 액포(液胞, vacuole)는 성숙한 세포에 대형의 액상과립(液狀顆粒)이 있으며, 세포 내의 팽압을 조절하는 역할을 한다고 생각되고, 그 내부에는 Brown 운동을 하는 작은 미립자(소위 dancing body)들이 있기도 하다.

소포체 (小胞體, endoplasmic reticulum)는 막조직이라고도 하며, 긴 관 또는 주머니 모양의 막으로 된 구조물, 그리고 세포막과 핵막 및 mitochondria 막 등과 연계되어 있음을 볼 수 있고, 지방대사에 관여하는 것으로 생각된다.

골기체 (golgi body)는 기능이 분명하지 않으나, 노폐물의 배설 또는 특수물질의 취입, 지방과 색소 등의 생성에 관여할 것이라고 추측된다.

리소좀(lysosome) 은 골기체에서 유래한 한 층의 단위막으로 싸여있는 작은 과립으로, 일정한 형태를 가지고 있지 않다. 막 내부에는 광범위하게 가수분해를 하는 산성가수분해효소들이 있어서 세포내 소화(intercellular digestion) 또는 이물소화(heterophagy)의 기관으로 생각된다. 조류 같은 광합성균 등에서는 광합성이 이루어지는 엽록체도 이중막으로 싸여있으며, 그 외에 황지질(黃脂質, sulfolipid)도 함유하고 있다.

엽록체 (chloroplast)는 광합성 색소와 광합성에 필요한 효소를 가지고 광합성을 하는 소기관으로, 그 크기나 수는 조류의 종류에 따라 다양하다. 엽록체는 단위막으로 된 외막에 싸여 있으며, 내부는 thylakoid 라고 불리는 내막이 여러 겹으로 붙어있는 중층(lamella) 구조로 되어 있다(그림 2-4 참조).

틸라코이드(thylakoid) 막의 지질층에 광합성 색소 chlorophyll 과 carotenoid 가 존재한다. 엽록체에도 mitochondria 와 같이 ribosome이나 엽록체-DNA 등의 단백질 합성기구가 있어서 자체단백질의 일부가 엽록체 내에서 자율적으로 합성되고 있으며, ribosome 의 침강계수는 70S 로 세균과 유사하다.

이런 사실로부터 지구상에 최초로 출현한 생물은 혐기성의 원시핵세포생물이라는 것을 추측할 수 있다. 이것에 호기성의 원시핵세포생물이 침입하여 mitochodria 로 되고, 난조류가 침입하여 엽록체로 되어서 숙주세포가 진핵세포로 분화되었다는 세포내공생(endosimbiosis)을 주장하는 설이 일반적으로 받아들여지고 있다.

운동성(mobility)의 균류는 많으나, 식품에 관계되는 균류에서는 거의 볼 수 없다. 운동에는 세포 내부의 세포질이 유동하는 원형질 유동(cytoplasmic streaming)에 의한 것과 운동기관인 편모나 선모에 의한 것의 두 종류가 있다. 그 밖에 세포벽의 외부에 협막(莢膜, capsule) 혹은 점질층(粘質層, slime layer)을 가지는 것도 있다.

2. 원시핵세포

원시핵세포(原始核細胞, procaryotic cell)도 진핵세포와 같이 세포벽과 세포막이 있고 그 안에 핵이 미세섬유 형태로 존재하며, 핵막이 없다. 핵 부위(nuclear region)를 전자현미경으로 관찰할 수 있다.

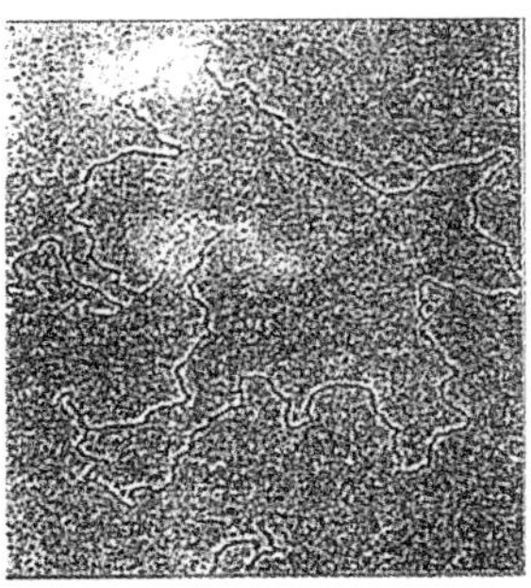

그림 2-3 환상(環狀)의 핵미세섬유

(a) (b) (c)

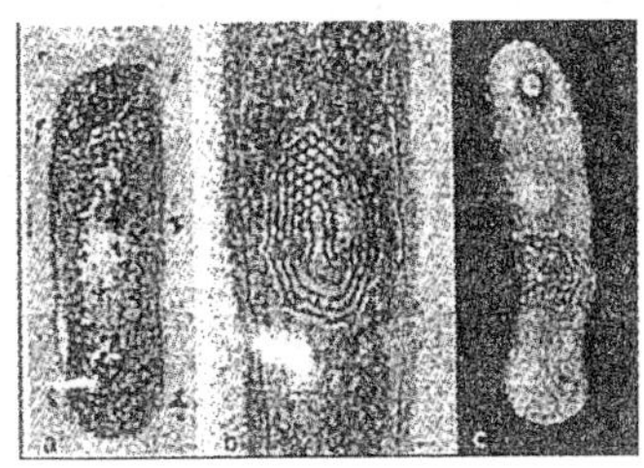

(a) *Lactobacillus fermenti*
(b) *L. viridescens*
(c) 동정되지 않은 균

그림 2-4 Mesosome의 여러 형태

세포막이 세포질(plasma) 속으로 깊숙이 들어가서 생성된 mesosome (lamellar bodies)은 gram 양성균과 방선균 등에서 볼 수 있는 특징적인 것이다. 미생물의 세포분열 시에 격막(隔膜) 형성이나 핵분열과 밀접한 관계가 있는 것으로 추측된다. 호흡효소가 존재하고 진핵세포의 mitochondria와 비슷한 기능을 가지는 것이라고도 생각된다. 역시 세포질 내에는 수많은 ribosome이 존재한다. 균종에 따라 액포, 지방구, 점막, 점질층 등의 봉입과립(封入顆粒)을 형성한다.

3. 진핵세포와 원시핵세포의 차이

양자의 구조적인 차이는 크지만 화학적으로는 매우 유사하다. 화학적으로 진핵세포는 sterol 이 존재하고, 원시핵세포에는 존재하지 않는다. 세포벽의 화학조성에 이러한 정도의 차이가 있다.

[구조적인 차이]

① 원시핵세포에는 막으로 싸인 핵이나 mitochondria 가 없으며, 핵은 인이 없는 핵미세섬유가 있어서 핵 부위를 전자현미경으로 관찰할 수 있다. 핵 부위의 DNA-분자는 1줄의 긴 환(環)으로 되어 있다 (그림 2-3 참조).

② 진핵세포에는 호흡효소가 집중적으로 존재하는 mitochondria 가 있다. 원시핵세포에서는 mesosome 이나 세포막 부위에 있다.

편모는 진핵세포뿐만 아니라 원시핵세포에서도 같은 이름으로 불리지만 그 구조는 전혀 다르고 복잡하다. 진핵세포의 편모는 2개의 중심섬유(central fibril)가 있고 외위섬유(外圍纖維, outer fibril)의 9쌍이 그 주위를 둘러싸고 있다.

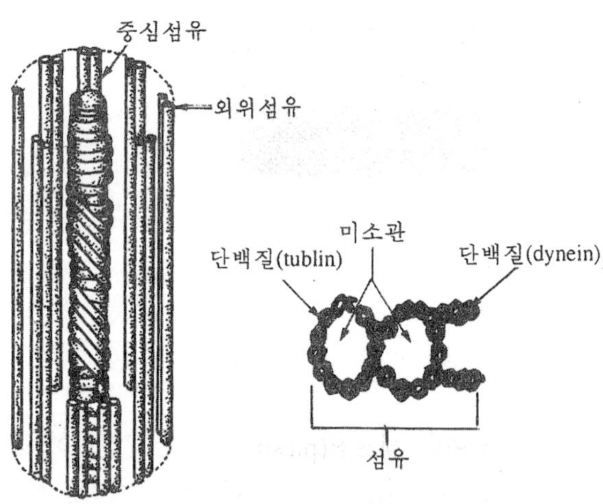

(a) 편모 내 섬유의 배열
(b) 외위섬유의 구조

그림 2-5 진핵세포의 편모

이들 섬유는 단백질의 일종인 tublin 분자로 되어 있으며, 2개의 subunit 로 나선형의 꼬인 모양을 하고 있다. 그러나 원시핵세포인 세균편모는 고등미생물의 편모를 이루고 있는 11줄의 단백섬유 구조 중의 1줄에 상당하는 단순구조를 하고 있으며, 대단히 가늘어서 전자현미경이나 특수한 염색을 하지 않으면 볼 수 없다.

세포의 크기에서 원시핵세포의 지름이나 너비는 0.5~1.0 μ 이지만, 진핵세포는 3~4 μ 이상으로, 평균 최적의 차이는 더욱 크다. 세포벽의 기본적 성분은 표 2-2와 같다.

표 2-2 각 미생물 세포벽의 특징적 조성

	미 생 물 군		특 징 적 성 분
진핵세포	녹 조	*Chlorella pyrenoidosa* *Platymonas subcordiformis*	hemicellulose, 단백질, α-cellulose, 지방다당류(glactose, uronic acid)
	규 조		silica, 다당류
	사상균	난균류, 일부호상균, 대부분의 호상균(壺狀菌), 접합균, 자낭균 효모(Endomycetales), 진정자낭균, 불완전균, 담자균	섬유소 chitin (일부 접합균은 chitosan을 주로 한다)
	효 모	*Saccharomyces, Candida*	glucan-protein, glucomannan-protein
원핵세포	세 균	gram 양성균 gram 음성균	muco 복합체, teichoic acid 단백질, 지방, 다당류 및 소량의 muco 복합체
	방선균		muco 복합체, teichoic acid

4. 세포분열과 유성생식

진핵세포의 세포분열은 ① 유전물질을 배로 증가시키는 DNA-합성, ② 유사분열(有絲分裂, mitosis)에 의한 핵분열, ③ 세포분열과 세포막의 형성, ④ 두 세포의 분리·독립의 각 과정을 거친다.

유사분열의 기간은 전기(prophase), 중기(metaphase), 후기(anaphase), 말기(telophase)로 나누어진다. 이와 같은 과정을 통해서 유전적으로 같은 2개의 낭세포가 형성된다(그림 2-6 참조).

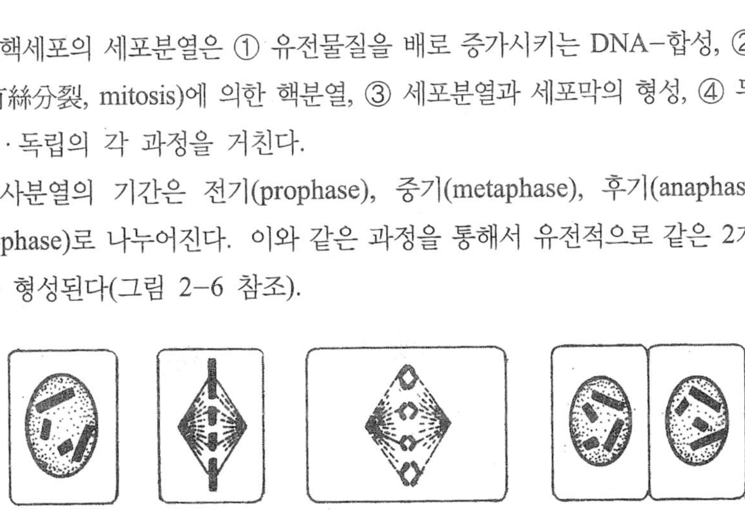

(a) prophase : 핵을 볼 수 있음. (b) meta-. : 적도면의 위치로 정렬
(c) ana- : 양극으로 낭염색분체의 이동 (d) telo- : 염색체 코일이 풀리고 새 핵막형성과 세포분열

그림 2-6 유사분열(mitosis)

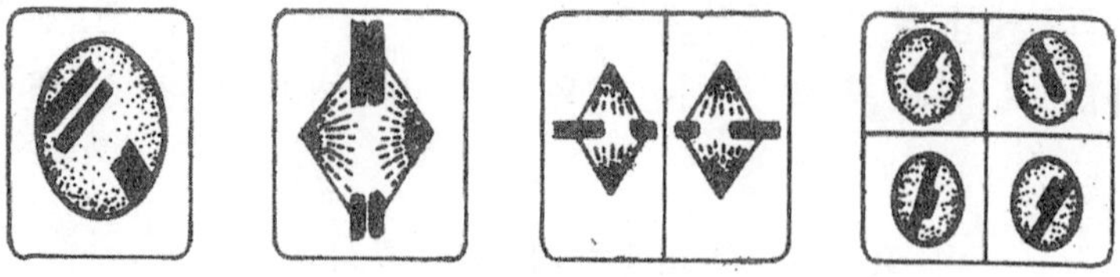

(a) (b) (c) (d)

(a) 두 상동염색체 간의 융합, (b) crossing over (유전정보의 교환)
(b)와 (c)를 통하여 2개의 핵으로 분열, (d)와 (d)에서 제2의 분열로 4개의 반수체를 형성

그림 2-7 감수분열(meiosis)

유성생식은 배우자(配偶者, gamete)라 부르는 2개의 세포가 접합(conjugation)하여 접합자(接合子, zygote)라는 1개의 세포를 형성하고, 2개의 배우자의 핵은 융합(fusion)하여 접합자의 핵이 된다. 접합자의 핵은 배우자의 2배의 염색체를 가지게 되므로 염색체의 수에 있어서 배우자는 반수체(半數體, haploid)이며 접합자는 배수체(倍數體, diploid)이다.

감수분열 (meiosis)은 배수체가 반수체로 변하는 과정이다. 유사분열은 염색체를 복사해 배로 만들어 원래의 염색체 수를 가진 2개의 세포로 된다. 그러나 감수분열은 염색체 수가 반감되면서 생식세포(germ cell)가 될 반수체의 세포가 된다. 배수체의 염색체는 상동염색체(homologous chromosome)라 부르는 한 쌍의 염색체 상태로 존재하고, 감수분열에 의해서 이 상동염색체를 하나씩 갖는 배우자가 된다.

유전자의 재조합은 이 감수분열 시기에 상동염색체 사이에서 일어난다. 이 한 쌍의 염색체는 유사분열을 할 때와 같이 2개의 핵으로 분열하고, 이어서 제 2의 분열로 상동염색체가 2개의 핵으로 나누어진다. 감수분열로 보통은 4개의 반수체를 형성하게 된다.

진핵미생물에 있어서 많은 경우에 반수체의 세포가 배우자로 되기 전에 영양증식을 하기도 하며, 휴면세포인 포자가 되는 경우도 있다.

제 3 장

곰 팡 이

곰팡이(Fugi = Mycota)는 우리 생활 주변, 특히 식품에서 흔히 볼 수 있는 미생물이다. 곰팡이는 청색, 녹색, 황색, 회색, 흑색 등의 여러 가지 색깔을 지니고 있는데, 식품을 변패시키는 반면, 막걸리 및 약주를 비롯한 장류식품 등의 발효식품과 항생물질 또는 효소제 등의 유용물질을 제조하는 데에 공업적으로 이용하기도 한다.

곰팡이는 진균류(Eumycetes)를 구성하는 조균류(Phycomycetes), 자낭균류(Ascomycetes), 불완전균류(Fungi imperfecti, Deuteromycetes) 및 담자균류(Basidiomycetes)의 4강(綱) 중에서 주로 출아(budding)에 무성생식을 하는 효모를 제외한 균체가 사상(絲狀)인 일군의 미생물이다.

곰팡이는 먼저, 균사에 격막(隔膜, septum)이 없는 조균류와 격막이 있는 고등균류로 나눈다. 격막의 유무가 곰팡이의 광학현미경적 분류에서 처음으로 관찰하는 진균류의 동정 표식이 된다.

식품과 관련이 많은 곰팡이들은 주로 Ascomycetes와 Phycomycetes 및 Fungi imperfecti 중에서 분류학상 한편에 치우쳐 있는 편재성(偏在性)을 보이며, Basidiomycetes 는 매우 드물게 나타난다.

예를 들면, Phycomycetes 강에서 난균류(Oomycetes)에 속하는 것은 거의 없고, 접합균류(Zygomycetes) 중에서도 Rhizopus 속, Mucor 속 등의 Mucorales (목)에 포함된 몇 가지 속에 국한되어 있다.

3-1 곰팡이의 형태

진균류는 주로 포자가 발아하여 균사체(菌絲體, Mycellium)를 이루고 자실체(子實體, fruit body)를 형성한다. 자실체와 균사체를 총합하여 균총(菌叢) 또는 집락(colony)이라고 한다.

균총은 기질이 되는 유기물 속으로 침투하거나 표면을 따라 뻗어서 생육하며, 식물뿌리처럼 영양분을 섭취·관장하는 영양균사(營養菌絲, vegetative hypae)와 포자 등을 형성하는 번식기관이다. 보통은 기질의 표면에서 공중으로 직립하는 '자실체', 영양균사이면서 공중으로 직립하는 '기균사'(氣菌絲, aerial hypae)로 이루어져 있다.

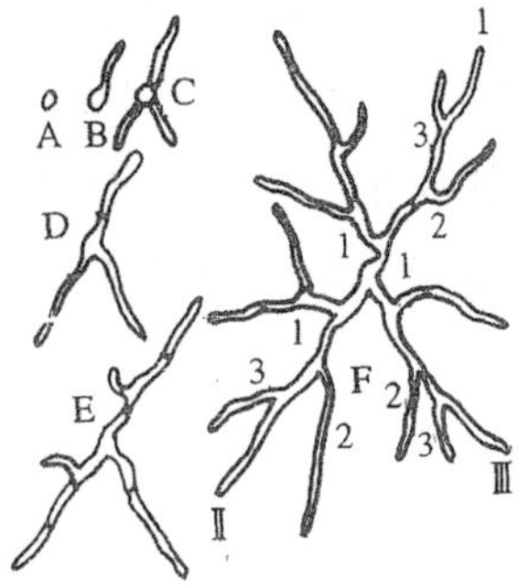

그림 3-1 *Asp. glaucum*의 포자발아와 신장(좌)

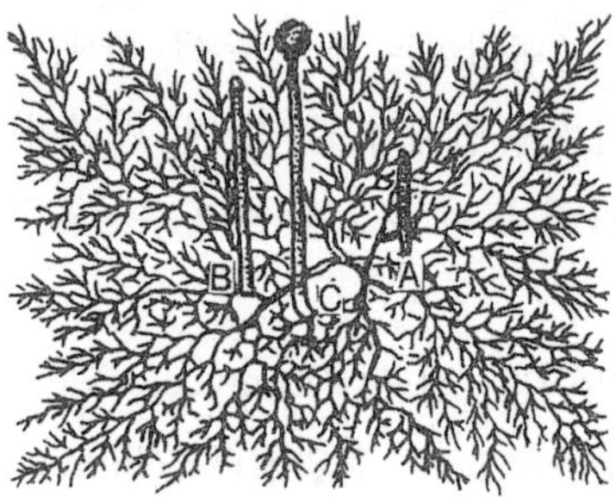

그림 3-2 *Mucor mucedo*의 균사체 및 직립균사인 자실체(A, B, C)

균사는 발육함에 따라서 분지되나, 그림 3-3과 같이 격막(隔膜, septum)이 있는 것이 있으며, 이것이 진균류를 분류하는 중요한 지표의 하나가 된다.

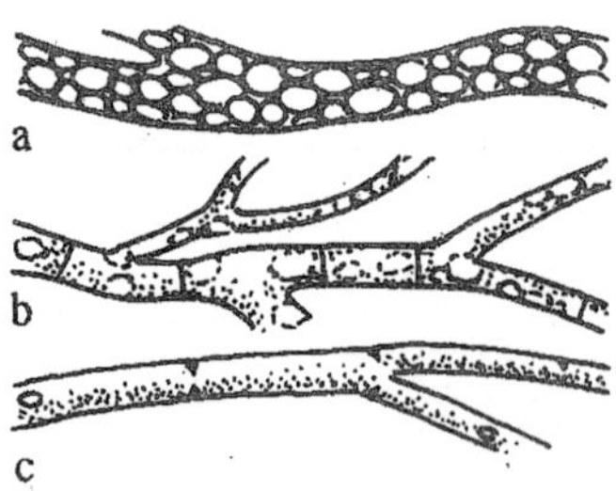

(a) 격막이 없는 Phycomycetes (조균강)
(b) 격막이 있는 Eumycetes (진균류)
(c) 간간히 협착된 Oomycetes (난균류)

그림 3-3 격 막

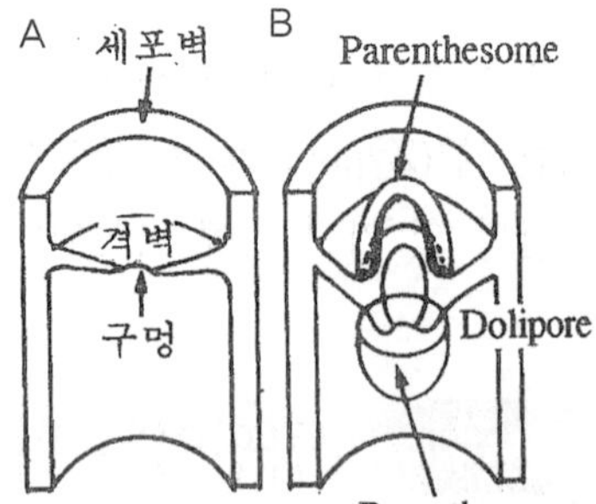

(A) 자낭균 (B) 담자균

그림 3-4 전자현미경상의 격막 모형도

조상균류의 털곰팡이(Mucoraceae) 과는 균사에 격막이 없고 그 속에 많은 핵을 가진 다핵체적(多核體的, coenocytic) 세포이다. 국균과(麴菌科, Aspergillaceae)나 불완전균류(Fungi imperfecti)에 속하는 곰팡이들은 균사에 격막이 있고, 그 격막은 구멍이 있어서 세포질은 서로 연결되어 있으나, 선택적인 물질통과를 관장하는 역할을 한다고 여겨진다.

때때로 균체에서 여러 균사가 조밀하게 결합된 것을 볼 수 있다. 이것을 균사결합조직(Plectenchyma)이라고 하는데, ① 균핵(菌核, sclerotium) ; Aspergillus 속에서 볼 수 있는 단단하고 큰 덩어리, ② 결속사(結束絲, coremium) ; Penicillium 속에서 볼 수 있는 균사가 평행으로 밀착되어 묶음이 된 것, ③ 근상균사속(根狀菌絲束, rhizomoroh) ; Agaricus melleus 에서 볼 수 있는 균사의 묶음이 마치 뿌리처럼 보이는 특수한 결합형태 등이 있다.

3-2 곰팡이의 번식

진균류의 번식은 주로 포자(胞子, spore)를 통하며, 포자는 알맞은 환경에서만 발아하여 균사로 되고, 곧 균사체를 형성한다. 포자를 형성하는 기관이 자실체로, 곰팡이 종류에 따라 특징적인 모양을 하고 있다.

포자는 유성생식으로 형성되는 유성포자(sexual spore)와 무성생식으로 생기는 무성포자(asexual spore)가 있다. 이들의 형상, 형성방법, 색깔 및 크기, 그 밖의 성질들은 분류상 중요한 특징이 된다.

균류의 접합, 즉 성(性) 현상에는 자웅동체성(雌雄同體性, homothallism)과 자웅이체성(雌雄異體性, heterothallism)이 있다. 동체성은 같은 계통, 즉 한 포자에서 발육한 균사끼리 접합하는 자가수정(自家受精, self fertilization)이다.

이체성은 두 계통 이상의 포자에서 발육한 균사들 사이에서만 접합하는 이주성(異株性)으로, 이것은 계통 간의 성 또는 화합성이 다르거나, 아니면 두 가지가 모두 달라서 가능하다. 이와 같은 유성생식의 세대를 완전세대(perfect stage)라 하며, 무성생식 세대를 불완전세대(imperfect stage)라고 한다.

1. 무성생식

배우자(gamete)가 관계하지 않고, 세포핵의 융합 없이 단지 분열만으로 생긴 무성포자에 의한 생식은 다음의 것들이 있다.

무성포자는 균사 내부를 형성하는 내생포자(endospore)와 균사 외부를 형성하는 외생포자(exspore), 그리고 균사의 일부가 변형되어 외부의 영향에 저항성이 있는 내구체(耐久體)형으로 된 포자도 있다.

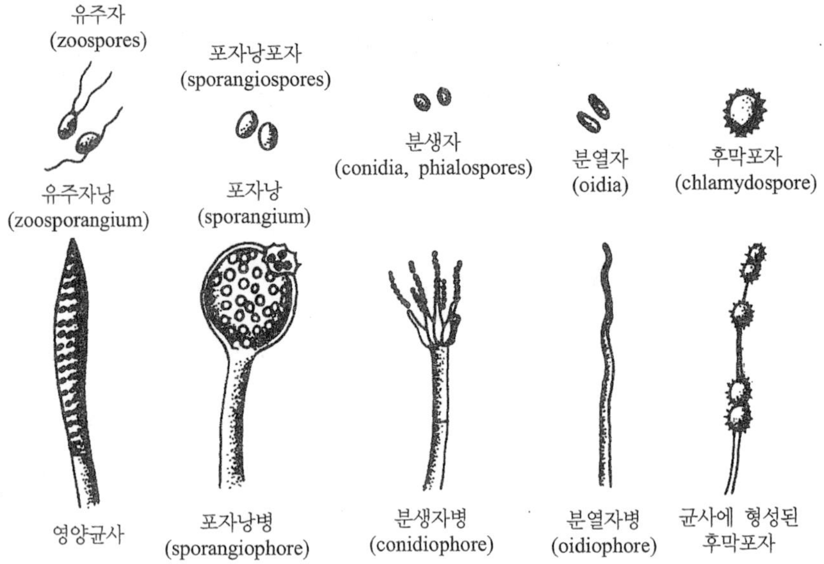

그림 3-5
곰팡이의 무성포자

(1) 내생의 무성포자

1) 포자낭 포자

균사의 한쪽 끝에서 포자낭병(胞子囊柄, sporangiophore)이 신장되고, 그 끝이 팽대하여 포자낭(sporangium)을 만들며, 그 안에 수많은 포자를 내생하는 *Mucor* 속과 *Rhizopus* 속 등에서 볼 수 있는 포자이다. 포자가 주머니로 싸여 있기 때문에 내생포자(endospore)라고도 한다.

2) 유주자 (遊走子, Zoospore)

수생하는 하등균류(난균류)에서 볼 수 있는 것으로, 구형이나 관 모양의 유주자낭(zoosporangium) 안에 편모를 가지고 있어서 자유로이 물 속을 유영(遊泳)하기 때문에 유주자라고 부른다.

(2) 외생의 무성포자

분생포자(分生胞子, conidia) 또는 분생아포(分生芽胞)라 불리며, 분생포자병(分生子柄, conidio spore)인 생식균사의 말단에 착생하는 포자이다. 포자에는 분생자형으로 생성되는 경자포자(phialospore) 와 porospore 등이 있고, 영양세포가 그대로 포자로 변화하는 형(thallospore)인 출아포자, aleuriospore, 분절포자, 후막포자 등이 있다.

1) 경자포자(phialospore)

분생자병 위에 형성되는 난형(卵形) 또는 플라스크(flask)형의 단세포구조물인 phialide (*Aspergillus* 속 등에서는 sterigma 라고도 한다) 위에 구심적(求心的, basipetal)으로 형성된다. *Aspergillus*, *Penicillium*, *Trichoderma*, *Fusarium* 속 등에서 볼 수 있으며, 흔히 분생자라고 한다.

2) porospore

분생자는 후막(厚膜, 두터운 막)이며, 분생자병 끝의 작은 구멍을 통해 형성된다. *Alternaria*, *Curvularia*, *Helminthosporium* 속 등에서 볼 수 있다.

3) 출아포자 (blastospore)

발아포자라고도 한다. 그림 3-6과 같이 원심적으로 1개 또는 연쇄적으로 형성되며, 가장 선단(先端)의 것이 제일 어린 포자이다.

4) 분절포자 (arthrospore)

균사의 일정한 길이에 격벽이 생성되고, 그것이 짧은 분절이 된 포자이다. 균사의 끝에서 순차적으로 분할되며, 후막이나 저장물질을 가지지 않고 균사에서 분리된 후에 곧바로 성장한다는 점에서 분생자와는 다르다.

5) terminusspore

포자는 포자병의 선단에 한 개씩 형성되나, 동시에 포자병은 그 포자의 옆에서 뻗어나와 다음의 포자를 형성한다. 이 반복된 분생자 형성으로 지그재그(zigzag)형이 된다.

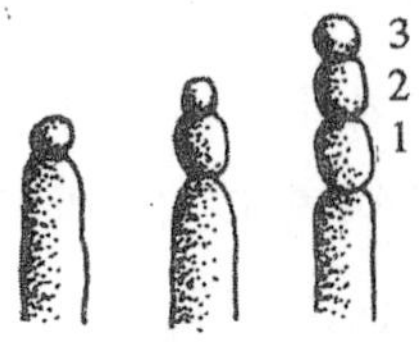

그림 3-6 출아포자(blastospore)

그림 3-7 분열자

그림 3-8 Terminusspore

분생포자는 영양세포가 변화하여 포자로 되는 경엽포자(thallospore) 가 있고, 균사에서 만들어진 포자형성기관에서 포자가 형성되는 분생자(conidiospore) 가 있다. 분생자형의 포자를 착생하는 기관이 발달되지 않는 것과 특별한 조직이나 기관이 분화되어 무성포자를 형성하는 기관이 있다 (그림 3-9).

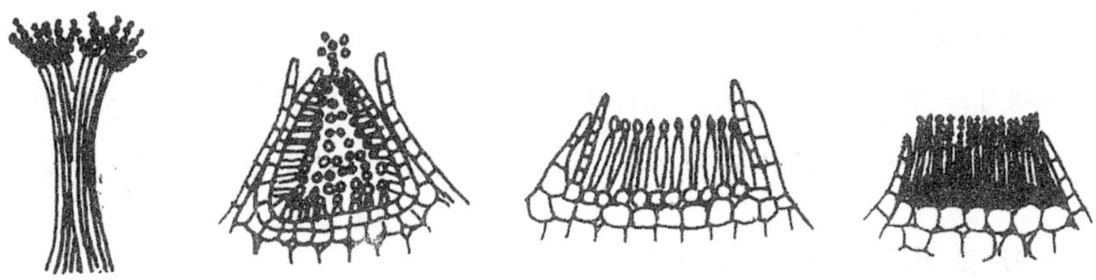

결속사 | 분자기(병자각) (pycnisium) | 분생자좌 (sporodochium) | 분생포자뫼 (acervulus)

그림 3-9 불완전균류의 분생포자 형성기관

① 결속사 (coremium)

분생포자병이 다수 집합하여 묶음으로 되어 있는 것을 말하고, 균사가 묶음으로 된 경우는 속상체(束狀體, synnema)라고 한다.

② 분포자기 (pycnidium)

분생자를 넣고 있기 때문에 분생자각이라고도 한다. 피자기와 유사한 플라스크 모양의 자실체로, 내부에 자낭 대신에 짧은 분생자병을 형성하여 분생자를 착생한다. 분생자각균(Sphae ropsidales)목의 보호 구조물이다.

③ 균 핵 (sclerotium)

균사체가 공 모양으로 집합하여 단단한 덩어리가 된 것이다. 직경이 1 mm 이상인 것도 많다.

④ 분생자좌 (分生子座, sporodocium)

분생자진이라고도 하며, 짧은 분생포자병이 쿠션 모양으로 밀착된 것이다.

2. 유성생식

유성생식(sexual reproduction)이 알려진 곰팡이는 유성포자의 형성법과 포자의 모양에 따라 분류한다. 곰팡이의 유성생식은 gamete (배우자, 성세포)의 융합에 의하여 이루어진다.

① 성을 띤 균사(hypae)들이 결합(copulation)하는 경우
② 성적으로 구별되지 않는 균사(同株)들 간의 접합 후에 융합하는 경우

수많은 유성생식 방법이 있으나, 근본적으로 다음과 같은 3가지 방법이 알려져 있다.

(1) 유성생식의 방법

1) 배우자 결합 (gamete-copulation)

Crytridiales 목(目)과 같은 하등 곰팡이류에 널리 퍼져 있으며, 형태적으로 같은 동형배우자(isogamete) 사이의 결합과 형태적으로 다른 이형배우자(hetero gamete) 사이의 결합이 있다. 몇 종류의 수생 곰팡이 중에는 편모나 섬모가 있어서 운동성인 것들도 있다.

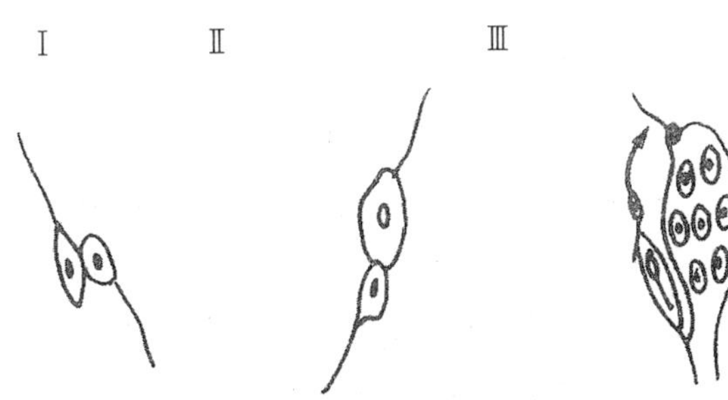

Ⅰ : 동형배우자 간의 접합
Ⅱ : 이형배우자 간의 접합
Ⅲ : hetero 배우자 간의 접합

그림 3-10 운동성 배우자 접합

2) 배우자낭 결합 (gametangium-copulation)

난균강(Oomycetes) 을 예로 들 수 있으며, 형태학적으로 같은 돌기인 자웅동주(雌雄同株, monoecism) 혹은 서로 다른 자웅이주(雌雄異株, dioecism)가 만나서 접합자(zygote)를 형성하는 방법이다.

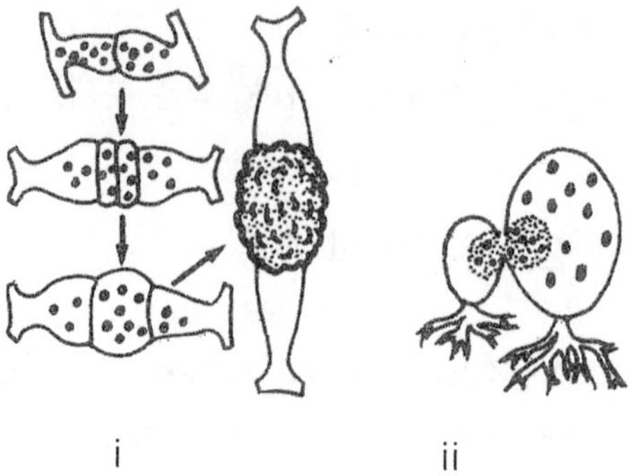

i : 동형배우자 간의 접합
ii : 이형배우자 간의 접합

그림 3-11 배우자낭 접합

3) 체세포 결합 (somatogamy)

고등 곰팡이에서 나타나며, 성적으로 구분되지 않는 영양균사(vegetative cell)들 간의 접합(copulation) 을 말한다. 때로 많은 곰팡이류에서는 성적인 생식과 무성적인 생식방법, 즉 gametangium (균사로부터의 배우자낭) 결합이나 gamete (성세포) 간의 결합 등의 혼합생식도 한다.

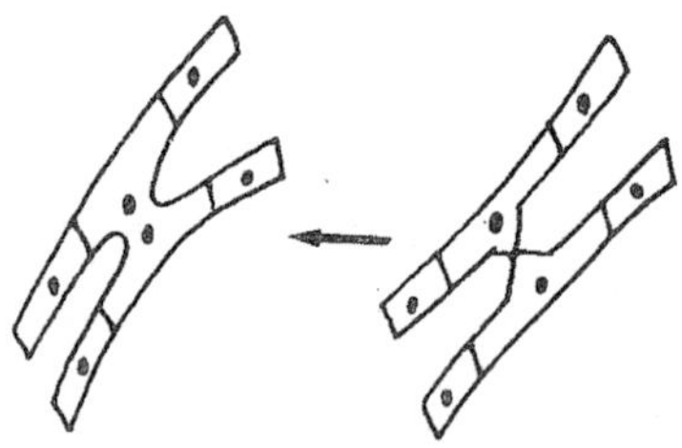

그림 3-12 체세포 결합

(2) 유성생식의 과정

유성생식은 크게 세 가지 과정으로 나눌 수 있다. 세포질이 서로 합쳐지는 원형질융합(plasmogamy), 두 배우자(gamete)의 핵이 융합하여 접합자(zygote)를 형성하는 핵질융합(karyogamy), 그리고 감수분열(meiosis)이 이에 해당한다.

고등 미생물에서는 핵융합(karyogamy) 이 즉시 일어나지 않고 세포분열이나 증식을 하는 수가 있다. 이를 이핵상(dikaryophase)이라고 한다. 이때에 핵질교환 등이 일어날 수 있다.

원칙적으로 유성생식은 위의 세 과정을 통하여 일어난다. 그러나 불완전균류(fungi inperfecti)는 성적으로 구분할 자낭 형성이 일정하지 않고, 병행적 생식(parasexuality)을 한다.

(3) 핵융합 방법

a나 α 또는 +, − 등 성적인 구분이 없이 핵융합을 하는 곰팡이를 자웅동체성(homothallism)이라고 하며, 뚜렷한 자웅에 의해서만 핵융합을 하는 곰팡이를 자웅이체성 (heterothallism)이라고 한다.

식품미생물학의 주요 관심사가 바로 heterothallism 들의 포자인데, 이들은 영양세포(vegetative cell)의 포자보다 외부 환경에 대한 내성이 높아서 식품에 잘 나타나고, 식품 변패나 발효의 주역이 되기 때문이다.

(4) 유성포자

두 개의 세포핵이 융합한 후에 다시 분열하여 새로운 분열세포에 핵을 만드는 포자로는 난포자(卵胞子, Oospore), 접합포자(接合胞子, zygospore) 담자포자(擔子胞子, basidiospore) 및 자낭포자(子囊胞子, ascospore)의 4종이 있다.

1) 난포자

접합포자와 달리, 자웅의 분화가 확실하다. 자기(雌器)는 균사의 끝이 공 모양의 생란기(生卵器, Oogonium)로 변하고, 웅기(雄器)는 그 밑에서 나뭇가지 모양의 웅정기(雄精器)를 만들어 이것이 난기에 밀착되고, 운동성의 정자 혹은 정자에 해당하는 수정관에 의하여 난구(卵球, Oosphere)의 막을 깨고 수정하여 융합한 다음에 난포자를 형성한다. 난포자를 형성하는 균류를 난균류(卵菌類, Oomycetes) 라고 한다.

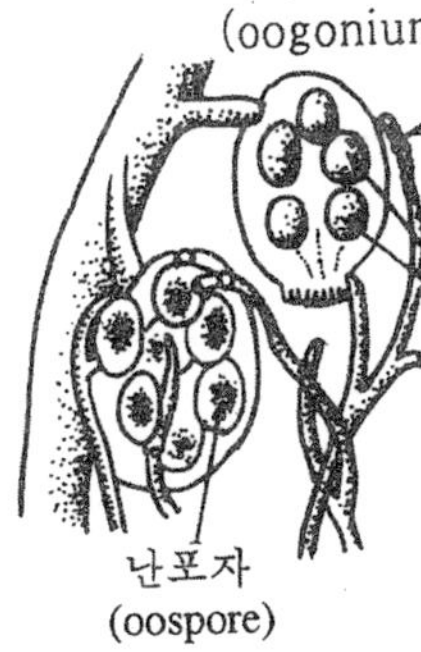

그림 3-13 난포자

2) 접합포자

성이 다른 두 개의 균사가 돌출하고 신장하여 전배우자(前配遇子, progamete)가 되며, 그 두 균사의 끝이 밀착하면 그 접촉부가 팽대된다.

이 전배우자의 끝에 여러 개의 막이 생겨서 배우자가 된다.

배우자를 갖는 균사를 현병(懸柄, suspensor)이라고 한다. 이 두 배우자의 막이 깨지면서 원형질 융합과 핵질융합이 일어나고, 접합포자가 형성된다. 접합포자를 싼 주머니를 접합포자낭(gametangium)이라고 하며, 접합포자를 형성하는 균류를 접합균류(zygomycetes)라고 한다.

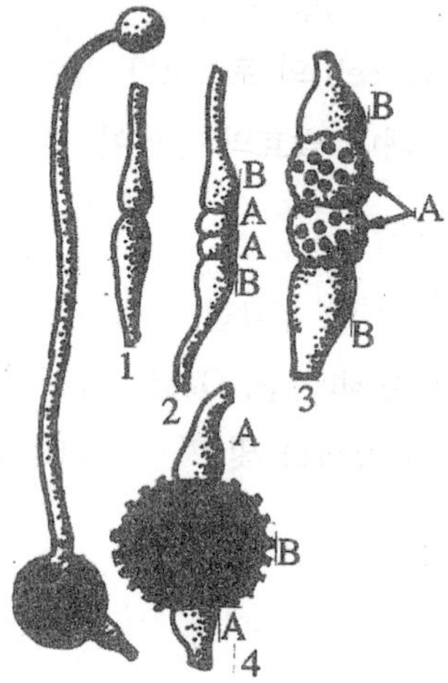

그림 3-14 접합포자

3) 담자포자

버섯류, 깜부기병균, 녹병균 등에서 볼 수 있는 유성포자이다. 담자균은 일반적으로 유성생식기관을 가지지 않는다. 유성포자로서 담자균은 다수의 담자기(擔子器, basidium)를 형성하고 그 끝에 보통 네 개의 경자(梗子, sterigma)가 생기며, 그 위에 담자포자(basidiospor)가 한 개씩 외생한다. 담자균의 균사는 담자가 생기기 전에 취상돌기(clampconnection)를 형성한다. 담자포자의 형상은 분류에서 중요한 지표가 된다.

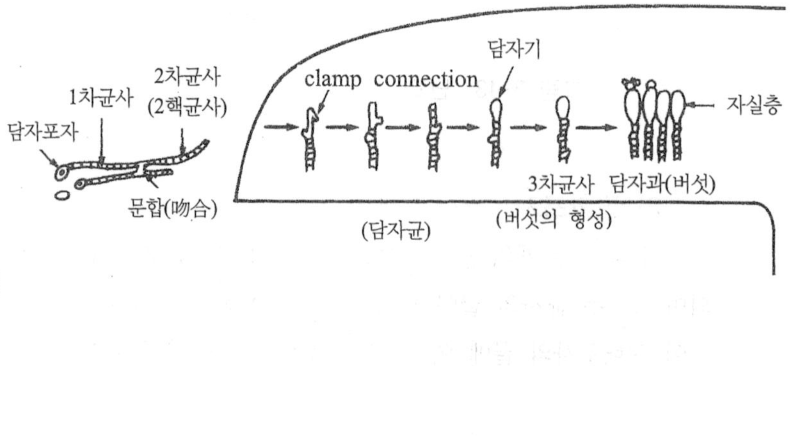

그림 3-15
담자포자의 형성과정

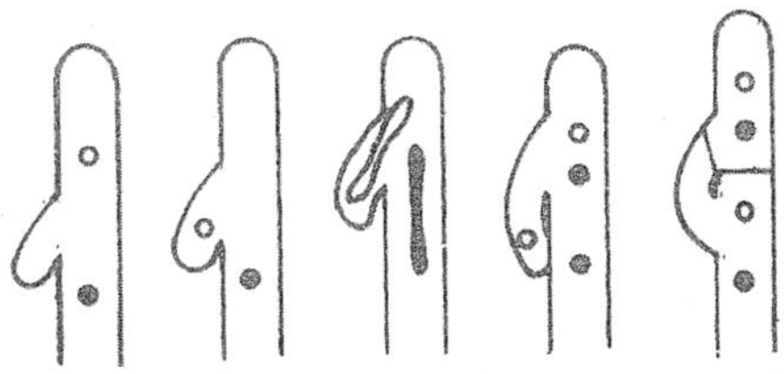

그림 3-16 clampconnection(취상돌기)의 형성과정

4) 자낭포자

자낭(子囊, ascus)이라는 유성적 특수 세포주머니 안에서 내생되는 포자이다. 이것이 자낭균류의 특징이기도 하며, 효모의 경우에서는 효모세포 자체가 자낭이 되고, 그 안에 자낭포자(ascospore)를 보통 8개 혹은 종류에 따라 16, 32, 64, 때로는 4개 이하의 수로 형성한다.

곰팡이에서는 균사의 일부가 팽대되어 자낭으로 되거나 종류에 따라서는 다시 균사의 조직층으로 싸여서 공의 형태(perithecium, 예 : 피자기)로 된 것이 있다. *Aspergillus* 속의 유성적 포자형성은 효모의 자낭형성과는 달라서 균사의 한 쪽 끝이 구부러져 조낭기(造囊器, ascogonium)가 되고, 그 아랫부분으로부터 장정기(臟精器, antheridium)가 두 줄로 나와서 조낭기를 싸고 이들이 융합 및 분화되어 자낭을 형성한다. 그 속에 자낭포자가 있다. 자낭이 성숙하면 터져서 열리지만, 접합균류의 포자낭과는 그 기원이나 형성방법이 다르다.

피자기(被子器, perithecium)의 장정기와 조낭기에서 두 핵이 융합하여 배수체로 되고, 곧 감수분열하여 4개의 반수체 핵이 되며, 다시 1회 더 분열하여 8 개의 반수체(haploid) 핵이 된다. 이 경우 핵상은 다음과 같다.

	웅성균사	—장정기	—수정사				
균사체 [	n	n	n	] → 자낭감수 →	자낭포자 →	균사체	
	자성균사	—조낭기	—조낭사		n	n	
	n	n	n				

자낭은 균사의 조직층인 측사(側絲, paraphysis)로 싸여서 자낭과(子囊果, ascocarp)로 된다. 특히 진정자낭균(眞正子囊菌)류는 자낭과의 외형(外形)에 따라 크게 세 가지로 나눌 수 있다.

① 폐자낭각(閉子囊殼, cleistothecium) : 부정자낭균(不整子囊菌, Plectomycetes) 류들이 주로 형성하는 구형의 개구부(開口部, ostiole)가 없는 자낭과(子囊果, ascarp)를 형성한다.

② 피자기(被子器, perithecium) : 핵균류(核菌類, Pyrenomycetes)가 형성하는 플라스크형으로 끝이 열려 있는 자낭과를 형성한다.

③ 나자기(裸子器, apothecium) : 반균류(反菌類, Discomycetes)가 형성하는 컵 모양으로 내면이 완전히 열려져 있는 자낭반(子囊盤＝나자기)을 형성한다.

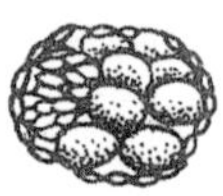

그림 3-18 폐자낭각 (*Aspergillus glaucus*)

그림 3-19 피자기 (*Neurospora sitophila*)

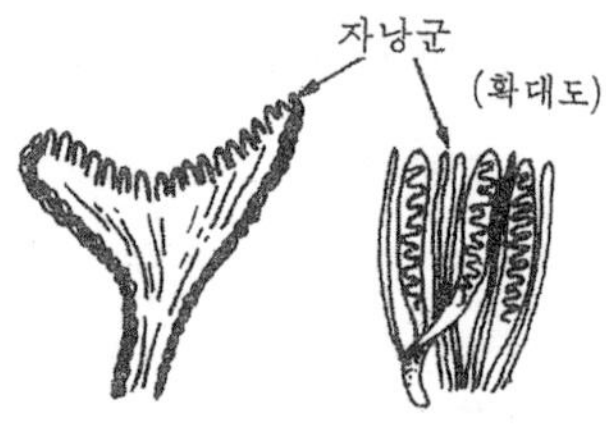

그림 3-20 자낭과의 나자기 (진정자낭균)

부정자낭균류의 자낭은 구형·타원형이고 자낭벽이 얇으며 성숙한 후에는 용해·소실된다. 핵균류, 반균류, 소방자낭균류의 자낭은 원주형 또는 곤봉형으로 되어 있다.

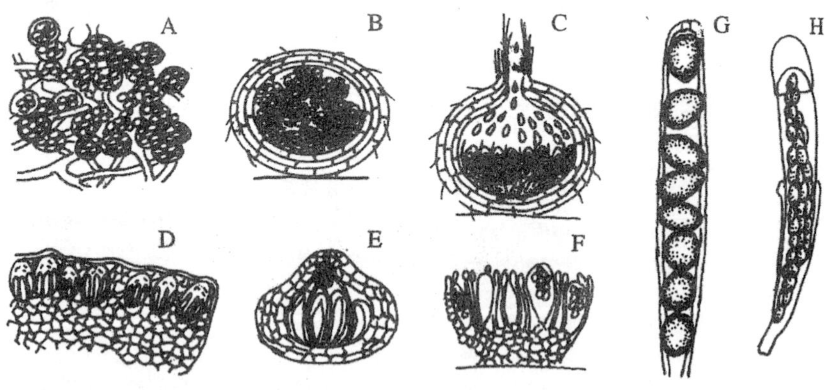

그림 3-21 각종 자낭과와 자낭의 형태

(A) 나생자낭(裸生子囊), (B) 폐자낭각(閉子囊殼), (C) 자낭각
(D) 자낭, (E) 위자낭각(僞子囊殼), (F) 나자기(裸子器),
(G) 1 중벽 구조의 자낭, (H) 2 중벽 구조의 자낭

3. 곰팡이의 생리적 및 배양적 성질

곰팡이는 넓은 온도범위에서 생육한다. 대부분의 곰팡이 생육적온은 효모나 세균보다 다소 낮은 25~30℃ 범위인 중온성이다. 반면에 0~－10℃에서 생육하는 호냉성의 곰팡이와 쌓인 눈 속의 식물에 기생하는 곰팡이도 있다. 그러나 내열성은 거의 없어서 가열하면 쉽게 사멸한다.

생육최적 pH 범위는 대체로 약산성인 5. 0~5. 5이지만, 많은 곰팡이들은 pH 2~8. 5의 비교적 넓은 범위에서 잘 생육한다.

생육에 필요한 수분요구성은 균종에 따라 매우 다양하다. 어떤 종은 높은 Aw (수분활성, Water activity)를 요구하며, 내건성(耐乾性, xerophilious) 곰팡이는 최소의 Aw가 0. 62 정도로 내려가는 것도 있다.

물속에서 생육하는 소수의 조상균(藻狀菌)류를 제외하고, 모든 곰팡이는 생육하는 데에 산소를 절대적으로 필요로 하는 절대호기성균(絕對好氣性菌)이다.

광선은 다른 미생물에서와 마찬가지로 유해하다. 번식하는 곰팡이의 외관은 균종에 따라 독특한 모양으로 그 종류를 짐작할 수 있다. 예컨대 *Penicillium* 속은 보통 벨벳 모양으로 균사가 짧고 촘촘하며 청색 혹은 회청색을 띠는 것이 많다. 그리고 *Aspergillus* 속은 다소 균사가 길고 집락이 크며 황록색 또는 흑색이 많다.

한편 *Rhizopus* 나 *Mucor* 속의 집락은 회흑이나 회백색이 많다. 균사는 엉성하고 petri 접시에 배양할 때는 균사가 접시에 가득해지는데, 특히 *Rhizopus* 는 뚜껑으로까지 가근(假根, Rhizoid)이 뻗어 나간다. *Mucor* 는 향광성(向光性)이 있어서 기균사나 포자낭병들이 빛 쪽으로 기우는 경향이 있다.

3-3 식품과 관계깊은 곰팡이

진균류는 먼저 균사에 격막이 있느냐 없느냐에 따라 나뉜다. 균사에 격막이 없는 것을 조상균류(藻狀菌類, Phycomycetes), 균사에 격막이 있는 것을 순정균류(고등균류, Mycomycetes)라고 한다.

이 중에서 자낭포자를 형성하는 것을 자낭균류(子囊菌類, Ascomycetes), 담자포자를 형성하는 것을 담자균류(擔子菌類, Basidiomycetes)라고 부르며, 유성포자를 형성하지 않는 것을 모두 불완전균류(Fungi imperfecti, Deuteromycetes)라고 한다.

표 3-1 진균류의 분류 및 속·종의 수

진균류의 분류			속(屬)	종(種)
Eumycetes	Phycomycetes		305	약 1,700
	Mycomycetes	Ascomycetes (자낭균류)	1,950	약 25,000
		Basidiomycetes (담자균류)	900	약 12,000
		Fungi imperfecti (불완전균류)	1,825	약 15,000

1. 조상균류 (Phycomycetes)

조상균류(藻狀菌類)는 균사에 격벽이 없고 모두 핵체적(coencocytic) 세포로 된 것이 특징이다. 일반적으로 수생(水生)하며, 보통의 운동포자낭(Zoosporangium)과 분생자를 형성하는 균군보다 원시핵인 것이라고 생각된다.

(1) Zygomycetes(접합균류)

유성생식은 두 개의 배우자낭이 접촉하여 융합으로 이루어지고, 휴면포자인 접합포자를 형성한다. 움직일 수 없는 포자를 포자낭 안에 형성하나, 포자낭은 퇴화하여 외부에 분생자를 형성한다. 부생균(腐生菌)으로서 동·식물 및 부동류(不動類)에 기생하는 것들이 있다.

표 3-2 식품과 관계깊은 조상균류

문	아문	아강	주요 목	주요 속
Eumycota (진정균문)	Mastigomycetina (편모균류)			
	Zygomycetina	Zygomycetmycetide	Mucorales	*Mucor* *Rhizopus* *Phycomycets*
		Tricomycetes		

1) Mucorales (털곰팡이목)

Mucorales 목은 접합균강(Zygomycetes)에 속하며, 유성생식은 두 개의 배우자낭이 접촉하여 융합이 일어나고 접합포자를 형성한다. 대부분 부생균(saprophyte)이며 균사가 잘 발달되어 있다. 생육 초기에는 백색이지만 자실체의 성숙에 따라 회백색에서 회갈색이 된다.

포자낭의 모양은 원형이고, 보통은 다수의 포자를 가진 포자낭에서 소수의 포자를 가진 소포자낭의 방향으로, 나아가 한 개의 포자를 가진 포자낭(분생자, conidium)의 방향으로 포자는 진화한다. 또 하나의 진화 방향은 보통의 포자낭에서 소수의 포자가 일렬로 늘어선 분절포자낭(metrosporangium)으로의 진화이다.

포자낭병(sporangiophore)은 외대인 것, 분기(分岐)한 것 등이 있으며, 이 목(目)의 많은 곰팡이는 포자낭 안에 중축(中軸, columella)이 있다. 중축의 모양은 구(球), 반구(半球), 난(卵), 원주(圓柱) 등의 여러 형이 있어서 균종의 동정에 표식이 된다.

[Mucoracae 과]

Mucorales 목에는 Mucoaraceae 과 외에 여러 과가 있으나, 식품의 변패 및 발효 등으로 식품과 관계된 여러 속이 이에 속한다. 이 과에는 *Mucor, Rhizopus, Absidia, Zygorhynchus, Pycomyces* 속 등이 있다.

1) *Mucor* 속

자연계에 널리 분포해 있다. 특히 토양에 많고 퇴비 또는 과일 등에 잘 발생하며, 중국에서는 옛날부터 유부 등의 제조에 이용되던 곰팡이이다. 균사는 잘 발달되어 있어서 균총(菌叢, colony)이 솜털처럼 보이며, 균사체의 곳곳에서 포자낭병이 직립(直立)하고 그 끝이 팽대하여 중축을 만든다.

포자낭은 구형(球形)이고 포자낭막은 용소성(溶消性)이며 파열하기 쉽다. 포자가 성숙하면 파열하면서 포자가 비산하고 중축(中軸)은 노출된다. 포자낭막에는 수산석회가 많이 함유되어 있다.

Mucor 속의 검색은 포자낭병의 분기상태, 포자낭병의 크기, 포자낭의 크기와 색, 포자낭막의 특성, 중축의 모양, 포자의 모양과 크기, 집락(colony) 및 접합포자의 특성, 기균사의 색과 길이 등에 의한다.

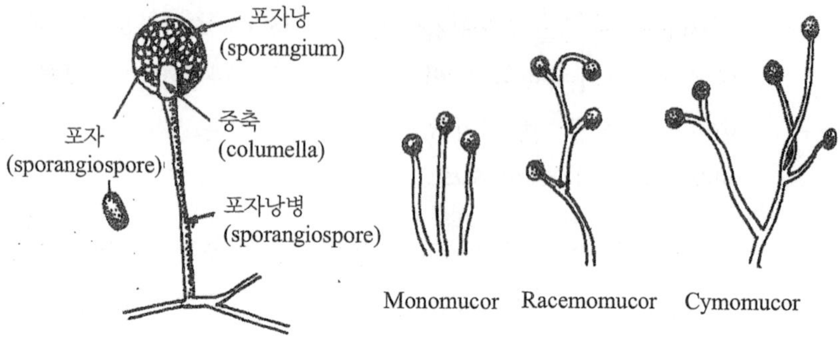

그림 3-22
Mucor 속의 형태

Mucor 속은 포자낭병의 분기상태에 따라 3가지로 나눈다.

- monomucor 군 : 포자낭병이 외대이며 전혀 분기하지 않는 균군
- racemomucor 군 : 포도가지 모양으로 분기(分岐)하는 균군(菌群)
- cymomucor 군 : 가축상으로 분기하는 균군

① *Mucor mucedo*

monomucor 형이고 육류, 빵, 채소, 과일, 퇴비, 토양, 마분(馬糞), 부후(腐朽)한 수목 등으로 분포가 넓다. 자웅이체이고 집락은 모발상이며 gelatine 액화력이 있고, 포도당(glucose) 이나 맥아당(maltose) 을 가지고 알코올 발효를 하지만 매우 약하다. 생육적온은 30℃이다. 포자낭은 처음에 황색이다가 차차로 회색 또는 암회색이 되며, 포자낭의 표면에는 수산석회의 결정이 생성된다. 이 균을 이용할 가치는 없으나 단백질 또는 유지를 분해하는 성질이 있어서 낙농(酪農)업계와 피혁공업계에서는 유해균으로 취급된다.

a) 균총(집락)
b) 균사
c) 포자낭병
d) 포자낭병과 포자
e) 파열된 포자낭과 포자
f) 중축과 낭막편

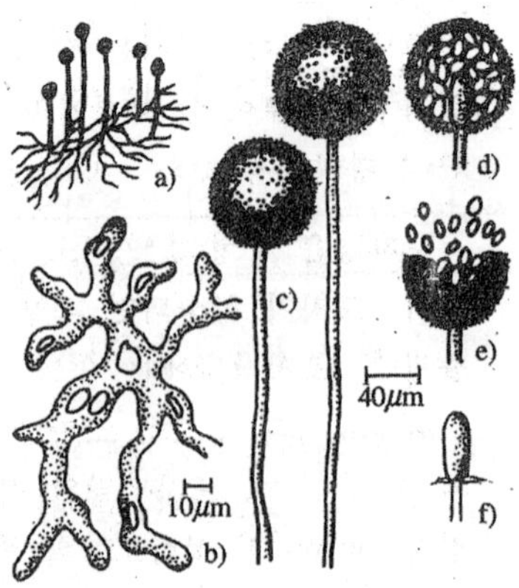

그림 3-23 *Mucor mucedo*

② *Mucor hiemalis*

monomucor 형으로 토양 중에 많고 집락은 황회색이다. 자웅이체이고 후막포자를 형성하며 생육적온은 30℃이다. 알코올 발효력과 젤라틴 분해력은 있으나 미약하며 pectine 분해력이 강한 균주가 있다.

③ *Mucor racemosus*

racemomucor 형으로 분포가 넓다. 특히 과일, 야채, 맥아에 잘 발생한다. 집락은 회색 내지 회갈색이고 자웅이체로서 생육적온은 20~30℃이며, 후막포자와 분열자도 형성한다. sucrose 를 전화(轉化)하고 maltose와 glucose 를 발효시켜 알코올을 최대 7%까지 생성하며, 비타민 B_1 및 B_2 의 합성력도 강하다.

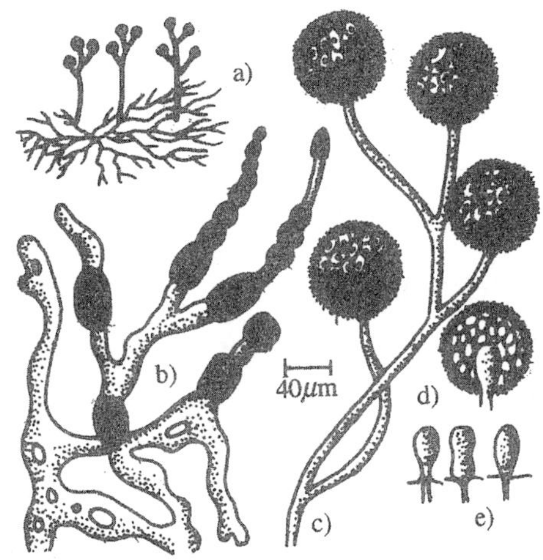

a) 균총(집락)
b) 균사와 후막포자
c) 포자낭병
d) 포자낭과 포자
e) 중축과 낭막편

그림 3-24 *M. racemosus*

④ *Mucor rouxii*

cymomucor 형이다. 접합포자는 형성하지 않으나 후막포자는 잘 형성한다. 분열자는 액체배지에서 잘 형성하고 생육적온은 30~40℃이며, 중축은 원추형이다. 포자는 타원형이고 그 지름은 약 5μ이다.

중국의 누룩에서 분리된 *mucor* 속의 대표적인 유용한 균주로서 전분의 당화력과 알코올 발효력이 강하여 amylomyces α 라고도 불린다. 이 균은 전분을 직접 알코올 발효시킬 수 있는 능력이 있어서 보통 Amylo 균이라 불렀으며, 1897년에 Pasteur 연구소의 칼메트(Calmette) 와 보이딘(Boidin) 이 Amylo 법을 창안하여 특허를 받았다.

⑤ *Mucor javanicus*

cymomucor 형이고 java 의 ragi 라는 누룩에서 분리하였다. 균사체는 백색 또는 황색이고, 포자낭은 청색 내지 황갈색으로 접합포자는 형성하지 않는다. 전분 당화력이 있고, 알코올 발효력은 최대 6 %이다. gelatine 을 서서히 액화하며, 생육적온은 35℃이다.

⑥ *Mucor pusillus*

racemomucor 형이고 생육적온은 높다. 고초(枯草) 등에 많다. 치즈 제조에 필요한 rennet (어린 송아지의 응유효소)의 대용이 될 응유효소(凝乳酵素)의 생산 균주로 주목받고 있다.

2) *Rhizopus* 속

이 속은 생육 속도가 빠른 점에서 *mucor* 속과 비슷하지만, 몇 cm 가 넘는 포복지(匍匐枝, stolon)를 갖는 점, 포복지에 가근(假根, rhizoid)을 형성하는 점, 포자낭병과 중축 사이에 지낭(支囊, apophyse)을 가지는 점에서 *mucor* 속과 구별된다.

집락은 처음에는 백색이지만 후에 회갈색으로 변하고, 자웅이체이며, 균사의 중간이 부분적으로 후막화하여 생긴 후막포자가 때로는 인정되고, 분열자도 발견된다.

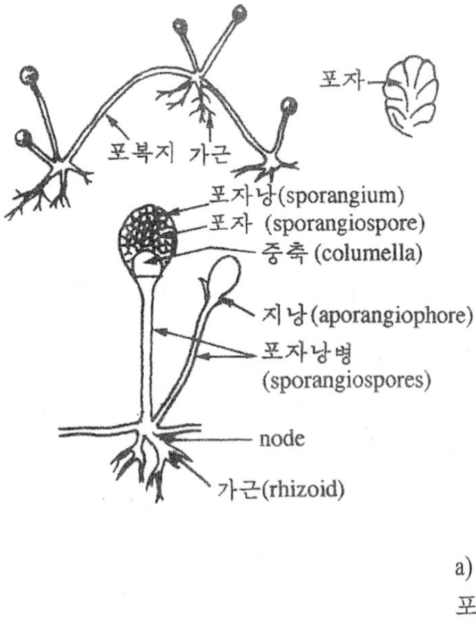

그림 3-25 *Rhizopus* 속

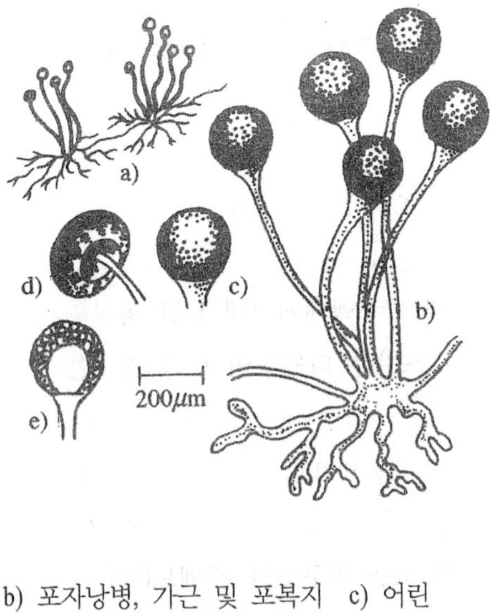

a) 균총 b) 포자낭병, 가근 및 포복지 c) 어린 포자낭 d) 성숙한 포자낭 e) 포자낭과 포자

그림 3-26 *Rhizopus nigricans*

포자낭병은 포복지의 결착부에서 3~5개 혹은 그 이상을 형성하며, 크기는 0.5~4 μm×24~42 μ이 된다. 포자낭병의 맨 끝은 팽대해져서 반구형 혹은 난형의 중축으로 되고, 이것을 싸서 포자낭이 형성된다. 포자낭포자는 구형이지만 다각형으로 막이 두터우며 표면에 주름이 있고 회갈색 내지 회녹색이다. 토양, 공기 등에 널리 분포하여 대부분이 과일이나 맥아에도 기생하는 사물기생(死物寄生)을 한다.

최근에는 전분에서 포도당 제조에 쓰이는 당화형 amylase 생산에 사용되는 등 공업적으로 이용되는 종류가 많다. 또한 유기산 생성능력이 강하므로 이용되기도 한다. 드물게는 동물의 병원성을 갖는 것도 있다.

① *Rhizopus nigricans*

Rhizopus 속의 대표적 균종으로 복숭아 및 딸기 등의 과일이나 곡류, 맥아, 빵 등의 여러 식품에 잘 발생한다. 저장 고구마의 연부(軟腐)의 원인균이 되며, 마섬유의 발효정련(醱酵精練)에 관여한다.

집락은 회흑색이고 각종 효소를 생성한다. 알코올 발효력은 약하나 oxalic, fumaric, succinic 및 malic acid 등의 각종 유기산을 생성하고, 특히 fumaric acid 제조에 사용되는 균주가 있다. 자웅이주로 접합포자를 형성한다.

② *Rhizopus oryzae*

Java 의 누룩 ragi 에서 분리한 것으로, 때로는 후막포자를 만들고 접합포자는 만들지 않는다. 생육적온은 30~40℃이며 전분 당화력이 높고, sucrose를 발효하여 알코올을 생성한다.

fumaric acid 와 특히 lactic acid 는 소비당의 80%를 생성하여 L-lactic acid의 공업적 제조에 이용된다. 인도네시아에서는 arrak 술 및 tempeh (콩의 발효식품)의 제조에 이용된다.

③ *Rhizopus japonicus*

일본의 미국(米麴)에서 분리되었으며, 간장국(麴)에서도 발견된다. 포자낭은 흑색이고 후막포자는 형성하지만 접합포자는 형성하지 않는다. 전분 당화력이 강하여 amylo-법에 쓰였던 균이며, pectin 분해력도 강하다. 생육적온은 30℃이다.

④ *Rhizopus tonkinensis*

tonkin 산(産)의 중국 곡자(麴子)에서 분리되었고, 포도당에서 우선성의 젖산과 fumaric acid 를 생산하며, 생육적온은 36~38℃이다. 형태 및 배양상의 특징은 R. japonicus 와 비슷하다.

⑤ *Rhizopus javanicus*

자바의 누룩 ragi 에서 분리되었으며, 특히 서류(薯類) 전분의 당화력이 강하여 amylo-법에 이용되었다. 집락은 백색이지만, 오래되면 황갈색으로 된다. 포자낭은 표면에 가시가 있다. 생육적온은 36~38℃이다.

⑥ *Rhizopus delemar*

중국 곡자에서 분리되었으며 전분의 당화력과 알코올 발효력이 강하다. 집락은 처음에는 백색이다가 점차 회색에서 흑색으로 된다. 생육적온은 25~30℃이다. amylo-법에 이용되던 균이다.

⑦ *Rhizopus tritici*

소홍주 곡자에서 분리하였으며, 우리나라 누룩에서도 검출된다. 전분 당화력이 강하며, 특히 pectin 분해력이 강하여 과즙청징제(果汁淸澄劑) 제조에 쓰인다.

⑧ *Rhizopus peka*

집락은 백색으로 접합포자는 만들지 않으나, 후막포자는 만든다. 대만의 백국(白麴, peika)에서 분리한 균으로, 전분 당화력이 강하다.

3) *Absidia* 속

Rhizopus 와 같이 포복지와 가근을 형성하나, 포자낭병은 가근이 있는 결착부에서 생성되지 않고 포복지의 중간에서 분기하여 형성된다. 포자낭은 서양배 모양이고 중축은 반구형 혹은 원추형이다.

포자는 소원형 또는 난형으로 무색 혹은 청흑색이며 접합포자는 현병에서 발생하는 모상(毛狀) 균사가 감싸고 있다. 21여 종이 알려져 있으며, 토양, 고초, 곡물, 발효식품 등에서 발견된다.

① *Absidia lichthemi*

균사는 처음에는 백색이다가 후에 회색이 되며, 포자낭은 서양배 모양이고 포자는 작은 난원형(卵圓形)이다. 중국술 고량주의 곡자에서 분리되었으며 소홍주(昭興酒)의 제조에도 관여한다.

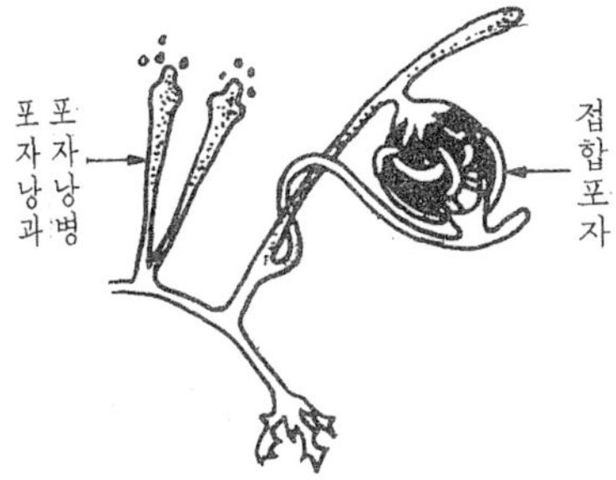

그림 3-27 Absidia 속

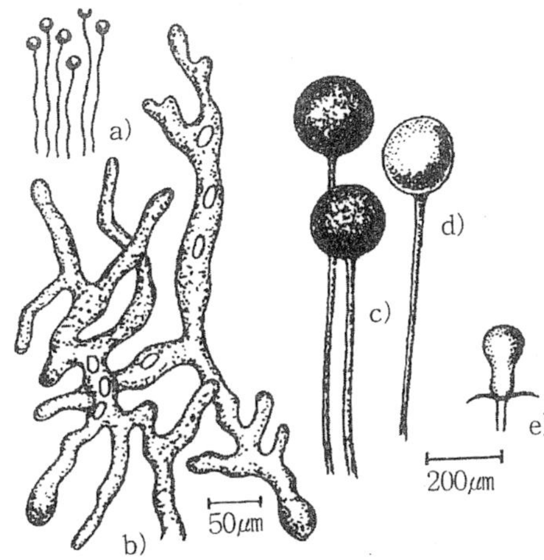

a) 균총 b) 균사 c), d) 포자낭병의 여러 성숙단계 e) columella 와 낭막편

그림 3-28 Phycomyces nitens

② *Absidia hyalospora*

간장국(麴)에서 분리되었으며 균사체는 회색이다. 포자낭은 구형으로 회색이며, 포자낭은 회흑색이다. 포자는 난원형이고 후막포자를 형성한다.

4) *Phycomyces* 속

포자낭병이 매우 길고 직립하여 20~30cm 까지 되는 것도 있으며, 집락은 암색 또는 청록색으로 금속광택을 띠는 것이 특징이다.

① *Phycomyces nitens*

포자낭병은 높이가 20cm 까지 뻗으며 포자낭의 지름은 약 500μ, 포자는 25×11μ의 긴 타원형이다. 자웅이체로 접합포자를 만들며, 실온에서 잘 자라고, 유지(油脂)나 그 빈 용기 또는 유박(油粕, 깻묵) 등에 잘 발생하고 향광성(向光性)이 있다.

② *Phycomyces blakesleeanus*

포자낭이 커서 1mm 나 되는데, 포자는 작아서 8×12μ 정도이다. 포자낭병도 30cm 까지 신장하며 향광성이다. 균사에 β-carotene 을 생성한다.

5) *Thamnidium* 속

포자낭병의 끝에 큰 포자낭을 형성하고, 포자낭병의 아래쪽에 소포자낭(sporangioles)을 착생시켜서 그 안에 2~12개 정도의 포자를 내장한다.

큰 포자낭 포자와 작은 포자낭 포자와의 차이는 분명하지 않다.

① *Thamnidium elegans*

균사체는 백색이고 큰 포자낭은 흑색이다. 자웅이체이고 후막포자를 형성한다. 포자의 크기는 3~12μ 정도이고 실온에서 생육하며, 곡류에서 분리되었다. 어떤 종류는 냉온균으로 냉장한 육류에서 발견되기도 한다.

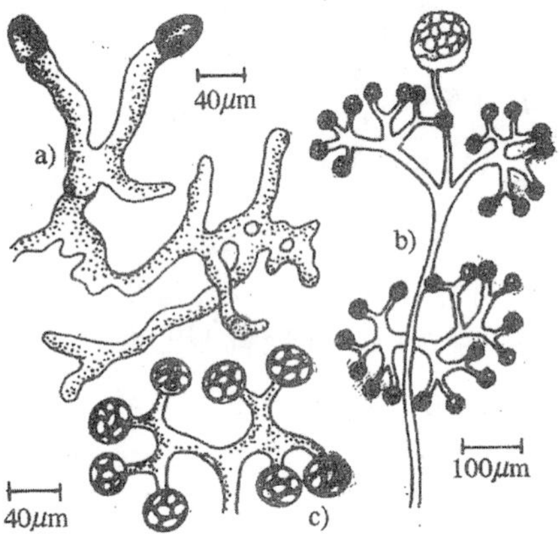

a) 균사와 gemmen (후막포자),
b) 포자낭병 c) sporangiole

그림 3-29 *Thamnidium elegans*

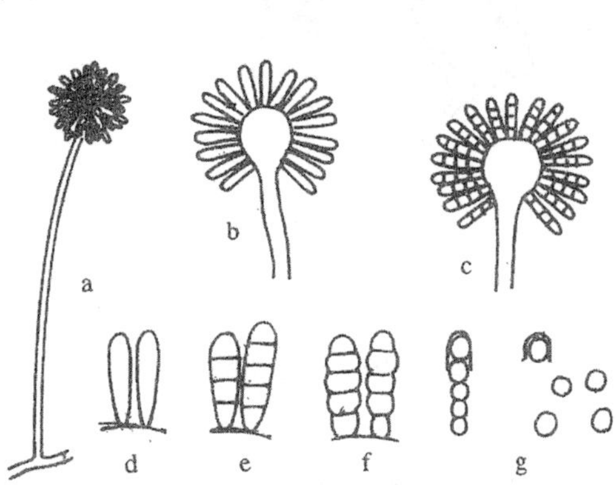

(a~c) 포자낭병과 포자낭,
(d~g) 포자낭의 형성과 포자

그림 3-30 *Synchephalastrum racemosum*

[Piptocephalalidaceae 과]

1) *Syncephalastrum* 속

집락이 Rhizopus 속과 비슷하다. 포복지(葡匐枝, stolon)에서 분기하여 포자낭병을 형성하고, 그 끝이 팽대하며, 그 외부의 방사상으로 긴 관상의 주머니에 연쇄적으로 포자를 5~10개 정도 형성한다.

포자낭이 흑색이므로 외관은 *Asp. niger* 의 분생자두(分生子頭, conidial head)와 비슷하다. 간장 덧과 같은 식품, 토양, 동물의 분(糞) 등에서 분리된다.

① *Syncephalastrum racemosum*

Rhizopus nigricans 와 비슷한 집락을 형성하고, 기균사의 짧은 가지 끝에 흑색의 포자낭을 형성한다. 이 포자의 연쇄는 5~8개이고, 포자의 모양은 거의 원형으로 3~4μ 정도이다. 간장국(麴)의 유해균이다.

2. 자낭균류 (Ascomycetes)

자낭균류의 생활사는 그림 3-31에서와 같이 *Aspergillus* 속이 대표적이다. 무성적 생활사는 분생포자가 발아해 균사로 되고, 자실체를 형성하여 분생포자를 만드는 생활사를 반복한다.

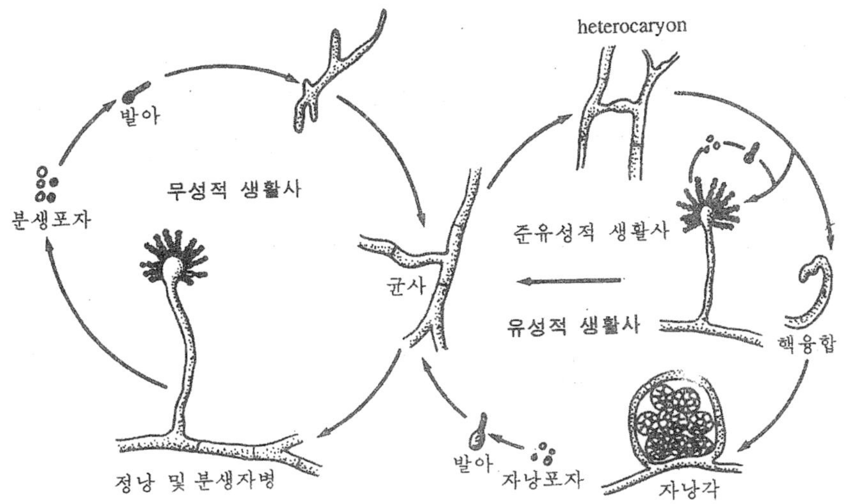

그림 3-31 *Aspergillus* 속의 생활사

표 3-3 식품과 관계깊은 자낭균류

강(綱)	아강(亞綱)	주요 목(目)	주요 속(屬)
자낭균류	Hemiascomycetes (반자낭균류)	Endomycetales 목	*Ashbya, Eremothecium* 유포자효모
	Euascomycetes (진정자낭균류)		
	Plectomycetes (부정자낭균류)	Eurotiales 목	*Aspergillus, Monascus Pennicillium*
	Pyrenomycetes (핵균류)	Sphaeriales 목 (구과균목)	*Chaetomium, Gibberella Neurospora*

유성적 생활사는 균사의 접합(anastomosis)으로 인해 한 개의 세포 내에 2개의 각기 다른 핵을 갖는 균사세포인 이핵공존세포(異核共存細胞, heterocaryon)에 의해서 이루어지는 준 유성적 생활사로서 자실체와 분생포자를 만든다. 유성적 생활사는 핵융합이 일어난 균사의 일부에 자낭을 형성하고, 그 속에 자낭포자를 내생하는데, *Aspergillus* 속 중에는 유성적 생활사를 볼 수 없는 것도 있다.

(1) Hemiascomycetes (반자낭균류)

1) Endomycetales 목

반자낭균류는 가장 원시적인 자낭균이나 다름없다. 자실체를 형성하지 않고, 자낭은 균사 위에서 나생(裸生)되어서 자낭형성균사도 만들지 않으며 특별한 보호기관도 형성하지 않는다. 유포자효모 및 유사 곰팡이가 여기에 속한다. 자낭과가 없고, 자낭은 한 겹으로 된 막에 싸여 있다.

Endomycetales 목, Diplodascales 목, Exoascales 목의 3목이 있다.

[Spermophthoraceae 과]

이 과에는 비타민 B_2 생산균으로 알려진 *Eremothecium* 속과 *Ashbya* 속이 있다.

① *Eremothecium* 속

• *Eremothecium ashbyii*

아열대 지방에서 면실 및 커피 등에 기생하는 반자낭균류에 속하는 곰팡이로서, 자낭 내의 포자는 낫과 같은 모양을 하고 있으며, 크기는 2~3 × 3~35 μ 정도이다. 아프리카산 목화씨에서 분리되었고, 만주의 부식토에서도 발견되었다.

이 곰팡이는 한천배지에서 표면 번식을 하고, 자웅이체이다. 기균사는 형성하지 않고 포복지형의 균사만 형성하며, 균사에 격막이 거의 없다가 오래 되면 형성한다.

균사는 riboflavin 색소로 인하여 황색을 나타내며, 균사의 곳곳에 flavin 결정이 보인다. 비타민 B_2 생산용으로 이용된다.

② *Ashbya* 속

• *Ashbya gossypii*

Eremothecium ashbyii 와 형태가 비슷하나 자웅동체이고, 비타민 B_2 의 생성능이 높은 주요한 균이다. 커피, 콩류, 면실 등의 기생균이다.

③ *Byssochlamys* 속

암갈색의 분생자를 착생하고 자낭 안에는 8개의 자낭포자가 생성된다. *Byssochlamys fulva* 는 포자가 내열성이므로 과일 통조림이나 병조림의 변패를 일으킨다. 보통은 과수원의 토양에 존재한다.

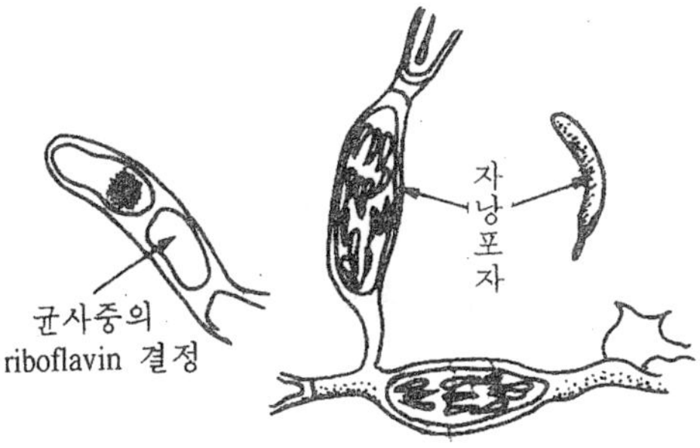

그림 3-32 *Eremothecium ashbyii*

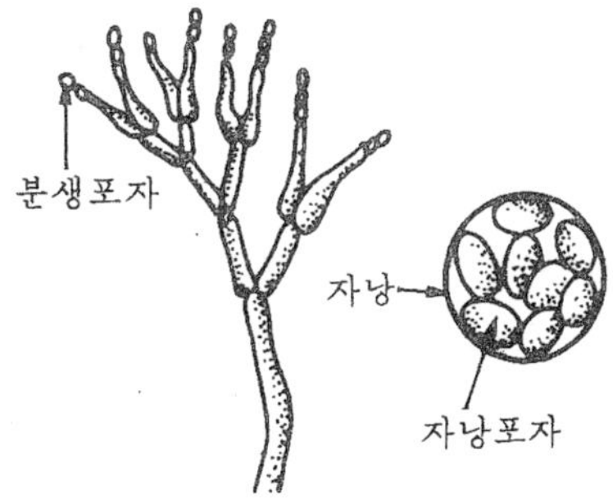

그림 3-33 *Byssochlamys fulva*

(2) Euascomycetes (진정자낭균류)

진정자낭균은 자낭균의 대부분을 차지하며, 자낭균은 균사로 싸여서 자실체 및 자낭과(ascocarp)를 형성한다. 이것이 진정자낭균의 특징이다. 진정자낭균류는 Plectomycetes (부정자낭균류), Pyrenomycetes (핵균류), Discomycetes (반균류) 등의 주요 3 군이 있다.

1) Aspergillales 목 (누룩곰팡이목, Eurotiales)

부정자낭균(Plectomycetes)에 속하는 대표적인 목으로, 대부분 사물기생(saprophyte)이며, 폐자기 혹은 자낭구(cleistothecium)에 자낭을 형성한다. 몇 종의 과가 있으며, 그 중 국균과(Aspergillaceae)에는 발효공업에 중요한 *Aspergillus* 속과 *Penicillium* 속 및 *Monascus* 속 등이 있다.

[Aspergillaceae 과 (科)]

① *Aspergillus* 속 (코지 곰팡이 속)

식품 및 발효공업 등에 중요한 역할을 하며, 이용성이 많은 이 속은 토양, 식품 등 그 분포가 매우 넓다. 이들은 생육 증식하며 활성이 강하고 다양한 효소 protease, amylase, glucoamylase 등을 생성함으로써 옛부터 동양 각국 및 우리나라 등지에서 주류, 장류 등의 양조에 이용하였다. 최근에는 의약이나 효소제 생산에도 널리 이용된다.

균총은 분생자의 색깔에 따라 황, 녹, 갈, 흑, 백색 등으로 매우 다양하다. 균사에는 격막이 있고, 분생자(conidia)를 생성하는 분생자병은 다소 단단한 병족세포(柄足細胞, foot cell)에서 형성되고, 그 끝 부분이 팽대하여 정낭(vesicle)이 된다.

정낭의 형태는 구형, 반구형, 곤봉형 등 여러 가지이며, 정낭 위에 플라스크 모양의 phialide (혹은 sterigma)를 착생하고 그 위에 분생자를 구심적으로 형성한다.

정낭 이상의 윗부분을 분생자두(分生子頭, conidial head)라고 하며, 그 형상의 다양함을 보고 동정의 표식으로 삼는다. 균핵을 형성하는 것도 있으나 분류상의 기준은 되지 않는다. 이 속에는 citric, gluconic, oxalic, itaconic 및 kojic acid 등의 여러 유기산을 생성하는 균이 있어서 공업적 생산에 이용되기도 한다.

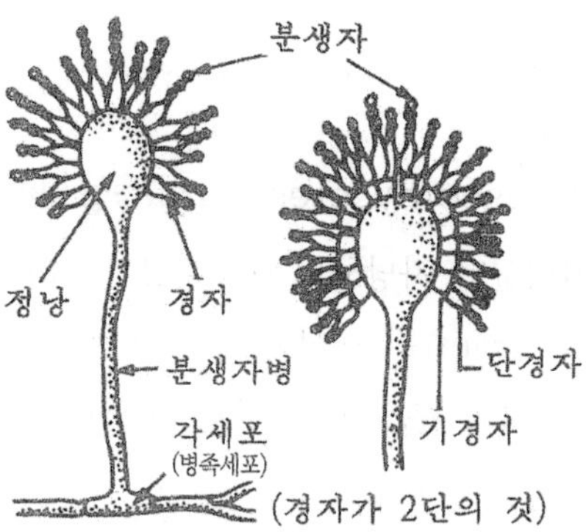

그림 3-34
Aspergillus 속의 형태적 특징

• *Aspergillus niger* (흑국균, 黑麴菌)

공기 및 토양 등으로 분포가 넓고, 균사체는 처음 생육 초기에는 백색이나 차츰 황갈색이 되고, 이어서 흑색의 분생자로 인하여 전 집락이 흑갈색으로 보인다. 분생자는 구형이며 phialide 와 정낭 사이에 보통 기저경자(基底梗子, primary sterigma)가 있고 분생자두(conidial head)가 큰 편이다.

과일이나 빵 등에서 볼 수 있으며, 당액을 발효하여 유기산(citric acid, gluconic acid, oxalic acid)을 다량 생성하는 균주들이 있어서 발효공업에 이용된다. amylase, pectinase, cellulase 등의 효소 활성이 강하므로 이들 효소제조에 이용되기도 한다. Raper 는 'The Genus Aspergillus' 에서 18개의 군(群)으로 나누고 190 여 종의 균종을 수록하였다.

• *Aspergillus oryzae* (황국균, 黃麴菌)

청주, 간장, 된장 제조에 사용되는 koji (국, 麴) 곰팡이의 대표적인 균종으로 황국균이라고도 하며 *Asp. flavus* 군에 속한다. 집락은 처음에는 백색이다가 분생자를 생성하며, 황록색이 되고 오래 되면 갈색으로 변한다. 기저경자는 없다.

쌀, 보리, 콩, 밀기울, 겨 등에서 잘 생육하나 균주에 따라 전분당화력과 단백분해력이 차이가 있으므로, 용도에 따라서 주류 양조용으로 전분당화력이 강한 균주를, 장류 제조용으로는 단백분해력이 강한 균주를 선택하여 사용한다. 이들 효소의 활성이 강하므로 추출하여 소화제로 이용되기도 한다. 생육적온은 37℃이며, 우리나라 탁주 양조에 이용된다.

• *Aspergillus sojae*

단백질 분해력이 강하여 장류 제조에 사용된다.

(1~5) : 분생자병 및 분생자의 발육과정
(a) 약 2.5 배
(b) 분생자병의 일부 : 약 320 배
(6) 경자 : 약 320 배
(7) 분생자 : 약 200 배

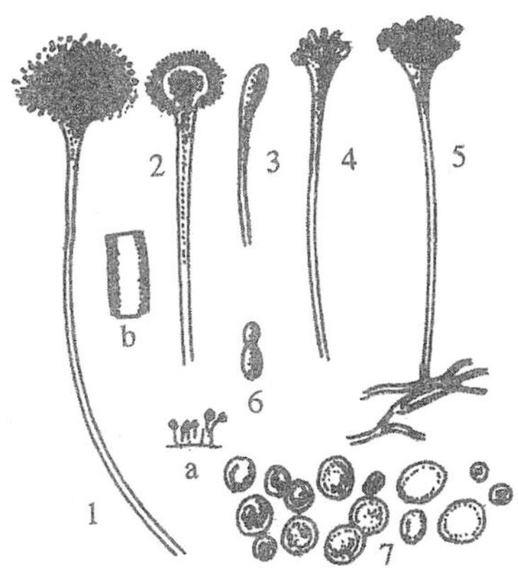

그림 3-35 *Aspergillus oryzae sojae* 의 분생자두

그림 3-36 *Aspergillus*

• *Aspergillus glaucus*

집락은 청록색에서 암갈색 또는 갈색이 된다. 진한 황색의 피자기를 형성하는 것이 특징이며, 이 속은 어느 것이나 삼투압이 높은 곳에서 잘 발육하므로 고농도의 설탕이나 식염농도가 높은 식품에서도 잘 생육해 변패를 일으킨다. 피혁제품이나 훈제품 등에서 잘 생육하며 유지의 분해력도 강하다. 홉(hop)이나 고량주 누룩에서 검출되기도 한다. 이 종은 *Asp. repens*, *Asp. ruber* 등 17종이 알려져 있다.

• *Aspergillus wentii*

집락은 처음에는 황백색이지만 후에는 분생자의 색에 따라 갈색이 된다. amylase, celluase, protease 등의 효소 생성력이 강하다. 생육적온은 37℃이며, 곡류 등에 분포한다. 자바 간장의 양조에 관여하는 곰팡이다.

• *Aspergillus tamarii*

Asp. flavus 군에 속하며, 집락은 처음에는 백색이다가 후에는 등황색으로 된다. 경자(梗子, sterigma)는 복열이고 분생자두는 갈색이며, 생육적온은 35~37℃이다. 곡류, 특히 보리 등에 많이 발생한다.

• *Aspergillus fumigatus*

집락은 청록색이며, 경자가 정낭(vesicle)의 윗부분에 편재하므로 분생자두는 원주형을 보인다. 식물질 특히 저장곡류에 잘 번식하여 피해를 준다. 생육적온은 37℃이다. 새나 사람의 폐에 기생하여 aspergillus 증을 일으키는 병원성 균이기도 하다.

• *Aspergillus ochraceus*

집락은 적토색으로, 정낭은 구형이다. 경자는 복열(phialide 와 sterigma)이며, 분생자는 구형이며 드물게 타원형도 있다. 빵 및 건어물 등에 잘 번식하여 변패시키며, 생육적온은 30~35℃이다. 신장 및 간장에 장해를 일으키는 독소인 ochratoxin 을 생성한다.

• *Aspergillus flavus*

Asp. oryzae 와 아주 유사한 균종이지만, 포자가 처음부터 녹색이 되는 것이 다르다. 집락은 황록색이고 정낭은 구형 또는 플라스크형으로, 경자는 단열(單列)이다. 피자기는 없으며 간암 유발물질로 알려진 독소인 aflatoxin 의 생성균주로 유명하다.

1960년에 영국에서 칠면조 10만 마리가 원인 모르게 죽었을 때, 그 원인을 밝혀내기 위하여 최초의 강력한 국제적 연구과제가 되었던 일명 'X 병'의 원인물질이 이 독소이다. 이 독소에 침범당한 기관은 크게 확대되고, 그 세포가 급성으로 괴사(壞死, necrosis)와 출혈을 일으킨다.

② *Penicillium* 속

자연계에 널리 분포하며 과실, 떡, 빵 등에 잘 번식한다. 황변미(yellow disease rice)의 원인이 되는 등, 유해한 균종도 많다. 그러나 치즈 숙성이나 항생물질인 penicillin 의 생산에 이용되는 유익한 균종도 있다. 집락은 녹색이 되는 경우가 많아서 푸른곰팡이라고 불리지만, 회백색 및 황갈색 등을 나타내는 종류도 있다.

이 속은 분류학상 *Aspergillus* 속과 가까우나 분생자병의 끝에 정낭을 만들지 않고 분기(分岐)하며, 경자(phialide) 가 빗자루나 붓 모양으로 배열하여 penicillus (라틴어로 毛筆)을 형성하고 병족세포가 없는 점이 다르다. phialide 의 상단에 분생자가 구심적으로 형성된다.

penicillus 가 분기하지 않은 것을 monoverticillata (單輪生), 2단으로 분기한 것을 biverticillata (雙輪生)이라고 하며, 여러 개로 분기한 것을 polyverticillata (多輪生)이라고 한다. penicillus 가 좌우대칭인 것을 좌우대칭형(symmetrica) 이라고 하며, 대칭이 아닌 것을 좌우비대칭형(asymmetrica) 이라고 한다.

(a), (b), (c)
symmetrica (좌우대칭형)
(a) monoverticillata
(b) biverticillata
(c) polyverticillata
(d) asymmetrica
(좌우비대칭형)

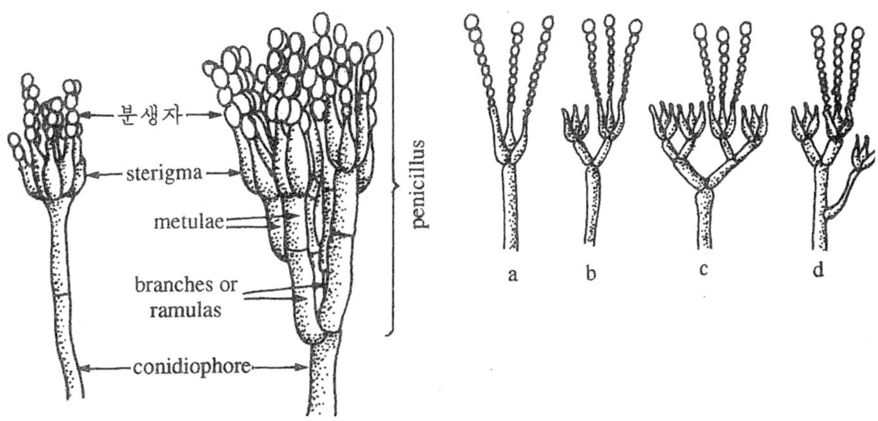

그림 3-37 *Penicillium* 속의 분생자두와 그 형태

• *Penicillium citreoviride (Pen. toxicarium)*

단륜생군(單輪生群, monoverticillata)이다. 집락은 담황록색으로 벨벳 모양이며 뒷면은 황색이다. 분생자는 구형이며 매끄럽게 생겼다. 토양이나 쌀을 비롯한 곡물에서 잘 분리되며, 특히 황변미의 원인균으로 알려져 있다. 곰팡이 독소인 citreoviridin 을 생산하는데, 이 독소는 인체의 중추신경에 작용하여 전신마비 및 호흡곤란 등을 일으킨다.

• *Penicillium islandicum*

대칭적인 쌍륜생군(雙輪生群, symmetric biverticillata)이다. 집락은 등·적 및 암록색을 혼합한 색이고, 뒷면은 암적갈색이다. 생육은 더디고 새끼 모양이다.

쌀과 같은 곡물에서 분리되며, islandia 황변미 원인균으로 잘 알려져 있다. 독소 luteoskyrin 과 함염소 peptide 인 cyclochlorotin 및 islanditoxin 과 같은 독소를 생산한다.

- *Penicillium citrinum*

집락은 벨벳 모양으로 회록색이다. 뒷면은 황색이나 등색으로, 이 색소는 강한 형광을 발생시킨다. 분생자는 구형이거나 구형에 가깝다. 비대칭(asymmetrica) verticillata 로 유독성이고, 신장(腎臟)장해의 원인인 황색색소 citrinin 을 생성하는 태국 황변미 원인균으로 알려져 있다. 각종 곡류와 그 가공품, 수산제품, 된장, 과자류 등에 널리 분포한다.

- *Penicillium purpurogenum*

집락은 벨벳 모양이고 균사는 황색이며, 분생자를 많이 형성하고 진한 녹색이나 암록색이다. 뒷면은 적색 내지 적자색이고 분생자는 구형 또는 구형에 가까우며, 겉면이 매끄러운 것과 거친 것 등이 있다. 토양과 곡류에서 잘 검출되며, 간장장애를 일으키는 독소 rubratoxin A 및 B 를 생산하는 균주가 있다. *Penicillium rubrum* 도 이 균과 비슷한 독소를 생성한다.

- *Penicillium notatum*

과일이나 공기 중에서 잘 검출되며, 좌우비대칭형(asymmetrica)으로 집락은 양털 모양의 청록색인데, 가장자리는 백색이고 뒷면은 담황색이다. gelatine 액화력이 강하다. 최초의 항생물질인 penicillin 을 1929년에 플레밍(Fleming) 이 발견하는 동기가 된 곰팡이다.

- *Penicillium chrysogenum*

과일 등에 분포가 넓으며 집락은 청록색 내지 밝은 녹색으로 시간이 경과하면 자갈색이 된다. asymmetrica 이고 집락 주위에 2mm 정도의 백색 띠를 형성하며, 집락 위에 많은 작은 물방울을 형성한다. 집락 뒷면은 황색이다.

penicillus 는 2~3단의 큰 방사상으로 퍼지며, 그 위에 경자를 형성한다. 현재 penicillin 생산균주로 이용되는 것은 이 균주의 변이주가 대부분이다.

- *Penicillium camemberti*

asymmetrica 로 집락은 양털 모양이며, 처음에는 백색이지만, 분생자를 형성하면 청회색이 된다. 프랑스 까망베르(camembert) 치즈 숙성에 관여하여 향기를 주는 중요한 곰팡이다.

• *Penicillium roqueforti*

퇴비나 silo 에 저장한 생목초에서 검출되며, asymmetrica 이다. 집락은 청록색이나 시간이 경과하면 진한 녹색이 된다. 프랑스의 유명한 치즈인 roquefort 의 숙성에 관여하는 중요한 곰팡이로, 카제인(casein) 을 분해하여 독특한 향미를 부여하고 치즈에 녹색 반점을 만든다.

• *Penicillium italicum*

asymmetrica 이다. 집락은 청록색이고 주변에 백색대를 형성하며, 귤에 기생하여 연부병을 일으킨다.

• *Penicillium expansum*

집락은 청록 혹은 회록색이며, 주로 사과와 배 등에 나타나서 저장 중 연부병원균이 된다.

• *Penicillium cyclopium*

집락은 청록색의 벨벳 모양으로, 뒷면은 등황 및 자갈색이다. 곡류나 오래된 된장 및 딸기 등 각종 과일에 분포가 넓다.

• *Penicillium javanicum*

자바섬의 부식된 차나무 뿌리에서 분리되었으며, penicillus 는 단륜생(monoverticillata)이다. 균사에 많은 유지를 축적(6~16%)하므로 이 균을 이용하여 유지를 생산할 가능성에 대한 연구 보고들이 있다. 산성에서는 황색의 색소를 생산하고 알칼리성에서는 보라색의 색소를 생산하는 특성이 있다.

• *Penicillium sclerotiorum*

집락은 엷은 청록색으로 균핵을 많이 형성하고, 세포의 핵물질을 분해하여 핵산물질인 이노신산 제조에 쓰이는 5′−phosphodiesterase 를 생성한다.

③ *Monascus* 속

짙은 분홍색 색소인 monascorbine($C_{22}H_{24}O_5$) 을 생성하므로 균총은 선홍색을 나타낸다. 유성생식에 의해서 균사 끝에 폐자낭각을 만들고 그 속에 자낭포자를 형성한다. 무성생식의 경우에는 균사의 가지에 분생포자 2, 3개가 연결되어 착생한다. *Monascus purpureus* 는 중국 남부지방, 말레이시아 반도 등지에서 찐 쌀로 이 곰팡이를 번식시켜 홍국(紅麴, Ang-Khak)이라는 누룩을 만드는 데에 이용되며, 이것으로 홍주(Anchu)를 담근다. *Monascus anka* 도 유사한 균으로, 홍국 이외에 홍유부의 제조에 이용된다.

• *Monascus purpureus*

중국과 Malay 지역의 홍주 제조에 사용하는 홍국으로 이용되는 곰팡이다.

우리나라 누룩에서도 많이 검출된다. 생성하는 색소는 물에 녹지 않고 유기용매(발효 중에 생성된 알코올)에만 녹는다. 생육적온은 33~35℃이며, 유기산인 succinic, lactic 및 gluconic acid를 생성한다.

(a) 분생자에서 발아한 어린균사의 측지 끝에 피자기를 생성한 것으로 180배 확대
(b) 아포자형성균사 약 390배
(c)~(e) 피자기의 발육과정 약 390배
(f)~(g) 피포포자(被包胞子) 약 390배 확대그림

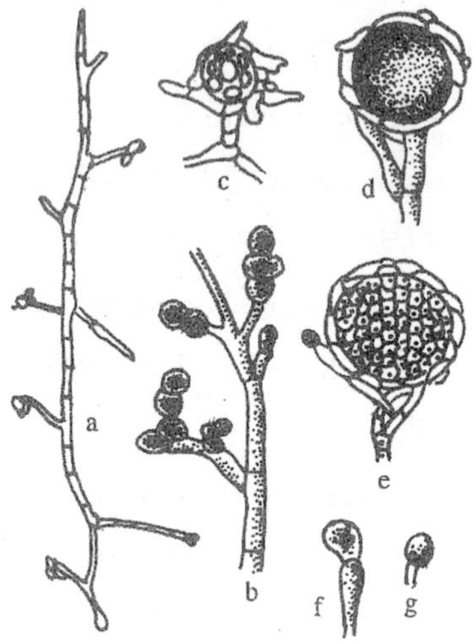

그림 3-38 *Monascus purpureus* (홍국균, 紅麴菌)

• *Monascus anka*

대만이나 중국 등에서 홍국의 종균(種菌)으로, 또는 홍유부 제조에 이용되며, 균사는 생육초기에 바로 붉은색이 된다. 펙틴가수분해효소(pectinase)를 강하게 분비하기 때문에 이 효소로써 과즙의 pectin을 분해하는 여과를 쉽게 하며, 주스의 청징(淸澄)에 이용한다.

• *Monascus barkeri*

균사는 홍색으로 모로코의 samzu술 제조에 쓰는 쌀을 이용한 국(麴)에서 분리되며, 건초에서도 분리된다.

2) 구과균목 (Sphaeriales, 球果菌目)

핵균강(核菌綱, Pyrenomycetes)에 속하고, 자낭은 가늘면서 긴 형태이다. 흑색의 피자기를 형성한다. Sordariaceae 과의 *Neurospora* 속과 Melanosporaceae 과의 *Chaetomium* 속이 식품과 관계가 있다.

① *Neurospora* 속

대부분 자웅이주이며 갈색 또는 흑색의 자낭각을 만들고, 그 속에 원통형의 자낭을 만들며 자낭 내에는 4~8개의 자낭포자를 형성한다. 무성생식에서는 오렌지색 또는 담홍색의 분생포자가 염주처럼 연결되어 있으므로 오렌지색의 가루덩어리처럼 보인다. 옥수수 속대, 빵, 불탄 나무 등에 잘 번식하여 짙은 오렌지색을 나타낸다.

Neurospora 는 완전세대에 붙인 명칭이며, 불완전세대는 *Monilia* 속으로 불린다.

• *Neurospora sitophila*

이 속의 대표적인 종이며 자웅이체이고 균사는 격벽으로 인하여 많은 세포로 나누어져 있으며, 기균사는 잘 발달하며, 그 끝에 붉은색의 분생자를 착생한다.

포자의 색소는 carotene 이다. Lipase 를 강하게 분비하며, 이 곰팡이를 땅콩에 번식시킴으로써 ontjon(땅콩과자) 이라는 과자 제조에 이용한다. 때로는 빵에 착생하여 핑크색을 나타내고 푸석푸석하게 되므로 붉은빵곰팡이(red bread mold)로 불리기도 한다. *Neurospora crassa* 는 미생물 유전학의 재료로서 유명한 곰팡이다.

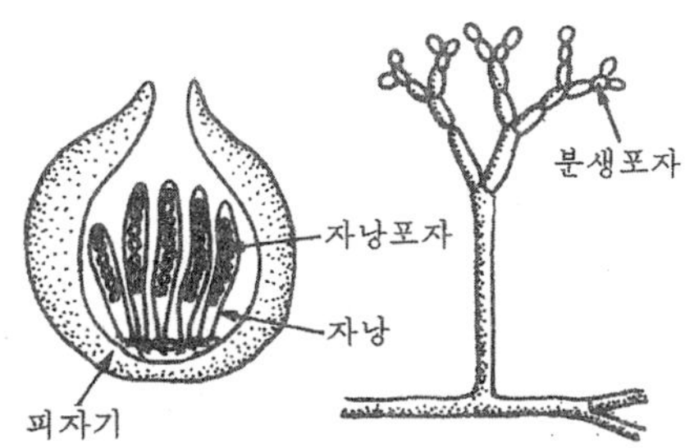

그림 3-39 *Neurospora sitophila*

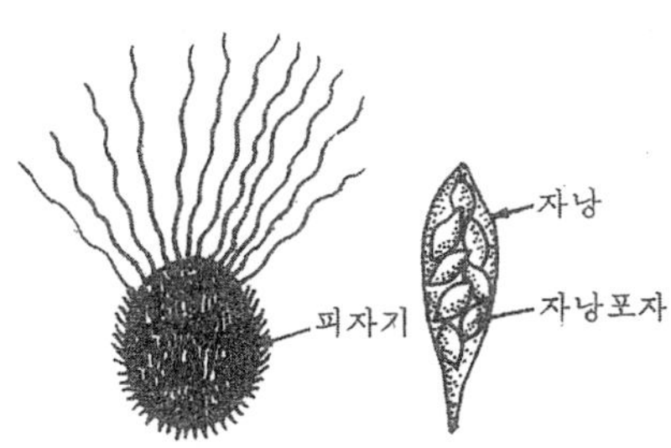

그림 3-40 *Chaetomium globosum*

② *Chaetomium* 속

토양 중에 널리 분포하며, 짚 또는 습한 종이나 천 등의 섬유질에 흔히 발생하고 cellulose 분해력이 강하다. 긴 털을 가진 암색의 자낭각 안에 막대 모양의 자낭을 형성하고, 자낭 내에는 달걀형이나 각진 타원형 등의 자낭포자를 형성한다. 섬유제품의 방미시험용균(防黴試驗用菌)으로 이용된다.

3) Sphaeropsidales (병자각균목, 柄子殼菌目)

Coelomycetes 에 속하고 병자기 안에 포자를 형성하며, 포자는 성숙하면 구멍을 통하여 방출된다. 이들은 수목이나 풀에 기생하여 점무늬병(斑點病)을 일으키는 등 대부분이 식물의 병원균이다.

[Sphaerioidaceae 과]

① *Phoma* 속

병자기는 구형으로 흑색을 나타내고 구멍이 있으며, 윗부분은 다소 원추형이다. 사탕무나 토마토 등의 병원균이며, 곡물 및 냉동식품에서도 분리된다. 대표적인 균종으로는 *Phoma herbarum* 이 있다.

② *Catenularia* 속

집락의 색은 독특한 초콜릿색이며 내삼투압성으로 40~60%의 당을 함유한 식품, 특히 양갱 등에 잘 발생한다. 생육적온은 25~30℃이며, *Catenularia fuliginea* 등이 식품 미생물로 잘 알려져 있다.

③ *Diplodia* 속

분생자는 검은 흑색이며, 2세포형이다. 채소나 과일의 변패균이 많으며, *D. tubericola* 는 고구마의 흑부병균(黑腐病菌)으로, *D. natalensis* 는 땅콩 경부패균(莖腐敗菌)으로 잘 알려져 있다.

4) Moniliales 목

특별한 무성생식기관인 병자각(분자기), 자좌(子座)를 형성하지 않고, 분생자병이 단독으로 생기는 것으로, 무포자효모 및 사출포자효모와 같이 응용미생물로서 중요한 효모가 다수 포함된다.

[Moniliaceae 과]

불완전균 중 가장 큰 과이다. 공업적으로 이용되는 *Aspergillus* 속, *Penicillium* 속을 위시하여 식물병원균으로는 *Oidium* 속, *Monilia* 속, *Botrytis cinerea* (딸기 회색곰팡이병), *Pyricularia oryzae* (벼 도열병균), *Cephalosporium gramineum* (밀 줄무늬 마름병균) 등이 알려져 있다.

① *Geotrichum* 속

기균사의 끝에서 순차로 격벽을 형성하여 분생자가 된다. 피포자를 분열자 또는 분절포자(分節胞子)라고 한다. 우유 및 유제품에 잘 번식하고, 제과 전분공장 또는 폐수 등에서 자주 발생한다. 대표적인 균종은 백색의 *Geotrichum candidum* 이며, 그 밖에도 10여 종이 알려져 있다.

② *Botrytis* 속

집락은 회색이며 분생자병은 길고, 두 갈래 또는 불규칙적으로 분기한다. 그 선단의 세포가 팽대하여 많은 포자가 착생해 덩어리를 이룬다. 포도나 딸기 등의 회색곰팡이 병원균이다. 토양 및 부패과일 등에서 분리되며, 대표균종은 *B.*

cinerea 이다.

③ *Cephalosporium* 속

분생포자병은 격벽이 있는 균사의 각 부위에서 단독적으로 신장하고, 분생포자는 분비하는 점액으로 덩어리가 된다. 집락은 백색 또는 담색이며 항생물질인 cephalosporin C 를 생산한다.

Cephalosporium acremonium 이 잘 알려져 있으며, 항생물질 cephalosporin C 생산균주이다. 균사에는 격막이 있고 균사의 어느 곳에서나 짧고 격막이 없는 분생자병이 직립하여 그 끝에 무색투명한 분생자가 연속적으로 형성되면서 함께 분비된 점액에 의하여 단단한 소괴(小塊)를 형성한다. *Cephalosporium gramineum* 은 소맥의 줄무늬마름병균이다.

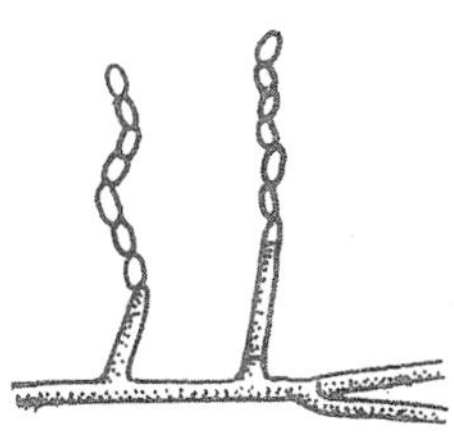

그림 3-41
Geotricum candidum

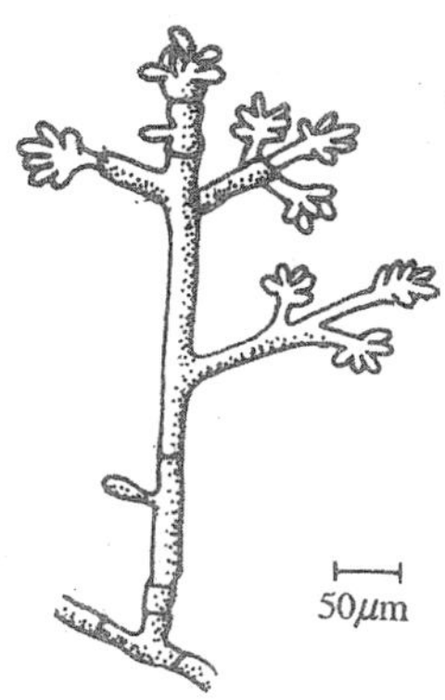

그림 3-42
Botrytis cinerea

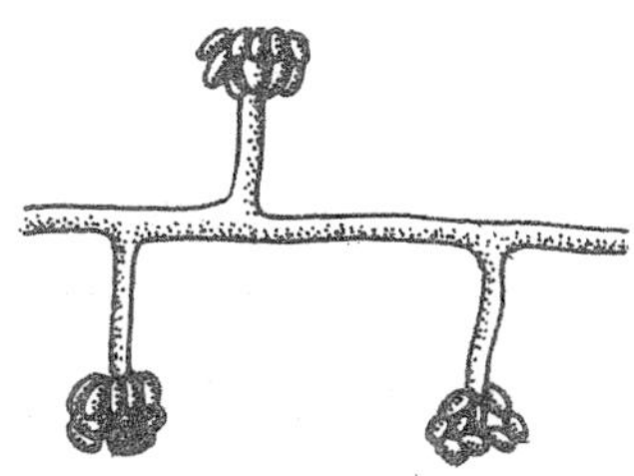

그림 3-43
Cephalosporium
속의 형태

④ *Trichoderma* 속

짙은 녹색의 분생자가 경자의 끝에 단단하게 착생되어 있다. 유기물이 많은 토양에서 잘 자라고 목재에도 잘 발생하며, 간혹 버섯 재배용 목재에 번식해서 해를 주는 경우가 있다. Cellulase 가 강하게 분비되어 효소 생산에 이용된다. 이 속에는 *T. lignorum, T. koningi, T. viride* 등 3종이 알려져 있으나, 이들은 뚜렷한 구별이 없어 *Trichoderma viride* 만을 제안하고 있다.

⑤ *Monilia* 속

분생포자병은 포복균사의 직립분지한 가지에서 나며, 연쇄의 분생포자를 착생한다. 이 곰팡이의 유성세대는 *Neurospora* 속이다.

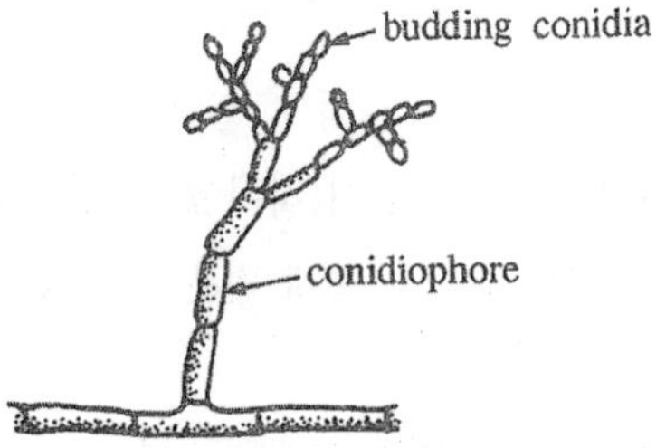

그림 3-44 *Monilia* 속의 형태

• *Monilia candida*

집락은 백색 또는 회황색이다. 맥아즙 중에는 효모 모양으로 보이며, 피막을 형성한다. 피막 중의 세포는 사상이고 40℃에서도 생육을 계속한다. 발효력이 있으며, 1개월 후에 5%의 알코올을 생성한다.

• *Monilia variabilis*

맥아즙이나 gelatine 의 경우 집락은 건조백분상(乾燥白粉狀)이고 균사체는 여러 모양으로 변화하며, 혐기상태에서는 회황색 집락을 형성하며 긴 세포가 된다. 습한 빵에 잘 발생하며 알코올 발효력은 없다.

• *Monilia javanica*

자바산 ragi 에서 분리한 균으로, 아락(arrak) 술 양조에 유해한 균이다. 알코올 발효력은 없다.

[Dematiaceae 과]

균사나 포자는 흑색이다. 잎마름병균(葉枯病菌)인 *Helminthosporium* 속, 토마토의 잎곰팡이균인 *Cladosporium* 속, 검은무늬병균(흑반병균)인 *Alternaria* 속 등이 여기에 속한다.

① *Pullularia* 속

흑효모라고 불리며, 어린 집락은 색이 투명한 점질의 효모 모양이나 오래되면 균사 같은 피혁모양이 된다. 달걀형의 투명한 분생자가 균사의 어느 곳이나 출아적으로 착생한다. 이 속 중 *Pullularia pullulans* 가 잘 알려져 있다.

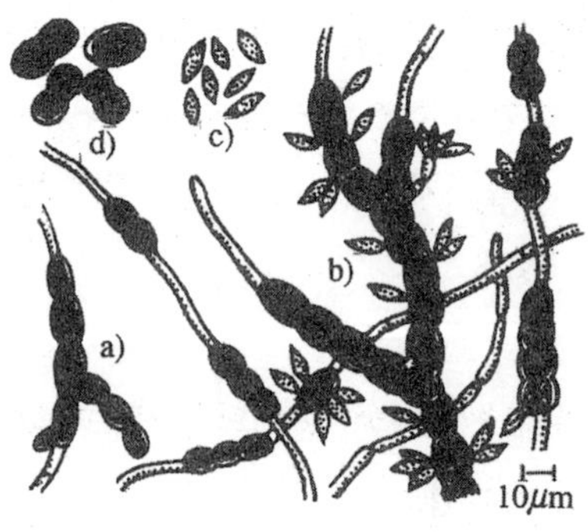

a) 어린균사와 후막포자
b) 균사와 후막포자, 분생자
c) 분생자
d) 휴면포자

그림 3-45
Pullularia pullulans

② *Cladosporium* 속

집락은 암색이고 분생 포자병은 분지하였으며, 그 끝에 구형의 분생포자가 분지상으로 연쇄되어 있다. 생육 초기에서 분생포자는 효모와 같이 출아에 의하여 형성된다. 많은 식품이나 양조장의 벽, 냉장한 고기류, 달걀껍질 등에 검은 반점을 만든다.

식물 병원균이 많고 사료에서 중독을 일으키는 경우도 많다. 습한 맥아, 홉, 섬유 등에 자주 나타난다. 포도주병에 코르크 냄새를 만들며 우유에는 쓴맛을 준다.

C. herbarum 은 보리, 벼, 수수 등의 흑변병균(黑變病菌), *C. fulvum* 은 토마토 잎 곰팡이병균, *C. carpophillum* 은 복숭아, 매실의 흑성병균(黑星病菌), *C. cucumerinum* 은 오이 흑성병균 등으로 알려져 있다.

③ *Helminthosporium* 속

이 속은 큰 속으로 화본과(禾本科)의 병원균이다. 그러나 그 중에는 사물기생을 하는 종류도 있다. 암색의 균사를 가지며 짧은 분생자병의 선단에 방사상의 많은 분생자를 착생한다. *H. sativum* 은 보리 반점병균(班點病菌), *H. oryzae* 는 벼의 엽고병(葉枯病), *H. maydis* 는 옥수수 반점병균 등의 많은 식물 병원균이 있다.

④ *Alternaria* 속

식품의 변패균이며 식물의 흑반병균이다. 균체는 회록색이고, 분생자병은 암색으로 격벽이 있다. 분생자는 가로 세로로 격벽이 있으며, 달걀형이나 곤봉형이다.

토양, 식품, 담배, 공기 등에 주로 분포되어 있고, 약 50여 종이 있다. *Alternaria tenuis*, *Alternaria brassica*, *Alternaria citrisms* 는 식물의 흑반병균이고, *A. citri* 는 귤의 변패균이다.

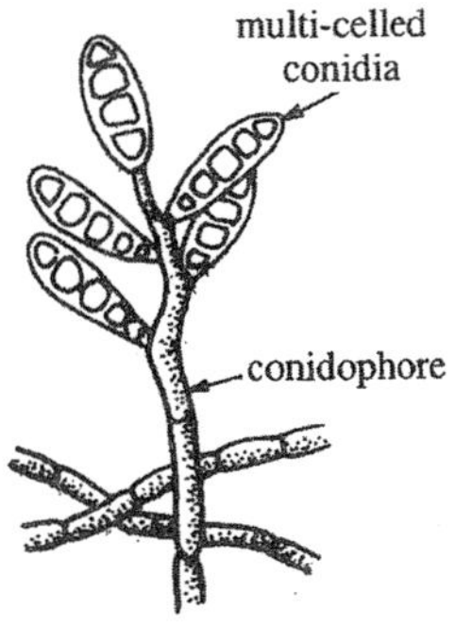

그림 3-46 *Cladosporium* 속의 형태

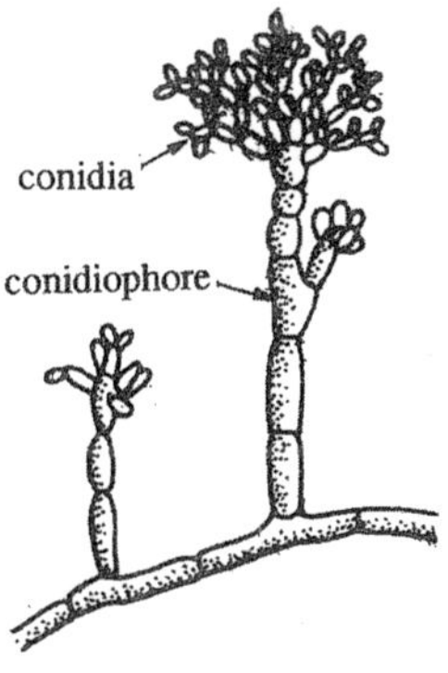

그림 3-47 *Helminthosporium* 속의 형태

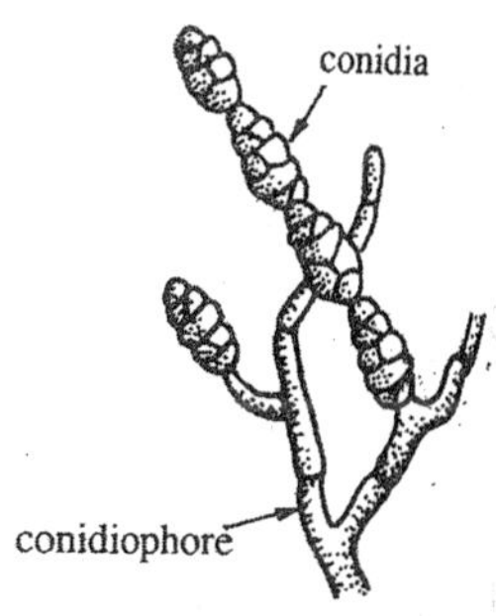

그림 3-48 *Alternaria*

[Tuberculariaceae (분생자좌균과, 分生子座菌科)]

분생자병은 묶음 모양으로 조밀하게 착생한 분생자좌를 형성하는 균군이다.

① *Fusarium* 속

식품에 자주 번식하며, 토양에 널리 존재한다. 식물의 뿌리, 잎에 침입하는 병원균으로는 *Fusarium moniliforme* (*Gibberella fujikuroi*) 등이 있으며, 벼에 키다리병을 일으킨다.

그밖에 보리의 붉은 곰팡이병균인 *F. graminearum* 등 식물의 병원균이 많다. 곡물이나 사료에 잘 번식하여 중독을 일으키기도 한다(fusariumtoxin).

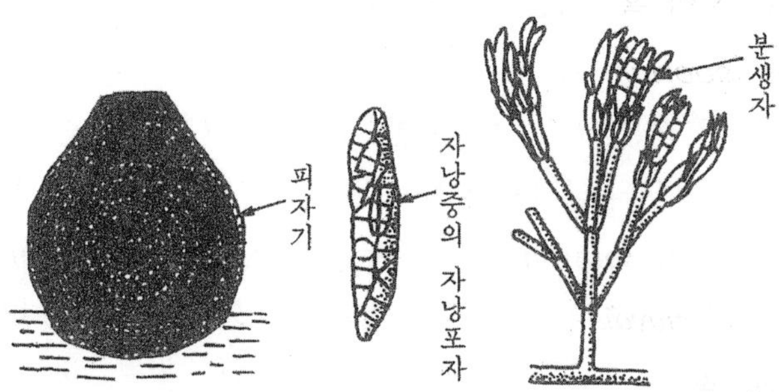

그림 3-49 *Fusarium graminearum*의 형태

제 4 장

효 모

효모(酵母, yeast)란 진핵세포 구조를 가진 고등미생물로 생육의 대부분이 구형 혹은 계란형 등의 단세포로 존재하고, 주로 출아(出芽, budding)에 의하여 증식하는 진균류의 총칭이다. 그러나 곰팡이나 버섯류 등의 이름과 같이 엄밀한 분류학상의 명칭은 아니다. 효모 중에도 출아에 의한 증식 외에 분열법으로 증식하는 것도 있고, 균사나 기균사를 형성하는 것도 있다.

효모는

① 자낭포자(ascospore)를 형성하는 Endomycetaceae 과 (ascosporogenous yeast)

② 사출포자(ballistospore)를 형성하는 Sporobolomycetaceae

③ 포자를 형성하지 않는 Cryptococcaceae (asporogenous yeast)과 등이 있다.

효모는 자연계에서 과일의 표면, 수액(樹液), 꽃의 밀샘(蜜腺), 토양(과수원), 해수, 우유, 공기, 곤충의 체내 등에 널리 분포되어 있다.

자연계에서 직접 분리된 효모를 **야생효모** (野生酵母, wild yeast)라 하며, 우수한 성질을 가진 효모를 분리하여 목적에 따라 알맞게 순수분리로 계대배양(繼代培養)한 것을 **배양효모** (培養酵母, culture yeast)라고 한다.

효모는 응용미생물학상 매우 중요한 미생물군으로, 알코올 발효능이 있기 때문에 옛부터 주류의 양조나 제빵 등에 이용되어 왔다. 또 균체는 식용, 사료첨가용, 단백질 급원, Vitamin 류, 핵산물질 등의 생산에 큰 역할을 하였다. 그러나 양조 및 식품 등에 유해한 효모나 인체에 병원성(candidiasis, cryptococcosis)을 가지는 효모도 있다.

효모의 일반적인 호칭으로 탁주효모, 맥주효모, 포도주효모, 청주효모, 빵효모, 산막효모, 석유효모 등 실용상의 산업적 호칭이거나 공통적인 한 특성으로 특정한 1 군의 효모를 말할 때에 사용한다.

효모의 크기는 환경조건이나 발육시기에 따라 다르다. 그러나 유포자 효모균은 평균 8~7×6~5μ이며, 큰 것은 10~8μ, 작은 것은 3~2μ 정도로 세균보다 훨씬 크다. 또한 대체적으로 배양효모는 야생효모보다 크다. 늙은 세포일수록 폭이 좁아져서 긴 세포가 되고, 영양부족일 경우에는 주상(柱狀)으로 되어서 모양과 크기가 달라진다.

4-1 효모의 형태

효모의 모양은 종류에 따라 다르고 같은 종류라도 배양조건이나 시기, 세포 나이, 세포의 영양상태, 산소의 유무 등의 물리화학적 조건에 따라 다르다.

기본적인 형태는 원형 및 구형(round globose, spheroid), 난형 및 타원형(oval ovoid, long-oval elliptical), 신장형(伸長形, elongate), 원통형(cylindrical), 레몬형(lemon shape) 등이다.

맥주 양조용 효모로 잘 알려진 *Saccharomyces cerevisiae* 와 같이 원형이나 난형의 것을 cerevisiae type 이라고 한다. 포도과피에 부착하여 포도주 양조에 관여하는 *Sacch. ellipsoideus* 와 같이 타원형의 것을 ellipsoideus type, 그리고 *Sacch. pastorianus* 와 같이 모양이 일정하지 않고 원통형인 것을 pastorianus type 이라고 한다.

이는 절대적이지는 않으며, 같은 종류에서도 환경조건에 따라 크게 변하여 다른 형태로 되는 경우가 종종 있다. 특히 노세포는 막이 두터워지면서 내구세포(耐久細胞, durable cell)를 형성한다.

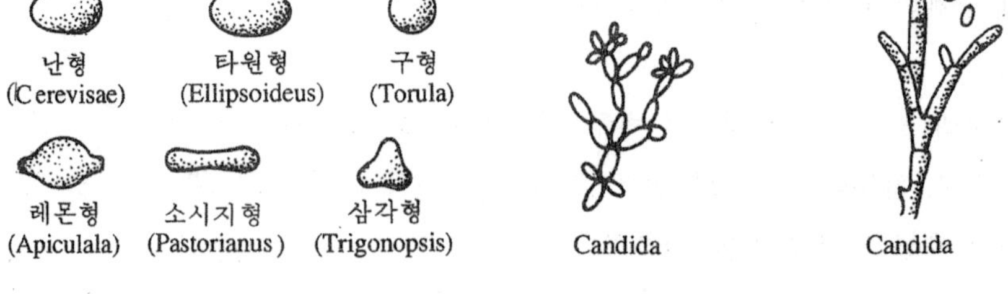

그림 4-1 효모의 형태

4-2 효모의 증식

효모의 증식법에는 영양증식(출아, 분열 및 양자 혼합의 출아분열)과 자낭포자 형성 등 두 가지 방법이 있다.

1. 무성포자

효모의 증식은 대부분 출아(出芽, budding)에 의해서 이루어진다. 성숙한 세포의 표면에 작은 아세포(芽細胞, bud cell)가 생기고, 이것이 점차 커지며 핵이 옮겨가서 마침내 원세포와의 사이에 새로운 세포벽이 생겨 독립된 세포가 된다.

원세포를 모세포(母細胞, mother cell) 라고 하며, 출아에 의해 생긴 세포를 낭세포(娘細胞, daughter cell) 라고 한다. 출아에 의해서 모세포의 표면에는 출아흔(出芽痕, bud scar) 이, 낭세포의 표면에는 탄생흔(誕生痕, birth scar) 이 각각 남는다.

출아는 세포의 여러 곳에서 일어나는 경우가 많다. 이것을 다극출아(多極出芽, multilateral budding)라 하며, 출아흔에서 다시 출아하는 일은 없다.

빵효모 (*Saccpharomyces cerevisiae*) 의 세포에는 보통 9~43개(평균 24개)의 출아흔이 있고, 저온에서 서서히 증식하는 맥주효모의 세포에서는 평균 2~3개 정도밖에 없다. 때로는 출아된 여러 개의 세포가 모세포에서 떨어지지 않고 연결된 상태로 존재하는 경우도 있다.

한편 레몬형 및 소시지형의 효모(*Nadsonia* 속, *Kloeckera* 속)는 세포 양쪽 끝의 넓은 기부(broad base)에서만 출아하며, 이것을 양극출아(兩極出芽, bipolar budding)라고 한다. 이 경우 계속되는 출아로 출아흔이 여러 겹으로 남는다.

출아법 이외에 세균과 같이 세포의 중앙에 격벽이 생기고, 그 곳에서 2개의 세포로 분열하는 효모(*Schizosaccharomyces* 속)도 있는데 분열효모(分裂酵母, fission yeasts)라 불린다. 출아 후에 그 기부가 잘리지 않고 분열에 의해서 모세포와 떨어지는 출아와 분열의 중간형식인 출아분열(bud-fission)에 의해서 증식하는 *Saccharomycodes* 속 같은 효모도 있다.

영양 및 온도 등의 조건이 좋은 경우에는 1~2시간에 1회 정도 출아하지만, 출아 횟수가 늘고 세포가 오래되면 출아할 때까지 걸리는 시간이 점차 길어져서 마침내는 출아하지 않는다.

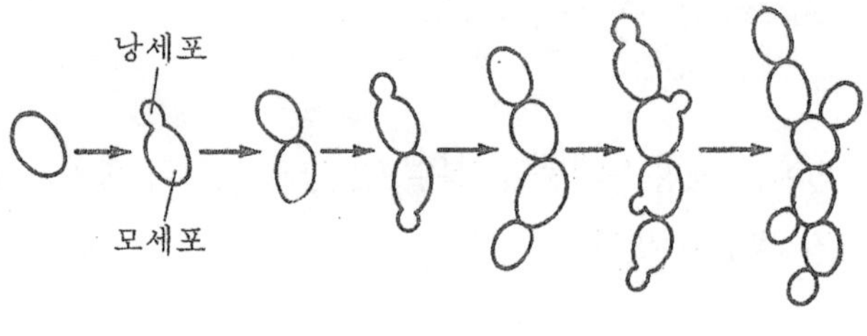

그림 4-2 효모의 출아와 증식

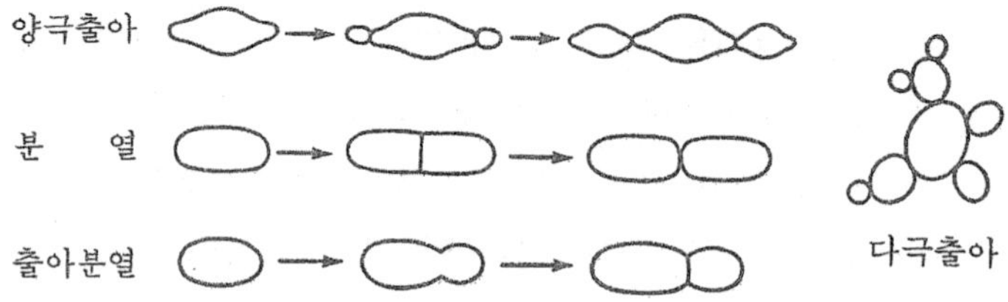

그림 4-3 효모의 영양증식법

위균사(僞菌絲, pseudomycelium)는 배양조건에 따라 출아에 의해 생긴 신장된 세포가 유리되지 않고 곰팡이의 균사처럼 연쇄상으로 연결된 모습을 보이는 *Candida, Pichia, Hansenula* 속 등에서 볼 수 있다. 흔히 위균사의 말단이나 연결 부위에 출아포자(blastospore)를 형성한다. 또 세포가 격벽 없이 가늘고 긴 균사 모양으로 바뀌고 여러 곳에서 분기된 단세포균사체는 blastes 라고 불리며, *Brettanomyces anomalus* 에서 잘 볼 수 있다.

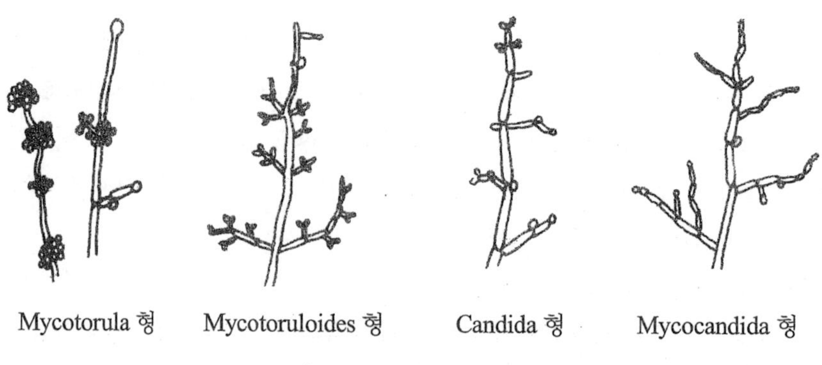

그림 4-4 위균사의 형태

Saccharomycopsis, *Trichosporon* 속 등은 균사에 곰팡이와 같이 격벽이 있으며, 이들의 균사는 단세포 상태로 각각 떨어져서 분절포자(分節胞子, arthrospore)를 만든다. 고체배지상에서는 흔히 지그재그로 배열된 상태로 관찰된다.

사출포자(射出胞子, ballistospore)는 *Sporobolomyces*, *Bullera* 속에서 형성하는 것으로, 신장형, 낫형, 또는 레몬형의 포자를 영양세포에서 생긴 작은 소병(小柄, sterigma, *pl.* -ata)을 통한 사출로 생성된다.

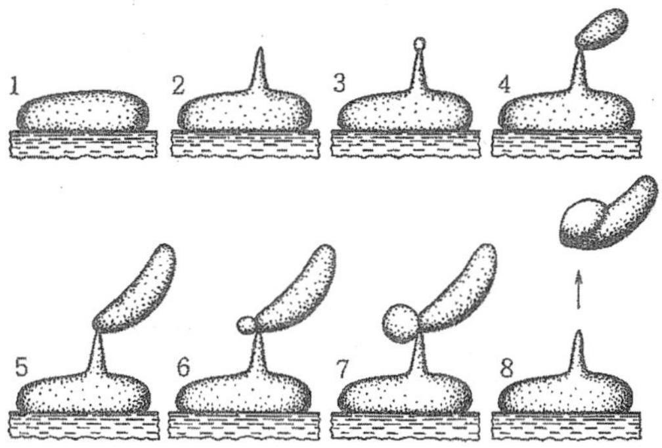

그림 4-5 *Sporobolomyces* 속의 사출포자 형성과 방출

2. 유성포자

효모의 유성생식은 자낭포자(ascospore)를 형성하는 자낭균류(Ascomycetes)에 속하는 것과 휴면포자(teliospore)를 형성하는 담자균류 흑수균(Ustilaginales) 목에 속하는 효모에서 볼 수 있다.

(1) 자낭포자

자낭균효모가 포자를 형성할 때, 두 개의 세포가 서로 접근 후에 양자가 접합하여 자낭포자를 형성하는 효모를 자낭포자효모(子囊胞子酵母, ascosporogenous yeast)라고 한다. 세포의 크기에 따라 두 가지 접합방법이 있다.

1) 동태접합 (同胎接合, Isogamy, isogamic conjugation)

형태적으로나 크기가 같은 배우자 간의 접합으로 접합자를 형성하고, 이것이 자낭으로 변하는 것이다.

Schizosaccharomyces, *Zygosacharomyces*, *Debaryomyces* 속 등에서 볼 수 있다.

2) 이태접합 (異胎接合, Heterogamy, heterogamic conjugation)

크기가 서로 다른 세포의 접합으로 자낭을 형성하는 것인데, 다음의 두 가지 형이 있다.

① Debaryomyces 형 : 충분히 발달하지 않은 출아의 아세포(芽細胞, bud cell)에 모세포(母細胞, mother cell)의 내용물이 옮겨지고 이것이 곧 자낭포자가 된다.

② Nadsonia 형 : 이것은 세 개의 세포가 관계한다. 모세포와 아세포 간에 접합이 있고 접합자는 제1의 아포자의 말단에 제2의 아포자를 형성한다. 접합자의 내용물은 자낭으로 변하는 제2의 아세포로 이동한다. 이것이 자낭으로 변하여 포자를 형성한다.

3. 무포자효모 (asposporogenus yeast)

불완전효모류는 핵의 융합이나 세포의 접합이 없으며, 포자를 만들지 않고 반수체(haploid)의 세포만으로 출아 증식하는 효모이다. *Candida*, *Cryptococcus*, *Kloeckera*, *Rhodotorula*, *Trichosporon* 속 등이 Cryptococcaceae 과에 속하며, 무포자효모류이다.

4. 효모의 생활사

일반적으로 세포의 핵에 있는 염색체(chromosome)의 수는 종(種)에 따라 일정하게 정해져 있다. 염색체에는 유전자(gene)가 있고, 이것이 유전을 좌우한다.

생식세포는 배우자(gamete)라고 불리며, 고등 동·식물은 씨앗이나 정자로, 미생물은 +, −로 구별할 뿐이다. 각 배우자의 핵에는 일정 수의 염색체가 있고, 그 수(basic number)는 1n 으로 나타내며, 반수체(haploid) 혹은 monoloid number (단상, 單相)라고 한다. 두 개의 배우자가 융합하여 생긴 접합자(zygote)의 염색체 수는 배수, 즉 2n 으로 나타내고 배수체 또는 diploid number (복상, 複相)라고 한다.

효모의 생활사(生活史, life cycle)는 염색체가 반수체인 기간(haplo−phase)과 배수체인 기간(diplo−phase)이 있다. 린데그렌(Lindegren, 1945)은 반수체와 배수체의 시기를 되풀이할 경우, 그 핵상(核相)을 다음과 같이 두 군으로 나누었다.

① 영양세포 ⟶ 자 낭 ⟶ 자낭포자 ⟶ 접합자 ⟶ 영양세포
(2 n) (감수) (n) (2 n) (2 n)

; *Saccharomyces*, *Saccharomycodes*, *Hansenula* 속 등에서 볼 수 있다.

② 영양세포 ⟶ 접합자 ⟶ 자 낭 ⟶ 자낭포자 ⟶ 영양세포
(n) (2 n) (감수) (n) (n)

; *Schizosaccharomyces*, *Debaryomyces* 속 등에서 볼 수 있다.

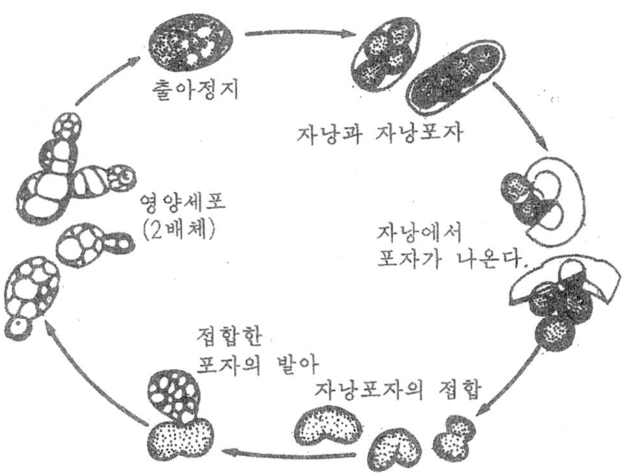

그림 4-6 *Saccharomyces cerevisiae* 의 생활사

자낭포자 효모는 위의 그림 4-6에서 보는 바와 같이 2n 기가 길고 n 기가 짧은 *Saccharomyces* 속형, 포자가 발아와 동시에 자낭 안에서 접합하여 배수체 세포로 되는 *Saccharomycodes* 속형, 그리고 2n 기는 접합자 시기만이고 대부분이 n 기인 *Schizosaccharomyces* 속형의 생활사를 가지는 것 등이 있다.

또한 Lindegren (1949)에 의하면 *Sacch. cerevisiae* 의 포자에는 유전질적으로 두 개의 배우자형(mating type) a 와 α 가 있고, 포자가 융합할 때는 α 형과 a 형, α 형과 α 형, a 형과 a 형 등이 있다.

① **정상복상** (正常複相, legitimate diploid) : α 형과 a 형에서처럼 이형배우자(異型配偶子) 간의 융합으로 된 배수체를 말하며, 이태배우자(異胎配偶子, heterogamete) 간의 접합이므로 영양적, 즉 출아로 번식하는 데 안전하다. 정상복상에서는 보통 4 개의 자낭포자를 생성하며, 자연계에 흔히 있다.

② 이상복상(異常複相, illegitimate diploid) : a 형과 a 형에서처럼 동형배우자(同型配偶子) 간 융합된 것을 말하며, 동태배우자(同胎配偶子, homogamete)이기 때문에 대체로 생존하기 어려운 자낭포자를 만든다.

접합은 두 개의 자낭포자 사이뿐만 아니라, 자낭포자와 haploid 영양세포, 두 개의 haploid 영양세포 사이 또는 모세포와 낭세포 사이에서도 일어난다. Emeis (1961)에 따르면 배양효모에 있어서는 많은 양의 3n, 4n 또는 polyploid 가 존재한다고 하였다. 이로써 효모의 교잡이 가능하여 신품종을 육성할 수 있다. Winge (1939) 등은 빵 효모와 *Sacch. validus* 를 교배시킴으로써 처음으로 새로운 잡종을 육성하였다.

유포자 효모의 포자형성은 맥아즙 배지에서도 쉽게 형성하는 것도 있으나, 일반적으로 특별한 배지에서 잘 형성한다. 예를 들면, *Lipomyces* 는 무질소 배지에서, *Debaryomyces* 는 V−8 배지에서 잘 형성한다. 그밖에 포자형성 촉진배지로는 Fowell 의 Naacetate 배지, Gorodkowa 의 한천배지 등이 사용되며, 포자형성은 생육적온보다 다소 낮은 20~28℃가 좋다.

4-3 효모의 분류

효모는 곰팡이 등과 비교하면 그 형태가 간단하기 때문에 형태로만 분류하기는 곤란하여 세균과 같이 생화학적 특징을 중요시한다.

미생물 분류학적으로 보면 효모란 진균류(Eumycetes) 4강 중에 조균류(Phycomycetes) 이외에 3강인 자낭균류(Ascomycetes, 유포자효모류 22속), 담자균류(Basidiomycetes, 2속) 및 불완전균류(Fungi imperfecti 에는 15속이 있으나, 이 중 사출포자효모 3속, 무포자효모 12속)에 걸쳐 있다.

효모의 분류는 Lodder 와 Kreger−Van Rij (1952)의 저서인 “The Yeast”, “A Taxonomic Study” 가 유명하여 많이 이용되었고, 그 후 1970 년에 개정한 Lodder 의 제2판에서 39속, 349종인 새로운 분류체계가 발표되었으나, 제3판에서는 배우자 실험(mating experiment) 등에 의하여 자낭균과 담자균을 완전 분류하고, 새로운 분리원을 포함한 62속 500종을 수록하고 있다.

즉, 다음과 같이 4군으로 분류되어 있다.

표 4-1 효모의 분류

분류상의 위치	(속의 수)	속 명	
Ascomycetes(자낭균류)			
Endomycetales(목)			
Saccharomycetaceae(과)			
Schizosaccharomycoidease(아과)	(1)	*Schizosaccharomyces**	유포자효모 (자낭포자효모)
Nadsonioideae(아과)	(4)	*Nadsonia, Saccharomycodes*, Hanseniaspora*, Wickerhamia*	
Saccharomycoideae(아과)	(13)	*Saccharomyces*, kluyveromyces*, Lodderomyces, Wingea, Endomycopsis, Pichia*, Hansenula, Pachysolen, Citeromtces, Debaryomyces*, Schwanniomyces, Dekkera, Saccharomycopsis*	
Lipomycetoideae(아과)	(1)	*Lipomyces**	
Spermophthoraceae(과)	(3)	*Nematospora, Metschnikowa, Coccidiascus*	
Basidiomycetes(담자균류) Ustilaginales(목)	(2)	*Rhodosporidium, Leucosporidium*	담자균류효모
Fungi imperfecti(불완전균류) Moniliales(목) (Hyphomycetales)			
Sporobolomycetaceae(과)	(3)	*Bullera, Sporobolomyces, Sporidiobolus*	사출포자효모
Cryptococcaceae(과)	(12)	*Brettanomyces*, Candia*, Cryptococcus*, Kloeckera*, Oosporidium, Pityrosporum, Rhodotorula* Schizoblastosporion, Sterigmatomyces, Torulopsis*, Trichosporon, Trigonopsis*	무포자효모

*: 주요 효모

속 및 종의 분류에는 생화학, 유전학, 생리학 또는 생태학, 면역학 등 여러 관련분야의 새로운 견지에서 모든 성질을 고려해 보다 상세하고 정확한 분류방식을 생각하였다.

오늘날 효모의 분류에 관심을 모으고 있는 분야 deoxyribonucleic acid (DNA)의 염기조성(G–C 함량)에 의한 방법을 시도하고 있다. DNA 는 생화학, 분자생물학, 효소화학, 유전학 등의 생물과학의 여러 분야에서 널리 연구되고 있으며, 미생물들의 DNA 염기조성, 특히 G–C 함량(guanine–cytosine)을 측정하여 이것을 분류학적 입장에서 검토하고자 하고 있다.

이상의 분류방식과는 달리, 실용적 견지에서 맥주효모 (brewer's yeast), 청주효모(sake yeast), 빵효모(baker’s yeast), 장유효모(간장효모, soy sauce yeast), 사료효모(fodder yeast), 석유효모(petroleum yeast) 등의 이름으로 불린다.

① 자낭균 효모 (Ascomyceteous yeast) : 자낭 중에 자낭포자를 형성하고 Ascomycotina 중 Hemiascomycetes (반자낭균류)에 속한다.

② 깜부기병균목 (Ustilaginales)에 속하는 효모 : 보리류 등에 기생하는 깜부기병균이고, teliospore 및 소생자(sporidium)를 형성하며, 분류상 담자균류(Basidiomycotina)에 속한다.

③ Sporobolomycetaceae 에 속하는 효모 : 사출포자(ballistospore)를 소병(小柄) 위에 형성하는 분류군이며, 불완전균류(Deuteromycotina)에 속하나 담자균류에 아주 가까운 군이다.

④ 무포자 효모 (Asporogenous yeast) : 자낭포자나 사출포자를 형성하지 않는 것으로, 불완전균류의 Hyphomycetales (선균목, 線菌目, Moniliales 목) Cryptococcaceae 에 속한다.

효모의 분리 동정에는

① 영양증식법을 위시한 형태적 성질

② 배양상의 특징

③ 유성생식의 유무와 특징

④ 생리적 성질에 의하여 위와 같이 4군으로 나눈다.

맥주공장에서는 발효 중 발효액 상부에 뜨는 효모를 상면효모(top yeast), 발효액 밑바닥으로 침강하는 효모를 하면효모(bottom yeast)라고 한다. 또 양조효모로 오랜 시일에 걸쳐서 반복 사용되는 효모를 배양효모(culture yeast)라고 하며, 자연계에 야생의 상태로 존재하는 효모를 야생효모(wild yeast)라고 한다.

Pichia 속이나 *Hansenula* 속과 같이 액표면에 발육하여 피막을 형성하는 효모를 산막효모(피막효모, film yeast)라고 하며, 이에 속하는 효모는 생육에 많은 산소를 요구하며 산화력이 강하다. 이와 달리, 비산막효모(nonscum yeast)는 배지의 내부에서 잘 발육한다.

표 4-2 효모 분류상의 특성

1. 형태적 특징	① 영양생식의 특징 ② 영양세포의 특징
2. 생식의 특징	① Ascus 와 ascospore 의 특징 ② Teliospore 와 sporidium 의 특징
3. 생리적 특징	① 탄소원의 이용 ② 질소원의 이용 ③ 비타민 free medium 에서의 생육 ④ 고삼투압성 배지에서의 생육 ⑤ 고온에서의 생육 ⑥ 산생성 ⑦ 세포 외로 전분질 물질의 생성 ⑧ 요소의 가수분해 ⑨ 지방분해 ⑩ 유기색소의 생성 ⑪ Ester 의 생성 ⑫ Cycloheximide (actidione)에 대한 저항 ⑬ Gelatine 의 액화력

4-4 효모의 균체성분과 영양물질

효모의 세포는 수분이 70~85%이며, 이 수분이 증발해 건조된 균체성분은 단백질, 탄수화물, 지방, 핵산, 무기물 등의 여러 성분으로 이루어져 있다. 이들 성분의 함유비는 효모의 종류나 배양조건 등에 따라 다르며, 예를 들면 표 4-3과 같다.

표 4-3 효모균체의 일반조성

대건물(對乾物) %

성 분	*Sacch. cerevisiae*	*Candida utilis*	*Rhodotorula gracilis*
조단백질(粗蛋白質)	44～67	59	13
탄수화물(炭水化物)	10～39	30	24
조 지 방(粗脂肪)	1.0～2.2	3	60
회 분(灰分)	6～8	8	3

1. 효모의 균체성분

(1) 단백질

건조균체의 모든 질소량은 약 5~10%이며, 이 중 핵산의 함량은 약 6~12%이다. 조단백질은 모든 질소량에 6.25를 곱하여 얻을 수 있으나, 이 값에는 핵산 등의 질소도 포함되는 셈이다.

(2) 탄수화물

효모세포 내의 탄수화물은 주로 에너지 저장물질로 생각되고 있는 글리코겐(glycogen) 과 트레할로오스(trehalose) 이며, 세포벽의 구성성분이 되는 글루코만난(glucomannan) 과 만난(mannan) 등이 있다. 특히 빵 효모에는 약 10%의 trehalose 가 함유되어 있으며, 이 함유량은 효모의 저장성과 관계가 있다.

(3) 지 질

일반적으로 지질의 함량은 2~3%이나 *Rhodotorula* 속이나 *Endomyces* 속의 어떤 효모는 20% 이상의 지방을 함유하고 있어, 이런 효모를 이용한 유지생산에 관심이 모아지고 있다.

(4) 회 분

건조효모에는 약 6~11%의 회분이 함유되어 있으며, 그 조성은 P_2O_5(54~58%), K_2O (29~31%), MgO (4.0~7%), CaO (1.6~2. 5%), SO_3(0.4~6.0%), Na_2O (0.8~7.3%), SiO_2 (trace) 등으로 되어 있다.

이들 무기원소들은 세포 내에서 삼투압과 세포막의 투과성 등에 관계하는 무기물 혹은 세포에 중요한 여러 유기화합물의 구성성분인 유기태로 존재한다.

즉, 인은 핵산의 약 10%를 차지하고 또 ATP 등으로 대사에 중요한 역할을 한다.

황은 cystine, methionine, glutathione 등의 성분으로서, 또 마그네슘·망간은 효소의 보조인자로서, 철분은 cytochrome, cyatalase 등의 구성성분으로서 중요하다.

(5) 비타민

세포 내에는 B_1, B_2, B_6, B_{12}, nicotinic acid, pantothenic acid, biotin 등의 존재가 알려져 있다.

(6) 기 타

효모세포에는 다음과 같은 많은 효소의 존재가 알려져 있다.

protease, amylase, lipase, glycogenase, inulinase, raffinose, invertase, latase, maltase, trehalase, melibiase, gentianase, carboxylase, nuclease, arginase, phenolase, peroxidase, co-carboxylase, iso-amylase, phosphorylase

2. 효모의 영양물질

(1) 탄 소

단당류인 glucose, fructose, mannose 및 galactose 와 같은 hexose (6 탄당)는 보통 양조용 효모에 의하여 알코올 발효가 되므로 발효성 당이라고 한다. 반면에 pentose (5 탄당)는 이용하지 못하며, *Candida utilis* 나 *C. tropicalis* 등은 동화를 잘한다.

이당류인 maltose (맥아당)나 sucrose (자당)는 보통 효모에 의하여 발효가 잘 되지만 lactose (젖당)는 발효가 되지 않고, *Sacch. fragilis* 등은 발효를 하여 마유주(馬乳酒) 등의 제조에 이용된다.

일반적으로 전분이나 inulin 은 이용하지 못하며, ethanol 은 이용하는 종류와 그렇지 않은 종류가 있다. n-paraffin 계 탄화수소를 자화하는 *Candida tropicalis*, *C. lipolytica* 등과 같은 효모도 있다.

(2) 질 소

무기태 질소인 황산암모늄과 인산암모늄 및 염화암모늄 등이 주로 이용되고, 질산염은 이용하는 것과 못하는 것이 있어서 효모의 분류동정에 이용되며, 공중질소는 효모에 이용되지 않는다.

한편 유기태 질소로는 요소, 아미노산, amide, peptone, 효모추출물 등이 잘 이용된다.

(3) 무기염류

인과 칼륨은 KH_2PO_4 또는 K_2HPO_4 의 형태, 마그네슘은 $MgSO_4 \cdot 7H_2O$ 의 형태가 잘 이용된다. 그밖에 Fe, Ca, Mn 등을 극히 미량으로 요구하는 것이 있다.

(4) 발육인자 (growth factor)

효모의 생육에 필수적으로 요구되는 생장소를 일찍이 Wildler (1901)는 바이오스(bios) 라고 불렀다. bios 는 단일한 물질이 아닌 여러 가지 물질이라는 사실이 밝혀지고 있으며, 이들 중에는 효모뿐만 아니라 다른 미생물에도 필요한 것이 있다고 알려졌다.

bios 에는 적어도 thiamine, biotin, inositol, nicotinic acid, pantothenic acid, pyridoxine, aminobenzoic acid 등이 알려지고 있다. 그밖에 비타민이나 아미노산, peptide 및 purine 또는 pyrimidine 염기를 필요로 하는 미생물도 있는데, 이를 통틀어 발육인자라고 한다.

(5) bios 요구에 의한 효모균주의 분류

생육인자에 의하여 실용적인 효모의 품종(品種, strain)을 분류하기도 한다. 즉, 실용면에서는 분류학상의 종을 결정하는 이상으로 동일한 종에 속하는 여러 가지 균주(菌株)를 실용성과 결부해 세분할 필요가 있다.

Sacch. cerevisiae 를 예로 들면, 이 균종에 속하는 각 균주는 형태학적으로나 발효성에서는 같지만 제빵용, 맥주용, 그밖의 주류용 또는 주정용 등 공업적인 용도가 다르고, 또 bios 의 요구성에서도 차이를 보인다.

이와 같은 관점에서 슐츠(Schultz) 와 앳킨(Atkin)은 bios 의 요구성에 의하여 효모의 품종을 분류하였다(1947). 각 bios 에 붙인 번호의 bios 가 배양기 내에 없으면 완전한 생육을 못하게 한 것이다. Schultz 등이 붙인 bios 번호는 다음과 같다.

inositol (1),	Ca-pantothenate (2),	biotin (3),	thiamine (4),
pyridoxin (5),	B_1+B_6 (6),	nicotinic acid (7)	

bios 번호에 의한 *Sacch. cerevisiae* 를 분류한 예는 표 4–4와 같다.

bios No. 1, 3이라고 한 것은 inositol 과 biotin 이 생육에 반드시 필요하다는 것을 말하며, bios No. 6을 붙인 것은 B_1 혹은 B_6 를 필요로 한다는 것이며, 둘 다 필요하다는 것은 아니다.

표 4-4 bios 번호에 의한 Sacch. cerevisiae 주(株)의 분류

Strain 및 균주수집기관(菌株蒐集機關)	bios 번호
Strain *sake*, CBS	2
English brewer's yeast, NCTC 6479	2
Strain *anamensis*, CBS	23
(Wijk), CBS	23
Strain *batatae*, CBS	123
Variety *festinans*, CBS	123 (완만한 생육을 시작한다)
Baker's yeast, NCTC 8151 ATCC 2335	234
Variety *ellipsoideus*, str. Delft Ⅱ, CBS	236
O. P.(old process baker's yeast), FLC	1234
French wine yeast, ATCC 4116	1235
Rasse Ⅻ, IGG.	1236

4-5 식품과 관계깊은 효모

1. 유포자 효모류(ascosporogenous yeast)

(1) *Schizosaccharomyces* 속

무성생식은 분열법(fission)에 의하며 영양세포 간의 동태접합으로 형성되고, 한 자낭 중에 4~8개의 구형 및 타원형 또는 신장(腎臟) 모양의 포자를 형성한다.

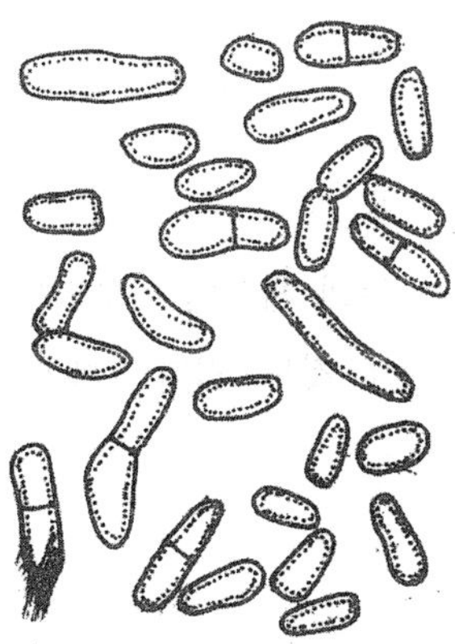

그림 4-7 *Schizosaccharomyces pombe* 의 영양세포(Lodder)

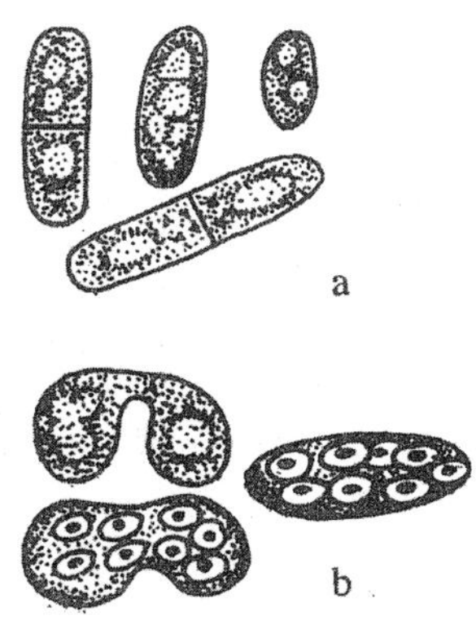

a : 영양세포 b : 자낭포자

그림 4-8 *Schizosacch. octosporus*

이 속은 일반적으로 열대지방의 과일, 당밀(molasse), 토양, 벌꿀 등에서 분리된다. 생육적온은 37℃이다. 각종 과일로부터 분리되는 *Schizosaccharomyces octosporus* 는 내삼투압성이며, 8개의 자낭포자를 형성하는 데에서 유래되어 이와 같이 명명하였다.

1) *Schizosaccharomyces pombe*

아프리카 원주민이 마시는 옥수수술인 pombe 로부터 분리된 *Schizosaccharomyces pombe* 는 이 속의 기준종 (基準種, type species) 으로 알코올 발효력이 강하다. 생육적온은 37℃로 다른 효모에 비하여 높다.

2) *Schizosaccharomyces octosporus*

건포도에서 분리되었으며 6~8개의 자낭포자를 형성한다. 세포는 구형 또는 끝이 둥근 원통형이다. 효모환 및 침전을 형성하고 포자벽은 요오드 용액과 반응하여 청색을 나타내므로 전분 유사물질이 있을 것으로 추정된다.

(2) Saccharomyces 속

다극성 출아증식을 하며, 위균사를 형성하는 것이 있으나, 진균사를 형성하지는 않는다. 자낭포자는 구형에서 타원형으로 자낭 중에 보통 1~4개, 드물게는 그 이상 형성된다. 당으로부터 알코올 발효성이 높으나, 젖당이나 고급 paraffine 은 동화하지 못한다.

세포의 크기, 당의 발효성, 탄소원의 동화능력, 특정 영양물질 결핍배지에서의 발육, ethylamine 의 동화능 등의 특성에 따라 분류되어 41종과 6변종이 기재되어 있다.

1) *Saccharomyces cerevisiae*

이 속의 대표적인 균종이며, 영국의 Edinburg 맥주공장의 상면효모에서 분리되었다. 빵효모, 맥주(상면발효맥주), 포도주, 청주, 탁주 등의 제조에 이용되는 유용한 효모이다. 세포는 구형이나 난형 또는 길게 생긴 것도 있다. 세포 내에 thiamine 을 비교적 많이 생성해 약용 효모로도 이용된다.

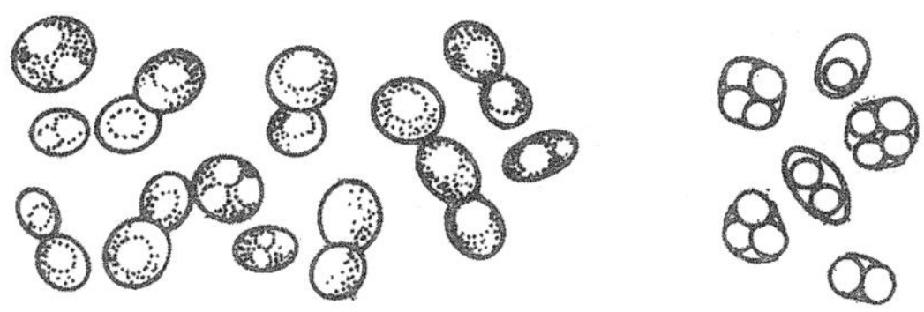

그림 4-9 *Sacchromyces cerevisiae* 와 그 포자형성의 모양

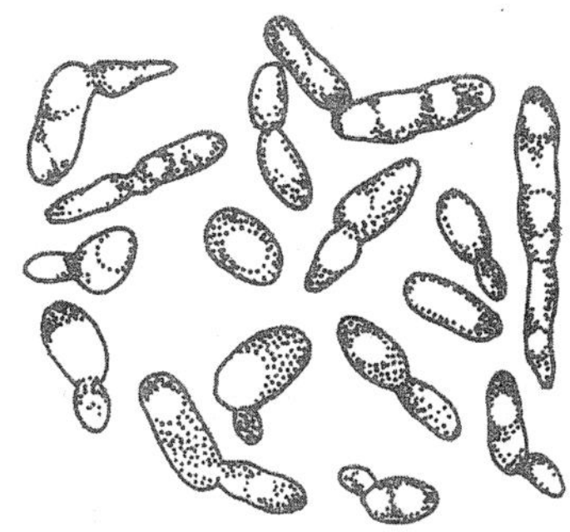

그림 4-10 *Sacch. cerevisiae var. ellipsoideus* (*sacch. ellipsoideus*)

2) *Saccharomyces carlsbergensis*

덴마크의 Carlsberg 맥주공장에서 분리된 맥주효모이다. *Sacch. cerevisiae* 와 같은 모양이나 melibiose 를 발효하고 raffinose 를 완전발효하는 것이 다르다. Kreger-van Rij 는 *Sacch. uvarum* 과 같은 종으로 분류하였으나, *Sacch. cerevisiae* 로 재편입했다.

3) *Sacch. cerevisiae variety ellipsoideus* (*Sacch. ellipsoideus*)

세포는 타원형이며 포도주 양조에 관여하는 소위 포도주효모이다. Kreger-van Rij 는 역시 *Sacch. cerevisiae* 와 같은 종으로 분류하였다.

4) *Sacch. fragilis*

kefir 제조에서 유당을 발효하고 유제품 제조에 관여한다. 40℃에서 생육하며 inulin 을 발효한다. *Sacch. lactis* 도 이 효모와 비슷하다. lactose 의 자화능으로 식사료용 효모 생산에 이용되기도 한다(Rehm. 1967). lactase (β-galacto- sidase)의 생산균주로 주목받고 있다(세포 내 protein 의 6% 정도까지 lactase 를 생산한다).

5) *Sacch. pastorianus*

하면발효를 하는 야생효모이고, 맥주공장에서는 오염균으로 취급되며, 맥주에 불쾌한 냄새와 쓴맛을 주고 청징을 나쁘게 한다.

6) *Sacch. diastaticus*

dextrin 과 전분을 발효하며, 맥주의 잔유당을 발효하여 맛을 희박하게 하는 유해효모이다.

(3) *Zygosaccharomyces* 속

다극출아에 의한 영양생식을 주로 하고, 세포는 구형, 타원형, 원통형 등이며, 위균사를 형성하나 격막은 없다. 영양세포(vegetative cell) 상태일 때는 대개 반수체이며, 접합은 세포와 출아세포 사이에도 생기나 대부분은 개개의 세포 사이에서 일어난다. 포자낭은 1~4개의 포자를 형성하며, 발효성이 강하다.

Saccharomyces, *Zygosaccharomyces* 및 *Torulaspora* 속은 그 형태나 성질이 유사하여 'The Yeast'의 제2판에서는 같은 *Saccharomyces* 에 포함되어 있었지만, GC-함량의 차이 등으로 제3판에서는 각각 다른 속으로 취급되고 있다.

1) *Zygosaccharomyces rouxii*

높은 식염농도에서도 생육하는 내염성 효모로, 간장 발효액 속에서 번식하여 간장에 독특한 향미를 부여하는 간장의 주된 발효효모이다. 18 % 이상의 고농도 식염액에 잘 견디는 내삼투압성 효모(osmophilic yeast)이다.

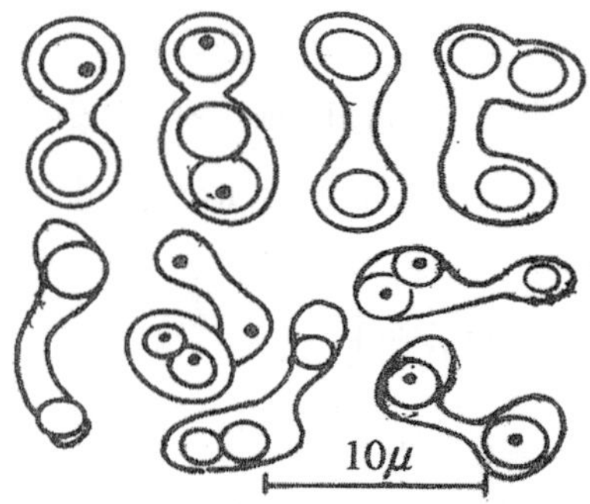

그림 4-11 *Zygosaccharomyces rouxii*

Zygosacch. soya, *Zygosacch. major*, *Zygosacch. japonicus*, *Zygosacch. salsus* 등 모두를 Kreger-van Rij 는 *Zygosacch. rouxii* 로 통합 분류하였다. *Zygosacch. mellis* 도 비슷한 효모이고, 이들은 60~70 % 당액에서도 발육하며 벌꿀이나 시럽에 변패를 일으킨다.

(4) *Pichia* 속

양조과정에서 주름이 많은 엷은 피막을 형성하는 산막효모로 보통 주류나 간장에 유해균인 경우가 많다. 다극출아를 하고 위균사를 형성하며, 일부 진균사를 형성하는 것도 있다. 그 형태는 *Hansenula* 와 비슷하고 구형, 반구형, 모자형, 토성형 등의 포자를 1~4개 형성한다. *Hansenula* 속은 질산염을 자화하지만, 이 *Pichia* 속은 자화하지 않는 점이 다르다.

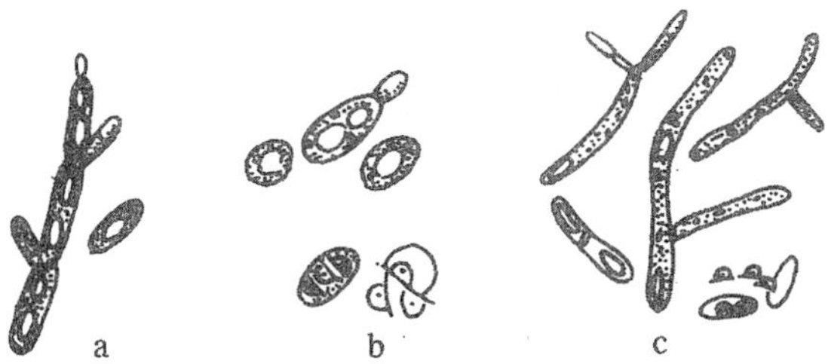

a : *Mycoderma* b : *Hansenula* c : *Pichia*

그림 4-12 산막효모(film yeast)

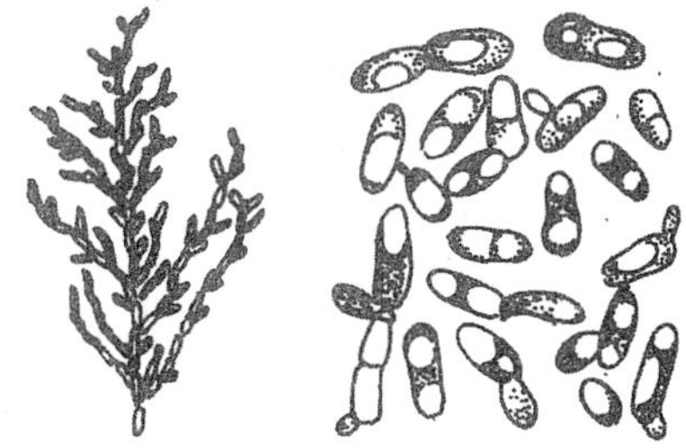

그림 4-13 *P. membranaefaciens*와 그 위균사

1) *Pichia membranaefaciens*

Pichia 속의 대표적인 종이며, 맥주와 포도주 등에 균막(菌膜, pellicle)을 형성하는 유해균이다. 에탄올을 자화하나 포도당의 발효력은 약하다. 김치류의 표면에 피막을 형성하고 fumaric acid 로부터 대량의 malic acid 를 생성하는 fumarase 활성이 강한 균주도 있다.

2) *Pichia burtonii*

Kreger-van Rij 에 의하여 Endomycopsis chodatii 로부터 재분류되었으며, 저장미 등에서 검출되고 pectin 을 분해한다.

(5) *Hansenula* 속

액체 표면에 피막을 형성하는 산막효모이다. 다극출아를 하며 위균사와 진균사를 형성하기도 한다. 자낭포자는 모자형이나 토성형 또는 반구형이다. 자연계에 널리 분포하는 야생효모로서 양조과정에 혼입하여 표면에 피막을 형성하고 알코올을 소비하는 유해균이다.

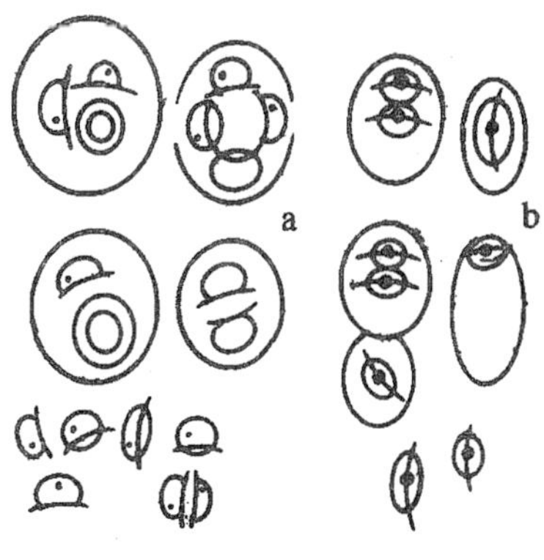

a : *H. anomala* 의 자낭과 모자형의 자낭포자, b : *H. saturnus* 의 자낭과 토성형의 자낭포자

그림 4-14 *Hansenula* 속의 자낭과 자낭포자

반면에 알코올로부터의 ester 생성능이 강하여 포도주나 일본 청주의 숙성 시 향을 생성하는 효모로도 알려져 있다. 당 발효성은 종에 따라 없거나 미약하며, 동태 또는 이태접합을 하는 것이 있다.

1) *Hansenula anomala*

Hansenula 속의 기준종이며, 1~4개의 포자를 형성하고, 모자형의 포자는 내부에 유적(油滴)을 가지고 있다.

(6) *Debaryomyces* 속

다극출아를 하며, 일반적으로 모세포와 낭세포의 접합으로 자낭을 형성한다. 이 속은 표면에 돌기가 있는 포자를 형성하는 것이 특징이며, 발효성이 없거나 있더라도 미약하다. 내염성의 산막효모가 많고 김치 종류나 소금에 절인 육류로부터 흔히 분리되며 내당성도 강하다. Riboflavin 을 생성하는 종류도 있다.

• *Debaryomyces hansenii*

특히 내염성이 강해서 15~24 %의 식염농도에서도 생육하며, 식염에 절인 식품에서 흔히 분리된다. 호기적 상태에서 저장된 베이컨이나 소시지 등의 육제품에서 점질물질을 생성한다.

(7) *Kluyveromyces* 속

다극출아를 하며, 보통 1~4개의 자낭포자를 형성하나 16개 또는 그 이상의 많은 포자를 형성하는 것도 있다. 당 발효능이 강하다.

Koumiss (乳酒)나 요구르트로부터 분리되는 *Kluyveromyces fragilis* (*K. marxianus var. marxianus*) 와 우유나 치즈로부터 분리되는 *Kluyveromyces lactis*, 요구르트에서 분리되는 *K. bulgaricus* 등은 lactose 를 발효하여 알코올을 생성하는 특징이 있어서 젖당발효성 효모로 알려져 있다.

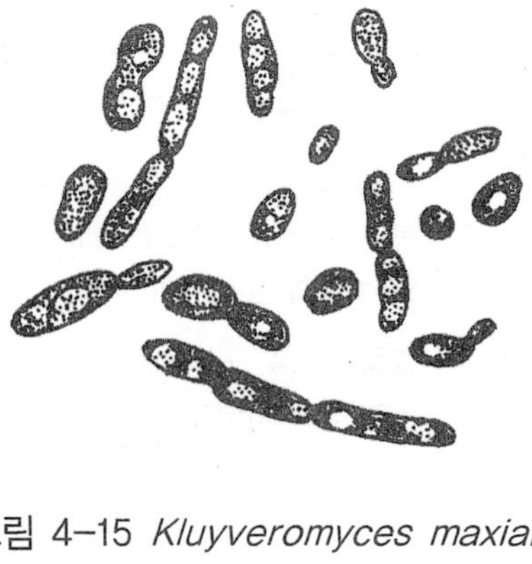

그림 4-15 *Kluyveromyces maxianus*

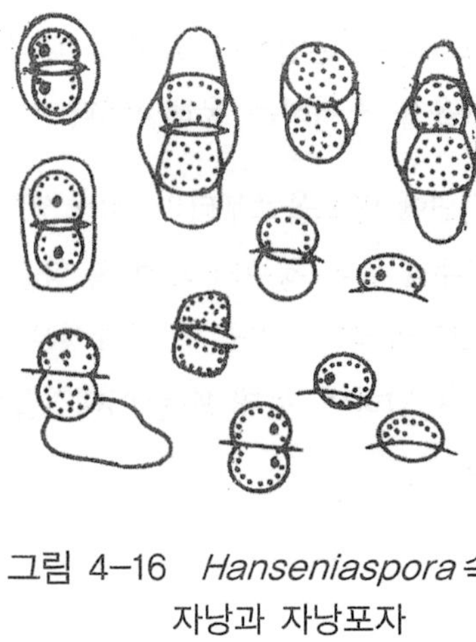

그림 4-16 *Hanseniaspora* 속의 자낭과 자낭포자

(8) *Hanseniaspora* 속

양극출아로 무성생식을 하고 세포는 *Saccharomycodes*, *Nadsonia*, *Kloeckera* 속 등과 같이 레몬형으로, apiculate 효모(레몬형 효모)라고도 한다. 자낭포자는 모자형 또는 띠가 있는 구형이지만, 그 후에 모자형 혹은 헬멧형이 된다.

흔히 과일에 착생되는 야생효모로 포도주 양조의 초기에 볼 수 있으나, 발효경과에 따라 차츰 자연도태된다.

apiculate 효모는 포도주에 악취가 나게 하고 알코올 양을 감소시키며 휘발산을 증가시키므로 유해균이다.

- *Hanseniaspora valbyensis*

이 속의 대표적인 종이며, 과즙 발효 초기에 검출되지만 차차 도태된다.

(9) *Nadsonia* 속

세포는 레몬형이며 양극으로부터 출아분열한다. 모세포와 출아세포가 접합하여 모세포나 다른 쪽에 생긴 출아세포가 자낭이 되어 포자를 형성한다. 자낭 내의 포자는 1~2개로 갈색이며 가시가 있고, 중앙에 유적(油滴)을 가지고 있다.

피막을 형성하지 않고 당류의 발효성이 있으며, 질산염을 자화하지 않는다. 언제나 수액(樹液)에서 분리 배양할 수 있다.

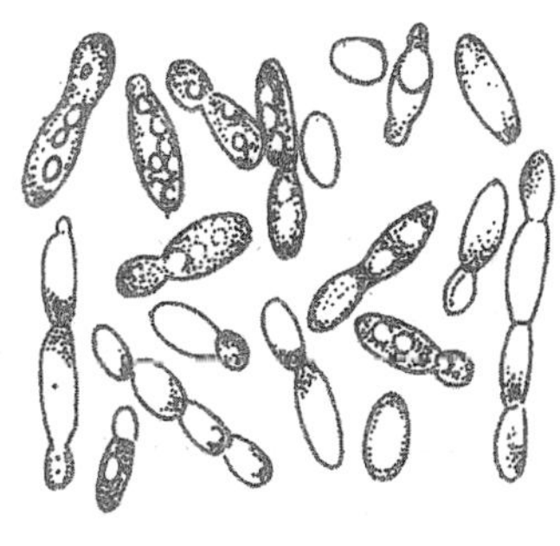

그림 4-17 *Nadsonia fulvescens*

(10) *Saccharomycodes* 속

양극에서 출아분열하는 효모로, 이 속에는 *Saccharomycodes ludwigii* 의 한 종이 알려져 있다. 떡갈나무 수액이나 과일 발효액으로부터 분리되고, sucrose 를 첨가한 맥아즙(mash)을 이 효모로 발효하면 maltose 가 남아서 감미가 있는 술이 만들어진다.

(11) *Citeromyces* 속

다극출아에 의해서 증식한다. 두터운 벽에 쌓인 자낭에는 보통 주름이 있는 한 개의 자낭포자가 형성된다.

이 속에는 *Citeromyces matritensis* 한 종만 속해 있으며, 발효성 및 내삼투압성이다. 가당연유에서 최초로 분리되었고, 때로는 발효과즙에서 분리된다.

(12) *Lodderomyces* 속

다극출아하며 위균사를 형성한다. 1~2개의 크고 긴 타원형 자낭포자를 형성한다. glucose의 발효는 완만하다.

Lodderomyces elongisporus 만이 이 속에 속하고 청량음료의 오염균으로 분리된다.

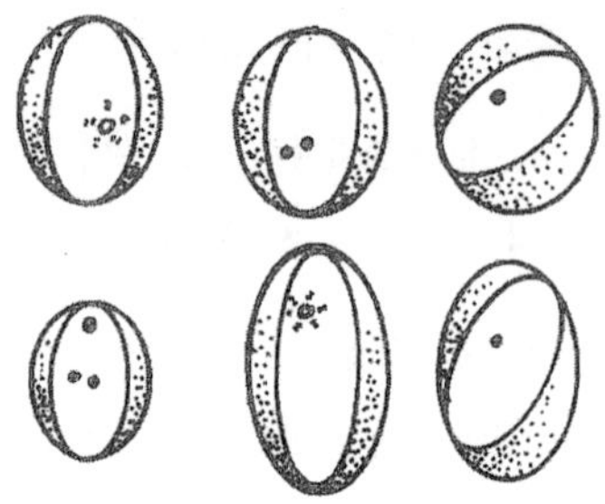

그림 4-18 *Lodderomyces elongisporus* 의 자낭과 자낭포자

(13) *Saccharomycopsis* 속

격벽이 있는 많은 진균사와 출아하는 세포를 함께 볼 수 있는 효모이다. 구형, 모자형 또는 토성형의 내생포자를 형성한다.

Saccharomycopsis fibuligera 는 각종 발효식품의 starter 로 이용되는 인도네시아의 라기(Ragi) 및 태국의 Look Pang 의 주요 균이며, 우리나라의 누룩으로부터도 분리된다. 세포 밖으로 amylase 를 분비하므로 전분을 발효하는 특징이 있다. 특히 glucoamylase 활성이 강하다.

(14) *Torulaspora* 속

세포는 구형 또는 타원형으로 다극출아하며, 위균사를 형성하기도 한다. 영양세포는 주로 반수체이며, 자낭형성에 앞서서 세포와 그 출아세포 또는 드물게 독립된 두 세포가 접합한다. 1~4개의 자낭포자를 형성하고 포자는 구형 또는 타원형이다.

기준종인 *Torulaspora delbrueckii* 는 포도나 과즙에서 분리된다.

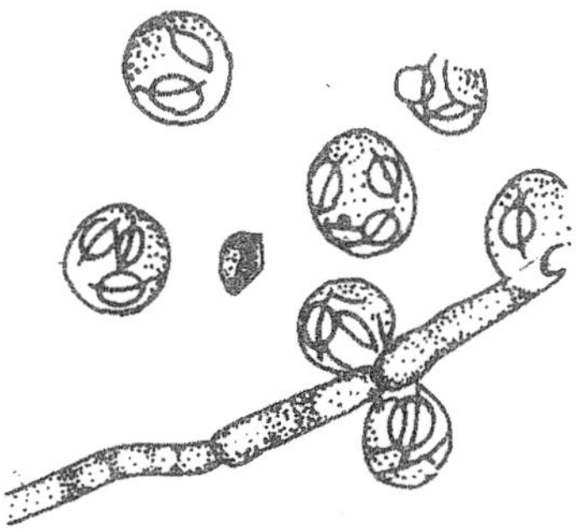

그림 4-19 *Saccharomycopsis fibuligera* 의 포자낭과 포자낭포자

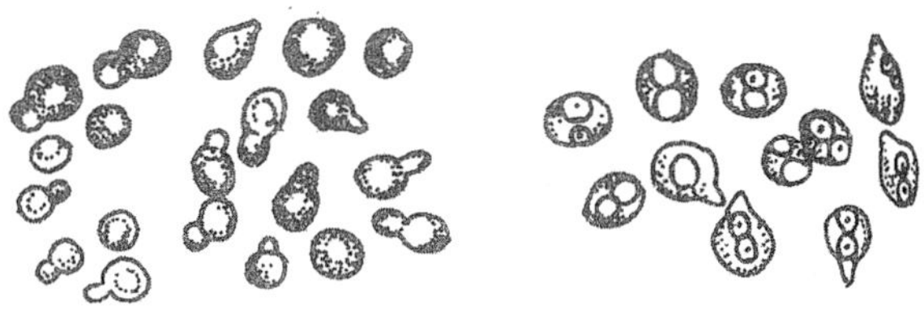

그림 4-20 *Torulaspora delbrückii* 의 영양세포와 자낭포자

2. 무포자 효모류 (asporogenous yeast)

(1) *Brettanomyces* 속

다극출아하고 위균사를 형성한다. 보통 달갈형이지만 흔히 길쭉하고 양단이 뾰족한 타원형이 되는 것이 특징이다. 호기적 조건에서 당으로부터 대량의 acetic acid를 생성한다. 산소가 당 발효를 촉진하는 역 Pasteur 효과(negative Pasteur effect, Custer effect)를 나타낸다.

1) *Brettanomyces bruxellensis*

이 속의 대표적인 종으로 상면발효맥주[벨기에의 램빅(Lambic) 맥주]의 후발효에 관여한다. 하지만 하면발효맥주, 포도주, 청량음료 등에서는 유해균으로 알려져 있다.

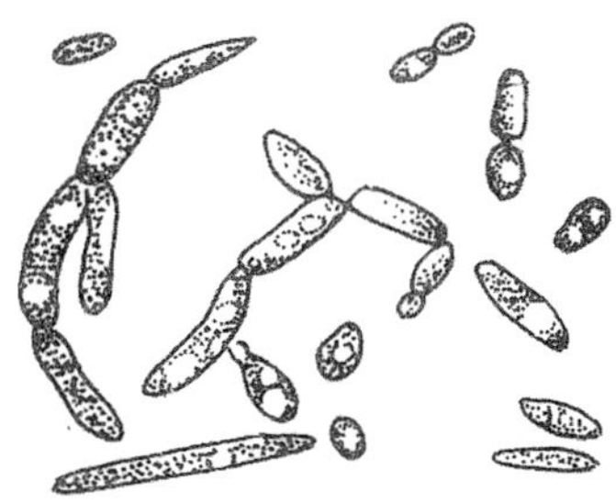

그림 4-21 *Brettanomyces bruxellensis*

(2) *Cryptococcus* 속

세포는 구형 혹은 달갈형이며, 다극출아하고 보통 위균사를 거의 형성하지 않는다. 세포는 점성이 있는 협막에 싸여 있으며 산성배지에서 전분 유사물질을 세포내에 함유하는 것이 특성이고, 배지 중에 방출된다. 당 발효능이 없다. 식물이나 토양 중에 존재하며, 흔히 딸기에서 분리된다. 자외선이나 건조에 대한 저항성이 강하고, 공기 중에도 흔히 존재한다.

• *Cryptococcus neoformans*

이 속의 대표적인 종으로, 중추신경을 침범하고 폐나 피부에 기생하여 소위 cryptococcosis를 일으키는 병원균이다. 공기 중에서는 잘 검출되지 않는다.

(3) *Candida* 속

세포의 형태는 구형, 달걀형, 원통형 등 여러 종류가 있으며, 다극출아한다. 위균사 또는 진균사 및 후막포자를 만들며, 균종에 따라서는 진균사를 만들기도 한다.

세포 내외에 다당류를 생성하여 요오드액으로 보라색이 되는 종류도 있고, 알코올 발효능이 있는 것이 많다. 자연계에 널리 분포하며 다른 속에 비해 균종수가 대단히 많으며 "The Yeast" 제3판에는 196종이 있다.

Kreger-van Rij는 종래의 *Torulopsis* 속, *Torula* 속, *Mycoderma* 속 등을 정리하여 *Candida* 속으로 통합하였다. 이 속에는 탄화수소의 자화능이 강한 균주가 많은 것으로 알려져 있다. 특히 *C. tropicalis*, *C. rugosa*, *C. pelliculosa* (*Hansenula anomala var. anomala*) 등이 자화력이 강하여 SCP (single cell protein) 생산균주로 주목받았다.

또 이 속에는 *C. albicans*와 같이 사람의 피부, 인후점막 등에 기생하여 candidiasis를 일으키는 병원균도 있으며, 각종 동물에도 기생한다.

1) *Candida tropicalis*

이 속의 대표적인 종이다. 세포는 크고 짧은 계란형으로 크기는 5~9×6~12μ이며, 위균사를 잘 형성한다. xylose를 잘 동화해 사료효모 제조균주로 사용되며, 탄화수소 자화성이 강한 균주가 있다.

2) *Candida utilis*

xylose를 자화하기 때문에 아황산 펄프 폐액 등으로 배양하고, 균체는 사료효모나 inosinic acid 및 guanylic acid의 제조원료가 된다. 비교적 균체가 작기 때문에 2배체(2 n)로 하여 이용된다.

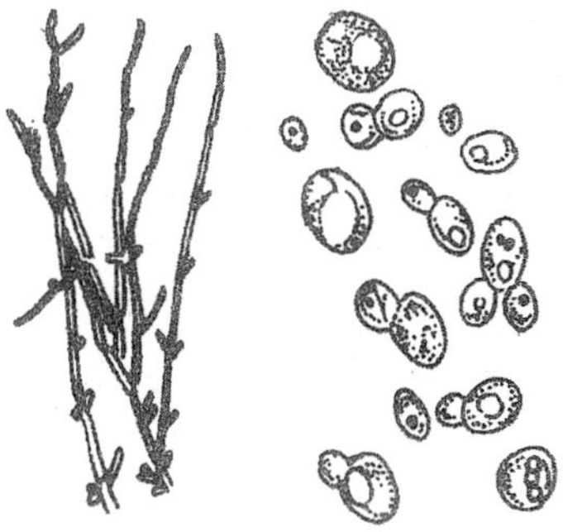

그림 4-22 *Candida tropicalis* 와 그 위균사 및 blastospore

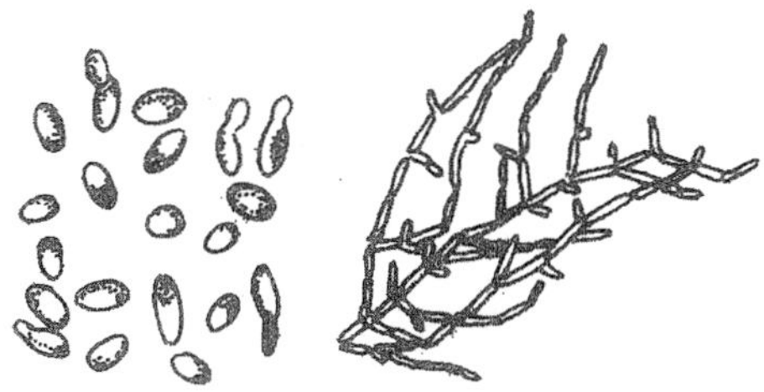

그림 4-23 *Candida utilis* 의 영양세포와 위균사

3) *Candida guilliermondii*

세포는 작으며, 가늘고 길게 분기한 위균사를 형성한다. 수액(樹液)에서 잘 검출되며, riboflavin 을 많이 생성한다.

4) *Candida lipolytica*

C. rugosa 와 같이 강한 lipase 생성효모로 버터나 마가린에서 분리된다.

5) *Candida krusei*

포도당을 잘 발효하고 자연계에 널리 분포한다. 양조식품의 변패 효모로 알려져 있으며, 액체배지에 건조성 피막을 형성한다.

6) *Candida dattila*

대추야자 열매(date)에서 분리되고, glucose, sucrose 및 raffinose 를 강하게 발효한다.

7) *Candida verstilis*

세포는 비교적 작은 원형이며, 간장덧에서 잘 검출되는 내염성 효모이다. 간장에 특유한 향미를 주어 간장 후숙에 관여한다.

그밖에 진한 오렌지주스에 잘 생육하는 *C. glabrata*, 유당을 발효하고, 유제품을 변패시키는 *C. sphaerica* 등도 있다.

(4) *Kloeckera* 속

양극출아하며, 세포는 레몬형 또는 방추형이다. 대부분의 균종은 포도당만을 발효하며, 생육에 inositol 과 pantothenic acid 를 절대적으로 요구한다.

- *Kloeckera apiculata*

이 속의 대표적인 종이며 과일이나 꽃 등에서 검출된다. 포도당과 cellobiose 및 salicin을 자화하고 포도당만을 발효한다.

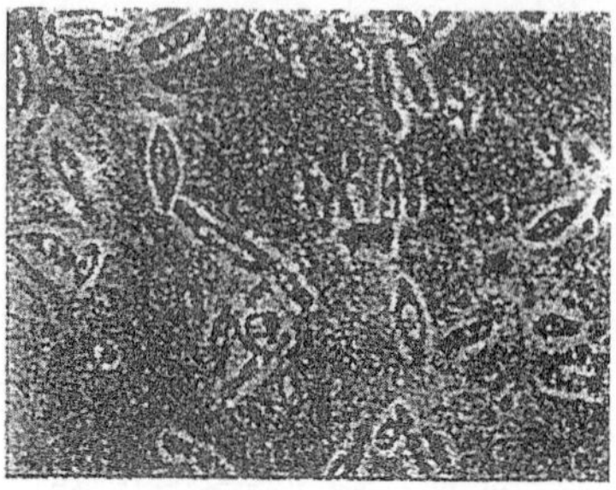

그림 4-24 *Kloeckera apiculata*

(5) *Trichosporon* 속

무성생식은 출아와 분열자에 의하고, 당의 발효능이 있으나 미약하며, 주로 산화성 자화를 한다. 두터운 피막을 형성하는 것이 많으며 진균사가 항상 존재한다. 무성의 내생포자를 형성하기도 한다.

- *Trichosporon pullulans*

호기성이 강하며, 피막을 잘 형성한다. 저온에서도 잘 발육하고 양조식품이나 냉장육류 중에서 발견된다. 지방효모라고도 하며, *T. cutaneum* 과 같이 lipase 를 분비하는 균주가 있다.

그림 4-25 *Trichosporon pullurans* 와 위균사, 분절포자 및 출아포자(blastospore)

(6) *Rhodotorula* 속

Carotenoid 성 색소를 생성, 적황색 내지 홍색의 집락을 형성하여 적색효모라고도 불린다. 당류의 발효능은 없고 산화적으로 자화한다. 자연계에 널리 분포하고 육류에 반점 형태로 착색되거나 sauerkraut 를 핑크색으로 착색되게 하는 등, 식품의 오염균이 되기도 한다. 또 저온균의 것이 많고 냉장·냉동식품에서도 분리된다.

- *Rhodotorula glutinis*

이 속의 대표적인 종이며, *Rh. mucilaginosa* 와 같이 공기 중에서 잘 검출된다. 통기배양을 하면 균체 내에 건조중량에 대하여 60%에 달하는 많은 지방을 축적하므로 *Lipomyces* 속과 함께 유지생산균으로 유망시 되고 있다.

3. 사출포자 효모

(1) *Sporobolomyces* 속

사출포자는 일반적으로 비대칭이며, 신장형 또는 낫 모양이 특징이다. 다극출아에 의해서 증식하고 위균사 및 진균사를 형성하는 종류도 있다. 비발효성이며 carotenoid 색소에 의해서 핑크색이나 적색 또는 오렌지색을 나타낸다.

식물의 변패에 관여하고 일부 균주는 식품이나 식품가공 공장 주변에서 분리된다. *Sporobolomyces salmonicolor* 는 진균사를 형성하는 소수의 효모 중 하나이며, 연어(salmon)의 홍적색을 띤다.

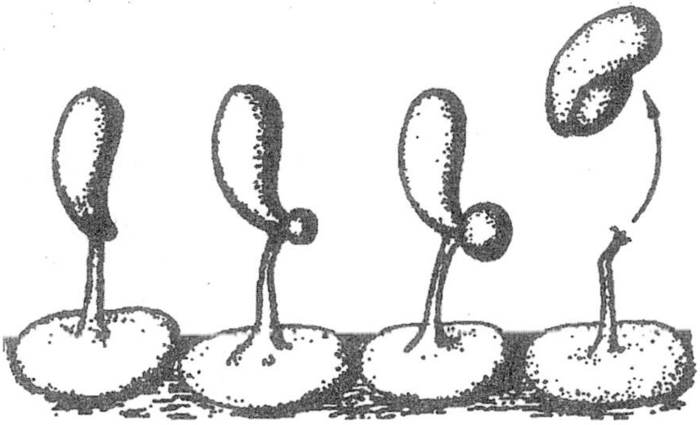

그림 4-26 *Sporobolomyces* 의 사출포자형성과 수적(水滴)

제 5 장

세 균

세균(細菌, bacteria)은 원시핵 세포의 구조를 가지는 하등미생물(下等微生物)에서 폭이 1μ 내외의 구형이나 또는 막대형의 단세포로 분열에 의해 증식하는 것이 특징이다. 세균의 종류나 수는 대단히 많으며 자연의 공기, 흙, 물 등에 널리 분포한다.

5-1 세균의 분류

세균은 거의 모든 종류가 세포분열에 의해서 증식하므로 분열균류(分裂菌類, schizomycetes)라고 총칭하기도 한다. 세균은 먼저 ① 식물과 유사한 합성능력을 가진다는 점 ② 영양분의 섭취법이 식물과 같은 가용성 물질이 세포막을 통과하는 방식(holophytic)이라는 점 ③ 식물세포와 같이 세포막을 가진다는 점 ④ 세포의 횡축면에서 분열이 일어난다는 점 등의 이유로 식물계에 편입해 분류하고 있다.

세균의 분류방식에 있어서 미국세균학회는 버기(D. H. Bergey) 를 중심으로 1923년에 'Bergey's Manual of Determinative Bacteriology' 의 초판이 발행된 후, 1974년까지 제 8판의 개정을 거듭하였다. 후속편은 제목을 바꾸어 'Bergey's Manual of Systematic Bacteriology' 로 초판을 발행하였으며, 8판 이후의 새로운 자료를 기술하고 있다.

이 새로운 Manual 은 4권으로 되어 있는데, Vol. 1은 의학 및 공업분야에서 중요한 Gram 음성세균, Vol. 2는 방선균 이외의 의학 및 공업분야에서 중요한 Gram 양성세균, Vol. 3은 archaebacteria 및 cyanobacteria 를 포함하는 그밖의 Gram 음성세균, Vol. 4는 방선균을 각각 포함하고 있다.

최근의 편집은 계통발생학적인 내용을 광범위하게 수용하여 여러 세균 간의 관계를 나타내고 있으나, 아직은 이들의 관계가 모두 밝혀진 것이 아니다. 따라서 전통적인 분류방법으로 형태학적·생리학적·생태학적 여러 성질에 따라서 33 section 으로 크게 분류하고, 각 section 은 다시 목–과–속, 목–과–족–속, 과–속, 또는 단순히 속 등으로 분류하고 있다.

이와 같은 분류방법은 기존의 분류체계인 문, 강, 과, 족, 속의 분류계급에 따르지 않는 것이며, 전통적인 방법에 의한 성질을 지표로 한 체계화는 모순이 많음을 나타내고 있다. 각 속(屬)에 대해서는 속에 대한 기재, 종(種) 간의 성상의 차이에 따른 검색표, 분류학상의 의견 등이 기술되어 있다. 최근의 화학분류학적인 정보도 많이 포함되어 있을 뿐만 아니라, DNA 의 함량은 거의 모든 균종에 대해 표시되어 있다.

5-2 세균의 형태

1. 일반적 형태

세균의 일반적인 기본형태는 구균(球菌, coccus), 원통형 또는 막대형의 것을 간균(桿菌, rods 또는 bacillus), 나선상 혹은 굽은 형태의 것을 나선균(螺旋菌,

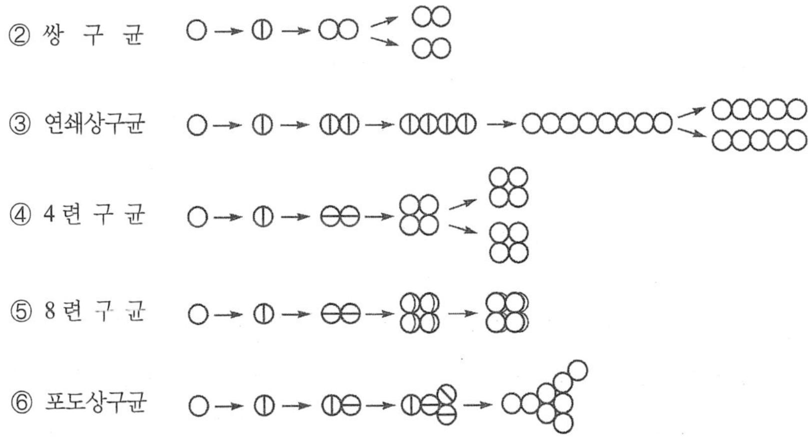

그림 5-1 구균의 분열형태

spirillum)이라 하여 크게 3가지 형태로 나눈다.

구균(球菌, coccus)은 분열 후 세포가 곧 떨어져서 단구균(單球菌, monococcus)으로서 존재하는 것 외에 종류에 따라 분열 후 세포가 서로 떨어지지 않고 항상 짝을 짓고 있는 쌍구균(雙球菌, diplococcus), 한쪽 방향으로만 분열하여 길게 연결되어 있는 연쇄상구균(連鎖狀球菌, streptococcus), 두 방향으로 분열하는 4련구균(tetracoccus), 세 방향으로 분열하는 8련구균(sarcina), 분열방향이 불규칙해서 포도송이와 같은 모양인 포도상구균(staphylococcus) 등이 있다. 구균의 세포는 일반적으로 구형이지만 타원형이나 완두콩 모양도 있다.

간균은 구균에 가까운 단간균(單桿菌, short rod)부터 장간균(長桿菌, long rod)에 이르기까지 그 형태가 다양하다. 세포의 양쪽 끝이 둥글게 되어 있는 것이 보통이나, *Bacillus antracis* 와 같이 각형으로 되어 있는 것, 초산균에서 종종 볼 수 있는 예각의 것 등이 있다.

Corynebacterium 속과 같이 세포가 V, Y, L 자 모양으로 연결되어 존재하는 것, 철세균인 *Sphaerotilus* 속과 같이 균초(菌鞘, sheath)에 싸여서 균체가 분기한 것 같아 보이는 가성분기(假性分岐, pseudoramiification)를 나타내는 균도 있다. 또 나선균 중 짧은 쉼표(comma) 모양의 균을 특히 호균(弧菌, vibrio)이라고 하며, 일반 나선균과 구별된다. 그러나 분열 중에는 모두 나선상으로 세포가 연결된다.

그림 5-2 간균 및 나선균의 형태

이와 같이 세균은 종류에 따라 각각 일정한 형태를 가지고 있으나, 균에 따라서는 다형성(多形性, pleomorphism)을 나타내는 것이 있고, 때때로 이상형태로 되는 일도 있다. 이들 중 어떤 자극에 의해서 이상형태가 되더라도 증식능력이 있는 것을 생리적 기형(totatological growth form), 부적당한 환경에서 생긴 증식능력이 없는 이상형태를 병리적 기형(involution form)이라 부른다.

세균의 크기는 0. 1~0. 2μ의 작은 것부터 폭 10μ, 길이 40μ 나 되는 큰 것까지 있으나, 보통 구균은 0. 5~1μ, 간균은 0. 5~1 × 3μ 정도의 것이 많다. 세균은 배양조건이나 발육시기에 따라 크기가 달라지고, 흔히 현미경으로 관찰하는, 건조해서 고정한 염색표본의 경우에는 상당히 수축되어 있는 것이 보통이다.

대표적인 일반세균의 크기를 표 5-1에 나타내었다.

표 5-1 일반세균의 크기

형 태	균 종	크 기(μm)
구 균	*Streptococcus lactis*	0.5~1.0
구 균	*Staphylococcus aureus*	0.8~1.0
간 균	*Escherichia coli*	0.5×1.0~3.0
간 균	*Pseudomonas fluorescens*	0.3~0.5×1.0~1.8
간 균	*Bacillus subtilis*	0.7~0.8×2.0~3.0
간 균	*Lactobacillus acidophilus*	0.6~0.9×1.5~6.0
나선균	*Vibrio cholerae*	0.3~0.6×1.0~5.0
나선균	*Spirillum volutans*	1.4~1.7×16~28

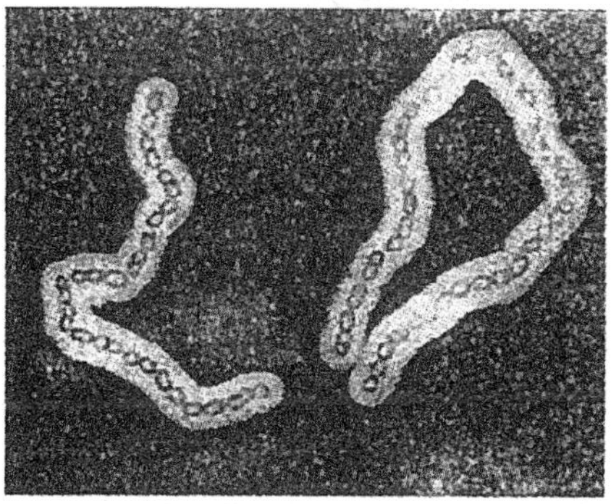

그림 5-3 *Bacillus megaterium*의 협막(capsul)

한 세균세포의 용적은 1μ^3 정도이다. 비중은 물보다 조금 무거우므로 약 10^{12} 개의 세포의 무게가 1g 이 되는 셈이다. 세균의 종류에 따라서는 고분자화합물로 된 협막(夾膜, capsule)이나 점질층(粘質層, slime layer)으로 싸여 있는 것도 있다. 젖산균인 *Leuconostoc mesenteroides* 는 점질물인 dextrans 으로 싸여 있는 경우가 있는데, 이것을 균족(菌族, zoogloea)이라고 한다.

2. 세균의 편모와 운동성

세균에는 운동성(motile)과 비운동성(non-motile)이 있다. 운동성 균은 세포의 수축에 의해서 움직이는 특수한 균을 제외하고는 모두 운동기관으로서 편모(鞭毛, flagellum, *pl.* −la)를 가지고 있다. 편모의 유무와 착생 부위 및 수 등은 세균분류에 있어서 중요한 지표가 된다.

편모가 착생하는 위치에 따라 극모(極毛, polar flagella)와 주모(周毛, peritrichous flagella)로 나눈다. 극모는 단극모(單極毛, monotrichous flagellum), 속극모(束極毛, lophotrichous flagella) 및 양극모(兩極毛, amphitrichous flagella)로 나누어지며, 단극모와 속극모는 *Pseudomonas* 속의 균에서 흔히 볼 수 있고 나선균인 *Spirillum* 속에는 양극모의 것이 많다.

주모를 가진 균으로는 *Escherichia coli*나 부패균인 *Proteus vulgaris* 등이 있다. 간균의 종류에 따라 편모가 있는 것과 없는 것이 있으며, 나선균은 거의 모두가 편모를 가지고 있지만 구균에는 편모가 있는 것이 드물다.

극모 (plar flagella)

1. 단극모 (monotrichous flagellum)
2. 속극모 (lophotrichous flagella)
3. 양극모 (amphitrichous flagella)

주모 (peritrichous flagella)

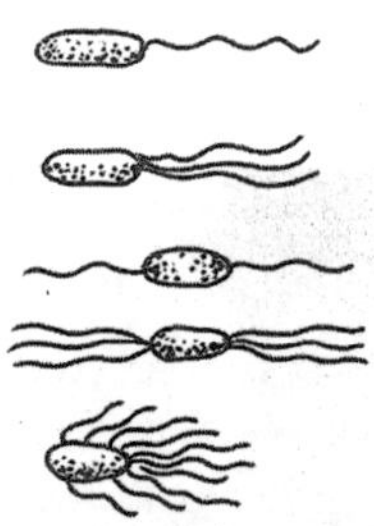

그림 5-4 극모와 주모

편모의 길이는 세포의 1.5~2배 정도가 보통이다. 굵기는 10~50μm에 지나지 않아서 광학현미경으로서는 해상한계(解像限界)를 벗어나므로, 특수한 편모염색법으로 굵게 만들거나 전자현미경을 이용하지 않으면 관찰할 수 없다.

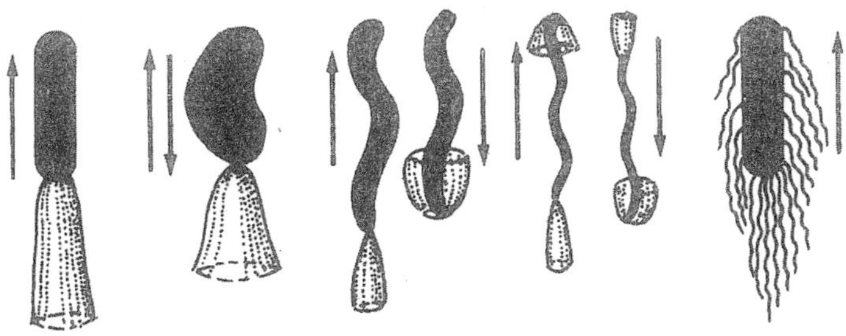

그림 5-5 세균편모의 운동형태

편모는 항상 세포에 착생해 존재하는 것이 아니며, 젊고 발육이 왕성한 시기에만 볼 수 있고, 환경조건이 나빠지거나 배양이 오래되면 탈락한다. 편모에 의한 운동은 회전에 의한 것으로, 이를테면 *Spirillum serpens* 는 1분 동안 2,400회전(세포는 800회전)하여 매초 50μ 이동한다고 한다.

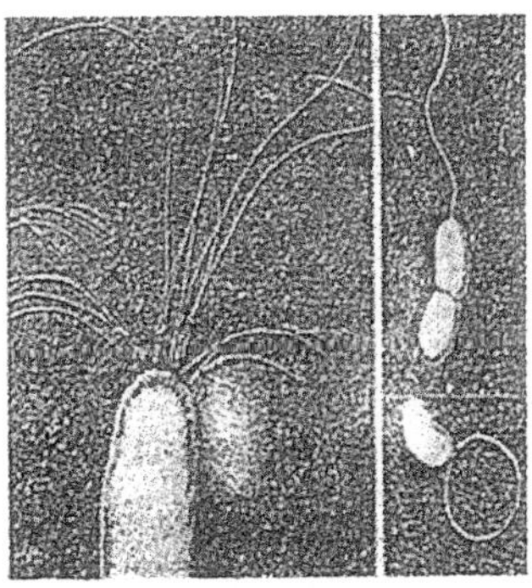

좌 : 극속모(*Spirillum serpens*),
우 : 단극모(*Vibrio metchinikovii*)

그림 5-6 전자현미경상의 편모

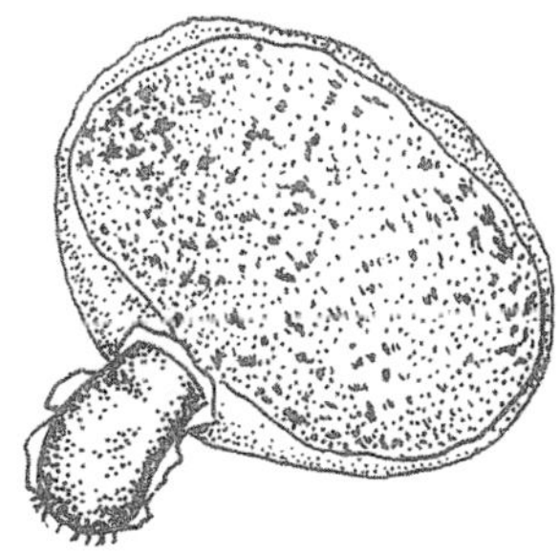

그림 5-7 세균 기생성 세균 *Bdellovibrio bacteriovorus* 와 숙주세균 *Pseudomonas phaseolicola*

3. 세균의 증식과 포자형성

세균은 세포 밖의 영양분을 이용하여 세포 내에서 균체성분의 생합성을 한다. 세포가 일정한 크기로 생장하고 DNA 의 복제가 이루어지면 세포의 중앙에 세포막 부위로부터 격벽(隔壁, septum, *pl.* –ta)이 형성되어 2개의 세포로 분열(binary fission)하며, 그렇게 분열을 되풀이해 증식이 이루어진다.

세균 중에는 증식이 진행되어 영양 등 환경조건이 바뀌면 세포 내에 포자를 형성하는 것이 있는데, 이와 같은 균을 내생포자형성균(内生胞子形成菌, endospore forming bacteria)이라고 부른다. 포자형성능의 유무는 세균 분류상 매우 중요한 특징이 되며, 호기성 *Bacillus* 속과 혐기성 *Clostridium* 속이 대표적인 포자형성균이고, 그 대부분은 그람양성, 운동성의 간균이지만 구균의 것(예 ; *Sporosarcina* 속)도 있다.

포자를 형성할 때 세포의 형태가 변하지 않는 형을 Bacillus 형, 세포중앙이 팽창하여 모세포보다 굵은 형을 Clostridium 형, 한쪽 끝이 팽창되는 형을 Pectridium 형이라고 한다. 포자의 형태는 구형 및 타원형이 많고, 보통 한 개의 세포에 한 개의 포자가 형성된다.

포자가 형성되면 주위의 균체는 자기소화(autolyse)되고 포자는 유리상태가 된다. 포자는 영양세포에 비해서 열, 약품, 방사선, 건조 등에 대해 저항성이 대단히 강한 일종의 내구체이지만, 환경조건이 적당하면 발아하여 다시 영양세포가 돼 분열 증식한다.

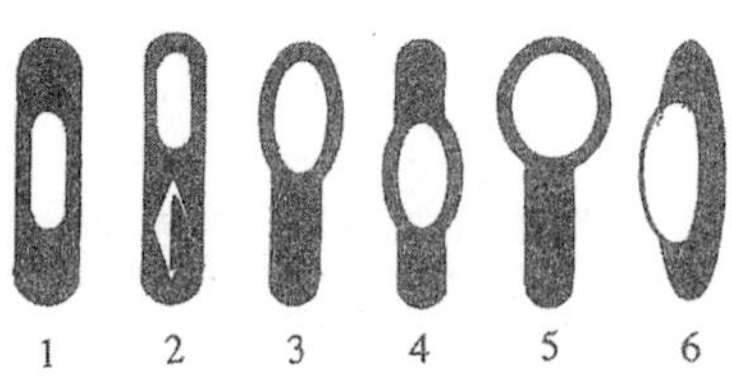

1. *Bac. megaterium*, 2. *Bac. thuringiensis* 와 세포 내 protein 입자, 3. *Bac. polymyxa*, 4. *Clostridium* 형
5. *Plectridium* 형
6. *Bac. laterosporus*

그림 5-8 여러 형태의 포자형성

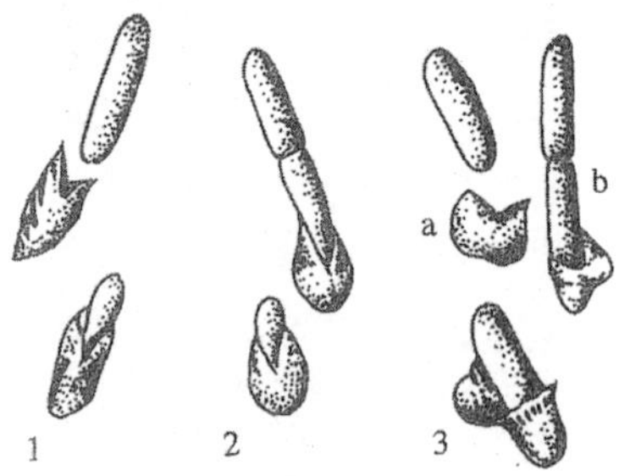

1. *Clostridium* 의 극포자의 발아
2. *Bac.* 속의 극발아
3. 중앙부의 발아
a : *Bac. cereus* b : *Bac. subtilis*

그림 5-9 포자의 방식

포자의 발아는 종류에 따라 장축(長軸)의 한 끝 부분 또는 양끝에서 일어나는 소위 단발아(端發芽)를 하는 것, 중앙발아를 하는 것, 또는 경사발아를 하는 것 등이 있기 때문에 간균류 식별의 한 표지가 된다. 포자는 영양섭취의 필요성이 없으며, 또한 세포가 사멸한 후에도 생활력이 지속돼 일광을 받지 않는 건조상태에서 몇년 간을 생존한다고 한다.

한 개의 세균을 한천평판배지 위에서 배양하면 세균이 분열해 세포수가 점차로 증가함으로써 육안으로 볼 수 있는 세균의 집락(集落, colony)이 만들어진다. 그 형상이나 표면 또는 주위의 모양은 세균의 종류에 따라 모두 특징이 있으므로 균의 식별에 도움을 준다.

(1) 증식속도

세균은 환경조건이 좋으면 빠른 속도로 분열을 하여 단시간 내에 막대한 수로 증식한다. 새로운 세포가 커져서 다시 분열할 때까지의 시간을 '한 세대(generation time)'라고 한다. 예를 들어 cholera 균의 한 세대는 약 20분, *Bacillus subtilis* 는 약 30분이다.

균체증식량을 이론적으로 살펴보면, 최초 세균수를 a, 최종 세균수를 b, 분열한 세대를 n, 시간을 t 라고 하면, 세균은 항상 2개씩 분열하므로 다음과 같다.

$$2na = b \qquad 2n = \frac{b}{a}$$

$$n = \frac{\log b - \log a}{\log^{2}} \qquad \text{분열시간} = \frac{t}{n}$$

보통 구균이 30분에 1회 뷰열을 한다고 하면, 다음과 같이 된다.

1시간 후에는 ······························· 4
3시간 후에는 ······························· 64
8시간 후에는 ······························· 65, 536
15시간 후에는 약 ··························· 10^9 = 약 1 mm^3
23시간 후에는 약 ··························· 65 cm^3
35시간 후에는 약 ··························· 1, 000 m^3

이와 같이 약 35시간 후의 세균 수는 용적으로서 10톤 화차 100대분의 양이 된다. 그러나 이것은 이론상의 계산이고 실제로는 생육조건 등으로 인해 달라진다. 식품에서의 미생물 증식 속도는 매우 빠르므로 특히 온도가 높고 수분이 높은 하절기에는 조심할 필요가 있다.

(2) Gram 염색성

그람 염색(Gram's stain)은 1880년에 Christian Gram 이 고안한 방법이다. 염색성은 세균의 분류에 있어서 대단히 중요한데, 색소에 염색되는 것을 그람양성균(Gram positive bacteria), 염색이 되지 않는 것을 그람음성균(Gram negative bacteria)이라고 한다. 표 5-2는 대표적인 그람양성균과 음성균의 예이다. 염색성이 다른 이들 균은 세포벽의 화학조성, 항생물질에 대한 감수성 등 많은 성질에 있어서 큰 차이가 있다.

표 5-2 Gram 양성균과 음성균의 예

Gram 양성균	Gram 음성균
Streptococcus lactis	*Escherichia* (대장균)
Staphylococcus aureus	*Salmonella typhi* (티푸스균)
Lactobacillus acidophilus	*Pseudomonas aeruginosa* (녹농균)
Bacillus subtilis	*Vibrio cholerae* (콜레라균)
Clostridium tetani (파상풍균)	

4. 특수한 형태의 세균

(1) 유병세균류

유병세균류(有柄細菌類, stalked bacteria)는 분류학상으로 Caulobacteraceae 과에 속하는 *Caulobacter* 속의 수생세균이며, 유편모세포(有鞭毛細胞, swarmer cells)와 유병세포(有柄細胞, stalked cell)가 있다. 유편모세포는 운동성균으로 유영 중 고형물에 부착하면 유병세포로 변한다. 유병세포는 다른 세포에 부착하거나 혹은 같은 유병세포가 서로 부착해 장미꽃 모양(rosette)을 이룬다.

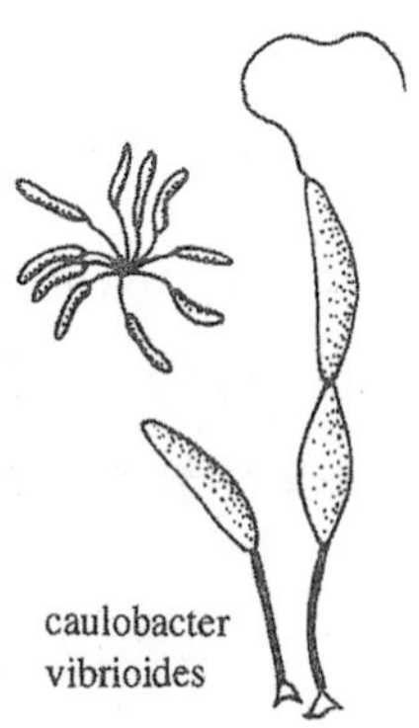

그림 5-10 *Caulobacter* 속의 유병세포

그림 5-11 발아세균 *Rhodomicrobium vanielii*

(2) 발아세균

발아세균(budding bacteria)은 발아에 의하여 증식하는 특수한 세균이다. 그림 5-11과 같이 타원형 세포의 끝부분이 신장(伸長)하여 그 끝 혹은 끝부분이 아닌 부분부터 새로운 원형의 세포가 발아하여 발생된다. Gram 음성이며 운동성을 가진 것은 하나의 극편모를 갖는다. *Hyphomicrobium* 속과 *Rhodomicrobium* 속이 알려져 있다.

(3) 점액세균

점액세균(slime bacteria)은 엷은 점질층으로 싸여 있고 편모가 없는 간균과 같은 세균이다. 양쪽 끝이 가는 방추형으로, 다른 세균과 달리 세포벽이 없으므로 가소성(可塑性, flexible)이다. 고형물 위에서 완만한 활주운동(gliding movement)이나 포복운동(creeping)을 한다. 편모는 없으며 Myxobacterales 목에 속한다.

(4) 초피세균

연쇄상으로 늘어선 세포가 단백질-당류-지질의 복합체인 얇은 덮개(sheath)로 둘러싸여 있기 때문에 초피세균(鞘皮細菌, sheath bacteria)이라 한다. 이 세포는 고분자화합물로 된 협막(capsule)이나 점질층(slime layer)으로 싸여 있기도 한다. *Crenothrix* 속과 *Clonothrix* 속이 식품과 관계있으며, 초피에 수산화철을 침착시켜 때로는 상수도 철관을 폐쇄하는 경우도 있다.

(5) *Spirochaeta*

일반 세균 중 4~500μ의 긴 나선상의 세균으로 일반 나선균보다 긴 외형을 가지고 있고 나선상으로 감겨 있는 축삭(軸索, axial filament)에 의하여 운동을 하는 것이 특색이다. 수생하는 것이 많으며, 연체동물의 소화관 내에 기생하는 것도 많다. 매독균(Treponema pallidum) 같은 사람과 가축의 병원균도 있다.

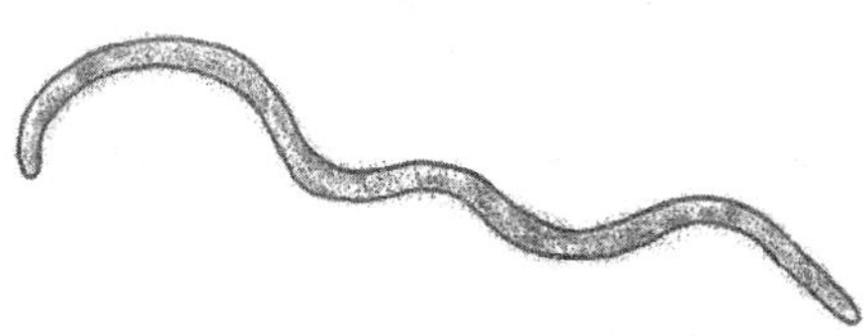

그림 5-12 나선균

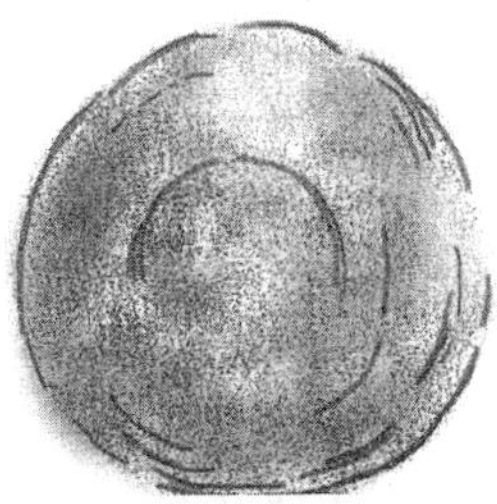

그림 5-13 입안에서의 모습(12,000×)

5-3 식품과 관계깊은 세균

응용 및 식품미생물로서 중요한 세균은 대부분이 Pseudomonadales 와 Eubacteriales 목에 속하며, 소위 말하는 일반 세균은 거의 전부가 이에 속하는 세균군이다. 여기에서는 'Bergey 편람' systematic bacteriology 초판의 분류순서에 따라 식품과 관계있는 세균을 기술한다.

1. Gram 음성, 호기성 간균 및 구균류

Gram 음성 · 무포자 · 극모로서 운동성인 간균은 자연계에 널리 분포하여 Bergey 편람 제 7판에서는 Pseudomonadales 목에 정리되었으나, 제 8 판에서는 이 목(目)을 인정하지 않고 분산시켜 Pseudomonadaceae 과, Enterobacteriaceae 과, Vibrionaceae 과 등에 편입 분류하였다.

(1) Pseudomonadaceae 과

1) *Pseudomonas* 속

담수, 해양, 토양 및 식물 표면 등으로 자연계에 널리 분포하는 종속영양균(從屬營養菌)속이다. 직선이거나 다소 구부러진 간균으로 극성 편모를 가지고 활발히 운동을 하나 드물게 편모가 없는 변이주도 있으며, 포자를 만들지 않는다. 세포의 크기는 0.5~1 × 1.5~4μ 이다.

생육에 관련된 영양요구는 단순하여 비타민, 아미노산 등을 함유하지 않는 합성배지에서도 잘 발육한다. 단백질이나 유지를 잘 가수분해해 전분을 가수분해 시키는 균주는 비교적 적다. 또 탄화수소나 방향족 화합물을 분해하므로 공업폐수의 처리나 탄화수소의 자화성균으로서 주목된다. 어떤 균종은 수용성의 형광색소(螢光色素)와 pyocyanin, chlororaphin 등의 phenazin 계 색소를 생산한다.

생육에 비교적 많은 수분을 필요로 하여 수분활성(Aw)은 0.97~0.98을 요구한다. 따라서 당이 가해진 식품이나 건조식품에서는 증식하기 어렵다. 또한 내열성이 약하여 저온살균으로 쉽게 사멸하며, 42℃ 이상이 되면 생육이 미약해지거나 생육을 하지 못한다.

동물에 대한 몇 종의 병원균이 있으나, 대부분은 비병원성 균종이다. 식물병원균종도 다수 알려져 있다.

Pseudomonas 속은 어패류, 육류, 육가공품, 생유(生乳), 계란, 채소 등 여러

식품에 대한 부패균이다. 특히 저온에서 호기적으로 저장되는 식품의 부패에는 제일 큰 작용을 한다. *Pseudomonas* 속이 부패세균으로 중요시되는 것은 다음과 같은 까닭이 있기 때문이다.

① 증식속도가 빠르다. ② 많은 균종이 호냉성균(psychrophile)이고 최적온도가 20℃ 이하이므로 저온 냉장한 식품에서도 잘 증식한다. ③ 암모니아 등의 부패생산물의 생성량이 많다. ④ 몇몇 균종은 황록색의 형광색소 또는 황색이나 적색 및 갈색의 색소를 생산한다. ⑤ 단백질 및 유지의 분해력이 강하다. ⑥ 여러 방부제에 대한 저항력이 강하고, pH 5.0~5.2 정도의 산성에서도 생육한다.

Pseudomonas 속의 종(種) 검색의 지표가 되는 성질은 서식장소, 수용성 색소의 생성, gelatine 상의 생육상태, 편모, 생육온도 등이다.

Pseudomonas 속균이 번식하면 보통 암모니아태 질소가 증가되어, 식품의 pH는 알칼리성이 된다. 어육에서 단백분해에 의한 암모니아태 질소의 생성은 *Alcaligenes* 속 등에 비해 훨씬 강하다.

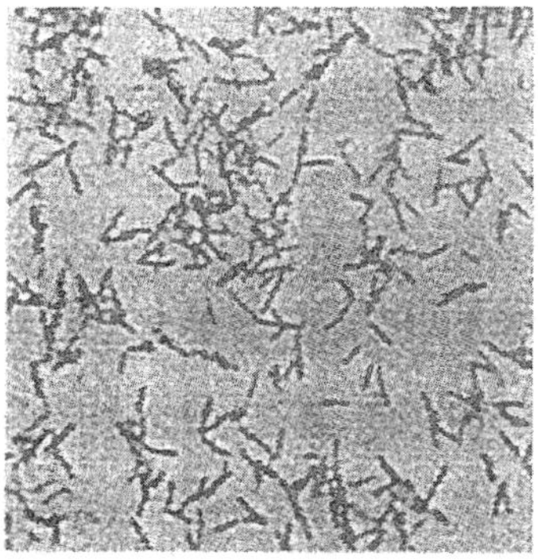

그림 5-14 *Pseudomonas fluorescens* (1,000×)

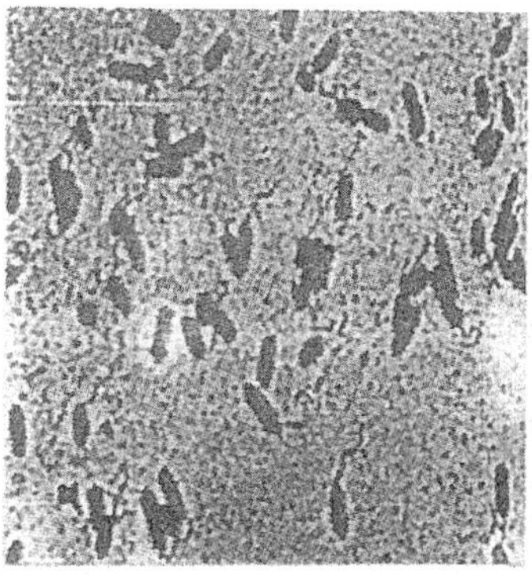

그림 5-15 *P. aeruginosa*

① *Pseudomonas fluorescens* (형광균)

분포가 넓은 호냉성의 부패균으로, 겨울철 생유(生乳)에서 발생하며, 고미유(苦味乳)의 원인이 된다. Glucose 에서 Vitamin C 의 합성에 관계있는 2-ketogluconic acid 를 생성하며, 탄화수소의 자화성이 있다.

② *Pseudomonas aeruginosa* (녹농균)

상처의 화농부(化膿部)에 번식하여 푸른색이나 청색을 띠며, 식품의 부패와 우유의 청변을 일으킨다. 탄화수소를 자화하며 glucose의 산화를 일으켜 2-ketogluconic acid 를 생성한다. 식품부패에 관계있는 균종은 다음과 같다.

① 우유 및 유제품 : *Ps. fluorescens*, *Ps. fragi*, *Ps. nigrifaciens*, *Ps. putrefaciens*, *Ps. lacunogenes*, *Ps. taetrolens*, *Ps. sapolactica*, *Ps. syncyanea*, *Ps. synxantha* 등

② 달걀 : *Ps. fluorescens*, *Ps. taetrolens*, *Ps. mucidolens*, *Ps. perolens* 등

③ 그밖의 식품 : *Ps. fluorescens*, *Ps. syncyanea*, *Ps. cerevisia*, *Ps. myxogenens*, *Ps. beijerinckii*, *Ps. cocovenenans*, *Ps. pellucidula* 등

(2) *Acetobacteraceae* 과

1) *Acetobacter* 속 (초산균속)

Gram 음성이며 절대호기성균(obligatory aerobe)의 무포자 간균으로, 때때로 긴 연쇄를 한다. 대부분이 비운동성이지만 운동성인 것도 있다. 액체배지상에서 피막을 형성하며 에탄올을 산화하여 초산(醋酸, acetic acid)을 만들므로 식초양조에 이용되는 것이 있다.

초산균은 편모의 착생부위와 산화력의 차이에 따라 *Acetobacter* 속과 *Gluconobacter* 속의 두 속으로 구별된다.

Gluconobacter 속의 대사경로에는 TCA–회로가 없어서 초산을 산화할 수 없으므로 ethanol 을 산화하여 초산을 축적하게 되는 데 비해, *Acetobacter* 속은 ethanol 을 빠르게 초산으로 산화하고 생성된 초산은 다시 TCA–회로를 통하여 완만하게 CO_2 와 H_2O 로 산화한다.

이러한 성질의 차이로 식초공업에서 *Gluconobacter* 속은 underoxidizer, *Acetobacter* 속은 overoxidizer 로 불리기도 한다. 또 *Gluconobacter* 속은 비운동성이나 운동성일 때나 상관없이 3~8개의 극속모인 데 반해서 *Acetobacter* 속은 비운동성이거나 운동성일 때는 주모인 점이 다르다.

표 5–3 *Acetobacter*, *Gluconobacter* 및 *Pseudomonas* 속의 특징

속	편모	pH 4. 5 에서의 생 육	pH 4. 5 에서의 ethanol 로부터의 acetic acid 생성	TCA 회로	GC 함량 (mole %)	균종수
Acetobacter	주모	+	+	있음	53～64	4
Gluconobacter	극모	+	+	없음	56～64	1
Pseudomonas	극모	–	–	있음	58～70	7

Acetobacter aceti 는 식초의 양조에 흔히 이용되며, Gluconobacter oxydans 는 glucose 로부터 gluconic acid 나 5-ketogluconic acid 를 생성하고, D-sorbitol 을 산화하여 L-sorbose 를 생성하는 발효로, 비타민 C 를 합성하는 전 단계에서 공업적으로 이용되고 있다.

① *Acetobacter aceti*

배양액면에 대리석과 같은 반점이 있는 점성의 균막을 형성하며, 발효액을 혼탁하게 만든다. 비교적 고농도의 주정에서 견디고, 약 8.7%의 초산을 생성하며 생산한 초산을 다시 분해한다. 왕성한 초산 생산능력으로 식초생산에 이용되며, 발효 종료시기에 온도 충격 등에 인해 발효를 중단시킴으로써 계속되는 초산의 산화를 방지한다.

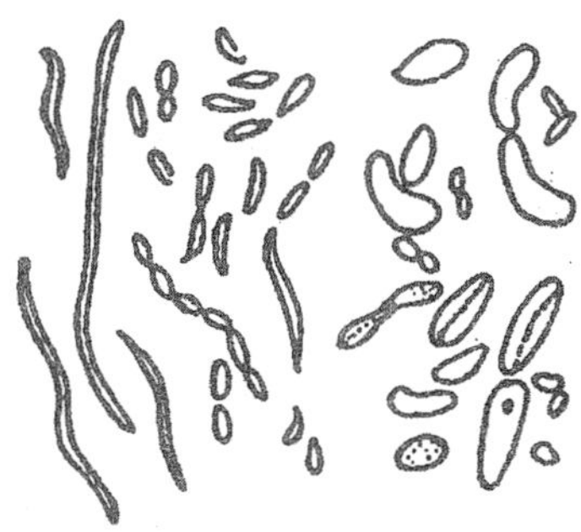

그림 5-16 *Acetobacter aceti*

그림 5-16에서와 같이 단간균이던 것이 발효 중에 생성된 초산과 발효열에 의하여 저해를 받음으로써 기형의 모습으로 변한 균체가 관찰되기도 한다.

② *Acetobacter vini acetati*

베를린의 포도주초 공장에서 분리되었으며, 균막은 기벽으로 상승하고 액을 혼탁하게 만든다. 그러나 포도주에서는 치밀한 균막을 형성하고, 혼탁성이 적어서 포도주초 양조에 이용된다. 대체로 초산생성력이 약한 균주도 있으며 약 4.5%의 gluconic acid 를 생성한다.

③ *Acetobacter xylinoides*

베를린 식초 공장에서 분리되었으며, 포도주초 양조용으로 중요하게 여기고 있다. 동양에서 분리되는 균주는 ester 를 생성하고 산 생성량도 적으며, 오히려 시판초를 변패시키는 유해균이 된다. 액면에 솜섬유와 같은 균막을 형성하며, 황산과 요오드에 청색반응을 일으킨다.

④ *Acetobacter schützenbachii*

속초용 균으로 장려되었던 균이다. 균막을 형성하며, 11.5%의 많은 초산을 생성한다.

⑤ *Acetobacter xylinum*

각종 식초덧이나 술덧에 번식하여 이들의 혼탁, 산패, 점패(粘敗) 등의 원인이 되며, 설탕의 점패, 빵의 산패, 커피의 변색 등을 일으킨다.

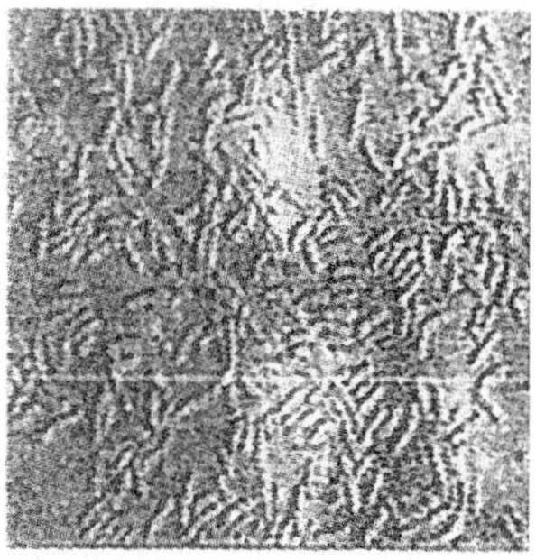

그림 5-17 *Acetobacter xylinum*(1,000×)

초산 생산력은 약하고 초산을 분해하며, 불쾌한 냄새를 발생시키므로 식초양조공업에서 가장 꺼리는 균이다. 균막은 광택이 없으며 강인하여 유피(鞣皮)와 비슷하다. 약간의 색소를 생성하고, *Ac. xylinoides* 의 균막과는 판이한 섬유소반응을 보인다.

⑥ *Acetobacter kützingianum*

액면에 엷은 균막을 형성하고 기벽으로 다소 높게 상승한다. 균막은 잘 깨지며, 요오드액으로 청색 반응을 일으킨다. 발효액을 혼탁하게 만들고 불쾌한 ester 냄새를 생성하며 초산을 재산화하므로 실용성은 없다.

(3) Azotobacteraceae 과

공기 중의 질소를 고정하여 생육하는 토양미생물로서 *Rhizobium* 속, *Clostridium* 속과 함께 중요한 세균으로 *Azotobacter* 속과 *Azomonas* 속이 여기에 속한다.

세포는 2μ 이상으로 크고, Gram 양성의 간균으로 구형(球形)이 되는 경우도 있으며, 비공생적(非共生的)으로 호기적 조건에서 유리질소를 고정한다. 대표적인 균종은 *Azotobacter chroococcum* 이다. *Azotobacter* 속은 대량의 다당류를 균체 밖으로 생산하므로, 고체배지에서 매끈하고 광택이 있는 집락을 나타낸다.

Azotobacter 속은 cyst 라는 휴식세포를 형성하는 데에 반하여, *Azomonas* 속은 cyst 를 형성하지 않고 주로 수중에서 생존하는 점이 서로 다르다. cyst 는 세균의 내생포자와 같이 건조나 자외선 및 방사선 조사에 대해 내성이 있으나, 내열성이 없는 점이 내생포자와 다르다.

(4) Rhizobiaceae 과

주된 속인 *Rhizobium* 속과 *Bradyrhizobium* 속은 콩과 식물의 뿌리에 공생하여 질소를 고정하는 뿌리혹균으로, Gram 음성의 운동성 간균이고, cyst 는 형성하지 않는다. *Azotobacter* 속과 함께 질소고정균으로서 농업에 있어서 중요하다. 공생하는 콩과의 종류에 따라 *Rhizobium leguminosarum* (완두콩의 뿌리혹균), *Rhizobium trifolii* (클로버의 뿌리혹균) 등으로 분류된다.

(5) Halobacteriaceae 과

고도로 염농도가 높은 환경 (鹽水, 鹽湖)에서 소형의 특징이 있는 비운동성 구균인 *Halococcos* 속과 극속모가 있는 간균인 *Halobacterium* 속이 많이 생육하며, 이들 두 속이 여기에 속한다. 형태는 서로 다르나 성질이 유사하며, 생육에 NaCl 을 요구하는 고도호염균(高度好鹽菌, extrem halophile)으로 생육의 최저 농도는 8.8%, 최적농도는 17~23%이며, 포화농도(32%)에서도 실제로 생육이 가능하다. 묽은 식염 농도에서는 세포가 붕괴한다.

이들 세포는 적색 carotenoid 함량이 높은 것이 특징이며, 강한 광선에 대한 세포의 광화학적 상해를 방지하는 역할을 하고 있다. 염전에서 이들이 발생하면 염수는 적자색으로 변하고, 이런 세균에 오염된 식염으로 절인 어류 표면에는 때로 착색된 반점이 나타나기도 한다. 예컨대 *Halobacterium salinarium* 같은 것이 있다.

(6) 유연관계가 분명하지 않으나 식품과 관계가 있는 속

1) *Alcaligenes* 속

*Alcaligenes*나 *Flavobacterium* 등의 속은 민물, 해수, 토양 등에서 흔히 볼 수 있고, 5~10℃의 저온에서도 식품을 부패하게 하는 호냉균이 많다.

Alcaligenes viscolactis 는 우유의 ropiness (끈적끈적함)의 원인이 되고, *Alcaligenes metalcaligenes* 는 cottage cheese (희고 말랑말랑한 치즈)에서 생육하여 점성을 나타내게 한다. 이들 균은 비료, 사료, 토양, 물, 먼지 등에 존재한다.

2) *Flavobacterium* 속

황색 내지 적색의 색소를 생산하여 육류 표면에 착색하고 어패류, 난류, 버터 및 우유의 변패에 관여하며, 해동야채에서도 볼 수 있다.

2. 통성혐기성 그람음성 간균

(1) Enterobacteriaceae 과

통성혐기성이며 포자를 형성하지 않는 작은 간균으로, 장내(腸內) 세균균이다. 대부분이 주모를 가지며, oxidase 음성으로 당을 발효시킨다. *Serratia* 속이 홍~적색 색소인 prodigiosin 을 생산할 뿐 그밖의 균들은 색소를 생산하지 않는다. 이 과에서 식품과 관계있는 속은 *Escherichia*, *Enterobacter*, *Klebsiella*, *Citrobacter*, *Erwinia*, *Serratia*, *Proteus*, *Salmonella* 및 *Shigella* 등이다.

이들은 단간균으로 합성배지에서도 잘 발육하며, 최적온도는 30~37℃인 중온균이다. 탄수화물의 혐기적 발효를 도우며 포도당에서 젖산 같은 유기산과 CO_2, H_2 등을 생성한다. *Escherichia, Enterobacter, Klebsiella, Citrobacter* 속(앞의 4속)은 식품의 부패균(腐敗菌, Saprophyte)이며, *Proteus*, *Salmonella*, *Shigella* 속(뒤의 3속)은 병원균이다.

1) *Escherichia* 속

비운동성 또는 주모를 가진 운동성균으로 Lactose 를 분해하여 CO_2 와 H_2 를 생성한다. 사람이나 온혈동물의 장관에 서식하며, 장관 내에서 비타민 K 를 생합성하여 영양적으로 기여하고, 통성혐기성으로 대장 내의 산소를 소비하여 혐기적으로 만드는 데 도움이 되고 있다.

대변 중에 항상 배설되며, 일부 균주를 제외하고는 보통 병원성은 없으나, 음료수나 음식물에 이 균이 검출되면 동물의 배설물로 오염되어 있다는 것을 뜻하며, 장관 내에서 번식하는 이질균(Shigella dysenteriae)이나 장티푸스균(Salmonella typhi)이 존재할 위험성이 있는 것으로 추측할 수 있다. 따라서 식품위생상 중요한 지표로 우유, 아이스크림, 빙과류, 어패류 등에 대해서 대장균 검사를 실시하게 된다.

∘ *Escherichia coli*

세포의 크기는 0.5×1~3μ 정도로 대표적인 장내세균이며 생화학 및 유전학을 비롯한 여러 미생물학 분야의 연구재료로 많이 사용되고 있다.

식품위생의 분야에서 대장균군(coliform group)은 분뇨오염의 지표이다. 물, 토양, 식품 등에 널리 분포해 있으며, 식품에서 흔히 검출되는 부패세균이기도 하다.

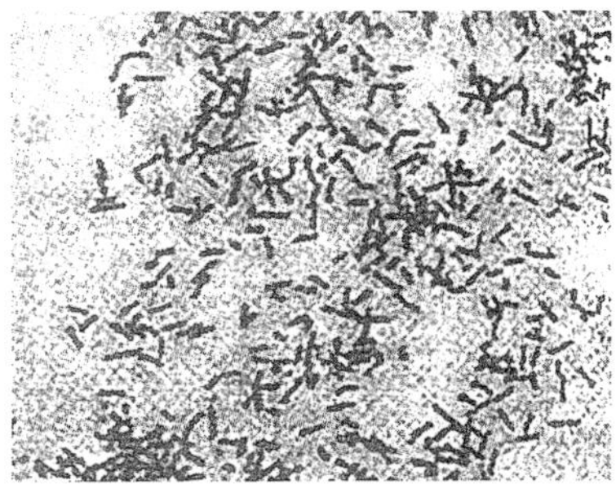

그림 5-18 *E. coli* (1, 100×)

면역반응(免疫反應)으로 180주(株)가 알려지고 있으나, 설사 등의 병원성이 있는 것은 18주에 불과하다. 식품의 부패작용은 Proteus 속균에 비하면 약하지만 histamine 생산능, 즉 histidine decarboxylase 의 활성을 가지는 균주가 상당히 있어서 알레르기성 식중독과 관련하여 주목된다.

$$\text{histidine} \xrightarrow{\text{histidine decarboxylase}} \text{histamine} + CO_2$$

2) *Enterobacter* 속

이 속은 이전에는 *Aerobacter* 속으로 취급했으나, "Bergey" 제 8판에서 *Enterobacter* 속으로 새로이 등재되었다. 이 균들은 사람의 장내에는 *E. coli* 보다 적으나, 식품에는 오히려 많이 분포되어 있다. 즉 생선, 패류, 샐러드, 생과자 등의 분리된 대장균군 중에는 *E. coli* 가 약 10~20%이고, 나머지는 *Enterobacter* 속과 *Citrobacter* 속이었다는 보고도 있다.

대표적인 균종으로는 *Enterobacter aerogenes*, *Enterobacter cloacae* 등이 있으며, 부패작용은 *E. coli* 와 같이 전반적으로 약하다.

그러나 *Enterobacter*, *Citrobacter* 및 *Hafinia* 속에는 저온성 균주가 있어, 0~4℃ 전후에서 증식을 하는 것이 있다.

특히 호기성 세균의 증식이 어려운 저온저장의 포장식품에서 문제가 되는 경우가 있다. *Enterobacter aerogenes* 가 *E. coli* 에 비하여 가스 생성력이 강하므로 치즈나 우유 등에서 이 균에 의한 가스발생의 위험이 더욱 크다. *Enterobacter aerogenes* 는 식품의 점질화를 일으키는 원인이 된다.

3) *Erwinia* 속 (시장병균)

이 속은 대부분 식물병원성균으로 운동성이고, 호기성 간균이다. 대체로 생육에 유기태 질소를 필요로 하지 않으며, 채소나 과일 및 그 가공품에서 생육한다.

대체로 *Erwinia* 속은 전분분해력은 없으나 pectin 분해효소를 가지는 것이 있으므로 *Pseudomonas* 와 *Bacillus* 등 다른 균들과 더불어 채소와 과일에 부착하여 수송도중이나 시장에서 이들을 연부·부패시키는 소위 시장병(market disease)의 원인이 된다. 생육최적온도는 27~30℃이고, 생육최고온도는 32~40℃ 범위이다.

Erwinia atroseptica 는 감자 흑균병(黑菌病)의 원인균이며, *Erwinia carotovora* 는 protopectinase 의 활성이 강하여 청과시장에서 세균연부병의 주요 원인균이다.

4) *Serratia* 속 (영균, 靈菌)

1818년에 이탈리아의 polenta 지방에서 옥수수가루로 만든 천주교 미사의 빵이 하룻밤 사이에 혈적색(血赤色)으로 변한 이변이 있었다. *Serratia* 는 식품부패의 주역이 되는 일은 별로 없으나, 토양과 하수 및 수산물 등에 널리 분포하고, 누에 등의 곤충에서도 검출된다. 식품에서의 분포는 별로 많지 않다. 이 속 중에서 가장 흔한 *Serratia marcesens* 는 단백분해력이 강하여 부패세균 중에서도 부패력이 강한 균이다.

특히 생선, 생선묵, 소고기 등의 부패에 관여하고 수산연제품(水產練製品) 등의 식품 표면에 적색변패를 일으키며 심한 부패취가 발생한다. 우유에서는 표면에 적색으로 번식하며, 색소는 우유에 용출되지 않으나 우유를 약산성으로 만들어서 응고시킨다.

중온성이지만 저온 4~6℃에서 생육하는 것도 있고, 색소 생산적온은 25~28℃가 된다. 이 균은 대체로 방부제에 저항성이 강하다. 또한 이 균의 강한 호기성으로 혐기성균과 밀폐된 용기에 공존 생육시켜서 혐기성균을 배양하는 혐기배양법(Fortner 법)에 이용되기도 한다.

5) *Proteus* 속 (변형균, 變形菌)

세포의 크기는 0.4~0.7×0.8~3.7μ 정도이며, 주모로 활발히 운동하는 중온성균이다(특히 25℃에서는 활발한 운동성이나 37℃ 정도에서는 활발하지 못하다). *Salmonella* 속 및 *Shigella* 속과 더불어 병원성 장내세균속이다.

Pr. vulgaris 와 *Pr. mirabilis* 는 한천배지(agar-plate)에서 활주현상(滑走, swarming)으로 엷게 아메바상의 집락을 형성한다. 또한 배양조건에 따라 불규칙한 쇠퇴형(involution form)이나 섬유상, 구상이나 간균상의 세포로 쉽게 변하므로 변형균(海神, proteus)이라고 하였다.

장내뿐만 아니라 그밖의 자연계에 널리 분포하고, 단백분해력이 강하여 대표적인 호기성 부패세균이다. 이 속 중에서 가장 많고 부패력이 강한 균이 *Pr. vulgaris* 이며, 이 균은 sucrose 를 분해하여 산과 가스를 생성하므로 발효식품의 변패에도 관여한다. *Pr. morganii* 는 강력하고 안전한 histidine decarboxylase 의 활성을 가지는 것이 알려져서 알레르기성 식중독 원인균으로 주목받고 있다.

보통 냉장하지 않은 식품에서 *Proteus* 균이 많이 검출되면 식중독 위험이 있는 것으로 본다. 이 속에는 *Pr. vulgaris* , *Pr. mirabilis* , *Pr. morganii* , *Pr. retteri* , *Pr. incoustans* 등이 있으며, 특히 *Pr. vulgaris* , *Pr. mirabilis* 는 단백질 분해력이 강하여 식품의 부패균으로 알려져 있다.

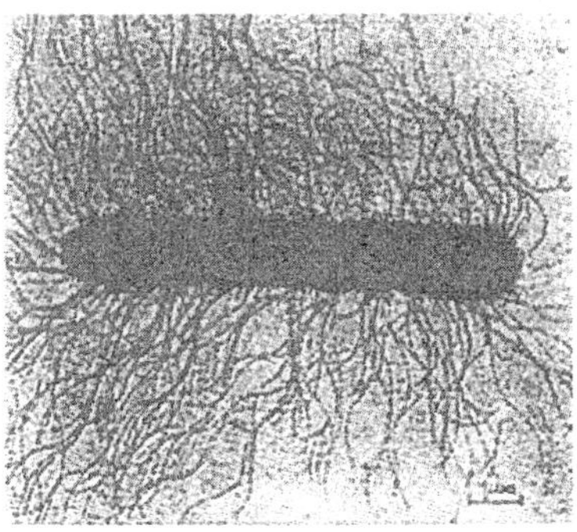

그림 5-19 *Proteus vulgaris*

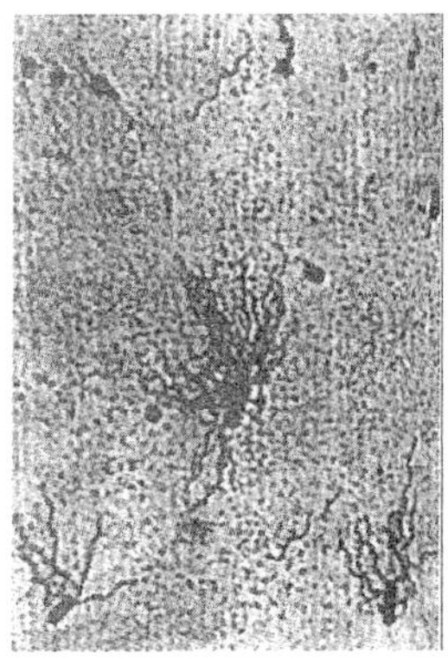

그림 5-20 *Salmonella typhi* (1800×)

6) *Salmonella* 속

주모를 가지며, 운동성과 비운동성인 것이 있다. 가축, 쥐 등에 분포하고, 강한 전염성 병원균인 *Salmonella typhi* (장티푸스)나 *Salmoella paratyphi* (파라티푸스)를 비롯하여 장염균(*S. enteritidis*) 이나 *S. newport* 등 많은 식중독 원인균을 포함하는 병원성 장내세균이다. 식품은 이들 균의 인체침입에 좋은 매개가 된다.

7) *Shigella* 속

비운동성이고, 이질병 원인균인 *Shi. dysenteriae* 가 있으며, 포유동물의 장내에만 분포한다. 역시 식품이 이 균을 전파하는 매개체가 된다.

(2) Vibrionaceae 과

극성편모를 가지며 당을 발효하는 Gram 음성 간균으로 담수, 해수, 어패류 등에 많이 분포하고, 특히 해산어(海産魚)의 표피, 아가미, 장관(腸管) 그리고 동·식물성 plankton 의 microflora 에 많다. *Vibrio*, *Aeromonas*와 *Photobacterium* 및 *Plesiomonas* 의 4속이 여기에 속한다. 생선을 저온 혹은 실온에서 보존할 때, 이들 세균이 증식하여 부패에 관여한다.

1) *Vibrio* 속

짧은 극모를 가지며 운동성이고, 세포의 모양이 고상(孤狀, comma 형)이다. 세포가 연결된 나선상으로도 된다. 담수, 해수, 토양 등에 널리 분포하여 생선이나 육류의 염수침지물에 오염된다.

Vibrio costicolus 가 흔히 검출되며, *V. parahaemolyticus* (장염 비브리오)는 어패류에 번식하는 식중독 원인균이다. 이 균은 염이 없는 상태에서는 생육하지 못한다. 즉, 식염농도 3%에서 가장 잘 생육하는데, 9~12%에서도 생육한다. 그 외에 *V. cholerae* 와 같은 강력한 전염성 병원균도 있다.

2) *Photobacterium* 속

Gram 음성이며, 극모를 가지는 많은 간균에는 발광(發光)하는 것이 있다. 이들은 일부 *Vibrio* 속의 것도 있으나 대부분 *Photobacterium* 속에 속한다. 이들 발광세균은 대부분 바닷물에서 볼 수 있고, 일반적으로 어체(魚體)에 부착하여 소량의 산소가 있으면 푸른색을 띤 빛을 낸다. 호냉균이므로 냉장고 내에서도 번식하여 육류, 생선 등의 부패 원인이 되기도 한다.

10~20℃에서 죽은 후에 1~2일 경과한 바다생선의 표면에서 보통 발광세균의 colony 를 볼 수 있으며, 용이하게 분리할 수 있다. 생선이나 육류의 인광 발생균으로는 *Ph. phosphoreum* 이 잘 알려져 있다. 또한 *Ph. harveyi* 와 *Ph. fisheri* 는 생선의 부패력이 강한 균이다.

(3) 유연관계가 분명치 않으나 식품과 관계가 깊은 속

1) *Flavobacterium* 속

호기성이고 무포자의 단간균 혹은 긴 간균으로, 영양요구는 단순하여 한천배지에서 잘 증식하며 단백분해력이 있다. 황, 등, 적, 황갈색 등의 색소를 생산하여 육류표면에 착색시킨다. 어패류, 가금란(家禽卵), 버터, 우유 등의 부패균으로 알려져 있다.

생산하는 색소는 carotenoid 색소 또는 그밖의 것이며, 비수용성으로 배지 중에는 확산되지 않는다. 부패활성은 강하지 않으나 4℃의 저온에서도 증식하는 것이 있기 때문에 주의하여야 한다. 물이나 토양에도 존재하고 생선 표피에서는 *Fl. fucatum, Fl. balustinum, Fl. solare* 등이 검출된다.

3. Gram 양성의 구균

(1) Micrococcaceae 과

무포자의 구균으로 드물게 운동성이 있는 것도 있으며, 대부분이 황, 등, 적색 등의 비수용성 색소를 생산하나 백색의 것도 있다. Catalase 양성의 구균은 식품에서 흔히 분리되고, 이들 구균을 *Micrococcus* 속 또는 *Staphylococcus* 속으로 구별하는 것은 어렵다. 현재는 포도당의 발효능이 없는 것, 즉 산화적으로만 분해하는 것을 *Micrococcus*, 발효능이 있는 것, 즉 혐기적으로 분해하는 것을 *Staphylococcus* 로 하고 있다.

1) *Micrococcus* 속

식품 부패세균의 하나로 catalase 양성이며, 생육 최적온도는 25~30℃이다. 공기, 담수, 해수, 우유, 유제품, 육류 등에 널리 분포하고, 균종에 따라 특성이 다양하다. 식품에서 중요한 균종에는 다음과 같은 성질이 있으므로 주의해야 한다.

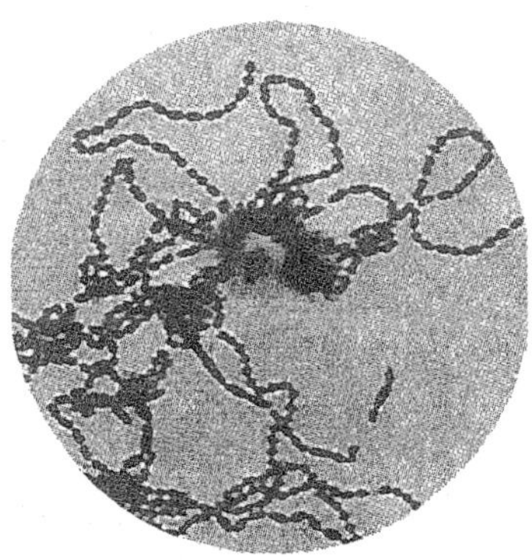

그림 5-21 구균의 형태

① 영양요구가 단순하여 암모늄염이나 간단한 질소화합물을 잘 이용하는 균종이 많다.
② 당으로부터 산을 생성하는 균종이 많다.
③ 내염성균이 많기 때문에 낮은 Aw 에서도 이들의 생육이 가능하며, 흔히 염장식품의 부패에 관여한다.
④ 내열성균이 많으며, 이들은 우유를 저온살균해도 살아남는다.

⑤ 식품표면에 번식하여 식품을 변색시키는 것이 많다.

⑥ 육제품 등에서 점질물(slime)을 생성한다.

⑦ 10℃ 이하에서도 잘 생육하는 것이 있다.

2) *Staphylococcus* 속

대표적인 화농균(化膿菌)으로 단구균, 쌍구균, 4련구균, 포도상구균의 상태로 증식한다. *Staphy. aureus* (황색포도상구균)는 이 속에서 가장 대표적인 균이며, 장관독(腸管毒, enterotoxin)을 생성하는 식중독의 원인균으로 보통 황색~오렌지색을 나타내고, 생육에 유기질소원을 요구한다.

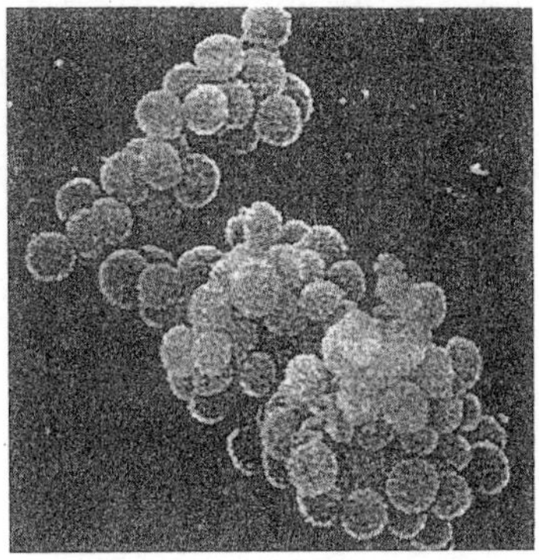

그림 5-22 *Staphylococcus sp.*

Staphy. epidermidis 는 포유동물의 피부, 점막, 유방 등을 비롯하여 우유, 치즈, 양조주(釀造酒) 및 된장, 간장 등의 국(麴) 등에서 잘 발견된다. 이 속은 생육에 몇 가지 아미노산, Thiamine, nicotinic acid, pantothenic acid, biotin 등을 요구한다.

(2) 그 밖에 식품과 관계깊은 미생물

1) *Streptococcus* 속

homo 형 젖산 발효균으로 우선성의 젖산을 생성하고, 세포는 긴 연쇄상을 보이는 것이 많으며, 때로는 쌍구균이 되기도 한다. 포유동물의 장내 상주균(常住菌)이며, 우유나 유제품 또는 식육에서 잘 검출되는 오염균이다.

St. faecalis 는 일명 장구균(腸球菌)으로 분변오염의 지표가 된다. 이 속의 균은 혈청학적으로 pyogenic, viridans, lactic, enterococcus 의 네 군으로 대별한다.

① **용혈연쇄구균** (溶血連鎖球菌, pyogenic group) : 병원성 구균으로 식품에서 극히 드물게 발견된다. 혈액 한천배지 위에서 배양할 때, 집락 주위에 선명한 용혈환(溶血環)을 보이기도 한다. *St. pyogenes* 는 후두염과 승홍열의 병원균이다.

② **녹색연쇄구균**(綠色連鎖球菌, viridans group) : 혈액 한천상에서 집락 주위에 좁은 녹색환(綠色環)이 있고 부분적으로 용혈을 보인다. 저온살균에 잘 견디어 *St. bovis* 는 살균한 우유에서 잔존하고, *St. thermophilus* 는 고온에서 만드는 치즈나 발효유에서 중요한 역할을 한다.

③ *Lactococcus*속 : *Streptococcus* 속의 lactic group(젖산구균)에 속했던 균으로 생육과 생산의 적온은 30℃이고 *Lactococcus* 로 독립되었다. 유제품의 주요 젖산균이며 용혈성은 없다. 식염 내성이 2~4% 정도이므로 식염이 많은 염지식품에서는 잘 검출되지 않는다.

우유에 적응력이 강하여 빨리 산을 생성하는 *Lc. lactis* subsp. *lactis* 를 비롯하여 치즈의 종균 또는 버터의 발효에 관여하는 *Lc. lactis* subsp. *cremoris* 나 *Lc. lactis* subsp. *diacetilactis* 등이 있다. 동물, 사료, 건초 및 용기 등에서 식품에 혼입된다. 10℃에서는 자라지만 45℃에서는 자라지 않는다.

④ *Enrerococcus*속 : 장관기원 *Streptococcus* 의 enterococcus group(장구균)을 *Enterococcus* 속으로 따로 독립시켰다. 10℃와 45℃에서도 생육하는 난형에 가까운 구균으로 내열성이 강하여 우유의 저온살균 이상의 가열에서도 생존한다. 식염 6.5% 이상에서도 생육하고 pH 9.6에서도 발육한다. 5~8℃에서 생육하는 것도 있으나 대부분은 48~50℃에서 잘 생육하는 등 생육온도 범위가 넓다.

식품에서 가장 내열성이 강하고 대부분이 사람의 장관기원이며 분변오염의 지표가 되는 *Ent. faecalis* 와 식물 유래의 *Ent. faecium* 이 많이 검출된다. 이들은 살균한 통조림, 햄, 베이컨 중에서도 생존하고 α 또는 γ 용혈성(비용혈성)이다. 산 생성과 단백분해를 동시에 하는 acidproteolytic 균으로서 *Ent. faecalis* var. *liquefaciens* 가 있으며 이 균의 어떤 균주는 젖산을 생성하지 않고 약 40%의 acetoin 을 생성하므로 마가린의 방향성분이 되는 acetoin 을 얻는 데 이용된다.

⑤ *Bifidobacterium*속 : 대부분 유산균의 경우 일정한 모양(막대, 구형)을 갖고 있는 반면에 비피더스균은 환경에 따라서 모양이 변하는 성질을 가지고 있어 보통 Y자, V자, 곤봉이나 아령 형태 등 매우 다양한 모양을 가지고 있다.

Bifidobacteria 의 bifido 는 가지를 치고 있다는 의미이고(즉 Y자나 V자 형태), bacteria 는 균을 의미한다. 종류에는 *B. bifidum*, *B. longum*, *B. infantis* 등이 있으며 혐기성 간균이고 이상형 젖산발효성으로 젖산과 초산을 2 : 3 비율로 생성한다. 장내 유익작용을 하며 모유영양아의 장내에 분명 g당 10^8~10^{11} 존재한다. 1974년 *Lactobacillus* 로부터 따로 분류되었다.

2) *Pediococcus* 속 (4련구균)

소금에 절인 오이나 채소류 또는 간장덧 및 된장 등에서 잘 분리된다. 맥주공장에서는 일명 Sarcina 병 (*Ped. cerevisiae*)이라고 하는 균이며, 맥주를 탁하게 만들고 pH 를 저하시키거나 이취 등을 생성한다.

비운동성이며 4연구(4 連球)를 형성하는 것이 특징이다. 7℃에서도 생육하며 통성혐기성 또는 미호기성이고 homo 형 젖산발효로 우선성 혹은 racemi 형의 젖산을 생성하며, catalase 는 음성이다. 발효채소(sauerkraut)에서 발견되는 *Ped. pentosaceus*, 간장덧에 존재하는 내염성의 *Ped. halophilus* 등이 잘 알려져 있다.

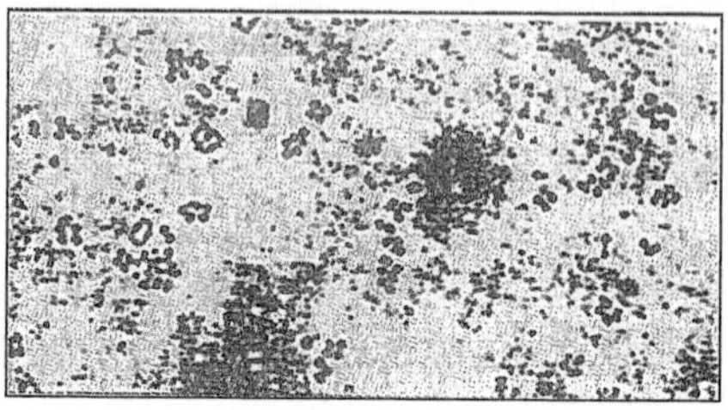

그림 5-23 *Pediococcus sp.*(450×)

3) *Leuconostoc* 속

식물 외피에 많이 분포하며, hetero 형 발효 젖산구균으로 생산된 젖산은 좌선성이다. 생육적온은 비교적 낮은 20~22℃이다.

Leuc. dextranicum 과 *Leuc. mesenteroides* 는 설탕을 함유하는 배지에서 증식하여 많은 점질물 dextran (*d*−glucose 의 다당류)을 생성함으로써 이용되기도 하는데, 설탕공장에서는 유해균으로 취급받는다.

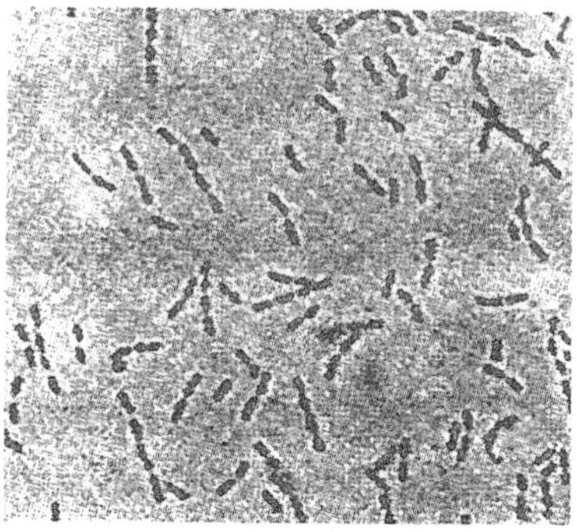

그림 5-24 *Leuconostoc sp.* (1100×)

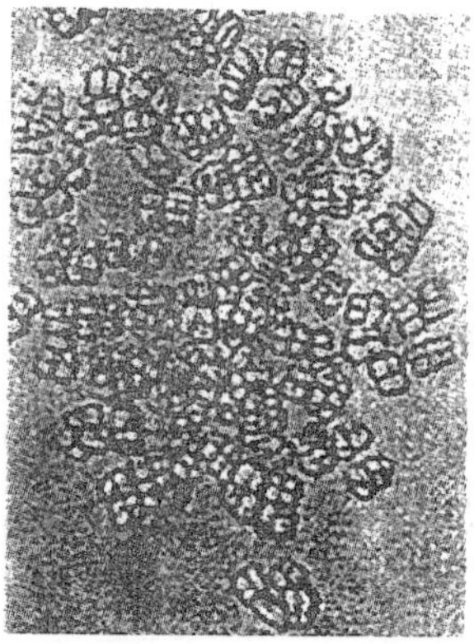

그림 5-25 *Sarcina sp.* (750×)

Leuconostoc 속의 특징적 작용은 다음과 같다.

① diacetyl 과 같은 방향성분을 생성하여 butter milk 나 치즈 제조에 이용된다.

② 3% 식염에서도 발육하며 젖산발효를 하여 사우어크라우트(sauerkraut) 초기 발효를 한다.

③ 발효채소식품에서 공존하는 경합미생물보다 빨리 젖산을 생성하여 오염을 방지한다.

④ 당에서 많은 탄산가스를 발생시키는 것은, 치즈나 당 함량이 많은 식품을 변패시키는 원인이 된다.

4) *Sarcina* 속

세포가 비교적 큰 Gram 양성균이며, 분열이 수직방향으로 세 곳에서 일어나서 규칙적인 8연구(8 連球, packet)를 그림 5-25와 같이 형성한다. 호기성·미호기성 또는 혐기성이며 산성에 내성이 강하여 pH 2에서도 자랄 수 있다.

Sar. ventriculi 등은 인간의 위 속에서 성장할 수도 있다고 알려져 있다. 식품에 호기성의 황·등·적색의 색소를 생성하는 균주가 많다.

이들 *Sarcina* 속균은 공기, 물, 토양, 어패류 등에 분포하고 있으며, 염장어(鹽藏魚)에는 고도 호염균인 *Sar. litoralis* 가 잘 생육한다.

4. 내생포자를 형성하는 간균류

(1) Bacillaceae 과

내열성이 강한 내생포자(內生胞子)를 형성하는 간균은 대부분이 호기성 혹은 통성호기성인 *Bacillus* 속과 편성혐기성균인 *Clostridium* 속에 포함된다. 이 두 속은 Gram 양성이고 주모를 가지며, 운동성인 것이 많다.

Bacillus 속에 분류되고 있는 세균의 GC 함량은 30~70%로 광범위하여 유전적으로 이질성 세균의 집단이며, *Clostridium* 속은 대부분 GC 함량이 25~30%의 범위에 있고, *Bacillus* 속보다 유전적으로 동질성의 세균집단으로 생각되고 있다.

1) *Bacillus* 속

자연계, 특히 토양에 주로 분포한다. 토양시료를 80℃에서 10~30분 간 열처리하고 호기적 조건에서 순수분리하면 거의 틀림없이 *Bacillus* 속을 얻게 된다. 당, 유기산 또는 알코올을 탄소원으로 하고 암모늄염을 질소원으로 한 조성이 비교적 단순한 합성배지에서 잘 생육한다. 생육적온은 중온 혹은 고온이다. 단백질과 전분 분해력이 강한 균주가 있기 때문에 식품을 변패시키거나 산과 가스를 생성하므로 특이한 냄새가 발생한다.

이 속의 대표적인 균인 *Bacillus subtilis* 는 밥이나 빵에서 증식하여 변패시키는 경우가 많으며, 강력한 amylase 및 protease 를 분비하므로 이들 효소의 생산에 이용되기도 한다. 청국장 제조에 관여하는 *Bacillus natto* 로 불리던 균도 *B. subtilis* 와 같은 균종이다. 식품에서 흔히 검출되는 주요한 *Bacillus* 속균은 4군으로 대별된다.

① 제1군

자연계에서 가장 분포가 넓고 식품에서, 특히 전분질 식품에서 흔히 볼 수 있는 식품의 부패균이다. 그밖의 단백식품과 우유 및 유제품, 채소통조림 등에도 많으며, 비교적 강한 부패력을 가지고 있다. 이들은 중온균으로 형성된 포자의 너비가 균체의 너비와 별 차이가 없기 때문에 균체팽창이 거의 없다.

대표적인 균종은 다음과 같다.

• *Bacillus subtilis* (고초균, 枯草菌)

Bacillus 속의 대표적 균이다. 세포는 단독 혹은 연쇄상이고, 주모성의 Gram 양성 혹은 부정(不定)이며, 건초나 토양 및 각종 발효식품 등에서 발견된다. 당을 분해하여 산을 생성하고 단백질을 분해하여 암모니아를 생성한다. 세포의 크기는 0.7~0.8 × 2.0~3.0μ 이고 포자는 타원형이며, 세포의 중앙부에서 보통 48시간 이내에 형성된다. 액화형 amylase (α −amylase)를 비롯하여 protease 를 다량 분비하는 균주가 있으므로 효소생산에 이용하기도 한다.

도시락을 삭게 하는 주요 원인균으로, 생육적온은 다소 높은 35℃이며, 포자는 100 ℃에서 3시간 만에 사멸된다. 이들 중에는 subtilin, subtenolin, bacillomycin 등의 항생물질(抗生物質)을 생산하는 것도 있다. 또한 내열성의 항효모성(抗酵母性) 물질을 포자형성에 전후하여 잘 생산한다. *Bac. subtilis* 가 침범한 국(麴)으로, 간장을 담그면 효모의 발효가 저해된다고 한다.

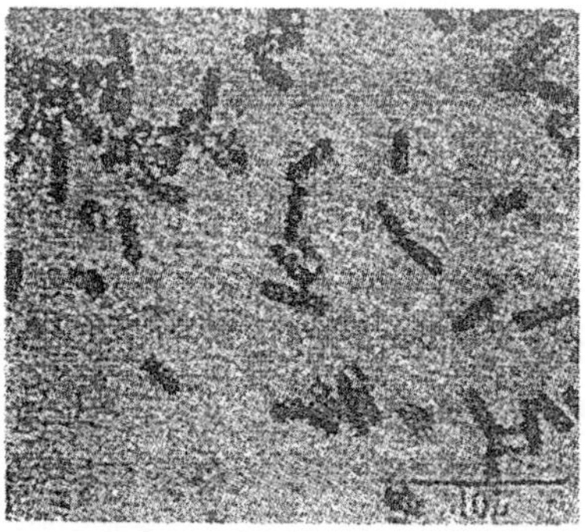

그림 5-26 *Bacillus subtilis*

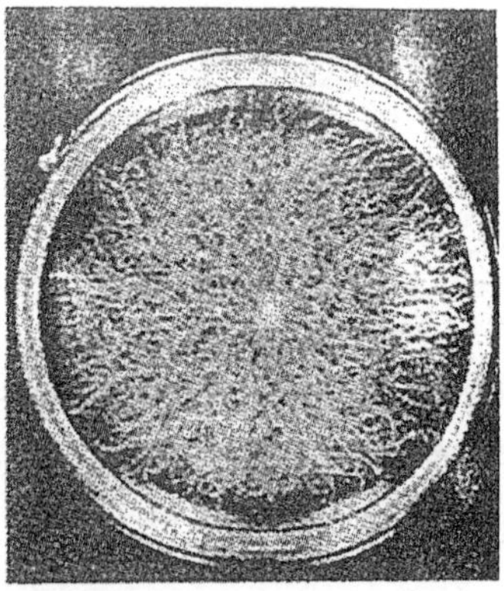

그림 5-27 *B. cereus* var. *mycoides*

• *Bacillus cereus*

주모성으로 세포의 크기는 0.8×2~2.5μ 정도이고, 견사의 정련에 이용되며, 식중독의 원인균이 된다고도 한다. agar 배지에서 그림 5-27과 같이 곰팡이와 유사한 균사를 생성하여 variety mycoides 라고도 한다(*Bacillus var. mycoides*).

◦ *Bacillus megaterium*

mega 라는 균명과 같이 다소 큰 호기성 균으로, 비타민 B_{12}를 생산하는 균주가 있어서 주목된다.

② 제2군

포자의 형성으로 모세포가 팽대되고, 평판배지에서 엷고 투명한 집락을 형성하는 것이 많다.

◦ *Bacillus coagulans*

호기성, 통성혐기성이고 비운동성이며, 비교적 고온에서 증식할 수 있다. 극히 내열성의 포자를 형성하여 통조림이나 병조림의 flat-sour 변패원인이 되며, 가열 포장식품의 부패균으로 주목된다.

◦ *Bacillus stearothermophilus*

생육적온이 50~65℃가 되는 고온균으로, 통조림의 flat-sour 변패의 원인이 되며, 호기성일 때는 암모니아를 심하게 생성하나 혐기성에서는 약하다.

그밖의 균으로 *Bac. brevis* 는 어육(魚肉)의 부패력이 강하고, *Bac. circulans* 는 통성혐기성이며, 전분질 식품이나 어육, 어육소시지, 생선묵, 연유 등에서 검출된다.

③ 제3군

포자형성이나 집락의 모양은 제2군과 같으며, 당을 분해하여 가스를 생성하는 특징이 있다. 자연계나 식품에는 많이 분포되어 있지 않다.

◦ *Bacillus polymyxa*

포자 형성으로 방추형(紡錘形)이 되며, 호기성과 통성혐기성의 중온균으로 평판배지상의 집락은 백색이다. 또한 액체배지에서 혼탁하고 점성의 침전이 있으며, 때로는 피막을 형성한다. 가스를 발생하면서 우유를 응고시킨다.

Gelatin 을 액화하고 hemicellulose 와 pectine 도 분해하며 α-amylase 를 대량 분비하는 균주가 있고, 항생물질인 polymyxin 을 생산하는 균주가 있다.

④ 제4군

세포는 포자 형성으로 팽대하며 세포의 한쪽 끝에 구형의 포자를 형성한다. 자연계에 분포는 적으나 어육소시지의 부패 및 반점을 생성하고, 간장덧에서도 검출된다. *Bac. pantothenticus*, *Bac. sphaericus*, *Bac. pasteurii* 등이 있다.

2) *Clostridium*속

대체로 토양에서 유래되는 균종들이며, 포자를 중앙부나 끝부분에 형성시킴으로써 세포는 방추형(clostridia) 혹은 곤봉형(plectridia)이 되며, 포자는 구형~타원형이다.

혐기성(嫌氣性) 또는 내기성(耐氣性, aerotolerant)으로 탄수화물을 강하게 발효하여 butylic acid (낙산), acetic acid (초산), CO_2, H_2, 그리고 알코올류와 acetone 등을 생성하며, 또 단백분해성, 즉 부패성의 균주와 공중질소를 고정하는 균주도 많다.

대부분 catalase 음성이나 내기성 균종에서는 catalase를 약간 가지는 것도 있다. 식중독균으로 *Cl. botulinum*, *Cl. perfringens* (옛 이름 *Cl. welchii*, 혹은 *Wellchii* 균)가 잘 알려져 있다.

식품 부패성균으로는 *Cl. sporogenes*, *Cl. acetobutylicum*, *Cl. perfringens* 등이 있으며 고온과 낮은 산화환원 전위의 조건에서 부패활성이 크다. 통조림 등의 부패원인균인 *Cl. thermosaccharolyticum* 은 고온균으로 증식적온이 55℃나 된다.

• *Clostridium botulinum*

세포의 크기는 0.8~1.6 × 4.0~6.0μ 정도이고, 혐기성의 Gram 양성이며, gelatine 액화력이 있다. 주로 토양에 존재하며 당류로부터 가스를 생성한다. 식품위생적 면에서 주요한 균으로 독성이 강한 독소를 균체 외로 생성한다.

• *Clostridium acetobutylicum*

전분질 및 당류를 발효하여 아세톤, 부탄올, 에탄올, butylic acid, acetic acid, CO_2, H_2 등을 생성한다. 주모로 운동성이며 Gram양성이지만, 후에 음성이 된다. 포자형성 후에는 방추형 혹은 곤봉 모양이 된다. 생육적온은 37℃이며 곡류와 감자 및 토양 중에서 분리된다.

아세톤, 부탄올 발효균으로 공업용도로 이용된다.

그림 5-28 *Cl. botulinum*

• *Clostridium butylicum*

부식질이 많은 토양에서 잘 분리되며, Gram 양성이지만 후에 음성이 되며 gelatine 액화력이 있다. 전분 및 당을 발효하여 부탄올, 에탄올, 프로판올, 아세톤,

유기산, CO_2, H_2 등을 생성한다. 아세톤-부탄올 발효균으로 사용되며, 생육최적온도는 30~37℃이다.

5. 그람양성, 무포자 간균

[*Lactobacillus* 속 (젖산간균)]

에너지원으로 당을 이용하고 비운동성이며, 색소를 생성하지 않는 간균으로 미호기성이다. 대부분 catalase 음성으로 산소를 이용하지 못하고 산소분압이 낮은 곳에서 잘 증식한다. 생육에 여러 가지 비타민이나 아미노산 또는 일정한 peptide를 요구한다. 보통의 배지에서는 미약한 생육을 보인다.

젖산균이 당을 발효하는 형식으로 ① homo 형 젖산발효(정상 젖산발효)와 ② hetero 형 젖산발효(이상 젖산발효)가 있으며, 생성하는 젖산은 우선성·좌선성·racemi 형이 있다. 이들 광학적 이성체들은 균종에 따라 혹은 배지에 따라 특징적으로 결정된다.

- 정상발효형 : $C_6H_{12}O_6 \longrightarrow 2\ CH_3 \cdot CHOH \cdot COOH$
- 이상발효형 : $C_6H_{12}O_6 \longrightarrow CH_3 \cdot CHOH \cdot COOH + C_2H_5OH + CO_2$

정상발효형 젖산균을 정상발효젖산균(homofermentative lactic acid bacteria), 이상발효형 젖산균은 이상발효젖산균(heterofermentative lactic acid bacteria)이라고 한다. 그러나 pentose 의 발효에서는 다음과 같이 발효한다.

$$C_5H_{10}O_5 \longrightarrow CH_3 \cdot CHOH \cdot COOH + CH_3 \cdot COOH$$

젖산균의 종류에 따라서 L-형(예 : *Streptococcus* 속) 또는 D-형(예 : *Leuconostoc* 속)의 젖산이 생성되며, DL-형 젖산을 생성하는 균(예 : *Pediococcus* 속)도 있다.

젖산균 식품에서의 역할은 생육과 젖산의 생성이고, 생성된 젖산은 다른 일반세균의 생육을 억제하여 제조공정을 안전하게 하여 식품의 보전성을 높인다. 유제품, 침채류, 양조식품 등의 제조에 많이 이용되고 있다. 또한 젖산 자체가 식품의 맛에 미치는 영향과 풍미에 미치는 영향은 중요하다.

Lactobacillus 나 *Leuconostoc* 속 중의 어떤 균주는 포도주 제조에서 산미가 강한 이염기산(二鹽基酸)인 사과산을 일염기산인 젖산으로 바꾸는 발효(일명 : 후발효, malolactic fermentation)로 산도를 감소시켜 포도주의 향미를 증진시킨다.

일반적으로 젖산균은 유용세균으로서 치즈, 요구르트, 발효버터 등의 제조에 *L. lactis*, *L. bulgaricus*, *L. acidophilus*, *St. lactis*, *St. cremoris*, *St. thermophilus* 등을 이용한다. 채소와 과일의 침채류 발효에 유용한 작용을 하는 *L. plantarum*, *L. acidophilus*, *St. faecalis*, *Leuc. mesenteroides*, *Pediococcus* 등이 이용되고 있다.

반면, 유해균으로서 젖산균은 유제품, 즉 버터 같은 제품을 산패시키거나 육류, 소시지, 햄 등에서 잘 증식하여 표면에 점질물을 생성하고, 이취(異臭)의 원인이 되며 발효주에 오염균으로도 작용한다. 특히 포장된 육류 및 진공포장한 육제품의 부패에 주도적 역할을 한다는 연구보고도 있다.

그뿐만 아니라, 젖산균 중에는 저온균(0℃ 전후의 저온)과 고온균(45℃ 전후) 그리고 고농도의 식염, pH 4. 0 정도의 산성에서도 잘 증식한다. 각종 보존료에도 저항성이 강하여 식품보존상 조절하기 어려운 성질이 많으므로 식품학적 의의가 높은 균이다.

비타민 합성능력이 거의 없으므로 생육에 많은 비타민을 요구한다. 또한 이 성질을 이용하여 식품분석 중 비타민 정량분석에 이용되기도 한다.

① *Lactobacillus delbrückii*

미호기성의 간균으로, gelatine 배지에 있어서 집락은 작은 원형의 회색이며, 세포의 크기는 0.5~0.8 × 2.0~9.0μ 정도이다. homo 형 젖산발효를 하여 젖산제조에 이용되는 대표적인 균이다.

생산하는 젖산은 좌선성(D–lactic acid)이며, glucose, maltose 그리고 sucrose 등의 당으로부터 주발효 시에 85%까지 젖산을 생성한다. 발효는 50~52℃의 고온에서도 용이하며, 특히 고온균인 butyl 산 생성 박테리아인 *Clostridium* 속들의 오염을 억제한다. 산패한 감자, 발효침채류 또는 분쇄된 곡류에서 많이 검출된다.

② *Lactobacillus bulgaricus*

요구르트에서 분리되었고, 호기 · 미호기 · 혐기성이며 운동성은 없다. 우유를 비교적 고온에 두면 잘 발생한다. 산의 생성이 아주 빠르고 53℃의 고온에서도 발효하여 젖산발효에 이용되며, 유제품 제조에도 유용한 균이다. 사람의 장(腸)내에는 정착하지 못하는 것으로 알려져 있기 때문에 정장작용(整腸作用)은 의문시되고 있다.

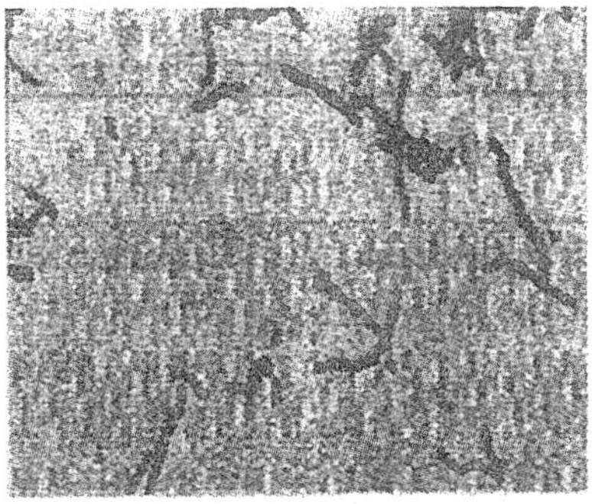

그림 5-29 *L. delbrückii*

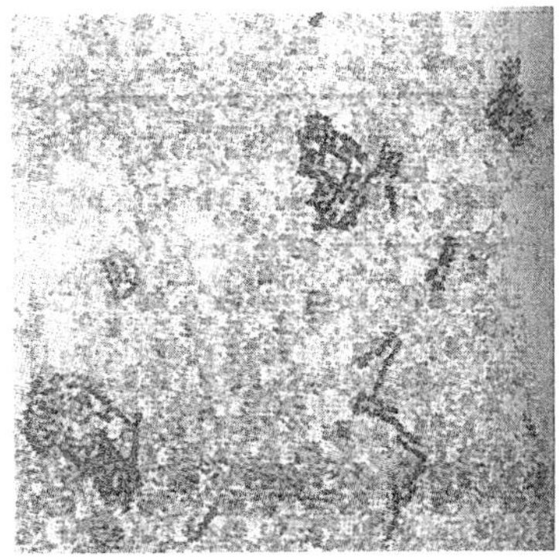

그림 5-30 *L. bulgaricus*

③ *Lactobacillus leichmannii*

한천상의 집락은 작고 투명하며, 좌선성의 젖산을 생성하여 젖산발효에 이용한다. 유당을 발효하지는 못하여 비타민 B_{12} 정량실험에 이용된다. 세포의 크기는 0.6 × 2.0~4.0μ 정도이다.

④ *Lactobacillus acidophilus*

유아분(乳兒糞)에서 분리되었으며 내산성(耐酸性)은 강하나 젖산의 생성은 약하다. 사람의 장(腸)에 정착성(定着性)이 있는지는 아직 명확하지 않다. 생육최적 pH는 5.5~7.0이며, 세포 크기는 0.6~0.7 × 1.5~6.0μ 정도이다.

⑤ *Lactobacillus casei*

우유와 치즈에서 분리되고 우선성의 젖산을 생산하며, 비운동성이다. 산의 생성으로 우유를 3~5일 만에 응고시키고 점성을 만든다. 여러 발효우유의 제조에 관여하며, casein을 이용하므로 치즈의 숙성에 중요한 역할을 한다.

비타민 B_2와 nicotinic acid의 정량분석에 이용된다.

⑥ *Lactobacillus plantarum*

미호기성으로 생육적온은 30℃이며, 자연계에 가장 많이 분포된 젖산균이다. 우유, 버터, 치즈, 곡물, 빵의 산성 dough(설익은 빵), 침채류, 토마토, 분(糞) 등에서 분리된다. 특히 우리나라의 김치발효에서 중요한 역할을 하는 젖산균으로 염내성도 높다.

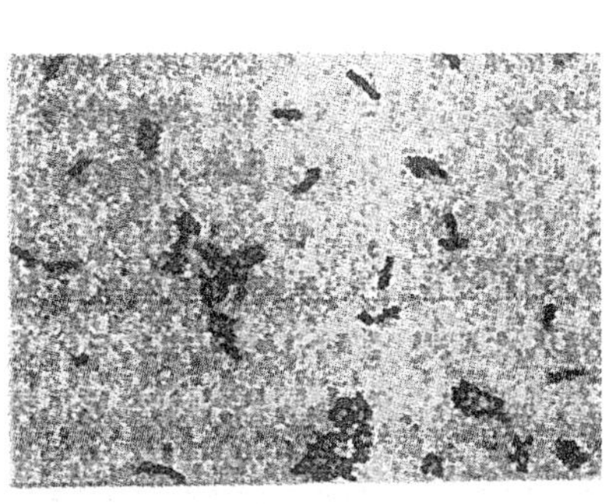

그림 5-31 *L. plantarum*

⑦ *Lactobacillus brevis*

Hetero 형의 발효를 하여 racemi 체 젖산, 초산, 에탄올 및 CO_2를 생성한다. 생육적온은 30℃ 정도이며 우유, Kefir, 치즈, 분(糞), 침채류, 퇴비, 토양, 토마토 등 자연계에서 흔히 분리된다. 김치발효 후기에 많이 검출된다.

⑧ *Lactobacillus homohiochii*

청주에 군내를 주는 진성화락균(眞性火落菌)으로 생육적온은 30℃이다.

표 5-4 젖산생성균의 생리적 성질에 의한 군별

구 균(cocci)	간 균(rods)
homofermentation : $C_6H_{12}O_6 \longrightarrow 2\ CH_3 \cdot CHOH \cdot COOH$	
Streptococcus lactis *Streptococcus faecalis* *Streptococcus salivarius* *Streptococcus pyogenes* *Streptococcus thermophilus* *Streptococcus diacetillactis* *Pediococcus cerevisiae*	*thermobacterium* (최적온도 40℃, 15℃에서 증식하지 않음) *Lactobacillus lactis* *Lactobacillus helveticus* *Lactobacillus acidophilus* *Lactobacillus bulgaricus* *Lactobacillus delbrückii* *thermobacterium* (최적온도 40℃, 15℃에서 증식하지 않음) *Lactobacillus lactis* *Lactobacillus helveticus* *Lactobacillus acidophilus* *Lactobacillus bulgaricus* *Lactobacillus delbrückii* *Streptobacterium* (최적온도 30~37℃, 15℃에서 항시 증식함) *Lactobacillus casei* *Lactobacillus plantarum* *Lactobacillus inulinus*
heterofermentation : $C_6H_{12}O_6 \longrightarrow CH_3 \cdot CHOH \cdot COOH + C_2H_5OH + CO_2$ (또는 CH_3-COOH)	
Leuconostoc mesenteroides *Leuconostoc citrovorum*	*Lactobacillus brevis* *Lactobacillus fermenti* *Lactobacillus viridescens* *Bifidobacterium bifidum*

6. 형태가 일정하지 않은 그람양성 간균

(1) coryne-형 세균

coryne-형 세균(coryneform bacteria)은 그람양성이며 포자를 형성하지 않고 비운동성인 간균이다. 세포는 곤봉 형태의 것이 많으며, 생육할 때에 그 형태가 일정하지 않고 흔히 분열 후에 두 세포가 부러지면서 V 자형으로 연결되는 특이한 형태를 보인다.

coryne-형 세균에는 대표적으로 *Corynebacterium* 속, *Arthrobacter* 속, *Brevibacterium* 속, *Microbacterium* 속, *Cellulomonas* 속 등이 있다.

1) *Corynebacterium* 속

catalase 양성, 통성혐기성, 일부는 호기성의 간균이며, 포자를 형성하지 않는다. 형태적으로 특징이 있다. 세포는 연결로 'ㄱ' 또는 'ㄴ' 자형이 되는 것이 전형적인 형태이지만 때로 구부러진 것도 있고, 그렇지 않은 것도 있다.

Corynebacterium 속은 저장하기 전의 식품에서 미생물상의 주요균이 되는 경우가 있으나, 저장 중에는 증식이 빠른 다른 균으로 대치되므로 변패의 주역을 하는 일은 드물다.

Co. glutamicum 는 아미노산 발효균으로 유용하게 이용되는 균도 있으나, 디프테리아병원균인 *Co. diphtheriae* 와 소의 유방에 공생하여 유선염을 일으키는 병원균과 식물병원균도 있다. 탄화수소 자화성의 것도 있다.

2) *Brevibacterium* 속

편성호기성이며 catalase 를 생성한다. 포도당에서 산을 생성하는 것이 많고, 단백분해력은 균종에 따라 다르다. 비수용성의 적등색, 황색, 다갈색 등의 색소를 생성하는 것도 있다.

Glutamic acid와 Lysine 생산뿐만 아니라, IMP 등 nucleotide 의 생산균으로서 이용되고 있으며, 탄화수소 자화성(assimilation)의 것도 있다.

토양, 해수, 하천, 유제품 등에 분포한다.

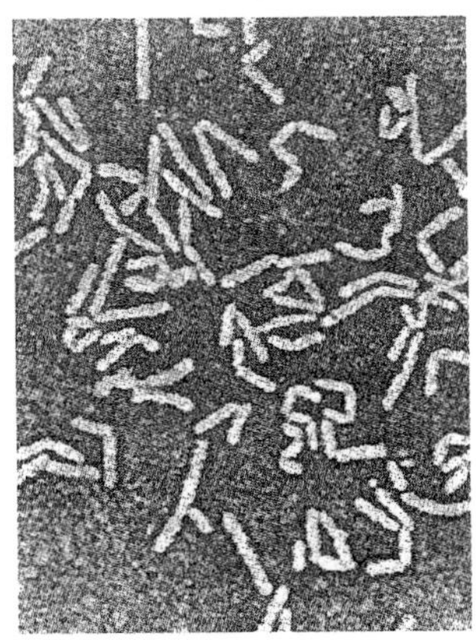

그림 5-32 *Brevibacterium*

*B. sulfureum*이나 *B. fuscum* 등은 어류의 부패에 관여하지만 부패력은 대체로 약하다.

3) *Microbacterium*속

소형의 호기성 간균으로 homo–형 젖산발효를 하고 우선성의 젖산을 생성하며, *Mic. lacticum*은 흔히 볼 수 있는 균이다. Gram 양성 · catalase 양성 · 비운동성 간균이다. 무포자의 세균 중 가장 내열성이 강하여 80~85℃에서 10분간의 처리로도 생존하므로 저온살균된 우유에 많이 존재한다. Methylene blue에 잘 염색되는 과립을 가지고 있기 때문에 우유 살균에서 살균효과 측정의 한 지표로 이용되기도 한다.

4) *Propionibacterium*속

프로피온산은 여러 세균에 의해서도 생성되지만 대량의 프로피온산을 생성하는 것이 *Propionibacterium*속의 특성 중 하나이다. 혐기성이나 호기성의 상태로도 생육을 하는 수가 있으며, 이와 같은 경우에는 세포의 변형이 일어나기도 한다. Gram 양성, catalse 양성, 비운동성으로 무포자의 작은 간균이나 구형에 가까운 것도 있다.

GC 함량은 53~67%로 *Corynebacterium*속과 거의 같고 Coryne형 세균과 비슷하다. 그러나 Coryne형 세균은 일반적으로 혐기적 조건보다 호기적 조건에서 더 잘 생육하고, 세포벽 및 세포막의 조성이 서로 크게 다르다.

*Propionibacterium*속 세균은 스위스의 Emmental cheese에서 처음 발견되었으며, 스위스의 치즈 제조에 있어서는 *Strptococcus*속과 *Lactobacillus*속의 homo 젖산균과 함께 Starter로 사용된다.

Curd를 형성할 때에 homo 젖산균에 의하여 젖당으로부터 젖산이 생성되고, curd가 수축된 후에는 프로피온산균이 급속히 증식하여 2개월 후에는 1g당 세포수가 10^8에 달하게 된다. 이 발효과정에서 젖산으로부터 프로피온산이 생성되어 치즈의 향미에 관여하게 되고, 동시에 생성된 CO_2는 치즈의 조직이 약한 곳으로 모여서 치즈의 눈(eye)으로 불리우는 스위스 치즈 특유의 많은 구형의 구멍을 만들게 된다.

*Propionibacterium freudenreichii*와 *P. shermanii*는 이 속의 대표적인 균으로, 비타민 B_{12} 생산균으로 알려져 있다. 젖산을 기질로 하여 다음과 같이 propionic acid 발효를 한다.

$$3\,CH_3\cdot CHOH\cdot COOH \longrightarrow 2\,C_2H_5\cdot COOH + CH_3\cdot COOH + CO_2 + H_2O$$

7. 방선균 (Actinomycetes)

방선균(放線菌)은 실 모양의 균사가 분기하여 방사상으로 신장하는 특징이 있는 균군으로, 분류체계상의 범위와 관계없이 효모 및 곰팡이 등과 같은 특정 미생물군에게 주어진 명칭이다. 이들은 분류상으로는 세균에 속하여 2분열법(binary fission)으로 증식을 하고, 외생포자를 형성하는 것과 형성하지 않는 것이 있다.

이들의 대부분은 곰팡이와 비슷하지만, 전형적인 원시핵세포를 가지고 있다. 즉, 세포벽의 조성이 Gram 양성균과 유사하고 mitochondria 가 없다. ribosome 을 가지고 있고 핵막이 없다. 병원성의 방선균은 극히 적고 항생물질을 생산하는 균주가 많다.

(1) 방선균의 형태적 특징

1) 균 사

방선균의 균사로는 영양균사(vegetative mycelium)와 기균사(aerial mycelium)가 있다. 그림 5-33과 같이 증식후기에 균사가 단열(斷裂, fragmentation)되어 균이나 간균과 같은 세포로 변하는 Nocardia 형과 단열하지 않고 전 생활사를 통하여 그림 5-34와 같이 균사형을 유지하는 Streptomyces 형이 있다.

영양균사와 기균사에는 각 속의 특징이 되는 연쇄상 혹은 단독으로 착생한 포자 혹은 포자낭을 형성하고, 그 밖의 균핵(菌核, sclerotium) 모양의 것, 분포자기(粉胞子器, pycnidium), 점질포자융합체(actinosporangium) 등을 형성하는 균도 있다.

2) 포 자

구형, 난형, 원통형 등이 많다. Streptomyces 속의 포자는 표면이 평활한 것, 가시가 돋은 것, 모발상(毛髮狀) 또는 돌기(突起) 등을 보이는 것 등이 있다. Actinomyces 속과 근연(近緣) 속들의 포자는 편모를 가지고 운동성이 있는 것도 있다.

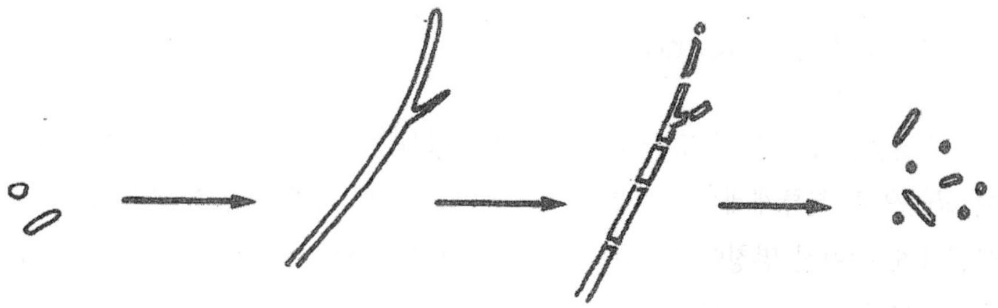

그림 5-33 *Nocardia* 형

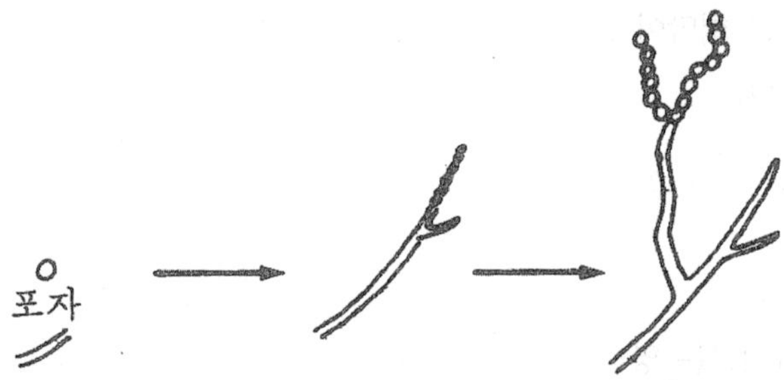

그림 5-34 *Streptomyces* 형

(2) 중요한 방선균

1) *Actinomyces* 속

분기된 균사체로 생육하는 편성혐기성 또는 미호기성의 Gram 양성균이다. 엉킨 상태의 균사체는 용이하게 끊어져서 간균상 혹은 구형이 되고, 포자를 형성하지 않는다.

Actinomyces bovis 및 *Actinomyces israelis* 는 각각 소 및 사람의 방선균병(actinomycosis)의 원인이 된다. 이 속은 Bergey 의 manual 에서 형태가 일정하지 않은 Gram 양성, 비포자형성 간균(SECTION 15. Irregular, Nonsporing, Gram-Positive Rods)으로 분류한다.

2) *Nocadia* 속

호기성이며 토양에 광범위하게 분포하고, *Mycobacterium* 과 유사한 겉모양이나 전분 및 단백질의 분해력은 없다.

3) *Streptomyces* 속

500 균종 이상의 많은 균종이 속해 있으며, 다른 방선균과 같이 길게 분기된 균사로 생육한다. 하지만 *Actinomyces* 속 및 *Nocardia* 속과는 달리 기균사를 만든다. 성숙되면 기균사가 잘려서 연쇄상의 conidia (분생자)로 불리는 포자를 착생하는 것이 특징이다.

형상은 그림 5-35에서와 같이 직선상, 굴곡상, 다발상, 나선상, 윤생상 등으로 다양하고, 포자는 구형 난형 또는 원통형을 나타낸다. 또한 표면은 평활한 것, 돌기나 가시 모양이 있는 것 등이 있으며, 이것은 분류에 있어서 하나의 지표가 된다.

한천배지의 집락(colony)은 처음에는 백색이지만 시간의 경과에 따라 황색, 등색, 적색, 청색, 회색, 갈색 등으로 변하는 것이 많고, 또 여러 가지 가용성 색소를 생성하는 것도 있다.

방선균은 전에는 병원균이나 토양미생물로만 취급되어 왔다. 그러나 1944년 Waksmann 에 의해서 streptomycin 이 발견된 이래로 500종류 이상의 각종 항생물질이, 특히 *Streptomyces* 속에 의해서 생산된다는 것이 밝혀졌으며, 이는 항생물질 등의 생산에 있어 중요한 미생물이다.

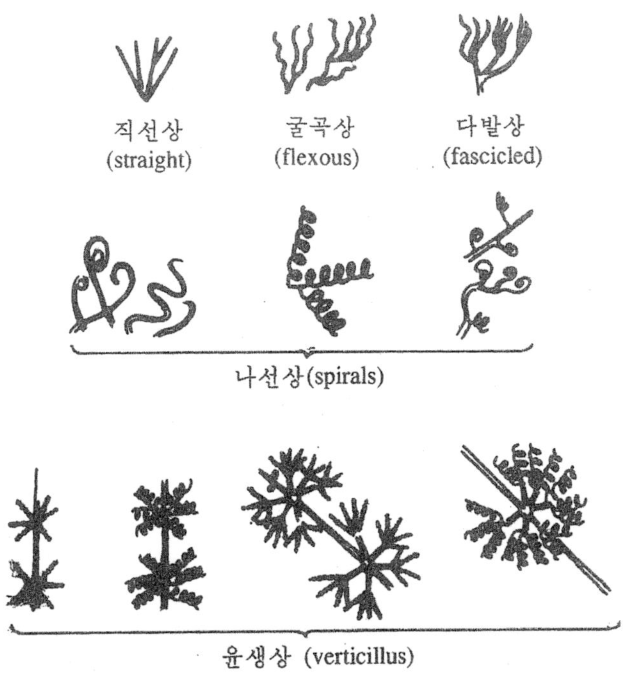

그림 5-35 *Streptomyces* 속 기균사의 여러 형태

표 5-5 항생물질을 생산하는 방선균

항생물질	균 주	항생물질	균 주
① actinomycin	*Streptomyces antibioticus*	⑥ amphotericin B	*Str. nodosus*
② chlorotetracycline & tetracycline	*Str. aureofaciens*	⑦ nystatin	*Str. noursei*
③ erythromycin	*Str. erythreus*	⑧ teramycin, oxytetracycline	*Str. rimosus*
④ neomycin	*Str. fradiae*	⑨ chloramphenicol	*Str. venezuelae*
⑤ streptomycin, cycloheximide & candicidin	*Str. griseus*	⑩ gentamycin	*Micromonospora echinospora* *Micromonospora purpurea*

제 6 장 조 류

조류(藻類, algae)는 분류학상의 용어가 아니라 습관적으로 사용하는 말이다. 조류는 세포내 색소의 생산과 생산물의 종류 및 생식법 등에 의하여 분류되며, 남조류(藍藻類)를 제외한 조류는 모두 고등미생물에 속한다. 넓은 의미로는 수중에서 생육하며, 탄소동화색소를 가지고 독립영양(autotroph) 생활을 하는 하등식물을 총칭한다.

조류는 연두벌레식물(Euglenophyta), 황색식물(Chrysophyta), 황갈색식물(Pyrrophyta), 남조식물(Cyanophyta), 갈조식물(Phaeophyta), 녹조식물(Chlorophyta), 윤조식물(車軸 또는 輪藻, Charophyta), 홍조식물(Rhodophyta)의 8문(門)이 있으나, 좁은 의미로는 녹조·갈조·홍조식물의 3문을 말한다.

보통 조류는 세포 내에 엽록체를 가지고 광합성을 하지만, 남조세포에는 특정의 엽록체가 없고, 엽록소는 세포 진체에 분산되어 있다. 조류의 광합성은 그밖의 식물과 본질적으로 같은 것이고 빛은 Chlorophyll 혹은 carotenoid 등의 색소에 의해서 흡수된다.

다세포인 큰 갈조(褐藻)와 홍조(紅藻)는 일반적으로 미생물이라고 하기는 곤란하다. 이에 반해 규조(硅藻, diatom), Euglena, 녹조(綠藻)에 속하는 Chlorella, Scenedesmus, 흔들말속이나 염주말속 등의 남조(blue green algae)와 같은 것은 주로 단세포이다. 이와 같은 미소(微小)한 조류는 미생물로 취급한다. 그러나 Chlorella 이외에는 응용미생물학상 거의 주목을 받지 못한다. 원생동물은 조류와는 달리 엽록체를 갖지 않는다.

6-1 중요한 조류(algae)

1. 남조류(藍藻類, Cyanophyta)

남조류(blue green algae)는 일반 조류와 같이 수중이나 토양에 널리 분포되어 있으며 chlorophylla 를 함유하고, 산소(O_2)를 발생하는 광합성을 하여 남조전분을 만드는 점이 세균과 전혀 다르다.

그러나 일반 조류와는 달리 원시핵세포를 가진다는 점이 세포구조상 구별된다. 핵은 핵막이 없고, 엽록소는 엽록체 구조 속에 없으며 세포 중에 분포되어 있다.

특유의 phycocyan 과 phycoerythrin 을 가졌기 때문에 남청색을 나타내고, 점질물에 싸여있는 것이 보통이다. 독특한 활주운동(gliding movement)을 한다. *Chroococcus* 속, *Oscillatoria* 속(흔들말속), *Nostoc* 속(염주말속), *Anabaena* 속 등 약 160속이 알려져 있다.

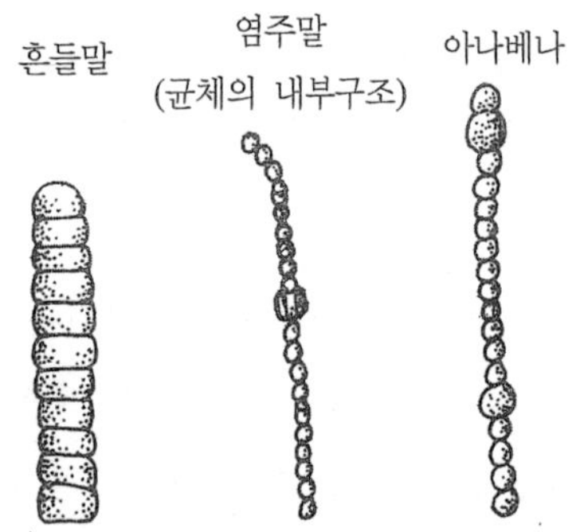

그림 6-1 조 류

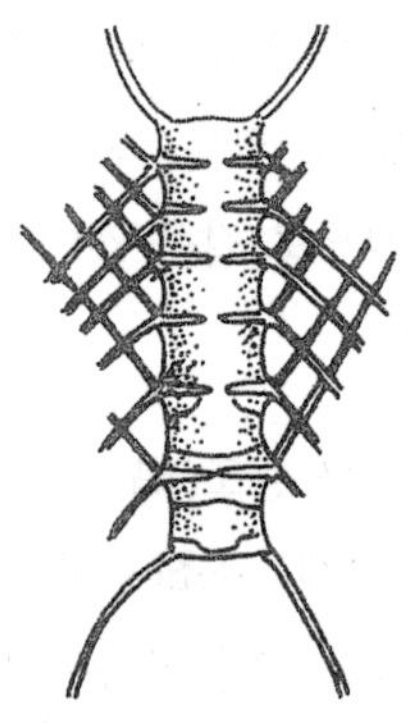

그림 6-2 불돌말(*Chaetoceras elmorei*)

2. 규조류(硅藻類, Diatom)

황색식물에 속하는 특수한 형태의 조류로 담수, 해수, 고등식물 등에 널리 분포하는 대표적인 식물 plankton 이다. 현미경적인 단세포성이지만, 때로는 군체를 이루는 것도 있다. 세포막에는 많은 규산질을 함유하고, 여러 개의 작은 구멍(eupole)이 있다. 세포 내에는 비타민 A와 D가 풍부한 유적(油滴)이 있다.

이 규조는 석유의 주요한 원천이라 여겨지며, 또 이것이 다량 퇴적하면 규조토(硅藻土)가 된다. 생식은 무성생식이 보통이나 유성생식이라고 생각되는 증대포자(增大胞,子 auxospore)를 형성하여 세포의 원형을 유지한다.

3. 갈조류(褐藻類, Phaeophyta, brown algae)

한류해수(寒流海水)에 잘 서식하고 육안으로 볼 수 있는 다세포형이며, 유주자(遊走子)를 형성하는 무성생식과 유성생식을 한다. 약 250속이 알려져 있고, 품종으로는 다시마(*Laminaria*), 미역(*Undaria*), 녹미채(*Hizikia*, 톳) 등이 있다. 세포 내에 다량의 xanthophyll을 함유하는 갈색 색소체를 가지고 있다.

4. 홍조류(紅藻類, Rhodophyta, red algae)

난류해수(暖流海水)에 서식하고 육안으로 볼 수 있는 다세포형으로 홍색 및 자색, 때로는 청록색을 띤다. 유주자를 형성하는 무성생식과 유성생식을 한다.

동화(同化) 생성물은 전분 유사물질과 유지(油脂)이며, 세포막은 보통 cellulose와 pectin으로 되어 있으나, 칼슘을 침착시키는 것도 있다. 약 500속이 알려져 있고 우뭇가사리(*Gelidium*), 김(*Porphyra tenera*) 등이 여기에 속한다.

홍조류는 미생물 배양용 고체배지의 제조, 혹은 후식인 푸딩 등의 gel 형성제로 이용되는 agar 생산과 식품의 질감(texture) 개선제로 이용되는 carrageenan의 생산을 위하여 사용된다.

5. 녹조류(綠藻類, Chlorophyta, green algae)

담수, 토양, 목피 등에 널리 분포하고 현미경적인 것과 육안으로 볼 수 있는 것 등 425속이 알려져 있다. 이 군은 세포구조와 생식법이 매우 다양하고, Chlorophyll a 및 b를 다량 함유하는 색소체를 가진다. 청태(*Ulva conglobata*), *Chlorella* 속 등이 잘 알려져 있다.

유성생식은 동형배우자 또는 이형배우자 결합을 하며, 무성생식은 유주자(遊走子, zoospore)를 비롯하여 부동포자(不動胞子, aplanospore), 휴면포자(休眠胞子, hypnospore), 자동포자(自動胞子, autospore)를 형성하거나 단세포체가 2분열하는 것도 있다. 세포 내의 동화생성물은 주로 전분으로, 이것은 엽록체 중에 있는 핵양체(核樣體, pyrenoid) 주위에 저장된다.

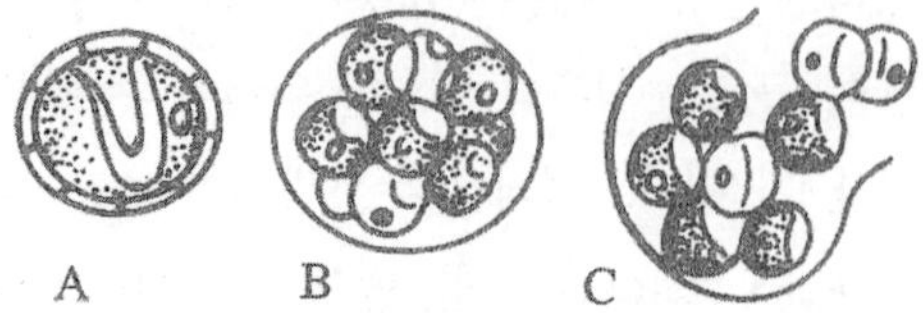

그림 6-3 *Chlorella vulgaris*

Chlorella 는 2~12μ 크기의 구형으로 분열에 의하여 한 세포가 4~8개의 낭세포로 증식하고 편모는 없다. 빛 에너지를 이용하여 CO_2 를 고정하고 산소(O_2)를 낸다. 그러므로 값싼 CO_2 를 이용하여 양질의 단백질과 전분을 획득할 수 있기 때문에 식품첨가물이나 더 나아가서 우주식량으로 이용하려는 연구가 진행되고 있다. 대표적으로 *Chlorella ellipsoidea, Ch. vulgaris* 등의 균종이 알려져 있다.

Chlorella 는 1g 당 약 5.5kcal 의 열량을 가지고 있으며 좋은 단백질원이 된다. 아미노산의 조성과 비타민 함량은 아래 표 6-1과 같으며, 특히 비타민 A 와 C 가 많은 것을 알 수 있다.

표 6-1 *Chlorella* 단백질의 주요 아미노산 조성과 비타민 함량

주요 아미노산 조성(%)				비타민 함량／건조균체	
arginine	7.8	phenylalanine	4.1	비타민 C	14.6mg／100g
leucine	7.7	tyrosine	2.7	비타민 B_6	3.0μg／g
lysine	5.7	methionine	1.5	비타민 B_1	7.7μg／g
isoleucine	5.5	histidine	1.2	Pantothenic acid	11.2μg／g
valine	4.9	tryptophan	1.1	β－Carotin (Provit. A)	50.2mg／100g
threonine	4.3	cystine	0.9		

녹색 *Chlorella* 분말이나 탈색한 균체를 각종 식품에 단백질이나 비타민 강화용으로 2~5%를 첨가한다. 면류, 된장, 비스킷, 껌 등에도 이용할 수 있다. 그러나 최근에 보고된 연구에 의하면, *Chlorella* 속은 독성물질을 생성하는 것이 많기 때문에 식품첨가에는 좀 더 신중한 연구와 대책이 필요하다고 생각된다.

또한 *Chlorella*를 이용하여 하수의 BOD를 85~90%나 저하시킬 수 있으므로 하수처리에도 유용하며, 점차 심각한 문제로 대두되는 공기 중의 CO_2 함량을 저하시키는 문제도 연구대상이 되고 있다.

지상에 도달하는 태양에너지의 이용률은 소맥이 1.2%지만 *Chlorella*는 이것의 3~10배를 이용할 수 있다. 게다가 토지의 이용성에서도 동일 면적에서 벼, 소맥 및 대두와 비교하여 40~50배의 단백질을 생산할 수 있는 것으로 알려져 있으므로 지표에 도달하는 빛 에너지가 많은 사막지역 등은 매우 유리하다.

제 7 장 바이러스 (비루스, virus)

바이러스란 원래 라틴어로 독물질(毒物質)을 뜻하며 예전에는 병의 모든 원인인자를 나타내는 말이었다. 세균보다 작아서 세균여과기를 통과하고 광학적 현미경으로는 보이지 않는 일군의 감염형 병원체를 지칭하며, 생물과 무생물의 중간적인 존재로 생각되고 있다.

바이러스는 형태가 작을 뿐만 아니라, 일반 미생물 세포의 구조와 판이하면서도 증식을 하며, 유전정보를 복사(復寫)하는 기본적인 생명현상을 이루는 최소 단위이다. 즉, 미생물이 DNA 와 RNA 를 가지는 데 반하여, 바이러스는 이 둘 중에 한 가지의 핵산과 이를 싸고 있는 단백질을 가지고 있을 뿐이다.

그러므로 독자적인 대사기능이 없어서 생세포에 기생하여 증식하는데, 동·식물이나 미생물에 기생·증식하여 그 숙주(宿主, host)를 파괴하고 외계로 유리되며, 다시 새로운 숙주에 감염·증식한다.

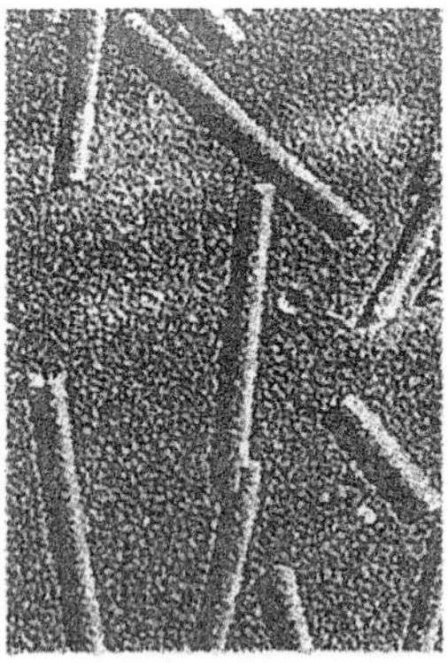

그림 7-1 담배모자이크 Virus (65, 000×)

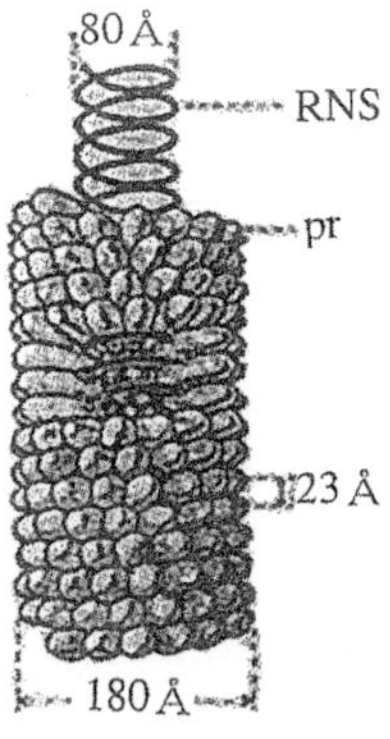

그림 7-2 모형도 pr ; protein

비루스는 각각 고유의 숙주를 가지는 숙주특이성(host specific)이며, 숙주에 따라 동물 비루스와 식물 비루스 및 bacteriophage 로 크게 분류할 수 있다.

일반적으로 동·식물에 감염되는 것을 바이러스라고 부르며, 세균을 숙주로 하는 바이러스군을 bacteriophage 또는 단순히 phage 로 부른다. 바이러스의 존재가 알려진 것은, 1892년 이바노브스키(D. J. Iwanowski) 가 담배모자이크병(tobacco mosaic virus, TMV)에 걸린 담뱃잎에서 바이러스를 발견하면서부터이다.

7-1 일반성상

1. 구조와 형태

모든 virus 는 capsid 로 불리는 단백질 외각과 이것에 싸여있는 핵산으로 되어 있다. capsid 는 capsomere 로 불리는 형태단위로 형성되어 있으며, capsid와 핵산을 총칭하여 necleocapsid 라 한다.

Virus 는 capsomere 의 배열에 따라서 입방대칭(cubic symmetry)과 나선대칭(helical symmetry)의 두 가지 구조형으로 나눌 수 있다.

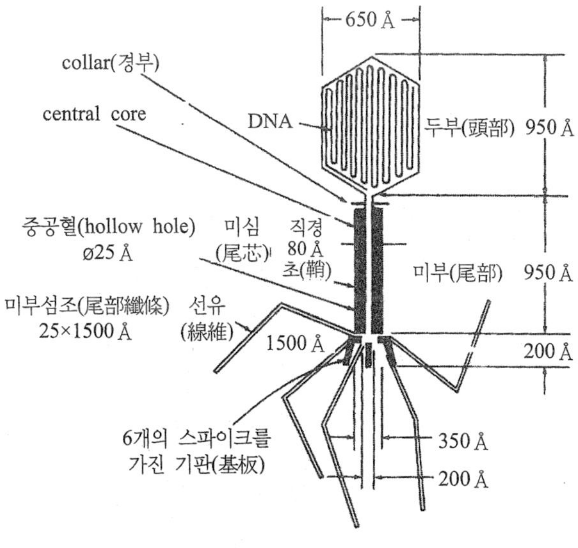

그림 7-3 T_2-coli 의 미세구조

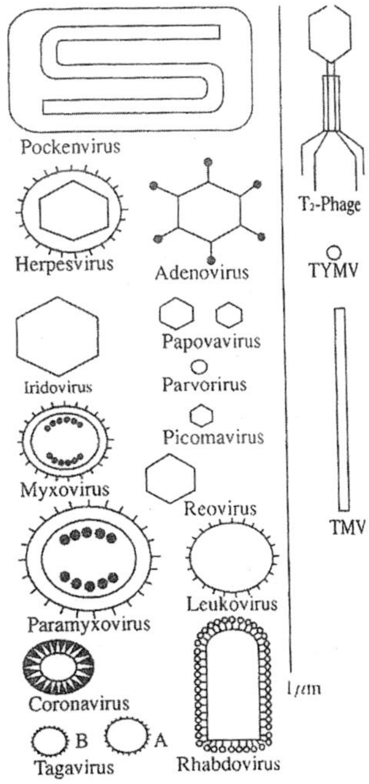

그림 7-4 virus 의 형태와 크기 비교

입방대칭의 바이러스는 구형으로 보이나 다면체(多面體, polyhedron)이며, 나선대칭의 것은 막대 모양이다. 많은 bacteriophage 는 머리 부분이 다면체이며, 막대 모양의 꼬리를 가지고 있다. 모든 핵산은 머리 부분에 있고, 꼬리 부분은 숙주로의 부착기관으로 이용된다.

바이러스는 전자현미경을 이용하여 직접적으로 또는 용균반점(plaque)이나 나타나는 병의 증세 등에 의하여 간접적으로 그 존재를 알 수 있다. virus 병으로는 천연두, 광견병, 인플루엔자, 황열병, 소아마비 등과 누에의 다각체(多角體)병, 담배모자이크병 등이 잘 알려져 있다.

미생물에 침입하여 증식하고 용균현상 등을 일으키는 바이러스는 그밖의 동·식물 바이러스와 성상이 다소 다른데, 세균과 방선균에 침입하는 바이러스를 bacteriophage 와 actinophage 라고 한다. 종래 곰팡이류에는 바이러스의 존재가 알려지지 않았으나, 최근에 와서 RNA 바이러스가 인정되고 있다.

7-2 Bacteriophage

세균에 침입하여 기생 증식하는 소위 세균바이러스는 1915년에 영국의 트워트(F. W. Twort) 와 1917년 프랑스의 데렐(d'Hérelle) 이 각각 독립적으로 초현미경적인 용균인자로서 Shigella 균에서 발견하여 bacteriophage 라고 명명하였으며, 그대로 phage 라고도 한다.

1. virulent phage 와 temperate phage

Phage 는 숙주세균과의 관계로부터 virulent phage(溶菌, 독성 파지)와 temperate phage (穩和, 용원 파지)로 나눌 수 있다. 전자는 숙주의 세포 내에서 증식한 다음에 숙주를 용균하여 외계로 유리된다. 이것은 숙주를 공격하여 반드시 용균하는 독성이 강한 파지이다.

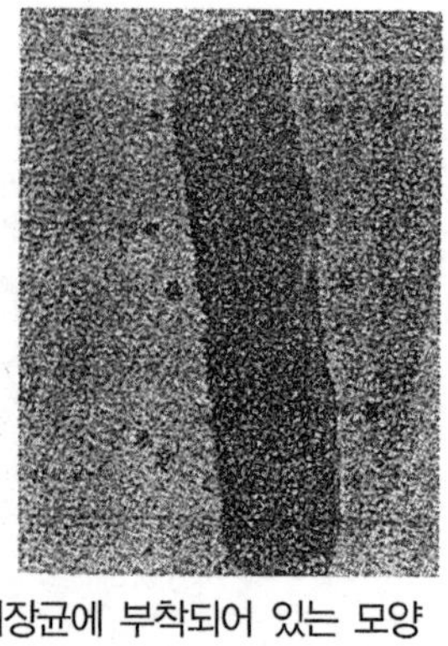

그림 7-5 T_5 phage 가 대장균에 부착되어 있는 모양

Temperate phage 는 두 가지 생활사를 가지고 있는데, 숙주세포의 생리상태에 따라 숙주를 공격하여 용균하게 되는 경우가 있고, 숙주에 기생하여 공존하게 되는 용원화(lisogenigation)의 경우는 비교적 온화한 phage 이다.

2. bacteriophage 의 생활사

Phage 는 보통의 자유 phage (free phage)형과 증식형 phage 및 prophage 의 상태로 존재한다. 자유 phage 는 감수성균에 부착하여 그림 7-6의 (A), (B)에서와 같이 핵산을 방출한다.

이때 단백질(capsid)로 되어 있는 외피는 균체 외부에 남는다. Virulent phage 에서 균체에 들어온 phage DNA 는 증식형 phage 가 되어 재빨리 Phage 의 messenger -RNA 를 합성하고, 감수성균의 원래 가진 대사계를 이용한 phage DNA 와 단백질을 합성한다[(C), (D)].

배양 후기에는 이들 DNA 와 단백질은 각각 특이적으로 집합하여 원래의 phage 입자와 같은 phage 를 형성한다(E). 이어서 이들 성숙된 phage 는 또 다른 세균세포에 기생하여 용균감염 cycle 을 반복한다.

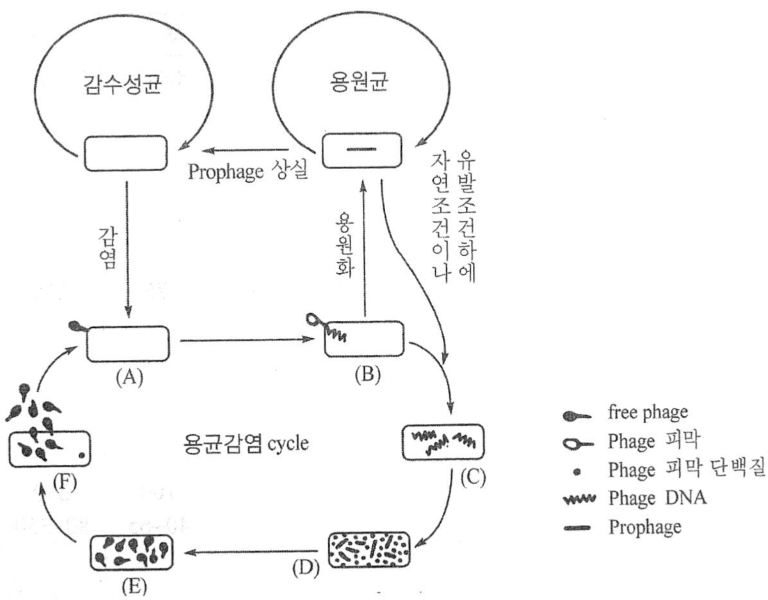

그림 7-6 Bacteriophage 의 생활사

3. Phage 의 종류

Phage 는 그 종류가 많아 현재는 다음과 같은 사항에 의하여 구별하고 있다.

① 핵산의 종류, 즉 유전물질이 DNA 인가 또는 RNA 인가에 의한 구별
② 숙주세균에 따른 구별
③ phage 와 숙주의 상호관계에 의한 구별
④ 형태에 의한 구별
⑤ 혈청학적 유연성(類緣性)에 따른 구별

4. 식품과 bacteriophage

Bacteriophage 는 동 · 식물 질병의 원인이 될 뿐만 아니라, 발효생산에 있어서도 큰 피해를 주는 것으로 알려져 있다. 치즈와 요구르트의 발효 저해, amylase, 항생물질 발효공업 등에서 사용하는 균에 침입하여 발효균의 용균이나 증식 정지 또는 발효생산물의 생성 정지 등으로 큰 피해를 준다.

표 7-1 식품과 관계되는 bacteriophage

숙 주 균	식품의 종류	발견년도	머리부		꼬리부	
			길이(Å)	너비(Å)	길이(Å)	너비(Å)
Streptococcus cremoris	치즈	1935	90	90	100	
St. lactis	치즈, 겨자에 넣은 침채류	1935				
St. thermophilus	치즈	1935				
Lactobacillus acidophilus	요구르트	1957	75	75	270	
L. plantarum	침채류	1950				
L. brevis	청주, 채소	1955				
Leuconostoc mesenteroides	청주주모, dextran	1947				
Bacillus subtilis	세균 amylase	1955	100	100	250	15
Brevibacterium lactofermentus	L-glutamic acid 발효	1961	40~70	40~65	80~350	10~18

박테리오파지에 대한 대책에 있어서 이미 감염된 것은 용균을 정지시키지 못하므로 예방을 할 수밖에 없다. 일반적인 예방법으로는 공장과 그 주변의 미생물학적 청결 유지와 용기의 가열살균이나 약제사용 등을 통한 철저한 살균이 중요하다.

식품공장의 공기에서도 파지 검출을 조사하여 조기발견에 힘써야 한다. 숙주와 파지의 생육조건은 거의 일치하므로 온도나 pH 등의 환경조건을 바꾸어서 파지의 증식만을 억제할 수는 없다.

실용적으로 가장 유효한 파지 대책은 미리 감수성의 type 인 다른 균주를 몇 개 선정해 두고 2종 이상 조합해 계열을 만들어 2~3일마다 조합을 바꾸는 rotation system 을 실행하는 방법이다. 치즈의 starter 등에는 이 방식이 이용되는데, 이것은 파지의 특이성을 이용한 것이다.

제8장 버 섯 류

대부분의 버섯은 분류학상 담자균류(膽子菌類, Basidiomycetes)에 속하며, 일부는 자낭균류(子囊菌類, Ascomycetes)에 속한다. 담자균류는 균사에 격막(隔膜, septum)이 있고 담자포자인 유성포자를 담자기 위에 외생하는 것인데, 그림 8-1과 같이 담자기에 격막이 없는 동담자균류(同膽子菌類, Homobasidiomycetes)와 담자기가 부정형이고 간혹 격막을 가지거나 분지(分枝)된 이담자균류(異膽子菌類, Heterobasidiomycetes)의 2아강(亞綱, subclass)으로 나누어진다.

8-1 담자균류의 분류

담자균은 보통 큰 자실체인 버섯을 형성하므로, 주로 이 버섯의 표면적 · 현미경적인 형태학적 특징에 의해서 분류한다. Ainworth 등은 담자균아문(담자균강)의 담자균류를 521속, 13, 500종으로 분류하고 있다.

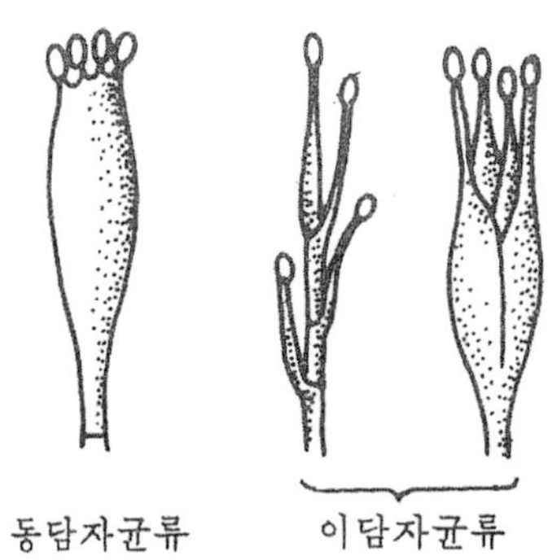

그림 8-1 담자기의 형태

담자균류는 진정담자균류와 이담자균류로 나눈다. 진정담자균류는 진정담자기(holobasidium), 즉 격벽이 없고 분기도 하지 않는 보통의 담자기를 가진다. 그리고 원담자균류와 반담자균류를 합한 이담자균류(heterobasidium)는 격벽이 있고 분기를 하고 있는 담자기, 또는 발아하여 전균사(promycelium)를 형성하는 **휴면포자**(teliospore)인 담자기를 가지는 것으로 구분하여 분류한다.

8-2 담자균의 특징

담자균류의 첫번째 특징은 자웅이주 또는 동주의 두 균사 간 접합을 하고, 그 균사의 끝에 특정기관인 담자기를 형성하는 것이다. 담자기 위에 형성된 보통 4개의 작은 경자에 유성적인 담자포자를 1개씩 착생하는 것이다.

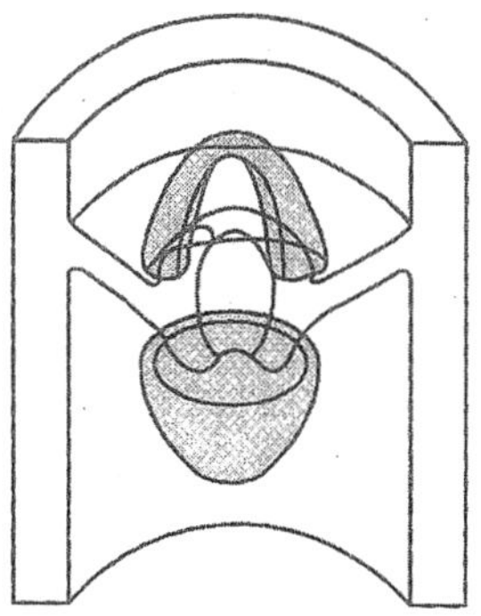

그림 8-2 담자균의 격막

두번째 특징은 그림 8-3처럼 취상돌기를 형성해 세포증식하며, 이때 2핵은 대립적으로 분열해 새로 형성된 격벽 양측에 한 쌍씩 이행한다는 것이다.

이상은 하등담자균류의 경우이며, 고등담자균류는 2차 균사에서 바로 담자기를 형성하지 않고 균사가 분화되어 모인 근상균사속(根狀菌絲束, rhizomorph)이나 괴상(塊狀)의 균핵 혹은 버섯으로 통칭되는 자실체에 담자포자가 착생한다.

형태적으로 균사는 잘 진화된 격막(그림 8-2 참조)을 가지고 있고, 이 격벽으로 인하여 핵의 이동이 이루어지지 않으므로 2핵균사 상태를 유지하기에 적당하다. 유전적 화합성은 자웅동체 혹은 자웅이체로 2극성 또는 4극성(極性, tetrapolar)이다.

8-3 진정담자균의 생활

자실체에서 사출된 포자가 발아하여 단핵의 1차 균사(primary mycelium)로 발육하고, 이것은 유전적 화합성(genetic compatibility)이 있는 다른 1차 균사와 접합하여 2핵의 2차 균사가 된다. 2차 균사세포 내의 2핵은 융합을 하지 않고 균사의 생장과 더불어 취상돌기를 형성하면서 동시분열을 하여 2핵 상태를 유지한다.

적당한 조건에서 2차 균사는 자실체인 버섯(담자과, 擔子果, basidiocarp)을 형성하는데, 이를 3차 균사라 한다. 아기버섯(button stage)은 외피막에 싸여 있고, 외피막이 파열하여 갓이 펴진 후 성숙한 포자가 사출된다.

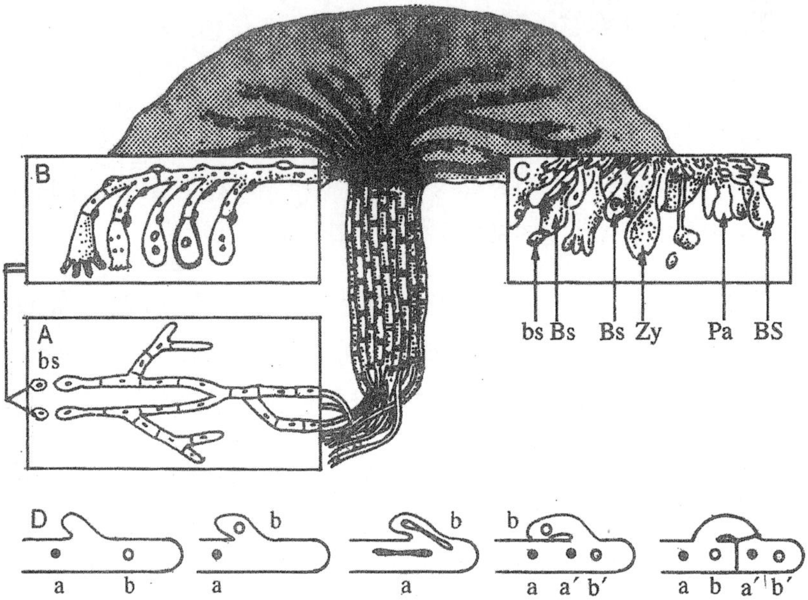

A : 담자포자로부터의 1차 균사의 성숙, B : 단계별 담자기의 성숙과 담자포자의 생성, C : 담자기상의 담자포자와 자실층의 단면도, D : 세포분열 시의 취상돌기 형성, bs : 담자포자, Bs : 담자기, Zy : 낭포, pa : paraphysen

그림 8-3 갓형성 버섯의 성숙 모형도

8-4 주요 버섯

우리나라의 경우 식용 버섯의 종류는 200~300종에 이를 것으로 짐작되고 있으나, 실제로 각 지방에서 식용하는 종류는 수십 종에 불과한 것으로 보고 있다.

1. 식용버섯과 그 성분

버섯은 독특한 향기와 맛, 영양가 때문에 누구에게나 친근한 식품으로 상용된다. 대표적인 식용버섯으로는 목이, 흰목이, 싸리버섯, 꾀꼬리버섯, 능이, 갓버섯, 송이, 표고, 느타리, 팽나무버섯, 맛버섯, 비늘버섯, 배젖버섯, 기와버섯 등이 있다.

이런 버섯에는 mannite, trehalose 및 ergosterin 이 비교적 많이 함유되어 있으며, 조단백 중에서 지미성(呈味性) 조미료로 알려진 glutamic acid (MSG), alanine, phenylalanine, leucine 등의 유리아미노산과 핵산물질인 5'-guanylic acid (5'-GMP)가 버섯류 특유의 좋은 맛을 내게 한다. 최근에는 MSG 의 10배 이상의 맛을 내는 tricholomic acid 를 파리버섯(*Tricholoma muscarium*), 광대버섯(*Amanita pantherina*)에서, 그리고 ibotenic acid 를 곰보광대버섯(*Amanita strobiliformis*)에서 발견해 검토하고 있으나 내열성이 문제가 되고 있다.

버섯의 효소는 protease, cellulase, hemicellulase, lactase 등이 있다. 그밖의 성분으로 항악성(抗惡性) 종창물질 또는 제암물질(制癌物質)에 대한 연구가 활발히 진행되고 있다. 주요 식용버섯을 살펴보면 다음과 같다.

1) 송이버섯 (*Tricholoma matsutake*)

주름버섯목(Agaricales)의 송이버섯과(Tricholomataceae)에 속하며, 주로 가을철 솔밭에 군생(群生)하고 맛과 향기가 좋아 사람들이 즐겨먹는 버섯이다. 송이버섯의 균사는 소나무의 실뿌리에 기생하여 외생균근(外生菌根)으로 생육한다. 갓의 직경이 8~20cm 이고, 처음에는 구형이지만 성장함에 따라 만두형을 거쳐 평평해지며, 표면의 색깔은 담황색이다.

2) 양송이버섯 (*Agaricus bisporus*)

역시 송이버섯과에 속하며, 갓의 직경이 5~12cm 로, 처음에는 거의 구형이지만 차차 개열(開裂)되어 평평해진다. 표면의 색깔이 처음에는 백색이었다가 후에 담황색을 거쳐 담적갈색을 나타내며, 갓이 핀 것은 상품가치가 없다. 향기는 적으나 맛이 좋기 때문에 현재 여러 나라에서 대량으로 인공재배하여 통조림으로 유통되고 있으며, 우리나라에서도 볏짚 등을 이용하여 널리 재배하고 있다.

3) 느타리버섯 (*Pleurotus ostreatus*)

느타리버섯과에 속하며 봄부터 늦가을에 걸쳐서 떡갈나무 및 전나무 등의 활엽수(闊葉樹)의 마른 가지에서 기생한다. 형태가 굴처럼 생겨서 굴버섯(oyster mushroom)이라고도 한다. 갓의 직경이 5~15cm이다. 표면은 백색, 회백색, 쥐색 등이고, 형태는 신장형·반원형·부채형이다. 어떤 종류의 나무에서나 잘 자라며 상업적으로도 유망한 품종이다.

4) 표고버섯 (*Lentinus edodes*)

주름버섯목의 느타리버섯과에 속하며 사물기생(死物寄生)을 하는 버섯이다. 가을과 봄에 상수리나무, 밤나무, 참나무의 마른 가지나 부러진 가지에 발생한다. 갓의 직경이 5~10cm 정도이고, 표면에 황백색의 희미한 비늘이 있으며, 가장자리에는 무늬가 있고, 건조되면 아름다운 균열이 생긴다.

5) 뽕나무버섯 (*Armillariella mellea*)

주름버섯목의 송이버섯과에 속하며, 봄과 가을에 침엽수나 활엽수의 마른 가지에 밀집해 자란다. 갓의 직경이 4~9cm 이고, 처음에는 반구형이지만 나중에는 부채형으로 벌어진다. 표면색은 담갈색 내지 담황갈색을 띤다.

6) 팽나무버섯 (*Flammulina velutipes*)

송이버섯목의 송이버섯과에 속하며, 주로 늦가을부터 봄에 걸쳐 팽나무, 감나무, 포플러 등의 활엽수의 썩은 부위에 밀집해 자란다. 갓의 직경이 2~8cm 이고, 처음에는 만두형이지만 후에 평평하게 개열한다. 표면의 색깔은 황갈색 내지 밤갈색이고, 그 주변은 담색이다. 우수한 식용버섯으로 활목(滑木) 등에서 인공재배되고 있다.

7) 알버섯 (*Amanita caesarea*)

땅속버섯목 (Hymenogastrales) 의 알버섯과 (Hymenogastraceae) 에 속하며, 솔밭에 낙엽이 많이 쌓인 땅 속에서 발생한다. 갓의 직경이 5~18cm 이고, 처음에는 구형이지만 후에 개열하여 평평해진다. 갓의 표면은 홍색 및 붉은색 또는 등황색이며 점성(粘性)이 있다.

8) 흰목이버섯 (*Tremella fuciformis*)

흰목이버섯목 (Tremellales) 의 흰목이버섯과 (Tremellaceae)에 속하며, 활엽수의 고목(枯木)에 군생한다. 전체가 순백색이고, 물을 흡수하면 반투명의 유연한 젤리(jelly)처럼 된다. 형태는 불규칙하나 다수의 나뭇잎과 같은 소열편(小裂片)으로 나누어진다.

전체적으로는 꽃잎이 겹쳐서 핀 벚꽃과 같은 모양이다. 직경이 10cm 정도이고, 옛부터 불로장생(不老長生) 식품으로 귀하게 여겨 왔으며, 건조품 (乾燥品)은 값이 비싸다. 주로 중국의 남부 산중에서 재배되고 있다.

9) 목이버섯 (*Auricularia polytrica*)

목이버섯목 (Auriculariales) 의 목이버섯과 (Auriculariaceae) 에 속한다. 침엽수 고목에서 자라고 나뭇잎 모양이다. 육질은 수분이 많을 때에는 한천(寒天, agar-agar)처럼 피어나지만 건조되면 아교(阿膠, glue)처럼 된다.

10) 싸리버섯 (*Ramaria botrytis*)

민주름살버섯목(Aphyllophorales) 의 싸리버섯과(Clavariaceae) 에 속하며, 산이나 들에 침엽수 또는 활엽수가 있는 땅 속에서 나오고, 밑둥치인 대는 하나이지만 위로 가면 불규칙하게 나뭇가지처럼 갈라진다. 높이는 15cm 정도이고, 직경은 15cm 이상이며, 두께가 3~5cm 이다. 가지의 끝은 담홍색으로 매우 아름답고 향기가 좋아서 널리 식용되고 있다.

표 8-1 느타리버섯과 송이버섯의 화학적 성분
(수분 이외는 검물에 대한 %)

	느 타 리	송 이
수 분	91.8	90.0
조 단 백	18.4	20.4
순 단 백	13.5	9.6
조 지 방	4.5	4.5
함 수 탄 소	53.2	49.0
조 섬 유	7.2	7.6
수 용 성 물 질	46.9	56.3
mannite	11.7	22.2
trehalose	9.1	13.9
methyl pentosan	1.2	0.9
pentosan	1.5	1.6
ergosterin	0.3	0.2
회 분	4.5	6.4
열 량 (kcal/g)	3.3	3.2

2. 약용 버섯

버섯 중에는 옛부터 한약으로 이용되고 있는 것이 많다. 식용버섯 중에서도 송이버섯은 설사약 또는 구충제로, 목이버섯은 불로장수와 강장제로, 또 표고버섯은 감기예방과 곱추병의 치료제로 이용되어 왔다.

오늘날 항생물질은 주로 곰팡이나 방선균(放線菌)에서 얻는데, 버섯에서도 질병치료에 효과적인 항생물질을 얻을 수 있는 가능성이 높아지고 있다.

일반적으로 버섯에는 각종 vitamin이나 ergosterol 등이 들어 있어서 약효를 나타내고 있다. 특히 옛부터 한약으로 이용되고 있는 대표적인 버섯을 살펴보면 표 8–2와 같다.

표 8–2 중요한 약용 버섯

학 명	용 도	발생장소
Cardyceps sinensis (동충하초류)	폐결핵, 신장염	나방의 유충에 기생
Claviceps purpurea (맥각균, 麥角菌)	임산부의 진통촉진, 자궁지혈	보 리
Fomes officinalius	건위(健胃), 지사(止瀉)	소나무의 고목
Fomes rimosus (상황, 桑黃)	이 뇨(利尿)	뽕나무의 수간(樹幹)
Grifora confluens (흰무당버섯)	항균제(抗菌濟)	산(山)
Lycoperdon bovista (마발, 馬勃)	객혈(喀血), 지혈(止血)	숲, 산, 밭
Pachyma hoelen (복령, 茯笭)	이뇨, 수종, 임질	소나무의 썩은 뿌리
Polyporus umbellatus (저령, 猪笭)	이뇨, 갈증, 수종, 임질, 당뇨	땅 속

3. 독버섯

지방이나 나라에 따라 식용버섯과 독버섯의 구별에 차이가 있다. 즉, 어떤 지방이나 나라에서는 독버섯으로 알려진 것이, 다른 곳에서는 식용버섯으로 알려져 있는 경우도 있다. 지금까지 알려진 독버섯은 20~30종을 넘지 않는 것으로 보고되고 있다.

(1) 독버섯의 감별

독버섯을 감별하는 방법에는 여러 가지 설이 있으나, 정확한 것은 못되며, 오히려 속설이 중독의 화근이 되는 경우도 있다.

(2) 독버섯의 유독성분

독버섯을 먹었을 때에 나타나는 중독현상으로는 위장증상이 주로 나타나는 것과 뇌신경 증상이 나타나는 것 등으로 대별된다. 일반적으로 침과 땀을 흘리며 구토, 설사, 불안, 허탈 등의 증세가 나타나며, 심하면 죽는 경우도 있다.

대개는 먹은 후 몇 시간 내지 몇십 시간이 지나서 증상이 나타난다. 응급처치로는 위장에 들어있는 내용물을 토해 내도록 하고 위세척 또는 설사약을 먹이는 것이 좋다. 지금까지 알려진 독버섯에 들어 있는 유독성분을 살펴보면 다음과 같다.

1) Neurine

보통 독버섯에 함유되어 있는 성분으로서 호흡곤란, 설사, 경련, 마비, 유연(流涎) 등을 일으킨다. 토끼에 경구투여 시, LD50은 90mg／kg 의 독성을 나타낸다.

2) Muscarine

땀버섯(*Inocybe rimosa*)에 많이 함유되어 있으며, 광내버섯을 비롯한 많은 독버섯에도 함유되어 있다. 발한(發汗), 위경련, 구토, 설사 등을 일으킨다. 사람의 경우에는 3~5mg 의 피하주사나 0.5g 의 경구투여로 죽게 된다.

3) Muscardine

광대버섯에 많이 들어있으며, 뇌증상을 일으켜서 일시적으로 미친 상태가 된다.

4) Phaline

일종의 배당체(配糖體, glycoside)로서 독버섯 중 가장 독성이 강한 알광대버섯에 함유된, 강한 용혈작용(溶血作用, hemolysis)이 있는 맹독성분이다.

5) Amanitatoxin

알광대버섯에 있는 독성분의 하나로, 독성이 강한 내열성 물질이다. 복통, 강직(强直) 및 콜레라와 같은 심한 설사를 일으킨다. 알광대버섯에 의한 중독사(中毒死)는 이 성분 때문인 것으로 알려져 있다.

6) Pilztoxin (균독소)

광대버섯이나 파리버섯 등에 들어 있는 성분으로서 강직성 경련을 일으키며 파리를 죽이는 효과가 있다. 건조와 열에 약하다.

7) Psilocybin

끈적버섯(*Psilocybe mexicana*)에 들어 있으며, 중추신경에 작용하여 흥분을 일으킨다. 웃음버섯(*Panaeolus papilionaceus*)도 이와 비슷한 작용을 가지고 있기 때문에 광적으로 흥분을 일으킨다.

그밖의 독버섯으로는 무당버섯을 비롯해서 위장장애를 일으키는 화경버섯(*Lamtpteromyces japonicus*), 근육강직 및 뇌증상을 일으키게 하는 외대버섯(*Rhodophyllus sinuatus*) 등 여러 가지가 있다.

(3) 독버섯의 종류

독버섯은 독성의 정도에 따라 맹독버섯, 준맹독버섯, 독버섯 등으로 구별한다. 중요한 독버섯의 종류를 살펴보면 다음과 같다.

1) 광대버섯속 (*Amanita*)

알광대버섯(맹독), 광대버섯(맹독), 파리버섯(독)

2) 개암버섯속 (*Naematoloma*)

노란다발버섯(준맹독)

3) 깔대기버섯속 (*Glitocybe*)

백색버섯(준독성)

4) 마귀곰보버섯 (*Gyromitra*)

마귀곰보버섯(준맹독)

5) 외대버섯속 (*Rhodophyllus*)

외대버섯(독)

6) 화경버섯속 (*Lampteromyces*) : 화경버섯(독)

7) 땀버섯속 (*Inocybe*) : 땀버섯(독)

8) 웃음버섯

Psilocybe 속, *Panaeolus* 속에는 신경을 자극하여 웃음이 나오게 하는 버섯도 있으나, 위험성은 없다.

제 9 장

미생물 세포의 일반성분

균체의 화학성분으로 중요한 것은 탄소, 산소, 질소, 황, 인, 염소, 규소 및 마그네슘, 칼슘, 나트륨, 철 등이다.

미생물 세포의 생명현상을 유지하고 세포를 구성하기 위해 필수적인 물질과 대사과정의 중간 혹은 최종산물로 생각되는 물질이 있다. 이는 균체의 대부분을 차지하는 수분과 단백질, 핵산, 지질, 탄수화물, 효소, 비타민 등 주로 유기성분과 회분 등으로 이루어져 있다. 세포 구성성분들의 조성은 거의 일정하며 변동이 적지만 핵산의 함량이나 적응효소 등은 성장 시기에 따라 현저히 차이가 난다.

균체의 수분을 증발시키고 남은 것을 건조균체(乾燥菌體)라고 하는데, 건조균체에는 단백질, 탄수화물, 지방, 핵산 및 회분 등 여러 성분들이 있다. 이들의 함량은 균종, 균주, 생육의 시기, 배지의 조성, 배양조건, 편모, 점질층, 세포벽, 핵, 세포질, 저장과립 등과 같이 세포를 구성하는 부분에 따라 다를 수도 있다.

곰팡이, 효모, 세균 등의 주요 성분을 보면 아래 표 9-1과 같다.

표 9-1 미생물 세포의 화학조성(건물 중 %)

미생물	탄수화물	단백질	핵 산	지 질	회 분
효 모	25~40	35~40	5~10	2~50	3~9
곰 팡 이	30~60	15~25	1~3	2~50	3~7
세 균	15~30	40~70	15~25	5~30	5~10
클로렐라	10~25	40~50	1~5	10~30	6~7
버 섯	44.7	43.5	—	19	9.4

9-1 균체의 구성성분

1. 수 분

증식기 미생물 세포의 수분함량은 60~90%이다. 수분은 균체 내에서 용매 구실을 하는 자유수(free water)와 균체의 성분과 결합상태로 존재하는 결합수(bound water)가 있다. 영양세포에서는 대부분이 자유수로 존재하고, 포자에서는 결합수로 존재한다.

포자가 가열, 건조 또는 약물 등 외부조건에 저항성이 강한 것은 여러 가지 설(說)이 있으나, 수분의 함량이 적을 뿐더러 대부분의 수분이 결합수로 존재하는 것도 큰 이유가 된다.

[예] *Bacillus subtillis* 결합수=69.0% 자유수=10.0%

이와 같이 수분은 균체의 대부분을 차지하고 세균에서는 75~85%, 효모에서 73%, 곰팡이에서 84~85%이다. 한편 곰팡이 포자는 종류와 조건에 따라 다르나 *Aspergillus oryzae* 의 포자는 약 17.4%, *Penicillium digitatum* 의 포자는 매우 적어서 약 6%로 보고되고 있다.

2. 단백질

미생물의 세포 내에는 많은 단백질이 함유되어 있다. 단백질은 핵, 세포질, 그밖에 세포의 기본구조 중에 함유되어 있으나 세균에 있어서는 대부분 핵산과 결합한 핵단백질(nucleo-protein)로 존재한다.

Staphylococcus pyogenes 의 경우에 핵단백질의 함량은 80% 이상 들어 있다. 이런 단백질이 해당 미생물의 특징을 나타내는 데 중요한 구실을 하며, 각기 생물 간의 차이는 단백질의 차이에서 오는 것으로 보인다. 효모는 건물의 30~75%가 단백질 및 그 분해물로 구성되어 있으므로 단백질 공급원으로 가치가 크다.

표 9-2 미생물 균체의 총 아미노산 조성

Species / Amino acid	*E. coli*	*Mycobacteria* (11 strains)	*Saccharomyces cerevisiae* (12 strains)	*Myotorula japonica*
Alanine	12.70	8.6~11.7	—	5.1
Arginine	5.30	6.4~8.6	3.1~5.4	5.3
Aspartic acid	9.90	6.2~7.3	—	7.2
Cysteine	1.70	—	0.9~2.3	1.0
α, ε-Diamino pimelic acid	0.44	—	0	0.0
Glutamic acid	10.50	9.7~16.2	14.0	15.2
Glycine	7.80	—	4.2	6.5
Histidine	0.97	1.6~2.1	2.3~3.3	3.1
Isoleucine	4.60	4.1~4.5	5.5~6.2	6.2
Leucine	7.90	8.0~9.5	6.1~8.5	8.2
Lysine	7.00	2.9~4.6	0.7~9.8	6.5
Methionine	3.40	1.4~1.7	2.6~4.6	1.3
Phenylalanine	3.30	2.7~3.6	2.9~4.6	6.5
Proline	4.60	—	—	5.9
Serine	6.10	2.9~3.7	—	6.0
Threonine	4.70	—	5.1~6.0	5.5
Tryptophan	1.04	—	1.2~1.5	1.2
Tyrosine	2.10	2.0~2.5	3.4~6.0	1.9
Valine	5.50	5.9~7.0	4.6~5.9	1.7

3. 핵 산

RNA (ribonucleic acid) 및 DNA (deoxyribonucleic acid)는 모두 균체에 존재한다. DNA는 주로 핵 속에 들어 있으며, RNA는 세포질의 중요 성분이다. 양자는 구성 당류가 다르고, 알칼리에 대한 가수분해도가 다르다. 즉, RNA가 더 가수분해되기 쉽다. 또한 그 구성 염기도 다르며 RNA는 adenine, guanine, cytosine 및 uracil을 함유하는데, DNA는 uracil 대신에 thymine을 함유하고 있다.

균체에 함유된 RNA 의 양(量)은 항상 DNA 보다 많다. 이것은 고등동물에서와 같다. 핵산 구성염기의 함량에 대하여 샤가프(Chargaff, 1950)는 균종에 따라 그 함량의 비율이 일정함을 밝혔다. 또한 다음과 같은 통칙이 성립됨을 발표(1955)하였다.

① purine nucleotides 의 수는 pyrimidine nucleotides 의 수와 같다.

② thymine에 대한 adenine 의 mole 비는 guanine 대 cytosine 의 mole 비와 같다.

③ 6-Amino 기의 수는 6-keto 기의 수와 같다. 즉, guanine + thymine 의 mole 합계는 adenine + cytosine 과 같다.

Purine 염기(A + T)와 pyrimidine(G + C)의 비는 균종에 따라 일정하므로 균에 대한 분류의 중요한 지표가 된다.

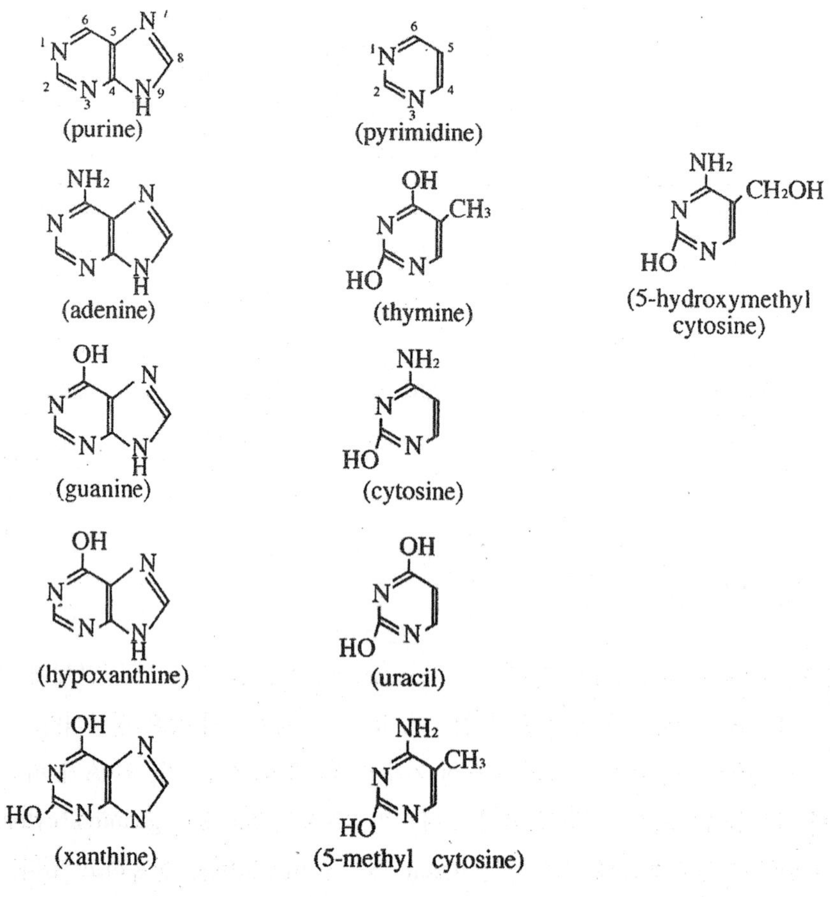

그림 9-1 purine base 및 pyrimidine base 의 구조

4. 탄수화물

균체의 탄수화물은 그 함량이 건조량의 10~30%로서 에너지 저장물질과 세포의 구조물질로 존재하며, DNA 와 RNA 의 성분으로 pentose 와 deoxypentose 가 존재한다. 그밖의 것은 대부분 다당류로서 유리상태 또는 단백질 및 지질과 결합한 복합체로 존재한다.

이들은 일반적으로 세포벽·점질층·협막에 존재하지만, glycogen 또는 전분·유지·다당류의 과립 상태로 세포질(plasma) 내에 존재하는 것도 있다. 이들 다당류를 구성하는 단당류는 거의 pentose 와 hexose 인데, 다당류는 세균을 구별하는 중요한 구실을 한다. 각 다당류는 다음과 같다.

(1) dextran

설탕(蔗糖)배지에 *Leuco. dextranicum*, *Leuc. mesenteroides* 등을 배양하면 dextran sucrase 의 작용으로 생성되는 점성이 강한 물질로, 배양여액에서 알코올에 의하여 백색 무정형 분말로 침전된다. 물에 약간 녹으며, 편광에 강한 우선성(右旋性)을 나타낸다. 전분과는 달리 요오드 반응은 없으며, amylase 의 작용을 받지 않는다.

점성이 강하여 혈액 증량제나 대용 혈장(血漿)으로 이용되며, 또 dextran 의 분자를 서로 연결시킨 gel 상 물질(sephadex 등)을 물에 현탁하여 팽윤시키면 그 안에 고분자의 것은 들어가지 못하게 됨으로써 저분자와 분별할 수 있으므로 단백질의 정제 등에 이용한다.

(2) chitin

Chitin 은 절족동물의 피부나 연체동물 껍질의 골격 또는 곰팡이 세포벽을 구성하는 물질이다. chitin 은 acetylglucosamine 의 polymer 로 곰팡이의 균사와 포자에도 함유되어 있다. 효모의 세포벽은 glucosamine 의 polymer 인 chitosan 과 glucan 및 mannan 으로 구성되며, 결핵균의 세포벽도 chitin으로 되어 있다.

(3) glycogen

특히 효모에 많이 함유되어 있다. 영양상태가 좋은 효모는 건물(乾物)의 39.9%나 되지만 영양상태가 나쁜 경우에는 8% 밖에 되지 않고, 평균치는 약 22% 가량이다. 효모의 glycogen 은 동물이나 세균의 그것과 같이 분지된 polyglucosan 이다.

(4) Glucan

Yeast cellulose 라고 하는 화합물로서 효모 세포벽을 묽은 NaOH 와 끓인 다음, glycogen 과 mannan 을 제거한 잔사에 열수(熱水)와 유기용매로 처리하면, 세포 건물에 대한 약 8% 가량의 glucan 을 얻을 수 있다. cellulose 반응은 없고, glucose 로만 구성된 것으로 주로 1,3-결합이다.

(5) Levan

분자식은 $(C_6H_{10}O_5)n$ 으로 D-fructose 가 2,6 결합되고 중합도는 11~12이며 세균성 poly fructosan 의 일종이다. *Bac. megaterium* 을 sucrose 나 raffinose 를 함유한 배지에 배양하면 levansucrase 의 작용으로 합성되는 백색 및 점성의 분말이다. 물에는 잘 녹으며, 65% 에탄올에는 녹지 않는다.

5. 지 질

균체 중 지방함량은 균주와 배양조건에 따라 다르며, 적당한 탄소원과 통기(通氣)로 지방합성이 촉진된다. 그러나 배지 중에 질소함량이 높으면 지방합성은 적어진다. 대부분의 세균은 보통 건조균체량의 10% 이하이지만 *Mycobacterium* 속에는 40%에 달하는 것도 있다.

건조균체량이 20% 이상인 것으로는 효모의 *Torulopsis lipofera*, *Endomyces vernalis*, *Rhodotorula gracilis*, 곰팡이의 *Asp. niger*, *Asp. fischeri*, *Asp. nidulans*, 불완전균의 *Geotrichum candidum* (*Oospora lactis*), *Fusarium* 등이 있다. 그렇지 않은 균들은 10 % 이하이다.

세포 내 지질의 대부분은 유리상태로 존재하는 **단순지질**(單純脂質, simple lipid)이다. 하지만 전체의 약 10~30%는 산이나 알칼리로 처리해야 추출되는 단백질이나 다당류 등과 결합된 **결합지질**(結合脂質, bounded lipid)로 존재한다. 지질은 유리지방산, 중성지방, wax, 인지질 및 sterol 의 상태로 함유되어 있다.

(1) 지방산

미생물 균체 중의 지질에는 유리지방산의 비율이 높으며, 지방산으로는 palmitic acid, stearic acid, oleic acid 가 많고, lauric acid, myristic acid, linoleic acid, capric acid, butyric acid 등도 있다.

(2) 중성지질

중성지질은 혼합 glyceride 이고 불포화지방산(不飽和脂肪酸, unsturation compound)이 많으므로 소화성이 높은 것으로 알려져 있다.

(3) 인지질

동물의 인지질과 다른 점은 인의 함량이 비교적 적고, glycerol 은 거의 없으며, 당과 결합되어 있다는 것이다. 효모와 곰팡이의 인지질은 염기로서 choline 이 들어 있는 lecitin, 그리고 ethanolamine 이 들어있는 cephalin 및 phosphatidylserine 등이다.

(4) Sterol

Saccharomyces 속의 지질은 1~9%가 sterol, 특히 ergosterol 이며, 이것은 곰팡이에도 비교적 많아서 Sumi (1928)는 *Asp. oryzae* 의 포자 1kg 에서 0.8g 의 crude ergosterol 을 분리하였다. 또한 Usden 과 Burrel (1952)은 맥주효모에서 지모스테롤(zymosterol) 을 분리하여 그 구조를 결정하였다.

(5) 유지생산 미생물

유지 생성능이 높은 미생물은 그 세포증식을 위하여 탄소원을 최대한으로 이용하여 유기산이나 그밖의 대사산물을 배지 중에 대량으로 생성하지 않는다. 보통 미생물세포의 유지함량은 2~3%이나 배양조건에 따라 건조세포의 60% 이상에 달하는 수도 있다.

표 9-3 유지생산 미생물

	균 종	원 료	유지함량 (건물 %)	유지생성률 (%)
효 모	*Trichosporon pullulans*	당밀, 펄프폐액	31~45	10~12
	Candida reukauffii	포도당, 당밀	8~25	1~15
	Lipomyces lipoferus	포도당, 당밀	18	15
	Lipomyces starkeyi	포도당	50~63	12~13
	Rhodotorula gracilis	포도당	61~74	15~21
	Cryptococcus terricolus	포도당	71	23
	Candida species	n-paraffin	20~28	24.8
곰팡이	*Geotricum candidum*	whey	25~42	12~19
	Fusarium lini	아황산펄프폐액	50	12~15
	Fusarium bulbigenum	포도당	25~50	8~15
	Penicillium lilacinum	불명(不明)	56	16. 9
	Pen. illium soppi	설탕	35~40	11.4~12.5
	Pen. spinulosum	설탕, 당밀	63.8	16.1
	Asp. nidulans	포도당, 당밀	52	17.2
	Mucor circinelloides	포도당	46~65	10~14
세 균	*Nocardia*	n-paraffin	78	57
	Ps. aeruginosa	n-paraffin	–	5.3
녹조류	*Chlorella pyrenoidosa*	탄산가스	85	–

특히 효모와 곰팡이에서는 유지를 많이 생성하므로 유지자원으로 중요하게 생각될 것이다. 유지를 많이 생성하는 미생물은 앞의 표 9-3과 같다.

6. 비타민

미생물, 특히 효모는 표 9-4와 같이 수용성 비타민 등 비타민 복합체를 많이 함유하고 있기 때문에 효모 균체는 좋은 비타민 급원이 될 수 있다.

표 9-4 효모의 비타민 함량 (mg/kg 건조균체)

균 류 / 비타민	빵 효 모	맥주효모	펄프효모	석유효모
Thiamine	9~40	50~360	3~5	8
Riboflavin	44~85	25~80	20~90	80
Pyridoxine	16~65	23~100	15~60	23
Niacin	200~700	300~1,000	190~500	200
Pantothenic acid	180~330	72~100	100~190	180
Folic acid	15~80	15~80	3~50	–
Inositol	4, 000	2,700~5,000	3,000	–
Choline	2, 100	–	–	–
Biotin	0.6~1.8	1.1	–	–
B_{12}	–	–	–	0.11
PABA	22~175	9~102	–	–

7. 회 분

균체를 건조해 대부분의 수분을 제거한 뒤 연소시키면 유기성분은 모두 타고 회분(灰分)만 남는다. 이 회분의 성분을 분석하면, 균종에 따라 차이가 있다. 대체로 세균은 1~14%, 효모는 3~11%, 곰팡이 2~13% 정도이며, 이들 회분 중에는 30~40 종의 무기원소가 인정되고 있다. M. A. Rouf (1964)는 몇 종의 세균세포와 *Bac. cereus* 포자의 무기성분을 분광분석(分光分析)하여 그 원소를 함유량에 따라 다음과 같이 구분하였다.

- major elements : Mg, P, K, S
- minor elements : Ca, Fe, Zn, Cu, Mn
- trace elements : B, Na, Al, Si, Ti, Cr, Sr, Ag, An, Ba, Pb, V, Mo

무기원소는 세포 내에서 무기태 또는 각종 유기화합물과 결합한 유기태로 존재하며, 무기태는 주로 삼투압 및 세포 내외의 물질 투과성 등에 관여하고, 유기태는 여러 가지 생화학적 반응에 관여하고 있다. 중요한 무기원소의 작용을 살펴보면 다음과 같다.

(1) P(인)

Volutin 을 비롯하여 AMP, ADP, ATP 등의 coenzyme 또는 phosphatide 의 구성성분이며, 고분자 화합물인 단백질 및 핵산 등에도 들어 있다. 인은 high energy phosphate bond 로, 세포 내의 에너지 대사에 중요한 구실을 하고 있다.

(2) Mg(마그네슘)

Gram 양성균에서는 ribonucleic acid(RNA)와 결합하여 존재하며, Gram 염색법과 관계가 있다고 한다. Mg 은 또한 bacterial chlorophyll 의 성분이며, 마그네슘 염류는 효소 특히, 해당작용(解糖作用, glycolysis)에 관계되는 효소의 부활제(activator)로 작용한다.

(3) S(황)

황을 함유한 아미노산인 cysteine, cystine, methionine 및 glutathione 중에 함유되어 있으며, 또한 coenzyme A 를 비롯하여 여러 가지 효소는 sulfhydryl 기(−SH)를 함유하며 활성기(active group)로 작용한다.

(4) K(칼륨)

세포 중에는 주로 이온 상태로 존재하며, 생화학반응에 촉매적 요소가 되고, Phosphorylation 에 관계되는 효소의 부활제로 중요하다.

(5) Fe(철)

cytochromes와 catalase 및 peroxidase 와 같은 porphyrin 효소는 철을 함유하는 heme 을 구성성분으로 하고 있다. 유리질소 고정균인 *Azotobacter* 와 *Cl. pasteurianum* 은 철이 부족하면 질소고정능이 상실되기도 한다.

(6) Zn(아연) 및 Cu(구리)

아연은 특수한 단백질과 결합하여 세균 amylase와 carboxypeptidase A 및 B 등 그밖의 효소의 구성성분이 되며, 또한 여러 가지 효소의 부활제로 작용하고, 포자 형성을 촉진시키기도 하며 색소 생성과도 관련이 있다.

(7) Ca(칼슘) 및 Mn(망간)

망간은 탄수화물대사에 관계하는 효소의 부활제로 작용한다. Xanthine oxidase 에 존재하며, 탄산가스의 고정작용에도 필요하고 포자 생성에도 관계가 있다고 한다. 고등생물과 달리, 미생물은 칼슘을 그다지 필요로 하지 않는다. 그러나 Proteus 속에서는 단백분해에 필요한 protease 의 합성에 관계가 있다고 하며, 또한 Nitrosomonas 속균의 발육에도 필수성분이 된다.

그밖의 미량금속은 유기화합물과 결합하여 존재하고, 어떤 무기성분의 삼투압을 조절하여 세포막의 투과성(permeability)이나 교질(colloid)계에 영향을 미치므로 미생물의 발육 및 증식 등 세포 내 여러 반응의 주요인자가 된다.

8. 미생물 세포벽의 조성

미생물 세포의 세포막은 대부분 단단한 세포벽(cell wall)으로 싸여 있다. 이 세포벽은 세포 고유의 형태를 유지하는 역할과 세포 내부의 높은 삼투압을 유지하는 역할을 한다. 미생물은 보통 세포 내부보다도 훨씬 낮은 삼투압의 환경 속에서 생활하고 있으므로, 단단한 세포벽으로 보호되지 않으면 세포는 팽창하고 파열하여 사멸하고 만다. 각종 미생물 세포벽의 특징적 조성은 표 9-5 와 같다.

사상균의 대부분은 chitin $\beta(1\rightarrow4)$ N-acetylglucosamine, 난균류(卵菌類)는 섬유소 $\beta(1\rightarrow4)$ glucoside, 효모는 glucan-protein, glucomannan-protein 을 주성분으로 하며, 어느 것이나 β 결합의 다당류를 주요성분으로 하고 있다.

세균의 세포벽은 특히 Gram 양성과 음성균에 현저한 차이가 있으나 양쪽이 모두 아미노당과 당 및 peptide 가 되는 mucocomplex 를 기본구조로 하고 있으며, 그 구성성분의 종류나 함유비는 각 균종에 따라 특징적인 것으로 보인다.

mucocomplex를 완전분해하여 얻어지는 아미노산은 alanine, glutamic acid, lysine, diaminopimelic acid, glycine, aspartic acid 중의 3~5종, 아미노당은 muramic acid, glucosamine 및 galactosamine, 당은 glucose, galactose, mannose, rhamnose, arabinose 등이다.

세포벽의 아미노산은 대부분 D형으로, 이것은 세포벽이 여러 효소에 대해 안전한 이유의 하나가 된다. Gram 음성균의 세포벽은 양성균에 비하여 구성성분의 종류나 함유비가 다르고 복잡하여 단백질, 지질 및 다당류를 주성분으로 하며 여기에 약 10~20%의 mucocomplex를 함유하고 있다. 따라서 음성균의 세포벽은 모든 종류의 아미노산을 가지며, 일반적으로 양성균보다 지질함량이 많고(10~20%), glucosamine 함량은 적다.

표 9-5 미생물균 세포벽의 특징적 성분

녹 조	*Chlorella pyrenoidosa* *Platymonas subcordiformis*	다당류, 단백질, 지방 다당류(galactose, uronic acid)
규 조		silica, 다당류
사상균	Oomycetes Zygomycetes, Blastocladiales Endomycetaceae, Ascomycetes Basidiomycetes, Fungi imperfecti	섬유소 } chitin
효 모	Saccharomycetaceae	glucan-protein, glucomannan-protein
세 균	Gram 양성균 Gram 음성균	mucocomplex, teichoic acid 단백질, 지방, 다당류 (mucocomplex도 소량 함유)
방선균		mucocomplex 등

9. 세균의 편모와 선모

(1) 편 모

Weibull (1955) 등이 세균에서 편모(鞭毛)를 이탈시켜 분별하여 성분을 분석한 결과, 편모는 극미량의 당과 지방을 함유하고 98%가 단백질임을 밝혀냈다. 그것을 플라젤린(flagellin)이라 하였으며, 가수분해하여 14개의 아미노산을 인정하였다.

편모 단백질은 균종에 따라 차이가 있는데, X선으로 분석한 결과 keratine, myosin, epidermin, fibrinogen과 같은 단백질임이 알려졌다.

(2) 선 모

세균의 편모와 비슷하나 훨씬 짧고 많은 사상(絲狀)의 선모(線毛, 纖毛, pili 또는 fimbriae)를 가진다. 이것은 비운동성의 세균에서도 볼 수 있는데, 운동기관은 아니다. 대부분의 Gram 음성세균은 pili 를 가지지만, 진핵 미생물은 pili 를 갖지 않는다.

pili 는 두 가지 타입이 있으며, 각각 다른 기능이 있다고 보고 있다. 한 가지 타입은 common pili 로 불리고 다른 물체에 부착할 때에 중요한 역할을 한다. 그리고 다른 타입은 sex pili 라고 일컬어지며, 하나의 세포에서 다른 세포로 DNA 의 transfer 이전을 할 때에 세균 세포를 결합하게 하는 기능이 있다고 추정된다. 대체로 선모의 크기는 7~10nm × 0.3~1.0μ 이지만 드물게는 더 긴 것도 있다. 세포질막에 그 기부(基部)를 두고, 주성분은 단백질이다.

10. 세균의 협막 및 점질층

세포벽의 외측에 점질층(slime layer)을 형성하는 균이 있으며, 이것이 발달하여 진하고 견고한 막과 같이 되면 협막(莢膜, capsule)이라고 부른다. 이들을 기계적 방법 또는 물, 완충액, 묽은 알칼리 등으로 추출할 수 있으며, 이들의 어떤 성분은 균에 대한 특성을 나타내기 때문에 균의 분류에도 이용된다.

이들의 구성성분은 함질소물과 무질소물로 구별되며, 무질소물에는 섬유소 (*Acetobacter xylinum*), levan (*St. salivarius* 와 혹종의 *Bacillus*), dextran (*Leuc. mesenteroides*)과 그밖에 galactan, arabo−galactan 등이 있다.

Leuc. mesenteroides 는 설탕제조공업의 당액에 발생하여 당액을 점화(粘化)해 피해를 주던 것이었으나, dextran 의 중요한 용도가 발견됨으로써 새로운 관심의 대상이 되고 있다. 결핵균의 점질층은 다당류, 지질, 핵산의 복합체로 알려지고 있다.

미생물의 생리와 생육

10-1 영양요구

미생물 세포는 생육·증식하여 그 기능을 영위하기 위해 세포막을 통해 영양분을 외부에서 흡수하는 완전식물성 영양(holophytic nutrition)을 한다. 그러나 일부 미생물, 즉 원생동물(原生動物) 등은 완전동물성 영양(holozoicnutrition)을 한다. 이들 영양분은 우선 세포의 구성물질로 사용된 다음 세포에 필요한 에너지원이 된다.

이와 같이 생명현상의 영위에 필요한 물질은 미량의 무기염류를 제외하고는 모두 유기물질이다. 유기물질 대부분은 세포막을 그대로 통과하지 못할 정도로 고분자 물질이기 때문에, 세포막을 통과할 수 있는 물질로 분해되어야 한다. 또한 분해시킬 수 있는 효소가 필요하고, 분해된 화합물을 필수대사 중간산물로 바꾸는 효소도 필요하다.

1. 필수대사물의 합성능력에 의한 분류

미생물이 요구하는 영양물질은 균종에 따라 상당한 차이가 있으며, 미생물은 우선 이용할 수 있는 탄소원(炭素源)에 따라 두 가지로 나눈다.

(1) 자력영양균 (또는 독립영양균, autotrophic microbe, autotroph)

탄산가스를 탄소원으로 이용할 수 있는 미생물을 말하며, 특히 탄산가스를 비롯한 무기화합물만을 영양원으로 하여 생육하는 균을 무기물 이용균(lithotroph)이라고 한다.

자력영양균에는 광합성 색소를 가지고 태양에너지를 이용할 수 있는 광합성균(광합성 독립영양균, photosynthetic microbe, photoautotroph) 그리고 무기물(H_2, S, H_2S, S_2O_3, NH_3, NO_2)을 산화하여 에너지를 얻는 화학합성균(화학합성 독립영양균, chemosynthetic microbe, chemoautotroph)이 있다.

(2) 종속영양균 (또는 他力 영양균, heterotrophic microbe, heterotroph)

탄수화물 등의 유기화합물을 분해하여 호흡 또는 발효로 에너지를 얻는 미생물군을 말하며, 유기물 이용균(organotroph)이라고도 한다. 조류를 제외한 발효미생물, 부패균 등으로 대부분의 미생물은 종속영양균에 속한다.

종속영양균은 사물기생균(死物寄生菌, saprophytes), 동·식물의 생세포에 기생하는 생체기생균(生體寄生菌, parasites) 또는 공서균(共棲菌)으로 나눈다. 생체기생균에는 또 식물기생성(phytotrophy), 동물기생성(zootrophy), 세균세포기생성(schizomycetotrophy) 등이 있다.

영양요구성에 따라 미생물을 분류하면 질소고정균(窒素固定菌, nitrogen fixing bacteria), 영양요구가 엄격하지 않는 균(non-exacting microbe), 즉 질소원으로는 무기물을 이용하여 생육할 수 있는 균, 탄소원과 질소원이 다 같이 유기물로서 적어도 배지 중 무기질소 이외에 아미노산을 필요로 하는 미생물(exacting microbe), 즉 영양요구가 엄한 균, 다시 비타민 등의 발육인자(發育因子, growth factor)를 요구하는 것으로 세분된다.

1) 질소고정균

공기 중 유리질소를 고정하여 세포 내 질소화합물을 합성하는 능력이 있는 균이다. *Azotobacter*, *Clostridium* 속은 비공생적으로 공기 중 질소를 고정하고, *Rhizobium* (근류균)속은 콩과식물의 뿌리 등에 공생하여 질소를 고정한다. 농업상 중요한 토양세균이다.

2) 영양요구가 엄하지 않은 균 (none exacting bacteria)

탄소원으로 유기물을 필요로 하나, 질소원으로서는 NH_4^+, NO_3^-와 같은 무기염을 이용하여 균체성분을 합성할 수 있으므로 다른 아미노산이나 비타민 등을 요구하지 않는다.

대장균(*E. coli*)이나 *Aerobacter aerogenes*, *Pseudomonas* 속이 여기에 속한다. 물론, 유기질소원도 잘 이용한다.

3) 영양요구가 엄격한 균 (exacting)

영양요구성이 엄격한 균으로, 질소원으로서는 암모늄 이외에 아미노산을 필요로 하고, 또한 다시 growth factor를 요구하는 것도 있다. 혹종의 젖산균이 여기에 속한다.

표 10-1 영양요구에 의한 미생물의 분류

<table>
<tr><th colspan="3">유 형</th><th>산화물질 (수소 공여체)</th><th>에너지원</th><th>탄소원</th><th>미생물 예</th></tr>
<tr><td rowspan="2">독립영양균</td><td colspan="2">광 합 성 균</td><td>무기물</td><td>빛</td><td>CO_2</td><td>Chlorobacteriaceae (녹색황세균), Thiorhodaceae (홍색황세균)</td></tr>
<tr><td colspan="2">화 학 합 성 균</td><td>무기물</td><td>무기물 산 화</td><td>CO_2</td><td>혹종의 Pseudomonas 속균, Thiobacillus, Beggiatoa, Nitrosomonas, Nitrobacter</td></tr>
<tr><td rowspan="5">종속영양균</td><td colspan="2">질 소 고 정 균</td><td>유기물</td><td>유기물 산 화</td><td>유기물</td><td>Azotobacter, 혹종의 Clostridium 속균, 근류균</td></tr>
<tr><td colspan="2">영양요구가 엄격하지 않은 균</td><td>유기물</td><td>유기물 산 화</td><td>유기물</td><td>E. coli</td></tr>
<tr><td rowspan="3">영양요구가 엄격한 균</td><td>아미노산 요 구 균</td><td>유기물</td><td>유기물 산 화</td><td>유기물</td><td>Salmonella typhosa</td></tr>
<tr><td>발육인자 요 구 균</td><td>유기물</td><td>유기물 산 화</td><td>유기물</td><td>Proteus vulgaris</td></tr>
<tr><td>아미노산 및 발 육 인 자 요 구 균</td><td>유기물</td><td>유기물 산 화</td><td>유기물</td><td>St. faecalis</td></tr>
</table>

2. 에너지원에 의한 분류

(1) 광합성균

에너지원을 빛에서 얻는 균이다. 광흡수체로 특수한 색소인 chlorophyll, carotenoid를 균체 내에 가지고 있다. 광합성균에는 수소수용체(H-acceptor)가 무기물인 광합성 무기영양균(photolitotroph)과 수소수용체가 유기물인 광합성 유기영양균(photoorganotroph)이 있다.

(2) 화학합성균

무기물의 산화로 에너지를 얻는 미생물이며, 호기적 조건에서 생육한다.

농업상 중요한 *Nitrosomonas* 속균은 NH_3 을 NO_2 로 산화하고, *Nitrobacter* 속균은 이 NO_2 를 NO_3 로 산화하여 각각 에너지를 얻는다.

Thiobacillus 속균은 유리의 황이나 thio 황산염($S_2O_3^-$)을 황산염으로 산화한다.

(3) 종속영양균

이 균은 유일한 탄소원인 CO_2 를 이용하지 못하고 다른 생물에 의해 만들어진 유기물을 이용한다. 질소원은 균에 따라 다른 것을 이용한다.

① **분자상 질소** : 극히 안정된 분자상 질소를 이용하는 것으로서 공중질소 고정균으로 농업상 대단히 중요하다.

- *Azotobacter* : 호기성균 ┐ 토양 중에 서식함
- *Clostridium* : 혐기성균 ┘
- *Rhizobium* : 콩과식물의 뿌리혹에서 살며 공생관계가 있다.

② NO_3^- : 혐기성균에서 볼 수 있는 질산호흡과는 별도의 대사계로 환원한다. *Bacillus subtillis* 와 *Escherichia coli*, 곰팡이, 효모 등의 일부에서 볼 수 있다.

③ NH_3^+ : 질산환원능이 없는 균에서 그대로 흡수된다. *Saccharomyces cerevisiae* 에서 볼 수 있다.

④ **아미노산** : 무기질소를 동화하지 못하는 젖산균 등에서 볼 수 있다. 질소고정균일지라도 NO_3^-, NH_3^+와 아미노산을 급여하면 질소를 고정하지 않고도 생육한다. 모든 미생물은 보다 이용하기 좋은 형태의 질소가 있을 경우에는 그것을 이용한다.

10-2 미생물의 영양원

1. 탄소원

종속영양균은 일반적으로 에너지원 및 세포 구성물질로서 유기탄소원, 주로 탄수화물이 이용되는데, 탄수화물의 종류는 미생물에 따라 다르다.

Hexose (육탄당) 중 glucose, fructose, mannose 및 galactose 는 알코올 발효효모에 의하여 발효되는 발효성 당이다. 효모의 종류에 따라 당을 동화(assimilation)하

거나 발효(fermentation)하는 경우가 있다. 예를 들면, *Candida lipolytica* 는 glucose 와 galactose 를 발효하지 못하고 동화한다. *Saccharomyces cerevisiae* 는 이 두 종류의 당을 동화·발효한다. 이들 육탄당은 세균, 방선균 및 곰팡이 등이 이용할 수 있으며, 유기산도 생성된다.

Pentose (오탄당) 중 xylose와 arabinose 는 세균 및 곰팡이 등에서 동화하나 효모는 일반적으로 발효나 자화를 하지 못한다. 젖산균은 이들을 발효해 젖산을 생성한다.

Raffinose (삼당류) 는 많은 효모 종류가 발효를 한다. 먼저 invertase 를 이용하여 raffinose 의 sucrose 부분, glucose 와 fructose 사이를 절단한다. 따라서 fructose 와 melibiose (gal. + glu.)가 생성되고 fructose 는 발효되며, melibiase 를 가지지 못한 효모는 melibiose 를 발효하지 못하고 남겨놓는다.

즉, raffinose 가 1/3 발효된다. 효모에 melibiase 가 존재하면 melibiose 로부터 glucose 와 galactose 가 생성된다. 만약 이 효모가 galacto–hexokinase 를 가지지 못했다면 galactose 를 발효하지 못하고, raffinose 의 2/3를 발효하게 된다.

melibiosc

Raffinose = galactose − glucose − fructose

sucrose

다당류 중 전분은 방선균, 곰팡이 및 혹종의 *Bacillus* 와 *Clostridium* 속균에 의해 이용되나, 효모는 보통 전분을 유일한 탄소원으로 한 경우에 생육되지 않는다. 예외로서 glucoamylase 를 분비하는 *Endomycopsis* 속의 효모는 전분을 이용하여 생육한다.

Cellulose, pectin 은 세균이나 곰팡이에서 이용된다. 에탄올, glycerol, mannitol, sorbitol 등의 알코올류와 구연산(citric acid), 사과산(malic acid), 푸말산(fumaric acid), 호박산(succinic acid) 등의 유기산을 이용하는 미생물도 있으며, methane, ethane, propane 혹은 석유(탄화수소) 등을 이용하는 미생물도 있다.

미생물 배지에 가해지는 적당한 당농도는 세균에서는 0.5~2 0% 정도가 알맞고, 효모나 곰팡이에서는 2~10% 가 보통이다.

예외적으로 *Asp. glaucus group* 속의 어떤 균주는 sucrose 50%에도 생육하는 내당성 호삼투압성균(osmophilic strains)인 것도 있다.

이와 같은 각종 탄소원의 종류와 이용의 차이는 미생물의 종류에 따라 다르다. 즉, 어떤 미생물이 어떤 탄소원을 이용하는가에 대해서는 첫째로 그 화합물의 세포막 통과 여부, 다당류와 같은 경우는 단당류까지 분해하는 효소를 가지는가에 따라 달라진다. 둘째는 세포 내에 있어서 필수대사 중간물질로 변화시키는 효소가 있는가이며, 셋째, 유도효소에 의한 경우는 배지성분에 미리 적응되는가에 따라 다르다.

2. 질소원

질소는 균체의 단백질, 핵산 등의 합성에 필요하다. 분자상태의 질소를 고정하여 이용할 수 있는 *Azotobacter*, *Rhizobium* 및 혹종의 *Clostridium* 속균과 남조류 등이 있으나, 곰팡이 및 효모는 고정하지 못한다.

무기태질소원으로 $(NH_4)_2SO_4$, $(NH_4)HPO_4$ 등의 암모늄염은 효모, 곰팡이, 방선균, 대장균, *B. subtilis* 등의 세균을 잘 이용하고, 곰팡이 및 조류(藻類)는 질산염을 잘 이용하지만 효모는 이것을 동화시킬 수 있는 것과 없는 것이 있어서 효모 분류의 한 표식(標識)이 된다.

유기태의 질소원으로 요소, 아미노산, amide 등은 효모, 곰팡이, 세균 및 방선균에 의해 잘 이용되며, peptone, yeast extract, meat extract, malt extract 등은 대체로 모든 미생물이 잘 이용한다. 효모는 직접 단백질을 이용하지 못하나, aspartic acid, asparagine, glutamic acid, glutamine 등을 다른 아미노산보다 더 잘 이용한다.

이와 같이 균종에 따라 질소원의 이용성에 큰 차이가 있기 때문에 분별배지 제조에 이용되며, 일반적으로 질소원의 농도는 0.1~0.5%로 한다.

3. 무기염류

무기염류(無機鹽類, mineral salt)는 미생물의 세포 구성성분이나 세포 내의 삼투압 조절 또는 효소의 부활제(賦活劑) 등으로 필요하다.

P, Mg, K, S 등은 특히 대량으로 필요한 원소이다. 배지에는 KH_2PO_4, K_2HPO_4, $MgSO_4 \cdot 7H_2O$ 의 형태로 0.05~0.1% 첨가한다.

특히 P 는 해당계(解糖系), 즉 호흡 또는 발효의 경우, 인산-ester 로서 에너지 대사에 보효소의 성분으로 중요한 역할을 한다. Mg 은 효소의 활성에, S 은 체성분의 구성에, Fe 은 호흡효소의 cytochrome, catalase 및 peroxidase 에 존재하며, 에너지 대사에 큰 역할을 한다.

Ca, Mn, Fe, Zn, Cu, Co, Mo 등은 일반적으로 극미량을 필요로 하는 미량원소들이다. 미생물은 소량의 미량원소로 충분히 생육하므로 그 필요량을 정하기는 어려우며, 배지(培地)에 우물물을 사용할 때에는 따로 첨가할 필요가 없을 정도이다.

4. 발육인자

미생물에 따라서는 주요 영양분인 탄소원, 질소원, 무기염류 등 이외의 미생물 스스로 합성하지 않으나 생육에는 절대적으로 필요한 필수 유기화합물을 발육인자 (growth factor) 라고 한다. 그러므로 이런 발육인자를 배지 중에 미량으로 가하지 않으면 미생물은 생육할 수 없다.

발육인자는 미생물의 종류에 따라 다르나 아미노산, purine 염기, pyrimidine 염기, 비타민 등이 있다. 미생물의 발육인자는 알려져 있는 것도 있지만, 아직 알려지지 않은 것도 많다. 일반적으로 첨가량은 10~100μg 정도이고, biotin 은 10~50μg 이다.

효모의 발육인자를 bios 라고도 부르며, biotin, pantothenic acid, inositol, 비타민 B_1, 비타민 B_6, nicotinic acid 등 6종의 비타민이 있다. 이들 비타민은 보효소 혹은 보결분자족으로서 물질의 대사에 중요한 역할을 한다. 대개의 미생물은 스스로 비타민 합성능력이 있기 때문에 배지에 첨가할 필요가 없는 경우가 많다.

발육인자는 미생물의 종류에 따라 다를 뿐만 아니라, 또한 생육환경에도 영향을 받는 경우가 종종 있다. 예를 들면 생육적온 이상의 고온이 되면 *Proteus* 균은 alanine 을 추가로 요구한다.

10-3 미생물의 생육

미생물의 생육(growth)이라는 말은 엄밀히 미생물의 세포 내용물이 증가하는 것을 뜻하며, 세포 내 성분의 증감을 의미하는 것은 아니다. 그러므로 미생물의 증식은 세포 수가 증가하는 것을 뜻하지만, 생육은 전체 세포용적이 증대하는 것을 말한다. 보통 생육이라는 말은 증식(reproduction)까지 포함해 사용하는 말이다.

미생물 중 대부분의 세균에서 보는 바와 같이, 단세포 생물의 경우는 세포 수(개체 수)의 증가가 증식의 기준이 된다. 곰팡이나 일부의 효모에서 보는 바와 같이 균사의 신장(伸長)에 따른 증식의 경우, 세포 수만으로는 증식을 판정할 수 없을 뿐만 아니라, 세포 수 측정도 곤란하다. 따라서 다수의 세포를 연결하거나 또는 덩어리로 되어 증식하는 형태의 미생물의 경우는, 세포량(cell mass, 건조균체)의 증가를 증식의 기준으로 한다.

1. 생육곡선 (growth curve)

(1) 세균 및 효모의 액체배양

세균 혹은 효모를 액체배지에 접종하고, 경시적으로 세포 수 혹은 세포 중량의 변화를 semi-log graph 용지에 기입하면, 다음 그림 10-1과 같은 증식곡선이 얻어진다. 효모, 세균의 증식곡선은 대개 4개의 시기(phase)로 나눌 수 있다.

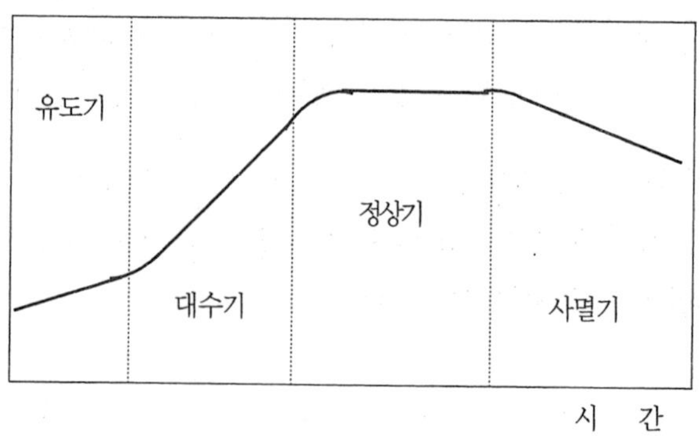

그림 10-1 단세포미생물의 증식곡선

1) 유도기 (lag phase)

미생물은 새로운 배지에 접종하면 곧바로 증식 하지 않고 일정한 기간이 지난 후에 활발한 증식을 시작한다. 왕성한 증식을 위하여 배지조건에 적응 (adaptation) 하는 시기를 유도기라고 한다.

유도기에는 세포 증식이 거의 없으나 세포 내의 대사활동은 활발하여 RNA 함량이 증가하고 세포의 크기도 증가하는 등, 생리적으로 큰 변화가 있다. 또한 이 시기에 적응효소(adaptive enzyme)의 생성능력이 증가하며, 새로운 환경에서 증식하기 위하여 필요한 각종 효소단백질을 합성하는 시기이기도 하다.

일반적으로 유도기의 기간은 접종한 균이 왕성하게 발육된 균일 때나 접종 전후의 배지조성이 비슷한 경우에는 짧아지지만, 새로운 배지에 접종한 경우나 접종균체량이 적으면 길어진다.

2) 대수기 (logarithmic phase)

유도기가 지나면 세포의 증식이 대수적으로 증가되며, 이때의 세대시간이나 세포의 크기는 일정하다. 이 기간에 있어서의 세포질 합성 및 증식은 배양조건이 적당하면 생육이 정상속도가 되므로 세포질의 합성속도와 세포 수의 증가율이 거의 일치하게 된다. 또한, 총균수의 증가율과 생균수(viable cell)의 증가율이 일치함이 관찰된다.

이 사실은 총균수에 대한 사(死)세포의 발생률이 일정함을 나타내고, 대수기에서는 일반적으로 사세포의 발생률이 적기 때문이다. 이 시기의 증식속도를 지배하는 인자는 배지의 영양, pH, 온도, 산소분압 등의 환경인자들이다. 대수기의 기간은 배지의 조성이나 물리적 상태, 그리고 접종량에 따라 달라진다.

3) 정상기 (stationary phase)

대수기 후 생균수가 거의 일정하게 유지되고, 전 배양기간을 통해서 최대의 세포수를 나타내는 시기이다. 영양물질의 고갈, 대사산물의 축적, 배지 pH 의 변화, 산소공급의 부족 등 부적당한 환경이 되어서 생균수가 증가하지 않는다.

정상기는 보통 몇 시간 내지 며칠 동안 계속되고, 내생포자를 형성하는 세균은 일반적으로 이 정상기에 포자를 형성한다.

정상기에 있어서 생균수가 거의 일정하게 유지되는 것은 세포증식이 정지되어 있거나(총 균수와 생균수가 거의 일치하는 경우), 일부 세포가 사멸하는 대신 다른 일부 세포가 증식하여 사멸수와 증식수가 거의 같아지기 때문이다(생균수는 일정하나 총균수는 증가한다).

4) 사멸기 (감퇴기, death phase)

배양의 최종기로서 영양분의 결핍, 산, 알코올 등 유해한 대사산물의 축적과 세포 밀도의 과다 등으로 생균수가 감소하는 시기이다.

세포의 사멸원인은 균주나 배양조건에 따라 다르나, 미생물은 증식이 정지되면 효소에 의한 세포구조물의 파괴, 이를테면 핵산분해효소에 의한 DNA 와 RNA 의 분해, 단백질 분해효소에 의한 단백질의 분해, 세포벽 분해효소에 의한 세포벽의 분해, 그리고 효소단백질의 변성 및 실활 등에 의해서 사멸하는 것으로 생각된다. 사(死)세포는 이들 효소작용으로 자기소화(自己消化, autolysis)를 일으켜서 용해된다.

(2) 곰팡이의 생육곡선

곰팡이는 세균과 달리 생장이 균사의 선단부(先端部)에서만 이루어지므로 그 속도는 균사선단의 수와 거기에 보내지는 영양분의 공급속도에 따라 정해진다.

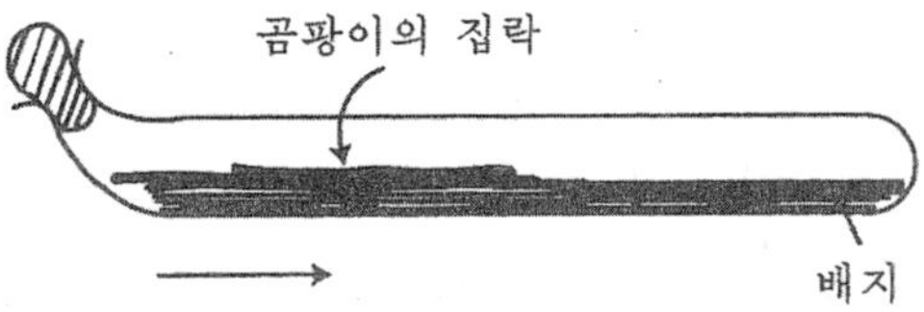

그림 10-2 곰팡이 colony 의 신장속도 측정관

균체는 각각 분리되어 있지 않으므로 균사 전체를 생각할 경우에는 영양적으로 불균일한 조건에서 균사가 생장하기 쉽다. 한편 Ryan 등의 생육속도관(growth rate tube)에서와 같이 곰팡이를 배양하여 일직선 방향으로 그 집락의 신장속도를 관찰·비교하는 방법도 있다.

(3) 곰팡이의 액침배양

액체배양에 있어서는 곰팡이나 호기성 효모는 그 발육이 액체 표면에서만 이루어져서 균개(菌蓋, mat)를 형성하는 것이 일반적이다. 모든 곰팡이는 균개 표면에서만 발육하지만, 영양분은 균개 하부(下部)에 많다.

물론 원형질적 흐름(protoplasmic streaming)에 의해서 균개 표면으로 운반되지만, 균개 상하 양쪽 부분에서 영양물질의 불균형은 면하기 어렵다. 이에 따라 정치배양(靜置培養, stationary culture)에서는 균체의 발육이 불균형해지며, 그 대사생성물도 적게 생산된다.

그러나 액침배양(液浸培養, submerged culture)이면 배양액의 진탕(振盪) 또는 통기(aeration)로 액 중에 늘 충분한 산소를 공급해 주기 때문에 곰팡이의 발육이 신속하고 균일하게 이루어지며, 따라서 대사 생성물의 양도 많아지므로 근래의 발효화학의 연구와 발효공업에서 널리 이용되고 있다. 곰팡이를 액체배지에서 진탕배양을 하면 균사가 많은 구상(毬狀)의 소균구(小菌球, pellet)를 형성하는 것이 일반적이다.

2. 미생물의 특수배양

(1) 동조배양법

정상적으로 왕성하게 증식하고 있는 대수기의 세포군 중에는 어린 세포와 성숙한 세포 등 여러 계층의 세포가 혼재해 있다. 이와 같은 집단을 적당히 처리하여 단일한 성장단계에 있는 같은 연령의 세포만 집단으로 하는 것을 동조화 또는 동조배양(同調培養, Synchronous culture)이라고 한다.

같은 균령(菌齡, age)의 세포만을 얻어서 배양하면 이 세포집단은 한 개의 세포를 확대한 것과 흡사하므로, 미시적(微視的)인 세포 내의 각 단계적 생리변화를 거시적(巨視的)인 것으로 하여, 세포의 생리 화학적 연구에 널리 쓰인다. 동조화의 방법은 다음과 같다.

1) 생리적 조건의 조정(調整)에 의한 동조화

① 정지기 배양의 접종

정지기에 있는 미생물 세포군을 신선한 배지에 접종하면 적어도 제 1회의 분열이 일어날 때까지는 거의 동조적으로 성장한다. 그 후 동조화는 거의 일어나지 않는다. 성장 최초의 단계는 정지기에 일어난 퇴행적 변화에서 회복으로 이후 계속하여 정상적 성장이 일어남에 주의할 필요가 있다.

② 온도의 조정

일반적으로 세포의 배양온도를 성장적온 이하로 내리면 세포의 성장은 분열 직전의 단계에서 가볍게 저해된다. 이 현상을 응용하여 여러 세균이나 Protozoa (원생동물류) 등의 동조배양을 할 수 있다.

③ 영양조건의 조정

성장은 되지 않으면서 세포분열만 할 수 있게, 배지에서 세포균을 배양하여 분열 직후의 세포집단을 얻는 방법(질소원이나 탄소원을 제한한다) 또는 thymine 이 존재하지 않으면 발육이 안 되는(thymineless) *Escherichia coli* 의 변이주를 가지고 그 세포집단을 thymine 만 가하지 않은 배지에 배양하여 어느 정도 시간이 경과한 후에 thymine 을 첨가하면 동조적으로 발육하는 방법이 된다.

④ 광선의 조정

단세포의 *Chlorella* 세포 성장은 광선에 의존하는 단계와 광선이 필요하지 않은 단계가 있는데, 이 점을 이용하여 세포집단의 동조화를 이룰 수 있다.

2) 기계적 혹은 물리적 방법에 의한 동조화

① 기계적 선별법

Ameba 와 같이 비교적 큰 세포의 경우에는 현미경으로 관찰하면서 어느 일정한 성장기에 있는 세포만을 모은다.

② 분획원심분리법

세포는 성장의 시기에 따라 그 크기를 달리하므로 분획원심법에 의하여 대소의 세포균을 어느 정도까지 분획할 수 있다. 이 경우, 세균과 같이 2분법에 의하여 분열하는 세균보다도 *Chlorella* 와 같이 다수의 낭세포로 분열하는 쪽이 성숙세포와 유약세포와의 차가 크므로 유리하다.

③ 분획여과법

다소의 세포를 분획하는 데 paper chromatography 를 사용하여 양자를 분별하는 방법이 있으므로 대장균 등에 적용된다.

(2) 연속배양법

일반 회분배양법(batch culture)에 의해서는 같은 배지 조건에서 증식하고 있는 대수기의 균체를 연속적으로 얻을 수 없다. 그러나 새 배지를 계속 일정한 속도로 배양조에 유입하면서 흘러나오는 배양균액을 모으면 이 목적을 이룰 수 있다.

연속배양(連續培養, continuous culture)은 균체의 대량생산, 균의 생리 혹은 유전학적 연구에 이용된다. 이와 같은 연속배양 장치에는 turbidostat 와 chemostat 등 두 종류가 있다.

turbidostat 형은 그림 10-3에서와 같이 유량조절기를 광전광(光電管)에 연결해 자동 개폐(開閉)를 시킴으로써 배양조 내의 세포농도를 비탁법(比濁法)으로 일정하게 하는 것이며, chemostat는 배지 중 어떤 영양분을 제한함으로써 배양조 내의 세포농도를 일정하게 하는 것이다.

A : turbidostat
B : chemostat

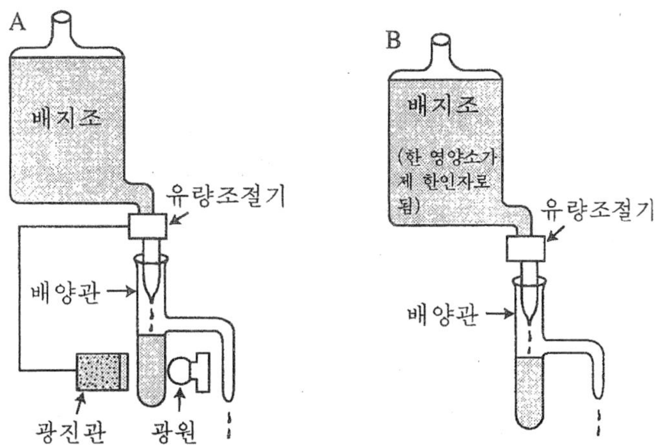

그림 10-3 연속배양장치

10-4 미생물 생육에 미치는 요인

미생물도 모든 생물과 같이 생육에 적합한 환경과 부적합한 환경이 있으며, 미생물의 증식과 생리적 성질은 주어진 환경에 따라 달라진다.

미생물의 종류에 따라 적합한 환경은 원래 결정되어 있으며, 이런 점을 밝힘으로써 인위적으로 적합한 환경을 조성하여 왕성하게 증식시킨 후 유용하게 이용할 수도 있고, 또 증식을 억제하거나 사멸하는 조건을 이용하여 각 부분에서 효과적으로 대처할 수 있다.

미생물의 증식에 영향을 미치는 환경요인은 수분, pH, 산소, 식염, 화학물질 등의 화학적인 요인과 온도, 광선, 압력 등의 물리적인 요인, 그리고 다른 생물과의 공생 및 길항 등의 생물학적인 요인으로 고찰할 수 있다.

1. 화학적 요인

(1) 수 분

1) 미생물 생육과 수분활성

미생물이 생육하기 위해서는 수분을 필요로 하며, 어느 정도 이상의 수분이 존재하지 않으면 생육할 수 없다. 물은 물질 중에서 자유수(自由水, free water)와 결합수(結合水, bound water)의 형태로 존재한다.

결합수는 단백질이나 탄수화물 등과 직접 결합된 안정된 물이며, 자유수는 결합수 이외의 일반적이며 자유로운 형태의 물이다.

이 중에서 미생물이 이용할 수 있는 물은 주로 자유수이며, 일부 약하게 결합된 결합수도 이용할 수 있다.

예를 들어, 잼(jam)은 수분이 20~39%로 수분함량이 높은 편이지만 설탕과 강하게 결합되어 있으므로 곰팡이나 그밖의 미생물이 증식하기 어렵다. 반면에 건조된 곡류는 수분함량이 훨씬 적은 12~18%인데도 불구하고, 이용할 수 있는 수분이 더 많아서 곰팡이 등의 미생물이 쉽게 증식한다.

그 이유는 수분의 존재상태가 다르기 때문이다. 따라서 미생물이 이용할 수 있는 식품이나 물질 중의 수분을 수분활성(水分活性, water activity, A_w)이라는 개념으로 표현하는 것이 더욱 타당하다고 할 수 있다.

식품도 하나의 용액이라는 개념으로 보고, 순수한 물의 수증기압과 식품 혹은 물질의 비증기압(比蒸氣壓)으로 나타낸다. 즉, 그 온도에 있어서 순수한 물의 수증기압을 P_0, 식품(용액)의 수증기압을 P 라 하면 그 식품의 A_w 는 다음 식으로 나타낼 수 있다.

$$A_w = \frac{P}{P_0}$$

식품을 밀폐용기 안에 두면 식품의 수분은 그 용기 내의 상대습도(relative humidity, RH)와 평형을 유지한다. 이때의 상대습도는 평형상대습도이며, 그 식품의 수분활성과 같다.

기체 상대습도의 개념을 기질이 되는 식품에 적용한 것이 수분활성이며, 상대습도는 %로 나타내고 수분활성은 비(比)를 나타내므로 평형상대습도와 수분활성은 $A_w \times 100 = RH$ 의 관계가 된다.

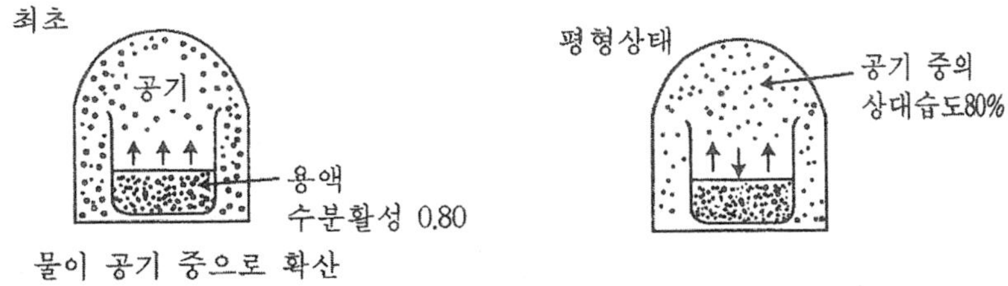

그림 10-4 수분활성의 측정

수분활성은 수용액 중 용질농도(식품성분)에 따라 달라지고, 용질농도가 높아지면 저하된다. 순수한 물의 수분활성은 1이며, A_w 1. 00에서는 영양분이 존재하지 않는다는 것을 의미하므로 미생물이 생육할 수 없다.

수분활성이 저하되어 0.65~0.60 이하가 되면 거의 모든 미생물의 생명활동은 정지해 버린다. 일반 미생물의 증식을 위한 최적 A_w는 0.99~0.94 정도의 범위에 있다. 미생물의 생육을 위한 최적의 수분요구는 최적 A_w(opt. A_w)값으로 나타내며, 최저 A_w (min. A_w)값 이하의 환경에서는 생육할 수 없다.

표 10-2 각종 용액의 수분활성

수분활성	NaCl (%)	Sucrose (%)	Glycerol (%)
0.995	0.87	0.92	0.26
0.980	3.5 (바닷물)	3.42	1.0
0.960	7	6.5	2.0
0.900	16.2	14	5.1
0.850	23 (Great Salt Lake)	20. 5 (포화)	7.8
0.800	30 (포화)	–	10.5
0.700	–	–	16.8
0.650	–	–	20

식품 중 수분이 많아질수록 미생물에 의해 변패되는 일이 많아지지만, 그 식품의 A_w가 오염미생물의 최저 A_w 이상일 경우에만 변패하므로, 변패를 방지하기 위한 식품보존의 입장으로 보면 식품의 A_w를 될 수 있는 한 낮게 유지하는 것이 필요하다.

A_w 를 낮추기 위한 방법으로는 ① 식염(염장), 설탕(당조림) 등 용질의 첨가 ② 농축 건조에 의한 수분의 제거 ③ 냉동온도 조절에 의한 A_w 의 변화 등이 있다.

2) 미생물의 종류와 수분활성

각종 미생물이 식품에 증식하는 경우, 미생물의 종류에 따라서 그 최적 A_w 는 차이가 있다. 일반적으로 세균은 수분활성이 높은 곳에서, 곰팡이는 비교적 낮은 곳에서, 효모는 그 중간 A_w 에서 잘 생육한다. 일반적인 최저 A_w 는 세균 0.9, 효모 0.88, 곰팡이 0.8 정도이다.

표 10-3 식품미생물의 생육을 위한 최저수분활성

세 균		효 모		곰팡이*, 불완전균	
Pseudomonas	0.97	*Candida utilis*	0.94	*Mucor*	0.92~0.93
Achromobacter	0.96	맥주효모	0.94	*Rhizopus*	0.92~0.94
E. coli	0.935~0.96	*Schizosaccharomyces*	0.93	*Penicillium*	0.80~0.83
Bac. subtilis	0.95	빵효모	0.905	*Asp. niger*	0.88~0.89
Bac. mycoides	0.99	*Mycoderma*	0.90	*Asp. flavus*	0.80
Cl. botulinum	0.95	*Sacch. cerevisiae*	0.895	*Asp. candidus*	0.75
Aerob. aerogenes	0.945	*Rhodotorula*	0.89	*Botrytis*	0.93
Sal. newport	0.945	*Endomyces*	0.885	*Oospora lactis*	0.895
St. facecalis	0.94	*Hansenula anomala*	0.88	*Asp. chevalieri* *Asp. repens* *Asp. amstelodami*	0.65**
Sarcina	0.915~0.930	*Zygossacch. rouxii* (내삼투압성 효모)	0.60 ~0.61		
Mc. roseus	0.905	일반 효모의 범위	0.88~0.94		
Staphy. aureus	0.86				
호염균	0.75				
일반적인 식품부패 대부분 세균의 범위	0.94~0.99			*Xeromyces bisporus* 일반곰팡이의 범위	0.80

* 곰팡이의 min. A_w 는 포자 발아한계의 값
** 건성곰팡이

식염의 존재상태에서 생육하는 호염성(好鹽性, halophilic) 또는 내염성(耐鹽性, salt tolerant) 세균, 고농도의 용질(식염, 당 등)이 존재하는 높은 삼투압에서 생육하는 내삼투압성(耐滲透壓性, osmophilic) 효모, 건조된 환경에서 생육하는 건성

(乾性, xerophilic) 곰팡이 등은 낮은 A_w 에서도 생육하는 미생물의 종류이다.

이와 같은 미생물의 생육과 A_w 와의 일반적인 관계를 요약하면,

① 최적 A_w 이하가 되면 생육의 유도기가 연장되고, 생육속도의 저하와 균체량도 감소한다.

② 미생물의 생육 가능한 A_w–범위는 0.99～0.62이며, 각 미생물에 따라 일정한 A_w–범위가 있다.

③ 최저영양요구가 충족되어 있을 때에는 영양공급을 더하여도 최저 A_w 의 변동은 거의 없다. 그러나 예외적으로 *Asp. repens* 와 *Salmonella* 등에서는 다소 저하되는 수도 있다.

④ 온도는 A_w 에 영향을 미치는 중요한 인자이다. 생육최적온도에서는 낮은 A_w 에 내성을 나타내고, 고온이나 저온에서는 발아 및 생육의 A_w–범위는 좁아진다.

⑤ 산소도 A_w 값에 영향을 미치는 경우가 있다. 예를 들어 *Staphyl.aureus* 의 최저 A_w 는 혐기적 상태에서 0.90, 호기적일 경우는 0.86이다.

⑥ 생육에 적당한 pH 범위에서는 최저 A_w 값을 나타낸다.

⑦ 생육저해물질(예 : 탄산가스)의 존재 상태에서는 생육할 수 있는 A_w 의 범위가 좁아지기도 하고 비교적 낮은 A_w 에서의 생육이 저해된다.

3) 식품의 수분활성(A_w)과 미생물의 증식

식품의 A_w 가 0.70 이하가 되면 전술한 바와 같이 미생물에 의한 변패의 염려가 거의 없이 그 식품을 보장할 수 있다. 몇 가지 식품의 수분활성 및 수분함량과 미생물 증식과의 관계는 표 10-4와 같다.

① 신선식품

고기, 생선, 과일, 채소의 A_w 는 0.99의 것이 많고, 대부분 0.98 이상으로 여러 미생물이 생육하기 좋은 상태이다.

② 건조식품

건조가 불충분하여 A_w 가 0.80~0.85이면 1~2주 내에 각종 곰팡이에 의한 변패가 일어나고, A_w 0. 75로 되면 변패가 늦어지며, 관여하는 미생물의 종류도 제한적이 된다.

표 10-4 식품의 A_w 및 수분함량과 미생물 증식(Mossel, 1971)

A_w	왼쪽 란의 A_w 이하에서 증식이 저지되는 미생물	왼쪽 란의 A_w 를 갖는 식품
0.95	gram 음성간균, 아포세균의 일부, 혹종의 효모	40%의 설탕 또는 7%의 식염을 함유하는 식품 (예 : 대개의 육제품, 빵의 내부)
0.91	대부분의 구균, 젖산균, 혹종의 곰팡이, Bacillaceae 과의 세균	55%의 설탕 또는 12%의 식염을 함유하는 식품 (예 : 건조햄, 중 정도의 숙성치즈)
0.87	대부분의 효모	65%(포화)의 설탕 또는 15%의 식염을 함유하는 식품(예 : 장기 숙성 치즈)
0.80	대부분의 곰팡이, *Staphy. aureus*	수분 15~17%의 밀가루, 쌀, 콩류, fruitcake
0.75	호염세균	26%(포화)의 식염을 함유하는 식품, 15~17%의 수분을 함유하는 아몬드 과자, 잼, 마멀레이드
0.65	내건성 곰팡이	약 10%의 수분을 함유하는 rolled oat
0.60	호삼투압성 효모	15~20%의 수분을 함유하는 건조과일, 약 8%의 수분을 함유하는 캔디, 캐러멜
0.50	미생물은 번식하지 못함	약 12%의 수분을 함유하는 면류, 약 10%의 수분을 함유하는 향신료
0.40		약 5%의 수분을 함유하는 건조 전난분(全卵粉)
0.30		약 3~5% 수분 함유의 비스킷, 건빵
0.20		2~3% 수분의 전분유(全粉乳), 약 5% 수분의 건조채소 및 콘플레이크 (사막의 습도)

③ 가당 및 염장식품

가당(加糖)식품과 염장(鹽藏)식품 등은 설탕이나 소금 등으로 용질량을 높여 A_w 를 저하시키는 방법으로, 식품의 보장법(保藏法)에 이용되는 사례이다. 그러나 용질의 증가만으로 미생물의 변패를 방지하는 것은 가능한 일이 아니며, 식품 품질에도 문제가 되므로 변패 원인균의 혼입방지, 산성화, 냉각 또는 보존료 등을 함께 사용하는 것이 효과적이다.

④ 냉동식품

미생물이 생육할 수 있는 최저 한계온도 이외에도 환경 중 수분의 빙결 여부가 중요한 인자가 된다. 수분이 빙결되면 남은 수분에 기질이 농축되어 삼투압이 높아지므로 세균류는 일반적으로 생육하기 어렵다. 그러나 곰팡이나 효모 중에는 내삼투압성을 지닌 것이 많아서 생육하는 것도 있지만, 어떤 미생물도 −10℃ 이하에서는 생육할 수 없다. 냉동상태에서는 미생물의 생육이 억제될 뿐이며, 살균효과는 거의 없다. *Salmonella typhymurium* 은 동결딸기 안에서 6개월 간 생존하고, *Microbacterium tuberculosis* (결핵균)은 액체공기(－193℃)와 같은 극저온에 40시간을 두어도 생존한다.

비병원세균이나 세균포자의 저온에 대한 저항성은 더 강하다. 그러므로 냉동식품이라 할지라도 가공 중의 처리가 불결하면 위생적으로 안전하지 못하다. 또 동결과정 중에 식품의 조직이 손상되면 상온으로 환원시켰을 때에 미생물의 증식이 적합하게 변해 있는 경우가 많아서 부패가 더 빨리 진행되기 쉬우므로 해동한 냉동식품은 단시간 내에 처리하는 것이 바람직하다.

(2) pH

1) 미생물의 생육과 pH

미생물의 증식은 수소이온의 농도(pH)로 인하여 큰 영향을 받는다. 균의 종류에 따라 증식에 최저·최적·최고 pH 가 있다. 일반적으로 곰팡이나 효모의 최적 pH 는 약산성인 pH 5.0~6.5이고, 세균이나 방선균은 중성 내지 약알칼리성인 pH 7.0~8.0이 최적 pH 이다.

미생물 종류에 따라 생육 최적 pH 가 다른 이유는 각 미생물이 갖는 효소의 최적 pH 가 각각 다르기 때문이다. 일반적으로 산성식품에는 곰팡이나 효모가 발생하기 쉽고, 중성 내지 알칼리성의 식품에는 세균이 증식하기 쉽다. 보통의 식품은 약산성이므로 세균·곰팡이·효모의 어느 균에 의해서도 오염되기 쉽다.

2) 균체의 pH 저항성 및 내열성

젖산균 등 산생성균은 상당한 산성에서 생육할 수 있다. 그러나 젖산균도 그 자신의 산생성에 의한 pH 의 저하로 생육에 저해를 받고, 종래에는 사멸한다. 일반적으로 낮은 pH 에서는 온도의 영향을 크게 받는데, 같은 pH 에서는 고온일수록 사멸속도가 빠르다. 5℃ 정도의 저온에서는 낮은 pH 라도 사멸속도는 아주 느리다.

세균의 영양세포는 포자와 같이 중성 또는 중성 부근의 pH 에 대하여 가장 내열성이 크다. 산도와 알칼리도가 증가하면 열에 의한 사멸은 촉진되나, 산성측에서는 내열성이 감소한다.

표 10-5 각종 미생물의 최저·최적·최고 pH

균 명	최저 pH	최적 pH	최고 pH
곰팡이			
Asp. niger		4.4~7.5	
Fusarium aurantacum		6.3~7.0	
Neurospora crassa		4.3~6.5	
Pen. glaucum		5.0~6.5	
Phycomyces blakesleeanus		3.5~4.6	
효 모			
Candida pseudotropicalis	2.3		8.8
Hansenula canadensis	2.1		8.6
Saccharomyces cerevisiae	2.3		8.6
방선균			
Streptomyces coelicolor		6.9~7.7	
Streptomyces scabies		6.9	
세 균			
Escherichia coli	4.4	6.0~7.0	9.0
Corynebacterium diphtheriae	6.0	7.3~7.6	8.3
Thiobacillus thiooxidans	1.0	2.0~2.8	4.0~6.0
Nitrobacter sp	6.0	7.6~8.6	10.0

표 10-6 미생물 가열살균과 pH 의 영향

미 생 물	pH	사멸온도(℃)
Salmonella aequatoria	6.6	55
	5.0	50
Staphylococcus aureus	6.6	65
	5.5	60
Phytomonas agropyri	6.6	55
	5.7	50
Bacillus cereus	6.6	100
	5.5	60
Bacillus mesemtericus	6.6	100
	5.5	60
Saccharomyces cerevisiae	6.8	60
	4.5	60
Aspergillus niger	6.8	60
	5.0	60
	4.5	60

* 10분 간의 가열에 의한 사멸온도, pH 는 succinic acid 로 조정

표 10-7 *Bacillus subtilis* 포자의 내열성과 pH

pH	4.4	5.6	6.8	7.6	8.4
생존(분)	2	7	11	11	99

3) 미생물의 효소생성과 pH

생육한 배지의 pH에 따라 미생물의 효소계 혹은 효소생산량에 큰 변화가 있다. 예를 들면 *E. coli*가 산성측 배지(pH 4.5~6.0)에서 생육하면 glutamic acid decarboxylase가 적응적으로 생성되고, 알칼리성(pH 7~8)에서는 glutamic acid deaminase가 보다 많이 생성된다.

미생물 균체 외 효소생산의 최적 pH는 그 균의 생육최적 pH와는 다소 다르다. 예컨대 *Asp. oryzae*의 생육최적 pH는 5.4이나, 액화형 amylase ($\alpha-$ amylase) 생산의 최적 pH는 6.0이다. 이것은 효소의 생성 자체가 pH 환경에 영향을 받게 됨과 동시에 생성된 효소의 안정성에도 pH가 관계하고 있기 때문이다.

4) 포자의 발아와 pH와의 관계

미생물 포자의 발아도 pH에 영향을 받는다. 곰팡이 포자는 pH 3~7에서 잘 발아한다. 예를 들면, *Asp. oryzae*의 포자는 pH 4.5~7.5 사이에서는 발아를 잘 하지만 3.0 이하에서는 저해되고, *Asp. niger* 포자발아의 최적 pH는 6.2이며, 7.2 이상에서는 발아 하지 못한다.

*Bacillus*의 포자발아는 중성이나 미알칼리성(대부분 pH 6.5 부근)이 최적이며, pH 6.0 이하가 되면 발아에 급속히 저해를 받는다.
pH는 또한 포자형성에도 영향을 주기 때문에 낮은 pH에서는 저해를 받을 뿐만 아니라, 더 낮은 경우에는 포자를 형성하지 않기도 한다.

(3) 산 소

1) 미생물의 생육과 산소

고등식물의 호흡에는 산소가 절대적으로 필요하다. 그러나 미생물 중에는 산소가 없어도 생육하는 것들이 있고, 산소가 있으면 도리어 유해하여 사멸되는 것도 있다.

이것은 미생물의 에너지 획득을 위한 대사계의 차이에 의한 것이다. 호기성균은 주로 산소호흡 혹은 산화적 대사에 의하여 에너지를 획득하지만, 혐기성균은 혐기적 발효 혹은 분자간 호흡에 의하여 에너지를 획득하며, 통성 혐기성균은 양쪽의 대사계를 모두 가지고 있다.

① 절대 (편성) 호기성균 (strict aerobes)

유리(遊離)산소가 있어야만 생육을 할 수 있으며, 에너지는 협의(狹義)의 호흡 또는 산화에 의하여 얻는다. 고층(高層) 한천배지의 경우, 공기와 접하는 상층부나 액체배지에서는 표면에서만 생육을 한다.

대부분의 곰팡이, 산막효모, 세균으로는 초산균인 *Acetobacter* 속, *Pseudomonas* 속, 대부분의 *Micrococcus*, *Bacillus*, *Sarcina*, *Flavobacterium*, 일부의 *Brevibacterium* 속 등이 있다.

② 통성 혐기성균 (facultative anaerobes)

유리산소의 유무에 관계없이 생육을 할 수 있는 균이다. 에너지 대사를 산화적으로나 혐기적, 즉 발효로 각각 할 수 있는 균들을 말한다.

③ 절대 (편성) 혐기성균 (strict anaerobes)

유리산소가 존재하면 생육을 하지 못한다. cytochrome 계 효소를 가지지 않았으므로 산소를 이용하지 못하며, 산소가 존재하면 대사에 의하여 생성된 H_2O_2 가 유해작용을 하고 또 산화환원 전위(電位)가 상승하여 생육을 불가능하게 만든다.

Clostridium, *Bacteroides*, *Methanococcus* 등이 있다. 이들 편성 혐기성균에 속하는 균도 0.1~0.5%의 산소분압 상태에서는 생육이 가능하나, 장시간 산소에 노출되면 사멸한다.

④ 미호기성균 (microaerophiles)

미량의 유리산소, 즉 대기압보다 낮은 산소분압을 필요로 하는 균이다. 젖산균 등이 이에 속하며, cytochrome 을 가지지 않는다.

2) 미생물의 생육과 오존

오존(ozone)은 세포의 탈수소 효소계를 파괴하는 강한 살균작용이 있으나, 그 감수성은 균주에 따라 다르다. 공기 중에서 0.6 ppm 정도로 15~60분 내에 대부분의 세균이나 진균류는 사멸된다. 그러나 세균의 포자는 오존에 별 영향을 받지 않는다.

(4) 산화 · 환원전위(ORP)

산화와 환원이 동시에 수반되는 반응이다. 전자적 개념으로 보면, 산화는 전자를 잃는 것이고, 환원은 전자를 얻는 것이다. 즉, 한 물질이 산화가 되면 환원된 물질이 존재한다. 또한 이 반응계는 가역적(可逆的)인 것이며, 이것을 산화·환원계라고 한다.

백금이나 금과 같은 비반응성 전극을 이와 같은 산화·환원계에 삽입하면 그 전극에 전위차가 나타난다. 이 값을 전위의 단위값으로 표시한 것을 ORP (oxidation-reduction potential) 라 한다. ORP 는 용액이 강산화성이어서 전자를 흡수하기에 좋은 상태일 때 높고(正數), 반대로 환원성일 때에는 낮다(負數).

생리학에 있어서 산화 혹은 환원의 현상은 단지 산소의 이동만이 아닌, 수소원자의 이동으로도 설명된다. 미생물이 혐기적이라는 것은, 산소가 존재하지 않는 조건이 생육에 알맞은 것이라고 생각하기 쉽다. 그러나 생물학적으로 호기적·혐기적이라는 말은 다소 애매한 말로, 산소농도에 따라 명확히 구별되지는 않는다.

수소 수용체가 존재하면 분자 상태의 산소가 없어도 호기성균은 다소나마 생육을 할 수 있다. 그와 마찬가지로 배지의 전위가 충분히 낮으면 분자상 산소가 존재하여도 혐기성균의 생육이 가능하다.

그러므로 생화학적 및 미생물 생리적 입장에서 혐기도를 표현하는 것은 산소농도보다는 그 배지의 산화능 혹은 환원능을 나타내는 척도로서 산화·환원전위(Eh 혹은 rH)를 사용하는 것이 합리적이다.

1) 미생물의 생육과 ORP

호기성 및 혐기성균의 구별은 생육을 할 수 있는 한계전위에 있다. 호기성균은 보통 배지의 ORP 수준(Eh 가 +200mV 이상, 보통 +300mV, pH 7.0)에서 생육할 수 있으나, 혐기성균이 잘 생육하려면 배지의 초기 Eh 가 −200mV 이하가 되어야 한다.

2) 식품의 ORP 와 미생물의 생육

식품의 ORP 는 식품의 특유한 ORP, 대기 중의 산소압(酸素壓) 및 주위의 산소가 식품 중으로 혼입되는 정도에 따라서 결정된다.

이 식품의 ORP 는 식품에 생육하는 미생물의 종류와 식품에서 미생물의 작용능(作用能)에 영향을 준다.

신선한 식물성 식품에는 비타민 C 와 환원당, 동물조직에는 -SH 와 같은 환원성 물질이 있다. 또 세포가 호흡하고 활성을 가지는 동안은 외부에서 산소의 확산에 저항하여 ORP 를 낮게 보존하려는 힘이 있으므로 신선한 식물성 및 동물성 식품 내부의 ORP 는 낮으며 평형을 이루고 있다.

그러나 가공과정에서 가열이나 물리적인 조직의 변화로 식품 내부에 산소가 확산되거나, 과즙 등의 청징과 여과를 통하여 환원성 물질이 제거되어 ORP 가 변화함으로써 미생물들의 침입을 쉽게 받을 수 있게 된다.

식품의 ORP 를 측정하여 품질을 관리하는 식품은 포도주, 맥주, 청주 등 양조공업의 발효관리와 제품관리에 응용된다.

(5) 식 염

1) 식염에 대한 미생물의 감수성

미생물의 생육에는 K, Mg, Mn, Fe, Ca, P 등 무기염류가 필요하다. 이들은 효소반응, 세포막 내외의 평형유지, 균체 내 삼투압의 조절작용을 하는 것 등으로 생각하지만, 대개의 식품에는 미생물이 필요로 하는 양이 함유되어 있다. 이들 염류의 농도가 높아지면 그 자체의 어느 농도에서 나타내는 독성 또는 삼투압 때문에 미생물은 생육이 어렵게 된다.

미생물을 식염에 대한 그들의 감수성에 따라서 분류하면 다음과 같다.

표 10-8 식염 요구성에 의한 미생물의 분류

	Flannery 방법	Larsen 방법
비호염균 (nonhalo-phile)	• 비내염균(염가수성균) : 2% 이하에서만 생육 가능 • 내염균 : 2% 이하가 생육이 좋으나, 2% 이상에서도 생육 가능	2% 이하일 때, 생육에 가장 좋다.
호 염 균 (halophile)	• 통성호염균 : 2% 이하에서도 생육하나, 2% 이상일 때가 생육에 좋다. • 편성호염균 : 2% 이상에서만 생육이 가능하다.	• 미(저도)호염균 : 2~5% • 중도호염균 : 5~20% • 고도호염균 : 20~30% 일 때, 생육에 가장 좋다.

대개의 일반 미생물은 식염 5~10% 정도, 혹은 그 이하로 생육이 저지되기도 한다. 식염이 미생물의 생육을 저해하는 까닭은 다음과 같다.

① 삼투압에 의한 세포의 원형질 분리가 일어난다.
② 식염에 의한 탈수로 세포 내의 수분을 빼앗긴다.
③ 효소활성을 저해 혹은 실활(失活)함으로써 호흡에 저해를 준다[식염에 의한 효소단백질의 염석(鹽析)].
④ 배지의 산소용해도가 감소된다.
⑤ 세포의 탄산가스 감수성을 높인다.
⑥ Cl^-의 독(毒)성 작용 등이 있다.

증식에 염류를 필요로 하지 않는 균류를 비호염성 세균(nonhalophile)이라고 하며, 식염 2% 이상에서는 증식을 하지 않는 균류를 염감수성균(salt sensitive)이라고 한다.

일반적으로 식품부패에 관계되는 여러 균류는 다음과 같이 알려져 있다. 편성혐기성균은 염류에 감수성이 있고, 대개의 균은 식염 5%로 증식이 저지된다. 호기성의 포자형성세균은 내염성이 있고, 15% 혹은 20% 식염 중에서도 증식하는 것들이 있다. 일반적으로 Gram 음성균은 염류에 대하여 감수성이 높고, Gram 양성균은 내염성이 강한 경향을 지닌다.

2) 호염성 세균류

① 미호염균

미호염균에 속하는 세균은 식염 2~5%를 함유한 배지에서 잘 증식하며, 바닷물에서 발견된다. 보통 분리되는 것으로는 Gram 음성의 운동성이 있는 간균으로 *Pseudomonas*, *Vibrio*, *Achromobacter*, *Fllavobacterium*, *Alcaligenes* 속 등의 저온에 잘 증식하는 호냉성(好冷性, Psychrophile) 세균에 속하는 것이 많다.

② 중도호염균

식염 5~20%에서 증식 최적을 나타내는 균들이다. 생선이나 염지육(鹽漬肉)에서 분리되며, 가장 전형적인 것은 *Mc. halodenitrificans* 와 *Mc. costicolus* 이다. *Mc. halodenitrificans* 는 소금 1.7% 이하에서는 자라지 못하고, 4.5%가 최적이며 23%까지 증식이 가능하다.

③ 고도호염균

최적증식에 20~30%의 식염을 필요로 한다. 진하게 염지된 생선이나 고기, 생피(生皮), 염전(鹽田) 등이 붉은 색을 띠는 것은, 이 균이 적색 색소를 생성하기 때문이다. 자주 발견되는 균주는 간균류로 *Halobacterium salinarium, H. cutirubrum, H. halobium, H. trapanicum* 이고, 구균으로는 *Micrococcus morrhuae, Mc. litoralis* 등이고 모두 carotenoid 색소를 생산한다.

3) 내염성 효모

내염성 효모는 고농도의 당이나 식염의 존재상태에서 생육되나, 본래 내당성과 내염성은 달라 내염성은 단지 삼투압뿐만 아니라 식염 그 자체의 저해에도 견디지 못하면 안 된다. 된장 및 간장의 주요 효모인 *Saccharomyces rouxii* 의 염류에 대한 감수성이 높아서 18%의 식염에서도 생육을 하지만, 다음과 같은 특징을 보인다.

① 내삼투압성은 유전적인 것으로 생각되나, 효모 개개의 세포는 염류에 대한 적응이나 순화(馴化)의 과정이 비교적 분명하다. 예컨대 세포를 식염이 없는 용액에서 많은 용액으로, 또는 그 반대의 경우로 급히 옮기면 생균수(生菌數)가 상당히 줄어드는 것을 볼 수 있다.

② 식염이 존재하면 세포막 투과성이 증대하고, 주요 대사경로가 활발히 움직임으로써 내염성이 유지된다. 진한 함당(含糖)배지에서는 세포막 투과성은 증대하지 않는다.

③ glucose 와 같은 에너지원이 공급되면 식염배지는 40℃에서도 생육된다. 일반적으로 고농도액 중에서 내염성이 높은 것은 용질로 세포의 탈수가 일어나서 효소단백질을 건조해 열변성을 받기 어렵기 때문인 것으로 여겨진다. 이 효모의 경우, 식염이 단지 고온에 의한 효소의 불활성화를 저지하는 것만이 아니라, glucose 와 같은 외부 기질을 이용하는 대사가 활발히 일어나 비로소 고온에 견디는 특성을 보인다.

④ 식염의 유무에 의하여 자화성이 변하고 그에 따른 대사 생성물도 변화한다. 예를 들면, 식염 18%에서 발효되는 당은 glucose 뿐이며, ethanol 의 생성률은 감소하고 glycerine 은 증가한다. 특히 호기적 조건에서는 다량의 glycerine 을 생성한다.

⑤ 고농도의 식염에서는 inositol, methionine 혹은 choline 의 요구성이 높고,

choline, methionine 대사계 혹은 핵산대사가 내염기구에 관여하는 것으로 생각된다.

(6) 식품의 화학적 성분

식품의 성분은 미생물의 에너지원으로서의 성분, 균체합성에 필요한 성분, 생리 활성 물질인 비타민류 등 세 가지로 나눌 수 있다.

1) 에너지원으로서의 식품성분

주에너지원으로 쉽게 이용되는 것은 탄수화물, 즉 당류이다. 알코올, 유기산, 아미노산, peptide, ester 등도 탄소원이 되며, 섬유소와 전분은 각각 한정된 미생물에서만 이용된다. 또한 단순한 당이라도 그 이용성은 미생물의 종류에 따라 차이가 있다. 즉, 유당은 많은 미생물이 이용하지 못하며, 또 맥아당을 이용하지 못하는 효모도 있다.

Pectin 질의 가수분해는 많은 곰팡이와 몇 종 세균의 특징적인 것으로 채소 및 과일의 연화(軟化) 혹은 그들의 발효식품에 변질을 일으킨다. 호기적이고 단백분해성의 어떤 미생물에서는 지방을 분해하는 효소(lipase)를 가지고 있어서 지방으로부터 에너지를 얻는다.

그러나 지방은 더 쉽게 에너지원이 되는 당이 없는 경우에만 이용된다. 미생물이 당을 이용할 때에는 용액 중 당농도가 중요하다. 가장 높은 내당성 미생물은 곰팡이이고, 다음으로 효모이며, 세균은 매우 낮다.

2) 균체합성이 필요한 물질

많은 미생물은 단백질을 가수분해하지 못하며, 단백분해성 미생물의 도움이 없으면 단백질에서 질소를 얻을 수 없다. peptide, 아미노산, 요소, 암모니아 등은 이용할 수 있는 것과 없는 것이 있고, 또 조건에 따라 이용성이 달라지기도 한다.

대부분의 곰팡이는 단백분해력이 있지만, 세균과 효모는 일부만이 단백분해력을 지닌다. 또 단백분해성 세균은 보통 중성 부근에서 잘 생육하고, 산성에서는 생육이 더 어렵다.

3) 미생물 생육과 비타민

미생물은 필요한 비타민류를 합성할 수 있는 것과 없는 것이 있다. 동·식물성의 식품원료에는 보통 이들 비타민을 함유하고 있기 때문에 미생물의 요구를 충족시킨다. 그렇지 못한 경우는 다음과 같다.

① 식품의 종류에 따라 비타민 함량이 다르다. 예를 들면, 육류에는 비타민 B 군이 많으나 과일에는 적다.

② 식품가공공정 특히 가열처리에서 thiamine, pantothenic acid, folic acid 군, 비타민 C 등은 불안정하고, 또 건조로서도 감소하는 thiamine, carotene, ascorbic acid (비타민 C) 같은 영양소도 있다.

③ 장기간 저장으로 비타민은 많이 감소한다.

④ 식품 중에서 어떤 미생물은 다른 미생물에 비타민을 주기도 하고 또는 뺏기도 하여, 미생물상(microflora)의 변천원인이 되기도 한다.

4) 미생물 생육을 저해하는 식품성분

식품 중에는 ① 원래부터 존재하는 미생물 생육 저해물질 ② 어떤 미생물의 대사로 생성되는 생육 억제물질이 있다.

미생물 생육 저해물질의 예는 다음과 같다.

- 과즙 발효에서 구연유(枸橼油)의 불포화성분이 쉽게 자동산화하여 효모의 생육을 억제하고, 또 식품 중 지질이 가열 등으로 자동산화가 촉진되어 미생물의 생육을 저해한다. 지질은 산화도와 더불어 항균력이 증대된다.
- 고온으로 갈변한 진한 당 시럽에는 hydroxymethyl furfural 이 생성되어 효모의 발효가 억제된다.
- 향신료 중 terpene 류와 같은 정유(精油, essential oil)는, 많은 효모의 생육을 억제한다.
- 신선한 우유 중 lactoperoxidase(lactenin), 응집소(凝集素, agglutinin)는 항균력이 있다.
- 난백 (卵白) 중의 lysozyme 은 Gram 양성균을 용균하고, avidin 은 biotin 을 chelate 화합물로 하여 이용하지 못하게 하여 biotin 요구성균의 생육을 억제하고, conalbumin 은 철이온을 봉쇄하여 Gram 음성균의 생육을 저지한다.
- 식품가공 방법 중에서 훈연에 의하여 흡착되는 성분 중에는 세균의 증식을 억제하는 성분이 있다.
- 식품성분 중 안식향산 등은 항균력을 가진다.

미생물 대사로 생성되는 생육 억제물질의 예를 들면 유기산, 알코올, 아질산, 항생물질의 생성 등이 있다. 그 반면에 이들 미생물 생육 저해물질을 분해하여 소실시키는 경우도 있다.

(7) 방부제 및 살균제

일반적으로 모든 미생물을 완전히 죽여서 살아 있는 균이 없게 만드는 것을 살균(殺菌, sterilization)이라 하고, 살균의 대상이 병원균일 때는 소독(消毒, disinfection)이라 한다.

이와 같은 작용이 있는 화학물질을 살균제(sterilizers, disinfectants) 및 소독제라 하고, 미생물을 죽이지 않더라도 생리적 활성을 억제하고 생육을 저해하는 물질을 방부제(防腐劑, disinfectants)라 한다. 식품에 첨가하여 그 저장성을 높여주는 방부제는 보존제(保存劑, chemical preservatives)라고 한다.

항미생물성 물질 중에는 일반적으로 농도가 낮을 때에는 정균작용을 나타내고 농도가 높을 때에는 살균작용을 나타내는 것이 많아서 살균제와 방부제의 구별이 어려울 때도 많다. 또 이들 화학물질이 미생물에 작용하는데, 그 활성은 미생물의 종류, 포자생성 유무, 온도, 배지 중 여러 물질의 종류와 농도 등에 의해서 크게 달라지므로 취급할 때에는 주의가 필요하다.

식품의 변패나 변질을 방지하기 위하여 물리적 방법으로 식품의 건조, 가열, 냉장, 염지(鹽漬), 당조림, 병조림, 통조림 같은 방법을 사용하였으나 최근에는 냉동, 방사선 조사법 등에 의한 식품보존법이 이용되고 있다.

화학적인 방법으로는 보존료 및 방부제에 의한 식품의 보존도 널리 이용되고 있다. 방부제(防腐劑, antiseptics)는 물리적인 방법의 적용이 어려운 식품이나 또는 물리적 방법과 병용하여 저장성을 높이는 데 효과가 있다.

식품방부제는 식품첨가물의 범주에 있으며, 식품위생법으로 엄격히 규제되어 있다. 현재 식품위생법에 지정되어 있는 식품 보존료는 dehydroacetic acid, sorbic acid 및 benzoic acid와 그들의 나트륨염, pro-pionic acid의 나트륨 및 칼슘염, *p*-hydroxybenzoic acid의 ehtyl, propyl, isopropyl, butyl 및 isobutyl 등의 ester 이다. 살균제로는 과산화수소, 표백분 및 차아염소산나트륨 등과 기타 무수아황산, 메타중아황산칼륨 등의 표백제가 쓰인다.

1) 방부제의 항균성

표 10-9 식품방부제의 항균성

보 존 료	곰팡이	효모	호기성 포자형 성세균	혐기성 포자형 성세균	젖산균	gram (양성)균 무포자	gram (음성)균 무포자	비 고
benzoic acid	○	○	○	○	○	○	○	산성일수록 유효 pH 6 이상에서는 실용성 없음
sorbic acid	◎	◎	○	×	×	○	○	산성일수록 유효 pH 7 이상에서는 실용성 없음
dehydroacetic acid	◎	◎	○	△	△	○	○	산성일수록 유효 곰팡이, 효모에 강력
phydroxy benzoic acid ester	◎	◎	◎	○	○	◎	○	pH 의 영향이 없음 고형물의 존재로 효력 저하
propionic acid	○	×	○	×	×	○	○	산성일수록 유효 효력은 대체로 약함

◎ : 강력 ○ : 보통 △ : 미약 × : 무효

2) 방부제 사용상의 주의

① 식품성분과 농도에 의한 효력 저하가 현저하다.

② 방부제의 효력은 오염 미생물수에 영향을 받는다.

③ 식품에 허용되는 한도에서 가급적 낮은 pH 로 하여 사용한다.

④ 방부제의 용해와 분산의 균일화가 이루어져야 한다. 산(酸) 형태의 방부제는 그 염류의 형이 물에 잘 용해되지만, 유리의 형 혹은 ester 등은 잘 용해되지 않는다.

⑤ 방부제 사용은 가급적 물리적인 방법의 보조수단으로 생각하여야 한다.

그렇게 높지 않은 가열처리로도 살균효과는 높으므로, 이 때 방부제의 병용은 현저한 효과를 나타낸다. 또한 저온유통체계(cold chain system)가 확립되면 현재의 약품처리 식품보존 방식은 재고되어야 할 것이다.

3) 살균제

식품공장에서 미생물 관리를 위한 처리는 우선적으로 세척·소독 및 살균의 순서로 이루어지고, 병용하는 약제는 염소제와 역성비누 등이 있다. 의료용으로 사용하는 크레졸, 석탄산, 승홍 등은 그들의 독성과 취기(臭氣) 때문에 함부로 사용하여서는 안 된다.

① 염소제

공장 등에서 지하수를 사용하는 경우에는 염소제를 가하여 살균하는 것이 좋다. 이 때 수질을 고려하여 잔류염소가 0.5~1 ppm 이 되게 사용한다. 수중에 0.2 ppm 의 염소가 존재하면 대장균 등의 무포자세균은 30초 이내에 사멸하지만, 저농도일 때 세균포자에는 거의 효과가 없고 결핵균에도 효과가 없는 것으로 알려져 있다.

Virus 는 비교적 저농도에서 불활성화된다. 염소제는 유기물과 결합하기 쉬우므로 살균효과가 격감하는 경우가 많으며, 소위 phenol-맛이라는 것이 생성되므로 사용할 때 주의하여야 한다.

용기 등은 염소농도 50~100 ppm 의 차아염소산 용액에 침지하거나 200 ppm 의 액을 분무하여 소독한다. 염소제는 금속을 부식시키므로 소독 후는 잘 수세하도록 하고, 또한 빛에 의하여 분해되므로 냉암소에 보존하도록 한다. 또 진한 액은 피부와 점막을 손상시킨다.

② 계면활성제

계면활성제는 비누, 세제, 유화제(乳化劑) 등의 총칭이며, 다음과 같이 분류한다.

- 계면활성제
  - 이온형
    - 양이온 계면활성제 (살균력이 있는 것이 있다.)
    - 양성 계면활성제 (살균력이 있는 것이 있다.)
    - 음이온 계면활성제
  - 비이온형 …… 비이온 계면활성제

• **양이온 계면활성제**

구조와 같이 ⊕ 이온을 가진 부분이 계면활성을 나타낸다. 보통의 비누나 음이온 계면활성제와 반대이므로 역성비누라고도 한다.

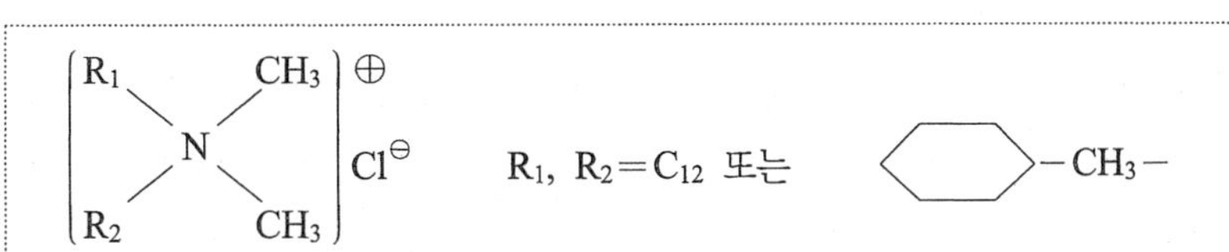

이것은 무색·무취의 액상이며 독성은 적다. 세정력은 거의 없으나 강한 살균력이 있다. 경수(硬水)나 산에는 안정하나 강알칼리에는 불안정하다. 비누나 중성세제와 같이 쓰면 활성부분이 ⊕, ⊖ 로 상쇄돼 소실되며, 역시 유기물이 존재하면 효과는 크게 감소한다.

식품공장 종업원의 손소독에 이용하면 가장 효과적이다.

표 10-10 식품방부제와 화학약품의 항균기작 (Wyss, 1948)

약 품	추정되는 작용
cationic and anionic surface active agent	세포막의 파괴, 효소단백의 변성
phenols, chlorphenols, naphthols	세포막의 파괴
sulfonates, cinnamic acid	유전형질 중의 단백질과의 반응
fatty acids, alcohols and long chain aldehyde	세포막의 파괴, 저급지방산에 관계 있는 효소에 대한 길항적 저해
chloracetic acid	세포막에 대한 작용, 길항적 저해
benzoate, chlorbenzoate, hydroxybenzoate and its esters	세포막에 대한 작용, 조효소와의 길항
salicylate	세포막에 대한 작용, cozymase 에 대한 길항작용, 아미노산의 효소적 이용에 대한 길항적 저해
borates	인산대사에 관여하는 효소와의 반응
sulfar dioxide, sodium sulfite or persulfite	탄수화물의 이화작용으로 형성되는 aldehyde 와의 반응, 효소단백 중의 S-S 결합의 환원
chlorine, chloramine, nitrogen trichloride, preoxides, nitrates and other oxidizing agents	효소단백(또는 유전형질 중의 단백) 중의 SH 기의 파괴
ethylene oxide and other epoxides	효소단백 중의 corboxyl 기나 다른 활성기와의 반응, 산화작용
fluoride, fluosilicates and fluoborates	효소의 작용기 prostetic group 저해효소단백 중의 활성기와의 반응
formaldehyde	효소(유전형질)단백의 활성기와 반응
salt	효소단백의 침전

• 양성 계면활성제

양이온기와 음이온기의 두 가지 성질을 가지고 있어, 물에 녹였을 때에 액이 알칼리성인 경우는 (−)의 성질을, 산성인 경우는 (+)의 성질을 나타내므로 양성 계면활성제라고 한다.

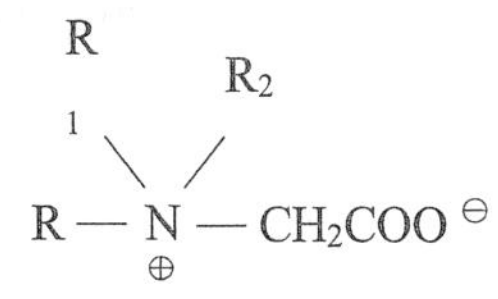

R = C_{12} 이상
R_1, R_2 = 저급 alkyl 기

살균력은 역성비누에 비하여 약하지만, 취기와 독성이 적고 상당한 세정력이 있으며, 비누와 같은 음이온 계면활성제와 혼용할 수 있는 특징이 있다.

식품공장 종업원의 손, 용기, 기구의 소독에 사용된다.

표 10-11 차아염소산소다(NaClO)의 용도와 사용법의 예

용 도	용 도 예	희석배수	희석 예		소 요 시 간
			물	NaClO	
살 균 소 독	음료수, 채소, 과일	6,000 500	1.8L 1.8L	1방울 4mL	1분 이상 5분 이상
의 료 소 독	법정전염병의 소독, 양치질, 국부의 세정	4 1,000	1.8L 1.8L	0.6 L 2mL	
가 축 가 금	낙농, 우유처리기구, 축사의 소독, 탈취	250 100~200	1.8L 1.8L	8mL 9~18mL	1분 이상 1분 이상
세 탁 표 백	무명, 흰삼베의 세탁 후 침지, 거즈나 붕대의 소독표백	200 60~200	1.8L 1.8L	9mL 9~30mL	15분 이상 15분 이상

2. 물리적 요인

(1) 온 도

미생물은 어느 일정한 온도범위에서만 생육하여 증식할 수 있다. 그러나 미생물의 생육에 적당한 온도범위, 고온에 대한 내성, 저온에 대한 내성 등은 그 종류에 따라 상당한 차이가 있다. 또한 온도는 또한 미생물의 모든 활동, 즉 생육 속도, 형태 형성, 세포의 효소 조성, 화학적 조성 및 영양요구 등에 큰 영향을 미치는 가장 중요한 물리적 요인이 된다.

1) 생육온도

온도의 상승에 따라 미생물 세포 내의 화학적·효소적 반응속도가 상승하게 되나, 단백질이나 핵산 등의 세포물질은 고온에 민감해서 일정온도 이상에서는 비가역적으로 불활성화된다. 따라서 불활성화되는 온도까지의 특정 범위 내에서는 성장과 대사속도가 온도상승에 비례하여 빨라지지만, 불활성화온도 이상의 온도에서

는 세포기능이 급속히 저하된다. 즉, 미생물에는 그 온도 이하에서는 성장이 되지 않는 최저온도(minimum temparature), 성장이 가장 활발하게 진행되는 최적온도(optimum temparature), 그 온도 이상에서는 성장이 되지 않는 최고온도(maximum temparature)가 있다. 최적온도는 최저온도보다 최고온도에 가깝다.

최저, 최적 및 최고의 온도는 기본적 온도(cardinal temparature)라 불리며, 각 미생물의 특징이 되기는 하나, pH 또는 영양 등의 환경조건에 따라서 변화한다.

미생물이 성장할 수 있는 온도는 －10~95℃의 범위에 있지만 한 종류의 미생물이 이와 같은 넓은 온도범위에 걸쳐서 생육할 수 있는 것이 아니며, 일반적으로 미생물이 생육할 수 있는 온도범위는 30~40℃이다.

미생물은 생육이 가능한 온도범위에 따라 고온균(호열균, thermophi－les), 중온균(mesophiles), 저온균(psychrophiles)의 3군으로 나눈다.

① **저온균** : 0℃에서 2주만에 분명한 증식이 인정되는 미생물
② **중온균** : 0℃ 이하 또는 55℃ 이상에서 증식이 인정되지 않는 미생물
③ **고온균** : 55℃ 이상에서 증식이 인정되는 미생물

- 통성고온균 (facultative thermophiles) : 37℃에서 생육을 시작하여 55℃ 또는 그 이상에서도 생육하는 미생물
- 편성고온균 (obligate thermophiles) : 37℃ 정도에서는 생육하지 못하고 55℃ 이상에서 생육하는 미생물
- 내열성균 (thermotolerants) : 상온(常溫)이나 고온(高溫)에서 다같이 생육하는 미생물 등이 있다.

표 10-12 생육온도에 의한 미생물의 대별

종 류	최저온도	최적온도	최고온도	보 기
저온균(호냉균, Psychrophile)	0~10℃	12~18℃	25~35℃	발광세균
중온균(호온균, Mesophile)	0~7℃	25~37℃	35~45℃	대부분의 세균, 효모, 곰팡이
고온균(호열균, thermophile)	25~45℃	50~60℃	70~80℃	황천세균, 퇴비세균, 젖산균

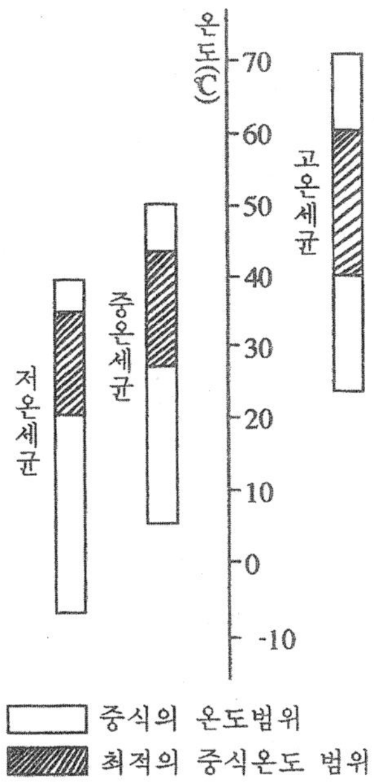

그림 10-5 미생물 증식온도의 범위

대개 Koji-곰팡이, 효모, 초산균 및 대부분의 젖산균, 방선균 등의 발효미생물은 보통 25~35℃에서 증식하고, 병원성 균은 인체의 체온인 37℃ 부근이 증식 최적온도이다.

그러나 수생(水生)세균이나 어육을 부패시키는 발광세균은 10~20℃ 정도가 증식의 최적온도이고, 최고온도는 30℃ 이하로 저온균에 속한다. 냉장고에서도 냉온균이 증식하며, 호냉균 중에서 20℃ 이하에서 가장 빨리 생육하는 것을 편성 호냉성균(obligate psychrophile), 20℃ 이상에서 가장 빨리 생육하는 것을 통성 호냉성균(facultative psychrophile)으로 세분한다.

2) 세포성분과 효소에 미치는 온도의 영향

배양조건에서 온도의 고저(高抵)가 세포성분에 미치는 영향은 적으나 지질 혹은 효소에 미치는 영향은 중요하다.

보통 중온균을 고온에서 배양하면 전 지질량은 감소하고, 지질 자체의 포화도는 높아진다. 포화지질은 저온에서 응고하므로 이 응고를 막기 위하여 생육온도가 높은 고온균이라야 한다.

온도에 의한 세포 내 효소조성의 변화는 주로 효소의 열안정성 변화이다. 또 각종 생화학적 반응의 강도가 생육온도에 따라 차이가 있는 것도, 결국 세포 내 효소조성의 변화에 기인한다.

실용의 예로 장류 제조과정 중 국균(麴菌)의 protease 생성에서 저온 제국을 함으로써 장류원료의 이용성 향상에 이용되고 있다. 이것은 저온공정을 거치면서 protease 의 온도에 의한 실활(失活)을 적게 하여 대두단백에 잘 작용하게 한다는 이점을 살린 것이다.

3) 온도변화에 의한 영양요구성의 변화

고온에서는 효소의 불활성화로 영양요구성이 변화하는 경우가 있다. 즉, 고온에서 영양요구가 증대하는 예와 저온에서 증대하는 예가 있다. 전자는 어떤 효소의 열변성(熱變性)으로 필요 대사물질의 합성이 불가능하게 되어 외부에서 섭취할 필요가 커지는 경우이며, 후자는 몇 가지 효소가 활성화되는 데에 높은 온도가 필요하게 되어 저온에서는 생육에 필요한 영양소가 합성되지 않는 경우이다.

4) 포자의 발아와 온도와의 관계

미생물 포자의 발아 최적온도는 일반적으로 각기 모세포의 생육 최적온도와 같다. 그러나 휴면하고 있는 포자에 단시간 열처리하는 heat shock (또는 heat activation)를 가하면 발아가 촉진된다. 예를 들면 *Bacillus* 등의 세균은 60℃에서 30분간, 곰팡이 포자는 50℃에서 몇 분으로 활성화된다.

5) 가열에 의한 살균

미생물을 가열살균할 때는 대상 미생물의 열에 대한 저항성을 알 필요가 있다. 가열사멸 기작(機作)은 단백질의 변성(denaturation)설, 질식설, 중독설, lipoid 설 등이 있어 왔다.

미생물의 내열성은 환경조건에 큰 영향을 받는다. 하지만 미생물 자체에서도 효소단백, RNA 등의 생리적으로 중요한 고분자 물질의 열 안정성과 그것에 대한 세포 내 보호물의 존재(포자의 DPA, 칼슘, 수분)로 미생물의 내열성이 정해지는 것이라 생각되고 있다.

임의시간에서 살균속도는 그때의 생균수에 비례하고, 생균수의 대수와 시간의 관계가 성립한다는 것이다. 즉 균들은 일시에 사멸하는 것이 아니라, 일정한 시간에 따라 대수적으로 생균수가 감소한다는 것이다. 이것을 세균사멸의 대수법칙(low of logarithmic order of death)이라고 한다. 이를 숫자로 예시했을 때 1mL 당 십만 개의 세균을 함유하고, 일정온도에서 1분마다 90%가 사멸한다고 하면 다음 표 10-13과 같다.

표 10-13 일정온도로 가열할 때 세균 감소율의 예

시간(분)	생 균 수	대수	시간(분)	생 균 수	대수
0	100, 000	5	4	1/10×100 또는 10	1
1	1/10×100, 000 또는 10, 000	4	5	1/10×10 또는 1	0
2	1/10×10, 000 또는 1, 000	3	6	1/10×1 또는 0. 1	0
3	1/10×1, 000 또는 100	2			

표와 같이 가열온도가 그 세균의 사멸온도가 될지라도 반드시 그 시점에서 모든 개체가 다 사멸하지 않는다는 것을 뜻하고 있다.

또 보통 가열에 의한 사멸시간은 온도가 일정한 용적 내에 있는 세균 수의 다소에 의하여 잔존 생균수가 다르다는 것도 의미한다. 즉, 처음의 균수가 적을수록 단시간에 사멸된다는 것이다.

6) 미생물의 열저항성

식품을 가열살균할 때 대상 미생물의 열에 대한 저항력을 알 필요가 있다. 가열에 의한 살균효과는 예외없이 시간과 온도의 관계로 설명되며, 살균에 필요한 시간은 고온일수록 감소되므로 열사시간(thermal death time, TDT) 이라는 표현을 사용한다. 이것에 관련한 D 값, Z 값, F 값은 다음과 같다.

① D 값

세균의 열저항성은 그 농도에 따라 변화한다. 일정온도에서 세균 수가 1/10 이 되는 데 필요한 시간을 D 값이라고 한다. 예컨대 어떤 세균의 집단을 100℃에서 90% 사멸시키는 데 10분이 걸렸다면, 이 균의 100℃(212℉)에서의 열저항성은 D_{212} = 10분이라고 한다.

② Z 값

균에 대한 살균온도의 상승은 살균속도의 단축이 된다. 따라서 D 값을 1/10로 줄이는 데 필요한 온도의 상승(℃로 표현)을 Z 값이라고 한다(그림 10-6 참조).

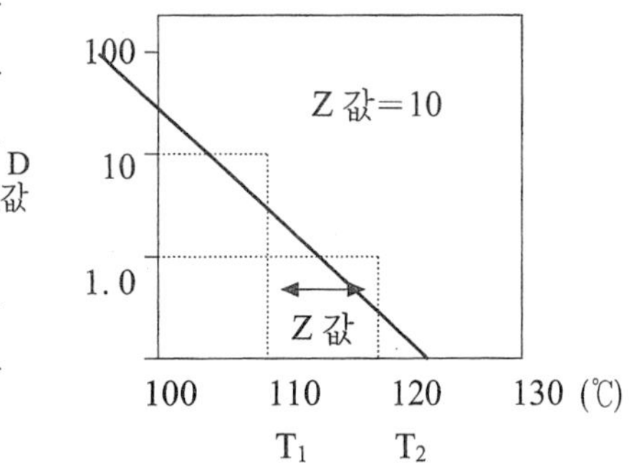

그림 10-6 열사곡선과 Z 값의 예

만약 어떤 세포의 Z 값을 알고 있고 실용상 그 균의 열사시간의 1 점을 알면 그 세균의 열사시간 곡선을 그릴 수 있다. 따라서 Z 값을 알면 다른 온도에서의 열사시간을 산출할 수 있으므로 식품의 가열살균에서 대상이 되는 세균을 살균하는 조건(온도와 시간)을 알 수 있게 된다.

③ F 값

이 값은 250℉에서 특정 미생물의 영양세포 또는 포자사멸 시 필요한 시간(분)이다.

④ 12 D 의 개념

통조림 식품과 같이 상온에서 장기간 저장 가능한 식품의 살균에는 *Cl. botulinum* 포자의 완전사멸이 공중위생의 견지에서 요구된다. 이때 *Cl. botulinum* 에서도 가장 내열성이 강한 포자에 대한 D 값의 12배, 즉 포자수를 10^{-12} (1 조분의 1)로 감소시키기 위한 열처리의 최저조건으로 필요하다는 것이 12D 개념(12-D concept)의 기본적 생각이다.

Cl. botulinum 은 pH 4.5 이하에서는 발아나 독소생산을 하지 않으므로 산성이 강한 과즙 또는 과일 통조림 등을 제외한 보통 육류, 어패류, 채소 등 중성에 가까운 내용물의 통조림 식품(저산성 통조림 식품)의 살균에 적용하는 것이다.

7) 냉 동

식품저장에서 냉동법은 가장 품질저하가 적은 방법으로 알려져 있다. 그것은 미생물이 0℃ 이하에서는 발육하지 못하고, 또 저온에서는 얼음 결정이 생겨 이용할 수 있는 자유수의 대부분이 제거되며, 많은 생화학적 변화는 그 반응속도가 심히 낮아지기 때문이다.

미생물은 가열보다 저온에 대한 저항성이 훨씬 강하다고 할 수 있다. 물론, 이 저항성은 미생물의 종류와 환경요인에 따라 다르며, 또 그 중에는 동결 중 사멸하기도 한다. 즉, 동결에 이르지 않는 낮은 온도로 급히 냉각하면 어떤 종류의 미생물은 사멸하는 수가 있다.

이 현상은 cold shock 라 불리며, *E. coli* 를 45℃에서 −10℃로 급속히 냉각시키면 젊은 대수기 세포의 대다수가 사멸한다. 그러나 사멸율은 냉각속도와 배지조성에 따라 달라진다. 세균을 동결해 해동시키면 일부는 사멸하나, 이때의 생존율은 다음의 요인에 따라 달라진다.

① **세포의 동결에 대한 감수성 혹은 세포의 생리적 상태** : 감수성이 낮은 순서로는 *Pseudomonas* 속, *Achromobacter* 속, *E. coli*, *Bacillus* 속 등의 포자 등이 된다.

② **냉각의 속도** : 서서히 동결하면 신속한 동결보다 다소 생존율은 높으나, 그 영향은 적다. 완만한 동결은 세포 내의 입자가 큰 얼음 결정형성(0~−5℃에서 얼음의 입자는 최대)에 의한 기계적 손상이 동결사멸의 한 원인으로 여겨지며, 신속동결에서는 작은 얼음결정이 생기므로 해가 적을 것이다.

③ 냉각의 최저온도 : 상기의 냉각속도보다도 냉각의 최저온도가 중요하다. 어느 온도(−30~−40℃) 이하까지 냉각하면 사멸률은 높다. 이 때의 사멸기작은 수분의 동결에 의한 탈수 정도, 즉 배양액의 동결로 용질이 농후해지므로 그 삼투압이 세포에 대해 치명적으로 작용하기 때문이다.

어떤 냉동식품은 해동하였을 경우에 동결을 하지 않은 것보다 더 빨리 부패하는 경우가 있는데, 그것은 여러 가지 요인이 관계하기 때문이라고 추측된다. 예를 들면 동결방법, 동결 전에 존재하고 있던 균의 종류와 수 및 해동온도 등이 주요한 인자가 된다. 냉동 고기나 생선을 해동할 때는 cathepsin, nuclease, phosphatase, glycosidase 등을 비롯한 기타 여러 효소가 용출되어 이들 효소가 자기소화를 촉진하여 저분자 화합물을 생성한다. 이 생산물은 부패균에 더 잘 이용되기 때문에 결과적으로 부패가 촉진되는 것이라고 생각된다.

(2) 광선과 방사선

방사선은 정확히 전리방사선(電離, ionizing radiation)을 말한다. 보통 200 nm 이하의 파장을 가지는 방사선으로 $\alpha \cdot \beta \cdot \gamma \cdot$X 선, 우주선 등이 있다. 이들 중 γ선, X 선, 전자선 (加速 β선) 등의 전리방사선을 식품에 조사하면 조사대상물의 온도상승이 적으므로 냉살균(cold sterilization)이 되고, 대량처리가 가능하며, 또한 침투성이 강하여 포장 혹은 용기 안에 밀봉한 식품을 그대로 조사할 수 있는 특징이 있다.

현재 미국, 소련, 캐나다, 이스라엘 등에서는 일부 식품에 대한 조사가 허가되어 있다. 식품에 대한 방사선조사는 살균만이 아니라 발아의 중지, 살충, 살란(殺卵) 또는 식품의 숙성도(熟成度) 조절과 품질의 개선 등의 면으로도 연구가 진행되고 있다.

1) 자외선 (15~400nm)

자외선 살균 등에서 보는 바와 같이 자외선은 살균작용이 있다. 이 파장의 차이에 따른 작용 spectrum (action spectrum) 은 그림 10−7과 같다. 즉, 핵산의 흡수대인 260~265nm 에서 최대 살균작용을 한다. 이것은 광화학반응에 의하여 DNA 에 손상을 주기 때문인 것으로 보인다.

자외선등 (燈) 은 살균작용과 아울러 변이(變異)를 일으키는 작용이 있어, 자외선 조사 후에 살아남은 균주 중에는 변이주(mutant)가 존재하기도 한다. 변이주의 출현 비율은 조사 전후의 처리조건에 따라 다르다. 일반적으로 Gram 음성의 대장균이나 *Salmonella* 균이 가장 저항력이 강하고, 또 포자형성균도 저항력이 강하다. 효모류는 Gram 양성의 포자 정도로 저항성이 있고, 곰팡이는 저항성이 아주 강하다.

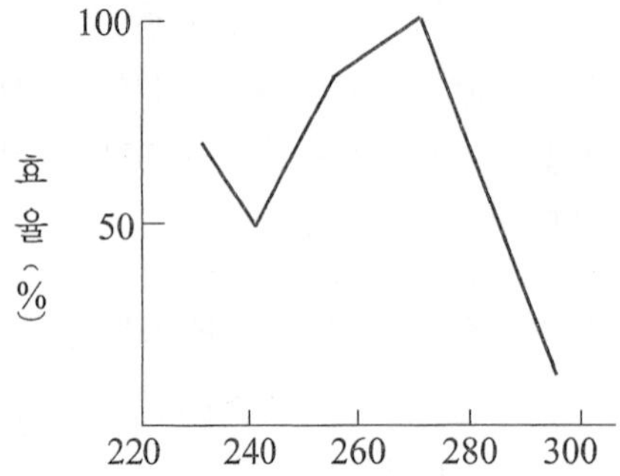

그림 10-7 *Trichophyton mentagrophytes*의 포자사멸에 대한 자외선 살균작용곡선

2) α 선과 γ 선 (0.005~1.00nm)

이들 방사선은 양자(量子) 에너지가 높고, 이것이 통과한 분자에 ion pair 를 만든다. 그래서 이것을 이온 방사선이라 부르는데, 미생물에 늘 유해하다. α 선 혹은 Co 의 γ 선의 조사도 역시 미생물 세포에 대하여 치사 내지 변이 유기작용이 있다. 이 경우에도 조사 후 처리조건이 관계된다.

예를 들면 조사 후의 저장온도나 또 조사 시의 산소존재, 포자의 경우는 그 습도함량에도 잔존 생균수에 영향을 준다.

- 방사선 감수성 : 일반적으로 Gram 양성의 세균은 Gram 음성의 세균에 비하여 방사선 저항이 높다. 또 *Micrococcus radiodurans* 를 제외하면 포자형성균은 비형성균보다 방사선 저항이 높다. *Mc. radiodurans* 는 현재까지 알려진 세균 중 방사선 저항성이 가장 강한 것이다. 또 *Clostridium* 속 포자 중에는 *Cl. botulinum* 의 포자가 가장 방사선 저항성이 강하다.

구균류(球菌類) 중에서는 *Streptococcus faecalis* 와 정상젖산발효균 *Lactobacillus* 속이 방사선 저항성에 가장 강하다. 그 밖에 다른 세균 중 방사선 저항성이 강한 것에는 *Pseudomonas* 속, *Flavobacterium* 속이 있다.

(3) 식품의 방사선 살균

방사선의 식품조사에 대한 용어는 1965년 Wien 에서 열린 국제원자력기구(IAEA)의 식품조사(食品照射) 전문위원회에서 다음의 세 가지가 제청 및 승인됨으로써 각국에서 사용하게 되었다.

① radappertization

이것은 radiation sterilization 으로, 통조림 공업에서 사용되는 상업적 살균에 대응하는 용어이다. 이 살균의 목표는 포자형성 세균 특히 *Cl. botulinum* 포자의 완전사멸에 두고 있으며, 조사처리 후에 용기나 포장 안에 있는 식품은 상온에서 장기간 저장이 가능해진다.

② radicidation

우유 등의 저온살균(pasteurization)에 상당하는 것으로, 특정의 무포자 병원균(바이러스 제외)의 사멸을 목적으로 하는 조사이며, 어떠한 검사법으로도 그 특정균이 검출되면 안 된다.

예를 들면, 영국이나 네덜란드 등 유럽 각국에서 *Salmonella* 균의 사멸을 목표로 한 radicidation 을 격리환자용 냉동식품과 향신료와 조미료 등에 일정한 조사량으로 조사하는 방법을 허가하였다.

③ radurization

특정의 부패세균 등을 조사로 사멸 또는 감소시켜 식품의 보존성을 높이고자 하는 것이다. radurization 은 어패류, 채소류 또는 과일 등의 보존성을 높이기 위한 것으로, 많은 연구 보고가 있다.

(3) 압 력

지상의 세균은 보통 30℃의 300기압 아래에서는 생육이 크게 완만해지고, 사멸이 증가하며, 400기압에서는 거의 정지되지만 깊은 해저의 세균은 600기압에서도 생육하는 것이 있다.

이와 같은 균을 호압균(好壓菌, barophile)이라고 한다. 이러한 세균은 압력에 대한 저항력이 강하므로, 압력으로 생육저지를 시도하는 것은 실용상의 의의가 적다.

그러나 압력에 의하여 원형질(plasma)의 점도와 탄성 등이 변하고 대사활동도 영향을 받아서 생육속도가 저하된다. 그리고 고압에서 분열이 억제되어 사상(絲狀)이 되는 등의 형태적 변화도 일어난다.

압력에 의한 생육저해도는 고온일 경우에 적어진다. 그것은 압력이 단백분자의 열변성을 막는 방향으로 작용하는 까닭이다. 즉, 고온에서 효소활성은 압력의 증가로 감소하기 때문이다.

3. 생물적 요인

식품의 발효와 부패는 단일한 미생물군에 의하는 경우보다 여러 가지 미생물이 혼재하는 혼합계의 미생물군이 관여하는 경우가 많다. 이와같이 혼합계에서 각 미생물 간에는 영양물질, 산소, 생활환경 등의 경쟁적 섭취 혹은 어떤 균의 대사산물이 다른 균의 생육을 억제하는 현상, 소위 길항(拮抗)현상이 나타난다.

때로는 균들 간에 전혀 무관계로 생육하는 불편공생(不便共生, neutralism, neutralistic symbiosis), 혹은 한편은 이익을 받으나 다른 편은 이익도 해도 없는 편리공생(偏利共生, commensalism), 또 종류가 다른 미생물의 공동으로 상호기능을 나타내는 공동작용(共同作用, synergism)을 하고 있다.

1) 상호공생 (mutalism, mutalistic symbiosis)

공존하는 각 미생물의 생장·생존에 상호 유리한 영향을 주는 경우이다. 예를 들면, 두과식물(豆科植物)과 근류균(질소 고정균)의 사이와 같은 공생 관계, 그리고 비타민 B_{12} 를 필요로 하지만 생산능력이 없는 해조류는 해조표면의 점질물에 부착하여 생육하는 세균 *Pseudomonas*, *Achromobacter*, *Bacillus*, *Erwinia* 등으로부터 비타민 B_{12} 를 취한다. 또 세균에는 생육인자, 영양소 등을 공여하는 관계 등을 상리공생, 상호공생 혹은 호혜(互惠)공생이라 한다.

2) 공동작용 (synergism)

2종 이상의 균이 공존함으로써 그 어느 균이 가지지 않는 기능을 발현하는 경우이다.

예를 들어, 우유제품 중에 *Ps. syncyanea* 가 단독으로 번식하면 담갈색을 나타내고, *St. lactis* 가 단독으로 생육하면 색의 변화가 없다. 그러나 두 균이 같이 번식하면 우유에 선명한 청색이 나타나는 현상이다. 즉, 곰팡이 *Penicillium verruculosum* 의 균체 내에 생성된 전구물질이 *Trichoderma* 속의 작용으로, 적색 색소를 균체 내와 배지 중에 생성하는 현상이 바로 이런 경우이다.

3) 편혜공생 (commensalism, metabiosis)

공존하는 미생물 중 한 쪽이 다른 쪽에 유리하게 작용하는 경우이다.

① 혐기성균을 배양하기 위하여 밀봉된 상자 내에 호기성균(Serratia marcescens)과 함께 배양하여 호기성균 모두 산소를 이용하게 함으로써 혐기성균이 증식하게 하는 경우

② 섬유소분해균이 섬유소를 분해하여 그 분해산물을 비분해성균이 이용하여 증식하는 경우

③ 단백분해성균이 단백질을 분해하여 비분해성균에게 분해산물인 간단한 아미노산이나 peptide 등으로 N-원을 공급하는 경우

④ 약·탁주 주모(酒母) 제조에서 효모와 젖산균(*Lactobacillus*)을 함께 배양하여 효모가 젖산균의 생육인자가 되는 비타민, purin 염기, 아미노산 등을 분비하여 젖산균의 생육을 촉진시켜 젖산주모를 제조하는 경우

4) 길항(拮抗, antagonism), 경합(競合, competition)

두 종 이상의 미생물이 같이 서식할 때 영양분, 산소, 생육공간 등의 경합적 탈취, 혹은 균의 대사산물에 의한 다른 균의 생육을 억제하는 현상을 길항이라 한다. 길항작용의 내용은 매우 복잡하여 특정물질, 소위 항생물질(antibiotics)을 분비하여 다른 균의 증식을 억제하거나 사멸시키는 경우도 있다.

① 젖산균에 의한 부패균의 길항

젖산균은 당을 발효하여 산을 생성하므로 배지를 산성화하여 부패균의 증식을 억제하는 이 원리를 이용함으로써 유제품, 김치류, 청주의 술밑(酒母) 등을 제조한다.

② 효모에 의한 길항

효모에 의하여 pH가 5.0 이하로 내려가면 일반 세균은 생육할 수 없고, 또 발효로 생성된 알코올에 의하여 곰팡이와 세균의 생육이 저해된다.

③ 쌀 koji에서 국균과 효모의 영양적 경합과 길항

개방적으로 제조되는 국(麴)에 혼입되는 야생효모들은 제국 중 함께 증식된다. 그러나 왕성한 국균의 증식으로 무기염, 특히 칼륨(K)이 국균에 의하여 먼저 소비됨으로써 효모의 증식은 저지된다.

④ 효모와 젖산균의 경합

효모가 젖산균의 생육에 필요한 영양물질을 생성하여 편리공생을 하지만, 젖산균이 우세균이 되면 반대로 효모균이 열세가 되어 청주제조에서 젖산균에 의한 이상발효로 변패가 발생한다.

제 11 장

미생물의 물질대사

미생물은 동식물과 같이 외부의 영양물질을 세포 내로 섭취하고, 이를 효소작용에 의하여 발생하는 에너지를 이용해 세포성분을 합성함으로써 생명의 유지와 증식을 한다. 이와 같은 생체에서의 분해·합성 등의 화학반응을 총칭하여 대사(代謝, metabolism)라고 한다.

대사는 물질을 분해하는 분해대사(catabolism, 혹은 이화작용 ; dissimilation)와 물질을 합성하는 구성대사(anabolism, 혹은 동화작용 ; assimilation)로 나눈다. 분해대사는 주로 에너지를 생성하는 반응을 하고, 구성대사는 주로 에너지를 소비하는 반응이다. 미생물세포의 에너지 획득은 대사에 의해 얻게 되며, 그 방법에는 호흡(呼吸, respiration)과 발효(發酵, fermentation)가 있다.

호흡은 물질의 호기적 대사 (好氣的代謝, aerobic metabolism)이며, 분자상의 산소(O_2)를 이용하여 생체 내에서 탄수화물이나 지질 등의 유기화합물을 완전히 산화하여 CO_2 와 H_2O 까지 분해하고 대량의 에너지를 획득하는 대사이다.

발효는 물질의 혐기적 대사(嫌氣的代謝, anaerobic metabolism)이며, 물질분해는 불완전하여 CO_2 와 H_2O 이외에 대사 중간의 유기화합물을 생성하는 대사이다. 이때 생성하는 에너지의 양은 호흡에 비하여 훨씬 적다. 예를 들어, glucose 를 기질로 하는 호흡과 젖산발효와 알코올발효의 에너지 생성률을 비교하면, 다음과 같이 10배 이상의 차이가 나는 것을 볼 수 있다.

- 호 흡 : $C_6H_{12}O_6 + 6\,O_2 \longrightarrow 6\,CO_2 + 6\,H_2O$ ($-\Delta F = 686$ Kcal, 36 ATP)
- 발 효 : $C_6H_{12}O_6 \longrightarrow 2\,CH_3CHOHCOOH$ ($-\Delta F = 54$ Kcal, 2 ATP)…젖산발효

  $C_6H_{12}O_6 \longrightarrow 2\,CH_3CH_2OH + 2\,CO_2$ ($-\Delta F = 58$ Kcal, 2 ATP)…알코올발효

동·식물뿐만 아니라 미생물의 에너지원이 되는 영양물질은 탄수화물, 단백질, 지질 등 다양하다. 대사경로는 일반 생물과 공통된 EMP-경로나 TCA-회로 등이 기본으로 되어 있다. 미생물은 그 종류도 많아서 다른 생물에서 볼 수 없는 특수한 대사양식을 갖는 것도 있다.

11-1 탄수화물의 대사

미생물에 있어서도 glucose는 많은 대사 중 가장 중심적인 위치를 차지하고 있다. 그리고 탄수화물 대사는 지방산, 아미노산 및 그 밖의 대사와 서로 연관되어 중요한 기능을 한다.

Glucose의 주된 대사경로는 산소가 관여하지 않는 혐기적 분해에 의한 EMP-경로와 호기적 분해에 의한 HMP-경로이며, 어느 쪽 경로에 의해서도 pyruvic acid가 생성된다. 이 pyruvic acid는 중요한 중간 생성물이며, 이어서 TCA-회로를 거쳐서 호기적으로 완전 산화되거나 혐기적 대사에 의하여 젖산발효를 하여 젖산을 생성하는 경우 등이 있다.

1. 당류의 혐기적 대사

(1) EMP 경로(Embden-Meyerhof-Parnas pathway)

당(糖)대사의 연구는 생화학의 시초가 된 Buchner 형제의 실험, 즉 효모의 무세포추출액(cell free extract)에 의한 당으로부터의 알코올 발효기작을 발표하면서부터 시작되었다.

1943년에 Embden, Meyerhof, Parnas 등은 당분해에 인산이 개재하는 경로를 제출함으로써 근육에서의 해당(解糖)이나 당의 알코올발효기작으로 그 합리성이 인정되어, 그것을 EMP scheme이라고 하였다.

당류의 혐기적 분해는 우선 이 EMP 경로에 의하여 pyruvic acid가 생성되고 이 산이 여러 가지로 변화하는 것이 주요한 과정이다.

근육 내의 glycogen에서 젖산이 생성되는 해당작용도 같은 대사경로에 의한 것이다. EMP 경로로 탄수화물의 알코올발효와 젖산발효의 기작은 다음과 같다.

1) 알코올발효의 기작

알코올발효에서는 EMP 경로에 따라 생성된 pyruvic acid 는 pyruvic acid decarboxylase 에 의해 CO_2 가 이탈되어 actaldehyde 가 되고, 이 acetaldehyde 는 NADH 의 존재상태에서 alcohol dehydrogenase 에 의해 환원되어 ethanol 가 되며 동시에 NAD 가 재생된다.

이와 같이 알코올발효는 정상상태에서는 glyceroaldehyde-3-phosphate 의 산화와 acetaldehyde 의 환원이 NAD 를 통하여 공역하고 있다. 발효 초기단계에서는 원래 수소를 수용하는 acetaldehyde 가 생성되어 있지 않으므로 glyceroaldehyde-3-phosphate 의 탈수소반응으로 생성된 NADH 는 dehydro- xyacetone phosphate 를 환원하여 NAD 로 산화된다.

이 반응으로 발효 초기에는 glycerophosphate 가 생성되고 이 인산 ester 가 가수분해되어 glycerol 이 생성된다. 보통 알코올발효에 있어서는 소비당에 대해서 3% 정도의 소량이지만, 글리세롤이 생성되는 것은 이와 같은 이유 때문이다.

발효배지에 아황산나트륨을 첨가해 발효를 하면 acetaldehyde 가 아황산과 결합하여 고정되므로 에탄올 대신에 글리세롤이 많이 축적된다. 또 배지를 알칼리성으로 유지하여 글리세롤을 대량생산할 수 있다.

Neuberg 는 일반적인 알코올발효를 제 1형식, 아황산 첨가 발효를 제 2형식, 알칼리성 배지에 의한 발효를 제 3형식이라 불렀다.

2) 젖산발효 (homo lactic acid 발효)

homo lactic acid 발효에서는 EMP 경로에 따라서 생성된 pyruvic acid 가 NADH 의 존재에서 lactic acid dehydrogenase 에 의해서 환원되어 젖산이 된다. 이 해당작용의 결과로 생성되는 젖산은 항상 L-형이고 근육젖산이라고 부르는데 대하여, 젖산발효에서 생성되는 젖산은 균종에 따라 일정치 않다.

근육에서는 L-lactic acid dehydrogenase 가 작용하여 L-젖산이 생성되는 데 비해, 젖산 생성균들에 의한 젖산발효에서는 균종에 따라 D-lactic acid dehydrogenase 가 작용하는 경우도 있으며, 또 lactic acid racemase 가 존재하기도 하여 L-, D-, DL-젖산이 각각 생성되기도 한다.

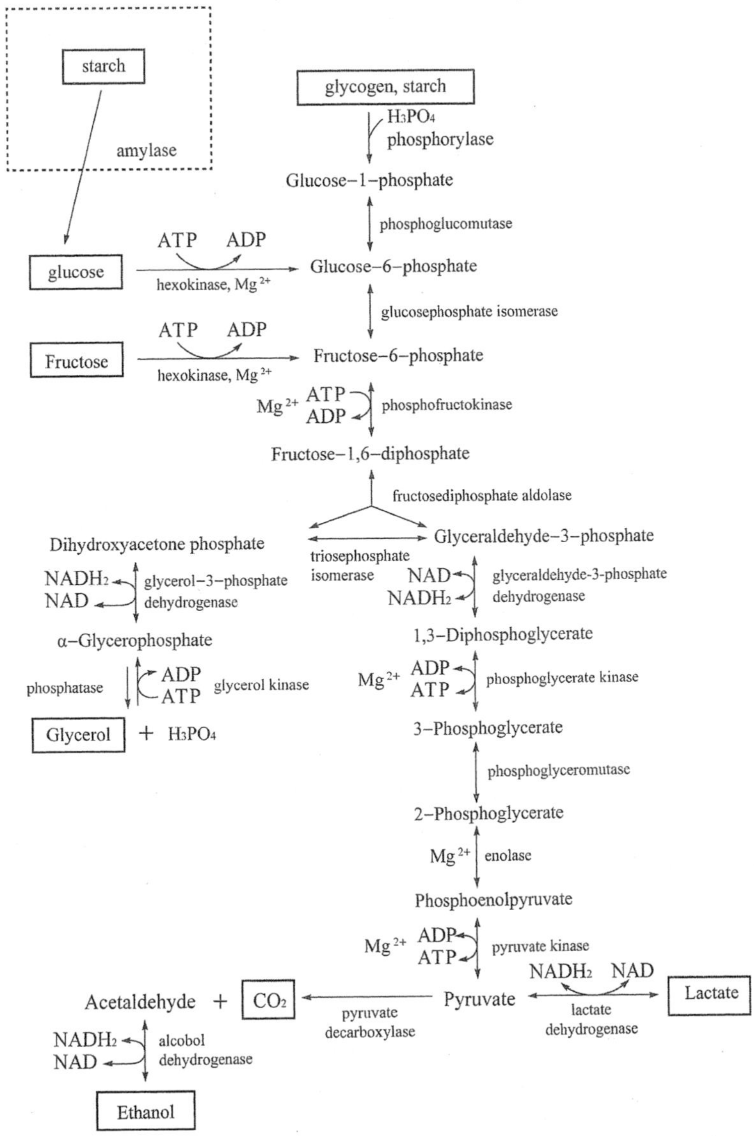

3) 그 밖의 발효

젖산발효와 알코올발효 이외에 EMP 경로를 이용하는 대표적인 발효는 다음 표 11-1과 같다. 이들은 모두 pyruvic acid 이후의 대사가 젖산 또는 알코올발효와 다르다.

이 중 특히 중요한 반응은 acetyl coenzyme A(CoA)로부터의 초산생성반응이다. Acetyl CoA 는 다음 식에 따라 acetylphosphate 로 되고 acetylphosphate 는 ADP 를 인산화하여 ATP 와 초산이 된다.

$$\underset{\text{Pyruvic acid}}{CH_3CO-COOH} + \underset{\text{CoA}}{CoA{\cdot}SH} \longrightarrow \underset{\text{Acetyl CoA}}{CH_3COS \cdot CoA} + CO_2 + H_2$$

$$CH_3CO-S{\cdot}CoA + PO^3_4 \longrightarrow \underset{\text{Acetylphosphate}}{CH_3COO-Ⓟ} + CoA{\cdot}SH$$

$$CH_3COO-Ⓟ + ADP \longrightarrow \underset{\text{Acetic acid}}{CH_3-COOH} + ATP$$

표 11-1 EMP 경로에 의한 각종 발효

발효명 및 그 생성물	미생물의 예
혼합산 발효 : lactic acid, acetic acid, formic acid, ethanol, H_2, CO_2	*Escherichia* 속, *Salmonella* 속 등
Butandiol 발효 : 혼합산 발효생성물 이외에 2, 3-butanediol	*Enterobacter* 속, *Serratia* 속 등
Butyric acid 발효 : Butyric acid, acetic acid, H_2, CO_2	*Clostridium butylicum* 등
Acetone · butanol 발효 : Butyric acid 발효생성물 이외에 butanol, acetone, isopropanol, ethanol	*Clostridium acetobutylicum*
Propionic acid 발효 : Propionic acid, acetic acid, succinic acid, CO_2	*Propionibacterium* 속 등

2. 당류의 호기적 대사

(1) HMP 경로 (Hexose monophosphate pathway)

일반생물의 당대사는 glucose 의 혐기적 분해에 의한 pyruvic acid 생성이 주요 경로이다. 그러나 동식물과 함께 미생물에 있어서의 호기적 분해경로가 알려지고 있다. HMP 경로에서는 EMP 경로와는 달리 수소이탈의 보조효소가 NADP 이며, ATP 를 필요로 하지 않는다.

일반적으로 미생물은 EMP 경로와 HMP 경로 양쪽에 필요한 효소계를 가지고 있으나, 당대사에 있어서 관여하는 경로나 그 비는 미생물의 종류나 배양조건에 따라 달라진다.

효모는 EMP : HMP 가 약 70~80 : 30~20 정도인 주로 EMP 경로이며, *Bacillus subtilis* 는 두 경로가 거의 같은 정도이다. 그러나 *Gluconobacter oxydans* 와 같이

HMP 경로만 가지는 비루스도 있다.

그 밖에 glucose의 호기적 분해의 예는 일부 세균(예 : *Zymomonas*, *Pseudomonas*, *Azotobacter*)에서 볼 수 있는 Entner-Doudorff pathway가 있다. 또 HMP 경로를 이용하여 대사되어 ethanol과 젖산을 생성하는 hetero 젖산발효(이상 젖산발효)가 있다. HMP 경로에 의해 생성되는 pentose-5-phosphate가 phosphoketolase에 의하여 가인산 분해반응으로 C_2 화합물인 acetylphosphate와 C_3 화합물인 glyceroaldehyde-3-phosphate가 된다.

전자는 ethanol로 환원되고, 후자는 EMP 경로에 따라 젖산이 된다. 이 대사경로에 의하여 glucose 1 mole에서 2 mole의 ATP가 생성되지만, 당 인산화에 1 mole이 소비되므로 1 mole의 ATP가 생성되는 셈이다.

(2) TCA 회로 (Tricarboxylic acid cycle)

TCA 회로는 Krebs에 의해 밝혀졌으며, Krebs 회로 또는 구연산회로(citric acid cycle)라고도 불린다. 이 회로는 곰팡이, 세균, 효모 등에서 일반 동식물에 이르기까지 널리 이용되는 에너지 획득과정이다.

이 회로는 pyruvic acid의 호기적 대사경로이며, 먼저 탈탄산반응에 의해서 acetyl CoA가 되고 oxaloacetic acid와 축합으로 citric acid가 된다. 이 회로에 따라 oxaloacetic acid로 대사되어 다시 acetyl CoA와 결합하는 과정을 되풀이한다. 결국 이 회로에 의해 pyruvic acid는 완전산화되어 CO_2와 H_2O로 되며, oxaloacetic acid는 촉매적으로 작용하고 있다.

TCA 회로는 5단계의 산화과정이 있고, pyruvic acid, α-ketoglutaric acid 및 isocitric acid의 산화적 탈탄산반응과 succinic acid 및 malic acid의 수소이탈반응이 있다. α-ketoglutaric acid의 산화적 탈탄산반응 이외는 모두 가역적 반응이고, 이들 산화반응 이외에 acetyl CoA와 succinyl CoA의 가수분해반응이 있다.

EMP 경로에 관여하는 각 효소는 세포 내의 가용성 부분에 존재하는데 대하여 TCA 회로의 효소들은 mitochondria 입자 내에 존재한다.

산화반응에 의해서 이탈된 수소는 각각 보조효소를 통해서 수소(전자)전달계로 이어져 결국은 산소와 결합하여 H_2O로 된다. 1분자의 pyruvic acid가 TCA 회로를 한바퀴 돌아서 완전히 산화되어 CO_2와 H_2O로 될 때의 반응을 총괄하면,

$$CH_3COCOOH + 5/2\ O_2 \longrightarrow 3\ CO_2 + 2\ H_2O$$

가 되어 3분자의 CO_2 와 15 mole 의 ATP 가 생성된다. 즉, 1 mole 의 glucose 는 EMP-경로에 의해서 2 mole 의 pyruvic acid 로 되고, 이것이 TCA-회로에 의해서 완전산화되면 38 mole 의 ATP 를 생성하게 된다.

이와 같이 TCA-회로는 탄수화물의 호기적 대사의 중요한 과정으로서 전자전달계와 밀접한 관계가 있고, 에너지 공급원이기도 하며, 또한 α-ketoglutaric acid 로부터의 아미노산의 합성이나 지방산의 생합성에 중요한 합성중간체를 공급하므로 생체 성분의 생합성계로서 매우 중요한 역할을 하는 대사계이다.

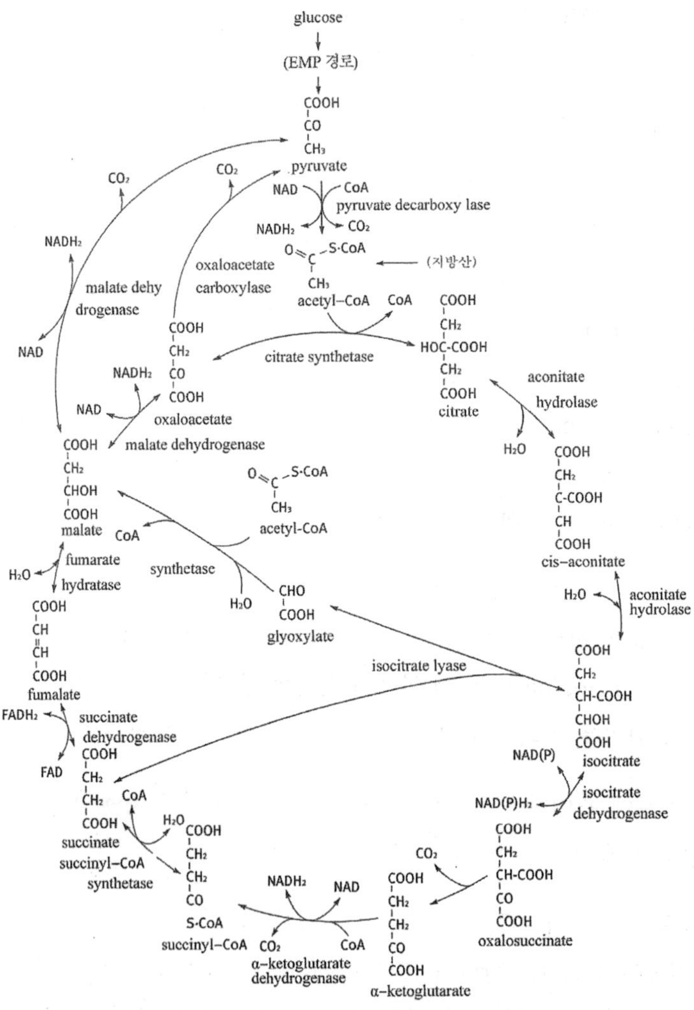

그림 11-2 TCA-회로와 glyoxylate 회로

(3) Glyoxylate cycle

일부의 미생물은 acetic acid (초산)이나 ethanol 등의 C_2 화합물, 지방산, 탄화수소 등을 유일한 탄소원으로 하여 생육하는 것들이 있다. 이 때 C_2 화합물로부터 탄수화물이나 아미노산 등의 생체성분을 합성하는 경우, C_4 화합물을 생성하여야만 TCA 회로로 들어갈 수 있다. TCA 회로에 관련되는 경로로서 중요한 CO_2 고정반응(C_3-화합물 + CO_2)에 의한 C_4 화합물의 공급이 있으나, C_2 화합물을 출발물질로 하는 경우에 이 고정반응은 해당되지 않는다.

그래서 Kornberg 등은 glyoxylate cycle 이라는 생합성계가 존재한다는 것을 발표하였다. 이 회로는 isocitric acid 까지 TCA 회로와 같은 과정을 거치나, α-ketoglutaric acid 로는 되지 않고 succinic acid 로 되므로 TCA 회로의 측로라고도 생각되며, 탈탄산반응이 없으므로 완전산화계인 에너지공급계라기보다 생합성계로 중요하게 여겨진다.

3. 미생물의 호흡

호흡이란 산소를 최종 전자수용체로 한 생물학적 산화이다. 따라서 호흡을 함으로써 미생물은 기질준위인산화(基質準位燐酸化, substrate level phosphorylation) 및 호흡효소에 의한 산화적 인산화(酸化的燐酸化, oxidative phosphorylation)의 두 방법으로 에너지를 획득한다.

이것이 ATP 합성의 두 방법이다. 호흡으로 유기물이 완전히 산화되는 경우는 CO_2 와 H_2O 이다. 그러나 조류나 광합성을 하는 미생물은 광합성 시에 광합성 인산화(光合成燐酸化, photosynthetic phosphorylation)로 ATP 를 합성한다.

(1) 전자전달계

발효에 있어서 기질(substrate)로부터 탈수소된 수소원자는 coenzyme (NAD 혹은 NADP)을 매체로 하여 유기화합물을 환원하나, 호기적 미생물에서 수소원자는 분자상태의 산소(O_2)를 환원한다. 이를 호흡이라 한다.

호흡의 과정은 많은 전자전달체(electron carrier)와 다수의 효소를 함유한 단위막(單位膜)에서 이루어진다. 진핵세포는 mitochondria 의 단위막이, 원시핵세포에서는 세포막이 각각 전자전달계(electron transport system)를 가지고 있다.

기질로부터 탈수소된 수소원자가 산소의 환원으로 물을 생성하는 반응은, 수소가 공기 중에서 연소하는 만큼의 많은 에너지를 방출한다. 즉, 호흡의 특징은 전자전달계를 수소원자 혹은 전자가 통과함으로써 에너지의 방출이 단계적으로 행해져 이것과 공역하여 방출에너지의 일부가 ATP 의 결합 에너지로 전환된다는 점이다. 이 과정을 산화적 인산화(oxidative phosphorylation)라 부르며, 호흡이 발효에 비하여 많은 에너지를 얻는 것은 바로 이 때문이다.

전자전달계에서의 고분자 화합물로는 flavoprotein 과 cytochrome 이고, 저분자 화합물로는 quinone 이 관계한다. Flavoprotein 중에는 직접 탈수소효소로 작용하는 것도 있으나, 전자전달계의 flavoprotein 은 $NADH_2$ 로부터 수소를 받음으로써 quinone 또는 cytochrome 을 환원시키고 산화된다.

Cytochrome 은 소위 heme protein 에 속하는 효소이다. 전자전달계에는 3 종의 cytochrome 이 관계하며, 전자는 cytochrome b → cytochrome c → cytochrome a → 산소로 전달된다. 이 반응은 주로 mitochondria 에서 일어나며, 세균의 전자전달계는 아직 불분명한 점이 많다.

(2) 산화적 인산화

산화적 인산화의 기구에 대해서는 아직 불분명한 점이 많다. 그러나 전자전달계의 세 가지 부위에서 산화적 인산화가 일어나는 것으로 알려져 있다. 제 1의 부위는 환원형 NAD 가 flavoprotein 으로 산화되는 반응, 제 2는 flavoprotein 과 cytochrome c 간에, 제 3은 cytochrome c 와 산소 사이에서 산화적 인산화가 일어난다(그림 11-3 참조).

따라서 2 H (또는 2 e^-)가 기질에서 산소로 전달될 때, NAD 에 관여하는 탈수소의 경우에는 3 mole 의 ATP 가, flavoprotein 형의 탈수소효소의 경우에는 2 mole 의 ATP 가 각각 ADP 로부터 생성된다.

Cytochrome 이 관여하는 전자전달계에 의한 산소의 환원생성물은 물(H_2O)이므로 2 H 당 소비 산소는 1/2 mole 이다. 살아 있는 미생물 세포에서 기질이 산화하면 전자전달계 등으로 생성된 ATP 는 곧 세포질의 생합성에 사용된다. 따라서 기질의 종류에 따라 다르지만 일반적으로 기질의 탄소 20~50%가 세포물질로 변환되고, 남은 탄소가 CO_2 로 방출된다. 이와 같은 세포물질의 합성을 산화적 동화(oxidative assimilation)라 한다.

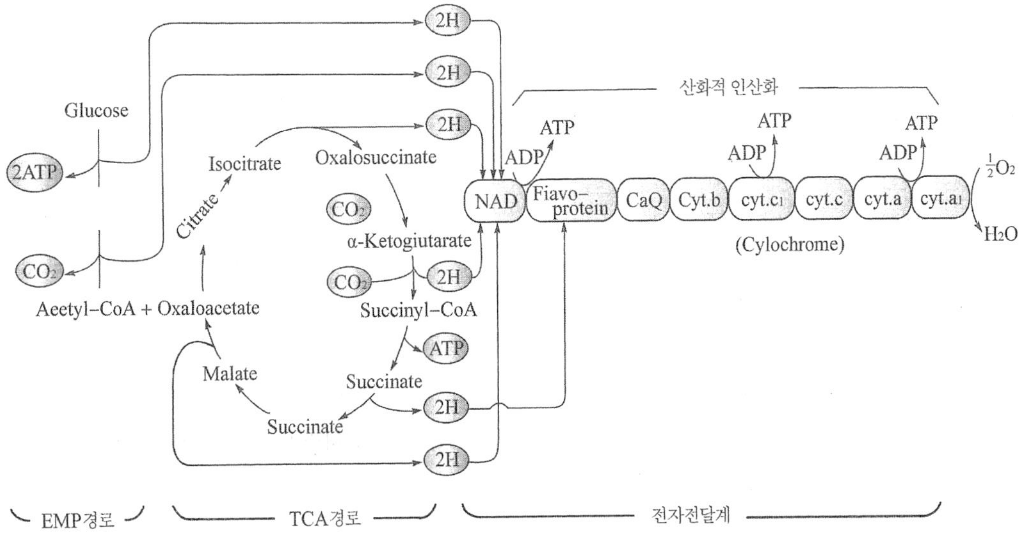

그림 11-3 glucose의 분해와 전자전달계

4. 미생물의 혐기적 호흡

호기적으로 호흡할 수 없는 미생물은 혐기적 조건에서 산소가 없어도 무기염, 즉 질산염 및 황산염 혹은 탄산염을 최종 전자수용체로써 생물학적 산화를 한다. 이것을 혐기적 호흡(嫌氣的呼吸, anaerobic respiration)이라 한다.

한 예로, *Pseudomonas denitrificans* 같은 탈질균(脫窒菌)은 토양 속의 혐기적 조건에서 혐기적 호흡으로 증식한다.

(1) 질산호흡

질산염을 환원하여 암모니아를 생성하고, 이것을 질소원으로 이용할 수 있는 미생물은 많이 있으나, 질산을 전자수용체로 하여 호흡형의 대사를 하는 것은 일부의 세균에 한정되어 있다. 질산에서 환원하여 생긴 환원 생성물은 아질산(NO^{-}_2), 질소가스(N_2) 등이지만, 이들은 세균의 종류에 따라 다르다.

예를 들어, *Pseudomonas* 속 세균 중에는 질산을 질소가스까지 환원해 공기 중으로 방출하는 균들이 있다. 이와 같은 현상을 탈질(脫窒, denitrification)이라 부르며, 생성물은 독성이 없기 때문에 아주 유효한 전자 수용체가 된다. 즉 탈질균에서 다음과 같이 행하여진다.

$$2\,NO_3^- + 10\,e + 12\,H^+ \longrightarrow N_2 + 6\,H_2O$$

질산호흡에 있어서는 cytochrome 계를 함유한 전자전달계가 이용되므로 호흡이라 부르는 이유가 여기에 있다. 질산호흡은 혐기적 조건에서만 볼 수 있고, 분자상의 산소가 존재하면 호흡은 중단된다.

(2) 황산호흡

Desulfovibrio 속과 *Clostridium* 속의 일부가 황산을 전자수용체로 하여 호흡형의 대사를 한다. 이들은 편성혐기성 세균이므로 황산호흡의 의미는 사실상 호기성 내지 통성혐기성 세균의 질산호흡과는 그 의미가 다르다.

황산호흡에서 황산의 환원생성물은 황화수소이고, 전자전달은 cytochrome 계가 관여하는 것으로 보인다.

$$2\,CH_3-CHOH-COOH + SO_4^{2-} \longrightarrow 2\,CH_3-COOH + 2\,SO_2 + H_2 + 2\,OH^-$$

(3) 탄산호흡

Methane 을 생성하는 편성혐기성세균 *Methanobacterium* 속은 CO_2 를 전자 수용체로 하여 혐기적 호흡을 한다. CO_2 의 환원생성물은 메탄이다.

$$2\,CH_3-CH_2OH + CO_2 \longrightarrow 2\,CH_3-COOH + CH_4$$

그러나 메탄의 생성은 반드시 탄산호흡의 결과는 아니다. 메탄은 초산(acetic acid)을 기질로 하여도 생성된다.

11-2 질소대사

미생물 세포가 생존하기 위해서는 세포벽이나 핵과 같은 구조물질 및 에너지의 생성 또는 증식을 위해 필요한 단백질, 핵산, 효소 및 그 밖의 많은 함질소물질이 생성되지 않으면 안된다. 이들 함질소물질들의 생성과정은 다음과 같다.

1. 무기질소의 고정 및 동화

무기질소를 대사하는 미생물은 효모, 곰팡이, 질화(窒化)세균, 질산환원균 및 탈질균이다. 이 탈질균은 질산염을 아질산염으로, 또 아질산염을 암모니아로 만드는

일 이외에 산화질소(NO) 또는 질소가스(N_2)까지 환원하는 균으로서 탈질작용도 한다. 대기 중의 질소가스는 *Azotobacter* 또는 *Rhizobium* 속과 같은 소위 공중질소 고정균에 의해서만 고정된다. 질산염은 NO_3^-로부터 hydro xylamine 이 생성됨으로써 이것이 pyruvic acid 와 oxime 으로 만들어지고, 그로부터 alanine 이 생성된다고 여겨진다.

2. 유기질소의 동화

단백질은 미생물의 단백질 분해효소에 의하여 아미노산으로 분해된다. 세균이나 곰팡이에서는 단백질 분해효소가 세포 외로 분비되지만, 효모에서는 세포가 자기소화(autolysis)될 때만 밖으로 유리된다.

식품 중 질소화합물은 주로 단백질이며, 이것은 미생물의 효소 또는 식품 중의 효소에 의한 가수분해로 펩티드 또는 아미노산으로 되며, 펩티드는 식품에 쓴맛을 주기도 한다.

미생물에 의한 아미노산의 분해는 탈아미노 반응, 전위적 탈아미노 반응, 탈탄산 반응 등으로 분해되어 NH_3, H_2S, indole 을 비롯하여 유독성의 아민류 등이 생성된다.

1) 탈아미노 반응 (deamination)

① 호기적 탈아미노 반응 : 호기적 탈아미노 반응은 아래와 같다.

$$\underset{\text{amino acid}}{R-CHNH_2-COOH} + O \longrightarrow \underset{\text{keto acid }(\alpha\text{-keto 산})}{R-CO-COOH} + NH_3$$

호기성균에 의한 탈아미노 반응으로 아미노산이 산화하여 α-keto 산과 NH_3 가 생성된다.

② 혐기적 탈아미노 반응

예로, glutamic acid 가 glutamic dehydrogenase 에 의하여 α-ketoglutaric acid 와 NH_3 로 분해된다.

$$R-CHNH_2-COOH \rightleftarrows R-CO-COOH + NH_3$$

③ 환원적 탈아미노 반응

aspartic acid 에서 succinic acid 가 생성된다.

$$R-CHNH_2-COOH \longrightarrow R-CH_2-COOH + NH_3$$

④ 불포화적 탈아미노 반응

aspartic acid 로부터 aspartase 에 의하여 fumaric acid 가 생성된다.

$$R-CH_2-CHNH_2-COOH \longrightarrow R-CH=CH-COOH + NH_3$$

⑤ 가수분해적 탈아미노 반응

alanine 에서 젖산 혹은 aspartic acid 에서 사과산이 생성된다.

$$R-CHNH_2-COOH \xrightarrow{+H_2O} R-CHOH-COOH + NH_3$$

2) 전위적 탈아미노 반응 (transamination)

아미노산과 α-keto 산과의 사이에서 아미노기의 전위가 일어나서 새로운 아미노산과 α-keto 산이 생성되는 반응이다. 이와 같은 가역적인 아미노기의 전위반응을 촉매하는 효소를 transaminase 라고 한다.

$$\text{L-glutamic acid} + \text{pyruvic acid} \rightleftharpoons \alpha\text{-ketoglutaric acid} + \text{L-alanine}$$

3) 탈탄산 반응 (decarboxylation)

단백질이 부패하여 amine 을 생성하는 것은 이 반응에 의한다. 이 반응에서 유독물질의 생성 등은 생리적으로 중요한 경우가 있다.

즉, histidine 에서 histamine, tyrosine 에서 tryamine, lysine 에서 cadaverine 또는 arginine 에서 agmatine 등이 생성된다.

$$R—CHNH_2—COOH \xrightarrow[\text{decarboxylase}]{} R\text{-}CH_2NH_2 + CO_2$$

4) Ehrich 반응 (Ehrich mechanism)

효모와 같은 미생물은 아미노산을 탈아미노 및 탈탄산에 의해 분해하며, 그 아미노산보다 탄소 수가 한 개 적은 알코올로 환원한다. Ehrich 는 이와같은 현상을 leucine 및 isoleucine 에서 발견하였다.

많은 아미노산을 함유하는 배지에서의 알코올발효에는 이와 같은 고급알코올류, 소위 퓨젤유(fusel oil)라 불리는 것이 대량 생성된다. Fusel oil 은 각종 주류의 정유성분으로 보이며, 과잉 함유될 경우에는 주질(酒質)의 저하물질로 취급된다.

3. 아미노산의 합성

아미노산의 분해는 대개가 가역적이므로 합성반응에도 적용된다. 이들 중에서도 중요한 아미노산의 합성은 glutamic dehydrogenase 에 의한 glutamic acid 합성, aspartase 에 의한 aspartic acid, alanine dehydrogenase에 의한 alanine 의 합성과 transaminase 에 의한 전위적 반응 등이 있다.

암모니아(NH_4)는 아미노산의 amino-기로 변하고, 이어 다른 keto acid 에 전위되어 또 다른 아미노산이 되기도 한다. 이때 필요한 keto 산은 TCA 회로의 중간산물로부터 얻을 수 있다.

각종 아미노산의 생합성에는 다음과 같은 주요 경로가 있다.

① glutamic acid 계열 ② aspartic acid 계열

③ pyruvic acid 계열 ④ 방향족 아미노산 계열

이처럼 미생물에 의한 아미노산 생합성 반응은 발효공업의 아미노산 발효로 응용되고 있다.

4. purine nucleotide 의 합성경로

purine nucleotide 와 pyrimidine nucleotide 는 DNA 및 RNA 의 구성성분으로서 극히 중요하다. 미생물에 의한 지미성 nucleotide 의 제조로 주목받고 있는 purine nucleotide 의 생합성은 HMP-경로의 ribose-5-phosphate 에서 복잡한 과정을 거쳐서 합성 된다. 배지 중에 대량의 뉴클레오티드를 축적시키려면 영양요구변이주(變異株)를 쓸 필요가 있다.

당으로부터 직접 합성하는 방법을 *de novo*-합성, 다른 purine 염기 등에서 시작하여 합성하는 방법을 salvage-합성이라고 한다. 그 밖의 뉴클레오티드 제조법은 핵산분해법이 있다. 이것은 핵산물질이 많은 효모에서 추출한 핵산을 5′-phosphodiesterase 로 분해하여 5′-nucleotide 를 제조한다.

지미성 뉴클레오티드는 sodium-5′-inosinate, sodium-5′-guanylate 등이 있다. 이들 어느 것이나 당의 5′ 위치에 인산 및 purine 의 6의 위치에 OH 기를 가지는 뉴클레오티드가 지미성이 강하다. 의약용으로 사용되는 ATP 도 직접 발효법에 의하여 대량으로 생산된다.

5. 단백질의 합성

단백질의 구성단위가 되는 아미노산은 미생물뿐만 아니라 모든 생물의 세포 구성 성분으로 중요하다. 단백질분자는 고분자이므로 세포막을 통과하지 못하며, 세균 등과 같은 미생물은 protease 에 의하여 단백질을 저분자화합물로 분해하여 이용한다.

단백질은 약 20종류의 아미노산으로 구성되고, 단백질의 특성은 구성아미노산의 종류와 배열에 따라서 결정된다. 효소는 거의 모두 단백질이며, 유전자는 효소의 아미노산 배열을 결정하는 정보를 그 구조 중 갖고 있다.

각종 유전형질을 지배하는 DNA 분자구조의 차이는 이중나선구조의 염기인 A·G·T 및 C 의 배열순서이며, 이들 염기 중 연속된 3개의 염기배열(triplet code)이 한 개의 아미노산을 지시하는 암호, 즉 codon 이 된다.

DNA 의 유전정보는 먼저 전령 역할을 하는 메신저-RNA (mRNA)에 전사(轉寫, transcription)되고, 진핵세포에서 mRNA 는 유전정보를 가지고 핵 밖으로 나가서 리보솜과 결합하며, 원시핵세포에서는 DNA 가 핵막이 없으므로 직접 RNA분자 5′ 말단에 리보솜이 결합된다.
리보솜은 단백질 합성공장에 해당하는 곳으로, 여기에 원료운반을 담당하는 전이-RNA (轉移-RNA, transfer RNA, tRNA)가 특정의 아미노산을 각각 결합하여 운반해 온다.

이렇게 운반된 아미노산은 그림 11-4에서와 같이 유전암호에 대응하여 수소결합하고, 다음에 아미노산은 단백질 합성효소에 의해서 차례로 연결되어 단백질이 합성된다. 이와 같이 DNA의 유전암호는 mRNA 로 전사되고, 다시 mRNA 의 암호는 tRNA 에 의해서 아미노산 배열로 번역(飜譯, translation)된다.

리보솜에서 합성되는 폴리펩티드사슬의 신장은 mRNA 의 합성정지 암호가 나타나면 신장은 중단돼 단백질 합성이 끝나고 리보솜에서 유리된다. 합성되는 폴리펩티드사슬은 신장에 따라 차례로 접혀서 3차 구조를 만들고, 합성완료와 동시에 입체구조를 가진 기능적인 단백질이 된다.

생체 내에서는 거의 모든 아미노산이 단백질 형태로 존재하며, 그 일부가 아미노산이나 펩티드로 존재하면 활발히 대사된다.

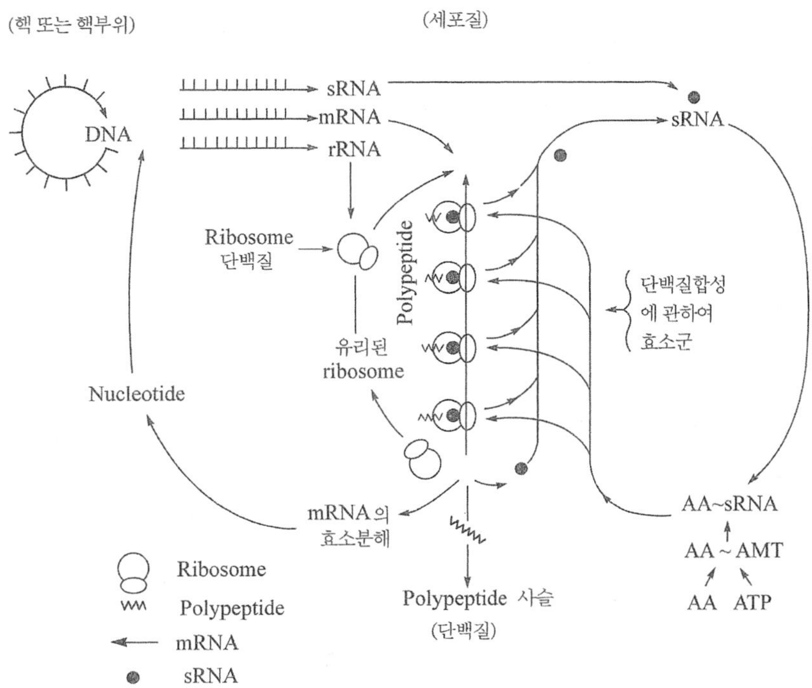

그림 11-4 단백질의 합성기구

6. 대사조절기구

생체 내 여러 대사계는 개체의 생명유지 및 증식을 효율적으로 수행하기 위한 대사의 조절기구를 갖고 있다. 미생물은 고등식물에 비하면 단순한 구조지만 여러 종류의 대사조절(metabolic regulation) 또는 대사억제(metabolic control)라는 기구가 존재하여 생명현상이 지장 없이 영위되도록 하고 있다.

주로 DNA 의 작용에 의한 효소생합성, 즉 효소량에 대한 조절과 생성된 효소활성에 대한 조절이 중심적 역할을 하고 있으며, 이것을 크게 나누면 다음과 같다.

(1) 효소생합성의 제어 (효소량의 조절)

1) 효소유도 (enzyme induction)

미생물 세포 내에 원래부터 존재하는 효소를 구성효소(constitutive enzyme)라고 하고, 배지에 유도원(induser)이라고 불리는 특정 물질이 존재할 때에 그 기질에 적응적으로 형성되는 효소를 소위 적응효소(adaptive enzyme) 혹은 유도효소(inductive enzyme)라고 한다. 유도효소는 유도원의 존재상태에서만 합성되거나, 적어도 유도원의 존재로 효소 합성이 크게 증가한다.

일반적으로 유도원이 되는 물질은 유도되는 효소의 기질이거나 또는 그 대사계에 의한 대사산물인 경우가 많으며, 이들을 대사성 유도원(metabolizable inducer)이라 한다.

2) 효소억제 (enzyme repression)

① negative feedback repression (최종생산물 억제) ② catabolite 억제

(2) 효소활성의 조절

① Negative feedback inhibition (최종생산물 저해)

② 보조효소에 의한 활성조절

③ proenzyme 혹은 잠재효소의 활성화

이와 같은 제어를 받게 되는 효소는 대사계에 있어서 중요한 위치를 차지하며, 일반적으로 대사계 전체의 흐름을 좌우하는 효소가 된다.

7. 유지 및 탄화수소의 분해

지방은 glycerol 과 지방산(脂肪酸)의 ester 이며, 지방분해효소인 lipase 에 의하여 지방산과 glycerin 으로 가수분해된다.

식품 중의 지방은 주로 중성지방이지만 보통 소량의 지방산, glycerin, sterol, 탄화수소, 단백질, 함질소화합물, 인지질, 색소 등을 함유하고 있다. glycerin 은 glycerophosphate 를 거쳐서 dioxyacetonephosphate 가 되어 EMP－경로에 따라 대사되며, 지방산은 다음과 같이 대사된다.

(1) 지방산의 대사

지방산은 먼저 CoA 와 결합하여 acetyl CoA (지방산 CoA)가 되어 대사계로 들어간다. 그림 11－5와 같이 acetyl CoA 는 탈수소, 수화(水和), 다시 탈수소가 되고, β－oxidation 을 받아서 C_2 와 C_3 의 사이가 끊겨서 acetyl CoA 를 유리시키며, 탄소 수가 2개 적은 acetyl CoA 가 된다. 이와 같은 반응을 반복해 지방산은 acetyl CoA 가 되고 TCA 회로에 들어가서 대사된다.

(Pyrimidine nucleotide)

① Fatty acid thiokinase

② Fatty acyl CoA dehydrogenase

③ Enoyl hydrase

④ β–Hydroxyacyl dehydrogenase

⑤ β–Ketoacyl thiolase

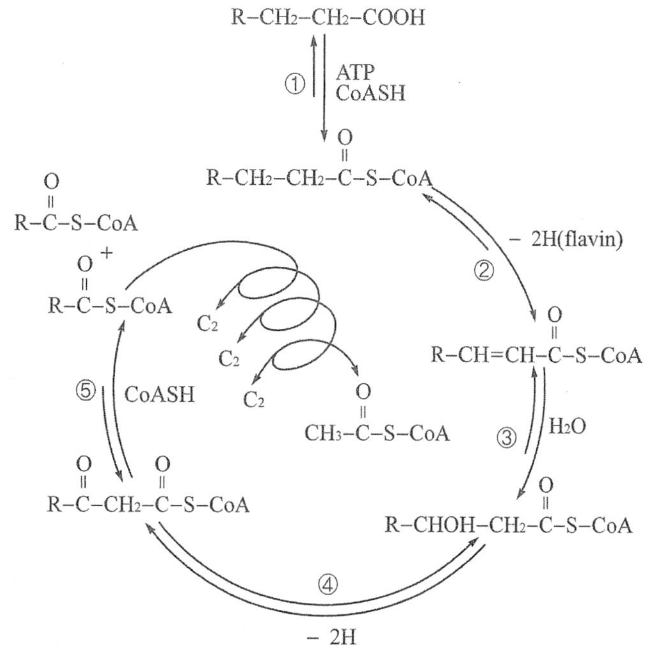

그림 11–5 지방산의 대사

지방산의 산화는 미토콘드리아에서 이루어진다. 예를 들어, 팔미트산이 완전산화될 때에는($C_{16}H_{32}O_2 + 23\,O_2 \longrightarrow 16\,CO_2 + 16\,H_2O$ $\Delta G' = -2,338$ kcal/mol) ATP 1 mol 을 소비하여 palmityl CoA 로 활성화가 되고, β 산화를 7회 반복하여 8 mol 의 acetyl CoA 가 생성된다. 또한 TCA 회로를 거쳐 완전산화가 될 경우, 생성되는 ATP 는 다음과 같다.

β 산화	5 ATP×7 회	35 ATP
TCA–회로(acetyl CoA)는 12 ATP	12 ATP×8 mol	96 ATP
		131 ATP
활성화에 소비되는 ATP		– 1 ATP
		130 ATP

그림 11–6은 탄수화물, 질소 및 지방의 대사관계를 나타낸 것이다.

지방을 분해하여 저급, 특히 휘발성 지방산을 생성되는 효소계를 가지는 미생물을 지방분해균이라고 하며, 주로 세균류에 많고 곰팡이와 효모에도 있다. 보통 지방분해력이 강한 균은 단백분해력도 강한 경향이 있다.

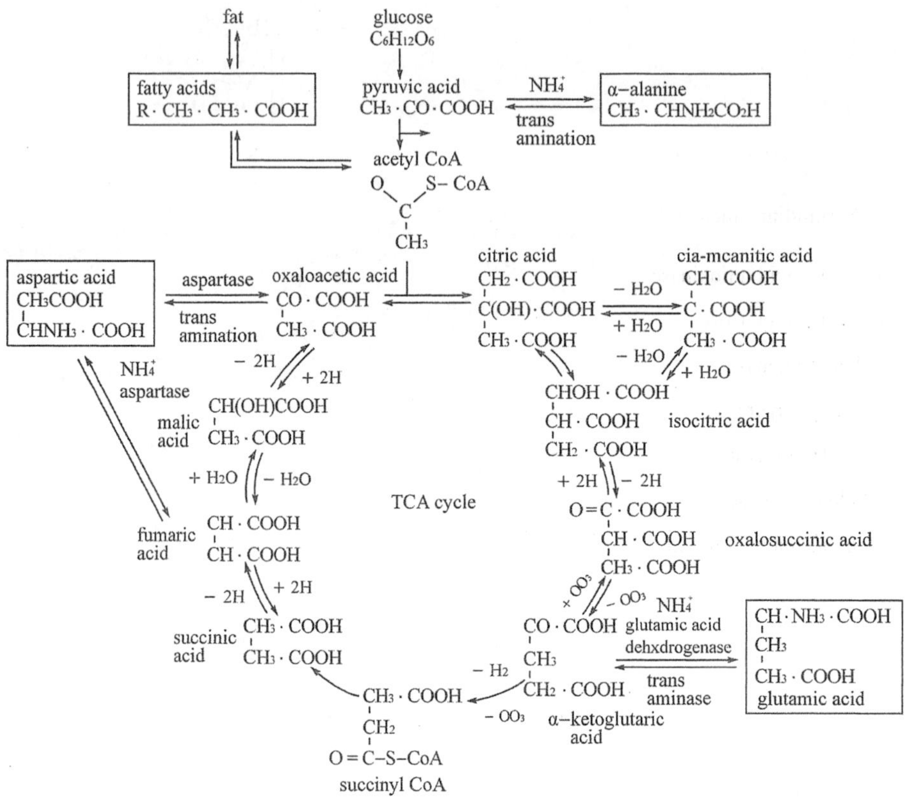

그림 11-6 TCA-회로와 아미노산, 지방산 및 당대사와의 상호관계

(2) 석유계 탄화수소의 산화

석유계 탄화수소인 가스상 탄화수소, 액상 n-paraffin, 고체 paraffin, cyclo-paraffin, 방향족 탄화수소 등은 미생물의 새로운 기질로 되어 균체 단백질의 생산, 아미노산 생산, 유기산 생산, 유지 생산, 비타민류 생산, 당류, 다당류의 생산, 핵산 관련물질의 생산, 항균성 물질의 생산, 색소 생산, 효소 생산 등에 이용되고 있다.

1) n-paraffin 의 대사

n-paraffin 의 산화양식은 세 가지로 구분한다.

① n-paraffin 분자의 탄소 말단의 methyl 기가 산화를 받는 monoterminal oxidation

② n-paraffin 의 C_2 의 methylene 이 산화를 받아 methyl ketone 을 생성하는 subterminal oxidation

③ n-paraffin 분자 양쪽 끝의 methyl 기가 산화를 받아 α, ω-2 염기성 산을 생성하는 diterminal oxidation 이다.

① 과 ② 의 산화양식은 n-paraffin ⇒ alcohol ⇒ fatty acid 의 순서로 이루어진다.

제 12 장 식품과 식품보장 중의 미생물

12-1 식품 변패와 부패에 영향을 주는 요인

식품 중 단백질, peptide 또는 아미노산 등이 혐기적 분해를 받아서 H_2S 및 mercaptan 과 같은 함황물질(含黃物質) 또는 암모니아, 아민, indole, skadole, 지방산 등이 생성되는 것을 부패(putrefaction)라고 하며, 일반적으로 악취가 난다. 이와 같은 부패의 원인 미생물은 일반적으로 혐기성 세균이지만, 때로는 통성혐기성균 혹은 호기성균도 관여한다.

한편 변패(spoilage)는 부패 이외의 여러가지 원인으로 일어나는 식품의 악화, 즉 미생물에 의한 탄수화물의 분해, 산패 또는 곰팡이의 발생, 산화, 노화, 갈변 등을 원인으로 한 변질을 총칭한다.

미생물에 의한 식품의 변패는 식품의 색깔, 표면의 형상, 탄성, 냄새 및 맛 등을 악변시킨다. 어떤 형태의 변패를 일으키는가는 먼저 식품의 구성성분, A_w 값, pH, ORP 및 기질(texture) 등의 식품 내적 요인(intrinsic factors)을 따르며, 다음은 가공과정 중의 물리·화학적 처리에 따른 공정요인(process factors), 그 밖의 식품보장 중의 조건, 즉 저장온도, 상대습도, 저장실의 공기 상태 등의 외적 요인(extrinsic factors)에 따라 달라진다.

위의 여러 요인은 식품변패의 형태나 종류뿐만 아니라 변패의 속도 혹은 저장성에 영향을 준다. 예로서 저장온도가 높으면 식품의 저장성은 더 낮아지며, 변패는 더 빨리 진행된다. 즉, 실내온도가 20℃인 곳의 소고기는 0℃의 저장보다 10배 이상 빨리 부패한다.

식품의 저장기간에 영향을 미치는 또 다른 요인은, 식품에 부착해 생육하고 있는 초기 미생물의 수이다. 초기 수가 적으면 적을수록 부패나 변패를 인지할 수 있는 시기까지 도달하는 기간이 길어진다. 낮은 온도나 다른 저장성을 높이기 위한 제반 조치들은 미생물들의 증식속도(generation time)를 낮추는 결과를 가져온다.

1. 식품의 성분과 미생물에 의한 변패

변패의 형상이나 범위는 식품의 성분과 밀접한 관계가 있다. 저분자 식품의 성분들은 미생물에 직접적으로 빠르게 섭취되고, 따라서 이런 저분자 영양물질 함량이 높은 식품은 고분자 화합물을 많이 함유한 식품보다 더 쉽게 변패나 부패가 일어난다.

단백질(protein)과 고분자탄수화물, 즉 전분, 펙틴 또는 섬유소 등은 먼저 미생물들의 세포 외 분비효소(分泌酵素, exoenzyme)들에 의하여 저분자화합물로 분해되어야 한다.

(1) protein 식품의 악변

아미노산, 저분자 펩티드, 가용성 질소화합물(nucleotide, nucleoside) 등의 함유량이 높으면 높을수록 부패나 변패의 진행속도는 빨라진다. 그러므로 갑각류는 생선류보다, 생선류는 육류보다 더 쉽고 빠르게 부패가 진행된다.

세포 외 분비 protease를 가진 세균류 *Bacillus*, *Clostridium*, *Streptococcus*, *Pseudomonas* 속 및 장내세균과의 몇 종(예 : *Proteus vulgaris*) 등은 이들 저분자 영양소들을 이용한 후에 다음으로 단백질을 분해하여 이용한다.

단백질 분해로 생성된 아미노산류는 세포 내로 흡수되어 직접 대사계로 들어가거나 또는 탈탄산, 탈아미노, transamination 등에 의하여 분해된다. 이 분해작용에 의하여 생성된 많은 종류의 분해산물인 S_2H, 암모니아가스, amin류, 유기산류 등은 식품의 맛이나 냄새를 크게 악변시키는 동시에 식품의 색깔, 표면의 점성물질 생성, texture의 붕괴 등을 일으킨다.

① **탈탄산 분해** : 해당 아미노산의 decarboxylase의 분해작용에 의하여 CO_2를 생성하고, 그 일부는 매우 독성이 강하고 기분 나쁜 맛을 나타내는 제1아민(biogene amine)류, 즉 아미노산 histidine에서 histamine을, tyrosine에서 tyramine을, tryptophane에서 trypamune 등을 생성한다.

② 탈아미노 반응 : 아미노산으로부터 ammonia 가스와 유기산을 생성한다. 또한 자주 amino acid-oxidase 나 dehydrogenase 들에 의하여 산화적 탈아미노 분해를 하여 암모니아 외에 indol 이나 skatol 을 생성하기도 한다.

(2) 탄수화물 식품의 미생물에 의한 변패

거대분자의 탄수화물을 분해할 수 있는 세포외 분비효소를 가지는 많은 종류의 곰팡이류와 세균들이 있다. 탄수화물을 미생물 세포 내로 흡수하기 위하여, 이들 다당류는 α-amylase 에 의하여 분해되고, 이보다 작은 분자의 oligo 당이나 이당류 및 단당류 등은 다른 gluconohydrolase 에 의하여 분해된다. 악변의 두 번째는 색깔의 변화, 좋지 않은 냄새와 기질의 변화를 들 수 있다.

예를 들면, 사상균과 *Bacillus subtilis* 등에 의한 악변이다. pectinesterase 와 polygalactronidase 들에 의하여 많은 곰팡이와 혹종의 세균(*Erwinia carotovora*) 들은 식물들의 세포벽 등의 pectin 을 분해하여 연부(軟腐)시킨다.

(3) 당 함유식품의 변패

당 함유식품들은 대부분 혐기적으로 변패되는 경우가 많다. 당의 변패는 우선 유기산, 가스, 알코올 등의 생성 및 기분 나쁜 냄새가 나는 지방산인 butylic acid 등을 생성한다. 효모는 당(糖)을 ethanol 과 CO_2 로 하며, 이 알코올은 초산균(醋酸菌)에 의해 초산으로 산화된다. 이상젖산발효젖산균은 당을 ethanol, CO_2, 초산 등으로 산화시킨다.

Leuconostoc mesenteroides 같은 세균은 많은 당을 함유한 식품, 예컨대 잼, 과일 당조림, 농축 과일주스 혹은 설탕제조공장의 설탕 등에서 점질물을 만든다. 이 점질물은 polyglucose (dextran)로부터 다음과 같이 생성된다.

$$\text{n·sucrose} \xrightarrow[\text{(세포외 분비)}]{\text{dextransucrase}} \text{n·fructose} + \underset{\text{dextran}}{(1,6\alpha\text{-glucosyl})\ \text{n}}$$

당분해성 *Clostridium* 류 중에서, 예를 들어 *Clostridium butylicum* 은 초산, butylic acid 와 많은 양의 CO_2 가스를 생성한다.

장내세균과에 포함된 통성혐기성균들 *Bacillus* 속의 몇 종, 혹종의 세균들은 당류를 발효하여 여러 유기산, 초산, formic acid (개미산), succinic acid, lactic acid

등과 CO_2, H_2 그리고 ethanol, acetoin(diacetyl) 및 2, 3-butandiol 까지 생성한다. 장내세균과의 혼합산생성 발효에서의 가스 생성은 개미산의 분해로 인한 CO_2 와 H_2 의 생성에 기인한다.

$$\underset{\text{pyruvate}}{CH_3-CO-COOH} \xrightarrow{+CoA} \underset{\text{acetyl-CoA}}{CH_3-CO-CoA} + \underset{\text{formiate}}{HCOOH}$$

$$HCOOH \xrightarrow[\text{formiate-hydrogen-lyase}]{} CO_2 + H_2$$

(4) fat rich 식품의 변패

식품의 지질은 triglyceride 이며, 세포외 분비 지질분해 효소(lipase)를 가진 곰팡이와 혹종의 효모와 세균들은 지질을 가수분해하여 산패시킨다.

$$\text{중성지질} \longrightarrow \text{glycerin} + 3\ \text{유리 지방산} + 3\ H_2O\ \text{lipase}$$

이들 유리지방산, 즉 butylic acid (C_4), capron acid (C_6), capryl acid (C_8) 또는 caprin acid (C_{10}) 등은 지질함유 식품의 변패에서 시큼한 맛과 불쾌한 냄새의 원인이 된다. 계속되는 유리 지방산의 분해(β-산화)로 생성되는 산물들은 감각적으로 인지되는 methy-ketone, sec.-알코올, 그리고 유리지방산의 순차적인 acetyl CoA 의 분리로 생성되는 휘발성 지방산들이다.

12-2 곡류와 미생물

1. 쌀과 쌀밥

곡류의 미생물에는 수확 전에 부착하는 기생균과 수확 후의 오염으로 부착되어 저장 중 변질에 관여하는 균의 두 가지로 나누어 볼 수 있다.

벼 생장 중의 균들은 주로 식물병원균인 *Fusarium*, *Epicoccum*, *Nigrospora* 등이고, 벼의 수확기에는 일기불순 등에 의한 *Cheatomium*, *Cladosporium*, *Trichoderma*, *Alternaria*, *Curvularia*, *Helminthosporium* 등의 곰팡이가 착생하며, 도정 후의 쌀알까지 이행되어 피해를 준다.

(1) 저장미 중의 미생물

수확 직후의 미생물들은 저장을 위한 건조가 이루어지면 쌀의 변질에 거의 관여하지 못한다. 따라서 저장미에는 주로 *Aspergillus* 와 *Penicillium* 이 많이 검출된다.

저장곡류에서 보이는 균류의 소장은 창고 내의 온도와 습도, 산소와 탄산가스의 농도, 곤충 등 환경조건에 큰 영향을 받으며, 그 중 가장 큰 인자는 곡류의 수분함량이다. 보통 상온에서 곡류의 곰팡이가 몇 주일 내에 발육하려면 최저 13%의 수분(A_w 0. 60)을 필요로 한다.

Aspergillus 와 *Penicillium* 의 많은 균종은 수분 15%에서 생육하며, 수분 18%에서는 *Asp. flavus–oryzae* 군, *Asp. niger*, *Pen. cyclopium*, *Pen. funiculosum*, *Mucorales* 목 등도 발생하여 피해를 준다.

즉, 수분을 15% 이하로 건조하여 창고에 저장한 곡류에서는 세균이나 부착 곰팡이는 증식을 못하고 점차 소멸한다. 장기 저장곡류에 서식하는 균류는 내건조성 곰팡이 *Asp. glaucus*, *Asp. versicolor*, *Asp. fumigatus*, *Pen. rugulosum*, *Pen. decumbens* 등이 있다.

효모류(酵母類)는 A_w 가 0.6 이하의 곡류에는 발육하지 못하나, 온도차에 의한 곡류 외부에 응축수가 있으면 증식하는 경우가 있다. 그러나 곡류는 10~15℃ 이하의 저온저장을 하면 *Aspergillus* 등의 곰팡이 발생도 없이 안전하다.

(2) 쌀 밥

쌀밥은 변패가 쉽고 특히 여름철에는 잘 쉬며, 점질물이 생성된다. 취사 직후의 쌀밥에는 내열성 포자생성균인 *Bacillus* 의 포자가 102~3/1g 정도 존재하나, 여름철에는 수십 시간 내에 균수가 107~9/1g 이 되어 변패한다.

쌀밥의 변패는 주로 공중낙하균에 의한 것이 많고, 용기에 부착되어 있던 균포자의 발아번식에 의한 것도 있다. 오염균들은 *Bacillus* 가 많고, 그 밖에 *Micrococcus*, Gram (－)간균, 효모도 있다. 쌀밥은 특히 *Bacillus* 의 amylase 에 의하여 가수분해되어 연화되고, 쉰내를 내며 산성화가 된다.

쌀밥은 50℃ 이상에서는 변패가 억제되지만, 그 이하에서는 오염되기 쉬우므로 주의하여야 한다. 수분이 증발한 쌀밥에는 *Penicillium*, *Aspergillus*, *Mucor* 등의 곰팡이가 증식하며, 또한 된밥의 경우 내부에는 세균이 증식하여 변패되고, 표층은 곰팡이가 발생하기도 한다.

표 12-1 *Bacillus* 속균에 의한 쌀밥의 변패

쉰내를 내고 산성화하는 균	*Bac. subtilis, Bac. megaterium, Bac. cereus Bac. mycoides, Bac. polymyza, Bac. circulans Bac. alvei*
알칼리화하는 균	*Bac. pumilus, Bac. cereus* 의 특이주
쌀밥을 변패시키지 않는 균	*Bac. laterosporus*

2. 밀과 그 가공품

생장 중인 밀의 대표적인 기생균으로는 적미병(赤黴病)의 원인균인 *Fusarium* 속이 있고, *Alternaria* 및 *Helminthosporium* 속균에 의한 흑미병(黑黴病)이 있다. 적미병에 의해서는 독성을 나타내는 수도 있으며, 적자에서 홍색을 띤다. 흑미병에서는 흑색으로 착색되어 그 밀가루의 색도 나빠지는데 수확시기에 강우다습하면 잘 발생한다.

저장 중에 수분함량이 14% 이상이 되면 *Asp. glaucus* 가 번식하기 시작한다. 이 균은 수분이 16. 8% 이상에서는 그 수가 급속히 감소하고, 18~21%에서는 *Asp. candidus*, 21% 이상에서는 *Asp. flavus*, 그리고 25% 이상에서는 *Penicillium* 이 지배적이다.

(1) 소맥분과 곡분

제분공정에서 미생물을 제거하는 조작이 없으므로 곡분에는 많은 수의 미생물이 혼재하고, 조건이 좋아지면 증식을 시작한다. 그리고 수분함량이 높아지면 미생물들의 amylase 나 protease 에 의하여 이용하기 쉬운 당이나 질소화합물이 생성되며, 이들을 이용·분해하여 산생성이나 변질이 일어난다.

표 12-2 소맥분 1g 중의 미생물 수

세 균	3, 500~92, 000
곰 팡 이	152~12, 500
효 모	47~260

소맥분으로 만든 식품의 상품수명(shelf life)을 연장시키기 위해서는 소맥분 중의 미생물, 특히 토양(土壤)에서 유래된 포자형성균인 *Bacillus* 균의 제거가 필요하다. 알려진 제거방법은 다음과 같다.

① 원료의 표면을 염소수 등으로 세척·건조하는 방법
② 50~60℃로 가열·조작하는 방법
③ 과산화 benzoil을 이용한 소맥분의 표백
④ ethylene oxide 등을 이용한 가스살균

(2) 식 빵

식빵용 밀가루 반죽에는 기본적인 효모뿐만 아니라 다소의 세균도 혼재되어 있으므로, 이들의 발효 및 대사에 의해 빵의 풍미와 관계되는 많은 대사산물이 생성된다.

에탄올 및 CO_2 외에 *iso*−propanol, *iso*−butanol, *iso*−amylalcohol 등의 알코올류, 젖산, 초산 등의 유기산 및 ethyllactate 등의 ester 류, 그 밖에도 여러 휘발성 성분이 생성된다. 이들이 빵을 굽는 공정에서 생성되는 풍미물질의 전구물질(前驅物質)이 된다.

그러나 빵반죽 상태에서 오래 두면 젖산균 혹은 대장균 등에 의한 과다한 유기산 발효가 일어나서 신 빵이 되거나, 단백분해성균에 의한 불쾌한 풍미가 생성되고, 빵을 부풀리는 역할을 하는 가스에 대한 보전력(保全力)도 약화된다.

1) 곰팡이 변패

공기, 기구, 기계, 포장지 등에서의 2차적 곰팡이 오염이 가장 흔한 변패이다. 빵에 잘 발생하는 곰팡이는 *R. nigricans*, *Pen. expansum*, *Asp. niger*, *Neurospora sitophila* 등이며, 간혹 *Mucor*, *Geotrichum* 속 균도 잘 발생한다. 곰팡이 발생의 방지법은 다음과 같다.

① 공장의 공기를 여과 수세하는 방법과 자외선 등에 의한 살균
② 적당한 냉각법으로 응축수가 생기지 않도록 하는 방법
③ 빵의 표면이나 slice의 자외선 살균
④ 빵표면의 곰팡이 전자 가열살균
⑤ 저온저장
⑥ 반죽에 방부제 첨가

2) 세균에 의한 점질화

식빵의 점질화(rope)는 *Bacillus subtilis* 또는 *Bac. licheniformis*의 점질층(slime)에 기인하며, 소맥분의 gluten이 이들 균에 의하여 분해되고, 또 amylase에 의하여 전분에서 당이 생성되어 그 현상을 조장한다. 빵에 rope 균이 증식하면 과

숙된 melon과 같은 불쾌한 냄새와 변색이 나타나고, 이어서 연화된다.

3) 적색화 빵

습기가 많은 경우, 빵에 소위 *Serratia marcescens* 에 의해 영균(靈菌)이라 불리는 균이 발생하며, 때로는 그 원인균이 *Neurospora sitophila* 일 때도 있다. 또 표백하지 않은 곡류로 거칠게 빻아 만든 흑빵의 적색화균은 *Geotricum aurantiacum* 에 의한다.

(3) 전 분

전분은 제조공정에 가열처리가 없기 때문에 전반적으로 미생물이 많다. 특히 서류(薯類)인 고구마나 감자 같은 지하전분은 밀, 옥수수와 같은 지상곡류에 비하여 많다. 감자 및 고구마 전분에는 104~5/g의 세균과 이와 비슷한 수의 곰팡이 포자가 있으며, 밀 및 옥수수 전분에는 102~3/g 정도의 세균포자(이들의 태반이 *Bacillus* 속)가 함유되어 있다.

그 밖에 *Flavobacterium*, *Corynebacterium*, *Micrococcus*, *rmarcina* 등도 있으며, 곰팡이는 거의 *Penicillium* 과 *Aspergillus* 이다.

(4) 설 탕

제조과정 중의 미생물은 원료, 토양, 용기 또는 공기 등에서 혼입되는 각종 미생물이 대부분이며, 이를 공기 중에 방치하면 gum 질, dextran 등의 점질물을 생성하여 여과나 결정화를 방해하는 세균인 *Leuconostoc mesenteroides*, *Leuc. dextranicum* 또는 *Bac. subtilis* 등이 증식한다.

착즙된 주스를 발효시키는 내당성 효모 등도 있다. 그러나 이들은 제당공정의 처리, 즉 가열·여과·결정화 등을 통하여 제거되며, 포자형성균 등이 소수 잔존한다.

설탕 가루는 정제도가 높은 설탕일수록 미생물의 수가 적으며, 선진국에서는 식품위생법으로 엄격하게 미생물 허용기준을 정하여 놓고 시행하고 있다. 예를들면, 독일은 설탕 1g당 세균수가 200마리 이하, 효모와 곰팡이 포자 역시 200마리 이하이어야 한다고 엄격히 규정·통제하고 있다. 통조림 등 가공식품 제조시의 설탕은 특히 미생물이 적은 것이 요망된다.

(5) 과 자

과자류는 종류에 따라 변패가 없는 것이 있다. 그러나 생과자, 케이크, 과자, 빵 등은 변패가 빠르다. 미생물에 의한 오염과 변패는 과자 자체의 수분함량과 당농도에 따라 다르지만, 제조공정의 위생적 처리 및 보존료 사용의 유무 등이 보존성에 큰 영향을 준다.

보존온도의 차이로 공기 중의 수분이 과자표면에 응축수가 되면 먼저 곰팡이가 피고, 과자성분의 가수분해에 의하여 수분이 증가하며, 효모 증식 및 세균 침입이 이어진다.

과자의 변패 미생물은 *Penicillium*, *Aspergillus*, *Mucor*, *Catenularia* 등의 곰팡이류와 일반 효모 및 내당성 효모, 세균류로는 *Bac. subtilis*, *Micrococcus*, *Streptococcus*, *Acromobacter*, *Flavobacterium* 속, 대장균 등이 있다.

(6) 벌 꿀

벌꿀은 수분이 25% 이하이고 70~80%의 당을 함유한다. pH 3.2~4.2로 일반 미생물은 증식하기 어려우며, 주로 내삼투압성 효모 *Sacch. mellis*, *Torula*, *Cryptococcus* 등에 의한 발효가 일어날 수 있다. 곰팡이는 일반적으로 벌꿀에서 생육하지 못하지만, *Penicillium*, *Mucor* 속 등은 벌꿀 용기 속에 생성되는 응축수에서 발생할 수 있다.

3. 두 부

두부는 우리나라의 중요한 식물성 단백식품의 하나이다. 두부의 pH 는 약 6.0이고, 수분은 90% 정도로 영양가가 높은 식품이며, 세균도 잘 자라고 산패와 부패도 잘 일어난다.

두부의 보전성은 제품 중의 세균의 수와 종류에 의해 좌우되겠지만 보존하는 온도, 공기, 용수 또는 취급자 등에서 큰 영향을 받는다.

(1) 두부의 변패

두부에는 보통 $10^{2\sim4}$/g의 세균이 있으나, 균수가 $10^{5\sim6}$/g으로 증가하면 두부의 pH 는 약 5.5 이하로 저하되고, 산패를 느끼게 되며, 식용으로는 부적당하다. 보통 두부는 10시간 이면 산패가 일어나며, 보존료를 사용하면 15시간 후에 산패가 일어난다.

포장두부는 12~15℃에서 2~3일간, 또 포장하여 가열살균을 하면 37℃에서도 10~30일 정도 보존할 수 있다. 그러나 보존성은 제조관리에 따라 현저히 차이가 있다. 두부의 오염균과 변패 원인균은 다음 표 12-3과 같으며, 효모에 인한 변패도 종종 발생한다.

표 12-3 두부의 오염균

균 종	특 징
Bac. subtilis, Bac. cereus, Bac. megaterium	산패나 반점을 생성, 팽창은 일으키지 않는다.
Pseudomonas, Lactobacillus, Micrococcus	팽창을 일으킨다.
Aerobacter	대장균군
Flavobacterium, Achromobacter	물 또는 흙에서 혼입

(2) 두부제조 중의 미생물 관리

마쇄한 콩에는 약 10^5/g 의 세균이 혼재하지만, 가열처리공정으로 생존되는 균은 내열성의 *Bacillus* 속 포자들뿐이다.

제품의 세균수를 가급적 적게 하려면 제조에 쓰이는 기계·기구·용기 등의 세척과 살균에 유의하고, 항균력과 열 안정성이 좋은 furylfuramide 와 같은 살균제의 사용도 생각할 수 있다.

두부 응고 때에 공기가 내포되지 않도록 주의한다. 보통 단단한 두부에서 세균의 증식이 적다. 가열살균은 90℃에서 40분간 가열하는 것을 기준으로 하고 있다.

12-3 채소와 과실 및 그 가공품

1. 채소와 그 가공품

수확 직후의 채소 표면에는 정상적인 채소 기생균 이외에 토양 중의 미생물과 그 밖의 여러 식물병원성균이 부착되어 있다.

발견되는 세균으로는 *Achromobacter*, *Pseudomonas*, *Aerobacter*, *Alcaligenes*, *Bacillus*, *Bacterium*, *Chromobacterium*, *Lactobacillus*, *Flavobacterium*, *Leuconostoc*, *Streptococcus*, *Micrococcus*, *Sarcina*, *Serratia*, *Staphylococcus* 속 등이고, 이 중에서 가장 흔하게 발견되는 식물병원세균은 *Erwinia* 와 *Xanthomon* 속 등이다. 그 외에 몇 종의 곰팡이와 때로는 야생효모도 발견된다.

채소의 변패는 물리적 조직손상, 즉 파열, 절단, 동결, 탈수, 취급부주의 등에 의한 효소작용에 의해 발생하며, 이것이 미생물 증식을 촉진하여 변패가 가속화된다.

(1) 채소의 미생물 변패

1) 연부병 (무름병, soft rot)

채소는 산도가 낮고 수분도 많으므로 세균에 의한 연화가 가장 많다. 즉, *Erwinia* 속의 pectin 분해효소로 조직이 연화하게 된다. 감자에서는 곰팡이 *Rhizopus* 속에 의한 연부가 일어나며, 냉장 중에는 세균 *Achromobacter* 속에 의한 연부도 발생한다.

2) 건부병 (dry rot)

토양 중에 존재하는 곰팡이 *Fusarium* 속은 뿌리를 침해하는 수가 많으며, 근채류나 감자에 저해가 많다.

3) 회색 곰팡이병 (gray mold rot)

Botrytis 속은 다량의 회갈색 포자를 만들고 포자를 전파시킨다. 다습한 상태에서는 저온으로 생육되고, 수송·저장 중의 피해가 크며 연화가 일어난다.

4) 노균병 (downy mildew)

Phytophthora, *Bremia* 및 그 밖에 속의 균종에 의한 것으로, 백색의 솜 모양으로 생육한다. 균사는 종자감자에서 생존하고, 발아와 함께 줄기나 잎까지 번져서 분생자를 형성하여 공기전염한다.

5) 탄저병 (antranose)

토마토, 오이, 양파 등의 잎, 종자, 열매에 반점이 생긴다.

6) 흑반병 (black rot)

감염된 부위가 초기에는 초록색이 섞인 갈색이며, 후에는 갈색에서 흑색의 반점으로 변한다.

7) 균핵병 (watery soft rot)

잎이나 줄기가 더운물로 데친 것처럼 되며, 균핵(sclerotium)을 만들어 전파한다. 처음에는 갈색 반점이 생기고 급속도로 번져서 연화된다.

8) 점패 (sliminess) 또는 산패 (souring)

퇴적한 습한 야채에 부생성의 세균이 작용하여 나타난다.

9) 그 밖의 곰팡이에 의한 변패

양파, 마늘 등이 *Asp. niger* 에 의해서 흑갈색에서 흑색이 나타나고, 오이 등은 핑크색의 포자를 가진 *Trichothecium roseum* 에 의해서 핑크색으로 변색된다(pink mold rot).

표 12-4 채소의 미생물 변패

병 명	균 명	생육온도(℃)	피해채소
건부병(乾腐病)	*Fusarium solani,* *F. oxysporum*	3~30	감자, 양파
회색 곰팡이병	*Botrytis cinerea*	2~	토마토, 오이, 양파, 아스파라거스, 가지
역병(疫病)	*Phytophthora infestans*	4. 6~30	감자, 토마토, 오이
노균병(露菌病)	*Peronospora, Bremia*		시금치, 배추, 양배추, 오이
연부병(軟腐病)	*Erwinia aroideae,* *Erw. carotovora* *Rhizopus nigricans*	3~41 2~39	대부분의 야채류 특히 양파, 마늘, 감자, 양배추, 배추, 무, 고구마
탄저병(炭疽病)	*Colletotrichum circinans* *Colletotricum lagenarium*	3~34	토마토, 양파, 감자, 오이, 수박, 시금치
흑반병(黑班病)	*Alternaria radicina* *Ceratostomella fimbriata*	2~35 9~41	토마토, 양파, 당근, 양배추, 배추, 오이, 양파, 고구마
균핵병(菌核病)	*Sclerotinia sclerotiorum*	0~8	양배추, 토마토, 고구마, 양파, 당근
실부병(實腐病)	*Phoma destructiva*	6~33	토마토
갈문병(褐紋病)	*Phomopsis vexans*		가 지
푸른곰팡이병	*Penicillium expansum* *Pen. sclerotigenum*		고구마
반점성세균병	*Pseudomonas lachrymans*		오이, 토마토, 무, 당근
윤문병(輪紋病)	*Alternaria solani*		토마토
윤부병(輪腐病)	*Corynebacterium sepedonicum*		감 자
저장부패병	*Macrophoma edulis*		고구마

(2) 야채즙

야채즙은 pH 가 5.0~5.8로 약산성이며, 당과 미생물의 생육인자도 비교적 많이 함유하고 있으므로 젖산균이 생육하기 쉽고 효모 및 곰팡이에 의해서도 변패한다. 특히 토양 중의 내열성 세균포자도 많이 있으므로 가열살균할 때에 주의가 필요하다.

(3) 김 치

우리나라의 전통적인 발효식품인 김치는 각종 재료에서 유래한 맛 이외에, 산·탄산가스 등 발효생성물의 조화된 맛을 지니고 있다. 또한 김치재료에서 유래한 미생물은 담글 때부터 다양하게 혼입된다.

1) 김치 숙성 중의 미생물 및 성분의 변화

김치 숙성에 관여하는 미생물은 주로 젖산균이고, 일부 발효성 효모도 관여한다. 김치의 유해성 미생물로는 호기성 세균, 산막효모 및 곰팡이 등이 있다.

우리나라의 김치, 독일의 sauerkraut, 일본의 쓰께모노(漬物) 등 야채발효식품의 발효숙성에 관여하는 젖산균의 특성을 다음 표 12-5에 나타내었으며, 발효숙성 중의 이들 미생물 microflora 는 식염농도, 온도, pH 등에 따라 달라진다.

표 12-5 김치류의 숙성에 관여하는 젖산균

균 종	형 태	발효 형식	생육온도 (℃)	생육 pH 범위	생육한계 식염(%)	김치류 중의 내염성(%)
Leuc. mesenteroides	구균 (단, 쌍, 단연쇄)	Hetero	4~40	5.4~6.8	0.5~2.0	3
St. faecalis	구균 (단, 쌍, 단연쇄)	Homo	10~45	4.5~9.6	6.5	10~13
St. faecium	구균 (단, 쌍, 단연쇄)	Homo	10~45	4.5~9.6	6.5	15~18
L. plantarum	단간균	Homo	10~45	3.5~4.2	6.5	13~15
L. brevis	간 균	Hetero	15~45	3.7~4.2	6.5	
Ped. acidi lactici	구균 (4련)	Homo	5~50	4.0~8.2	6.5~10	13~15
Ped. pentosaseus	구균 (4련)	Homo	5~45	4.5~8.2	6.5~10	13~15
Ped. halophilus	구균 (4련, 상, 단)	Homo	10~45	5.0~9.0	18~22	15~18

김치숙성 중의 혐기성 세균은 *Lactobacillus plantarum*, *L. brevis*, *Streptococcus faecalis*, *Str. faecalis var. liquefaciens*, *Leuconostoc mesenteroides*, *Pediococcus sp.* 등이 주종을 이루며, 호기성균에는 *Bacillus*, *Acromobacter*, *Flavobacterium* 및 *Pseudomonas* 속 등이 확인되고 있다.

Str. faecalis 는 발효 초기에 나타났다가 소멸하는 것으로 보아서 내산성이 약하다고 볼 수 있으며, 반면에 *Ped. cerevisiae* 같은 경우의 초기에는 없다가 후기에 나타나서 끝까지 왕성하게 존재하는 것으로 보아 이 균은 *L. plantarum* 과 더불어 김치의 산패에 관계하는 것으로 보고 있다.

2. 과일과 그 가공품

일반적으로 수확 직후의 청과물에는 많은 미생물이 부착하여 생육하고 있는데, 수송이나 저장 중의 피해는 과일 표면에 입은 상처로 침입함으로써 일어난다.

(1) 과일표면

과일이 성숙해 감에 따라 균수는 증가한다. 그것은 익으면 표피가 연해지기 때문에 미생물의 증식이 쉬워지고, 또 더 많은 곤충이 범접하여 오염을 더하는 까닭이다.

세균수는 과일의 상태, 품종, 계절 등에 따라 다르다. 과일의 미생물 부착에는 바람이 가장 큰 영향을 주며, 비가 계속되면 미생물이 씻기어 그 수가 줄어들기도 한다. 그러나 *Botrytis*, 초산균 등은 우기 직후에 오히려 증가한다.

과일에 부착하는 미생물은 주로 토양에서 유래하고, 과수원의 흙에는 과일에 부착하여 증식하는 미생물이 다른 곳의 흙보다 더 많은데 특히 포자형성균이 많다.

(2) 과일조직 내의 미생물

최근 건전한 과일의 내부조직 세포에서 효모와 세균 등이 발견되고 있다. 사과, 버찌의 건전세포 내에서 *Saccharomyces*, 토마토에서 *Torulopsis, Rhodotorula* 속 효모와 *Pseudomonas*, 장내세균과의 세균들이 분리되었다.

침입세균은 세포 내에서 과일에 해를 주지 않으며 생존하고, 균의 종류나 수는 재배지와 과일의 부위에 따라 다르다. 토마토에서는 꼭지로 이어지는 조직에 많이 존재하는 것으로 보아, 꼭지로 균이 침입하는 것으로 추정된다.

(3) 과일주스의 미생물

과즙에는 과피와 주스 제조용기, 기구, 공기 등에서 유래되는 많은 미생물이 있으나, 주스에서 잘 증식되는 것과 그렇지 못하는 것이 있다. 그 이유는 우선 pH 가 낮은 것(lemon juice 2.4~4.2)과 당 함량이 2~17%로 효모증식에는 적당하지만, 젖산균 이외의 세균증식에는 적합하지 않기 때문이다.

실온에서 과일주스의 변질은 주로 효모에 의한 알코올발효, 산막효모에 의한 알코올과 산의 산화, 젖산균에 의한 유기산의 분해, 변화 및 곰팡이의 침해 등에 의해서이다. 과일주스의 보존성을 높이기 위해서는 가열살균, 냉장, 탄산가스 저장법 등이 있다.

1) 과일주스 중의 세균

① **초산균** : 과숙(過熟) 또는 손상된 과일에 많으며 대부분의 과일주스 중에 존재하나 증식하는 경우는 드물다. 포도주스 속에는 *Ac. xylinum*, *Ac. oxydans*, 신선한 사과주스 속에는 *Ac. suboxydans*, *Ac. melanogenum*, *Ac. mesooxydans* 가 약 70 : 10 : 20의 비율로 존재한다.

② **젖산균** : 과일주스 중의 세균류에서는 젖산균이 가장 중요하고, 모두가 주스의 품질을 저하시키는 것은 아니다. 신선한 과즙 중의 젖산균은 주로 hetero 발효형이지만, 포도즙이나 사과즙의 발효액에서는 homo-발효형의 *L. plantarum*, *L. arabinosus*, *L. leichmannii*, *Microbacterium* 등도 검출된다.

pH 가 높고 산량이 적은 과일주스에서는 젖산균 증식의 위험이 크다. 젖산균에 의한 변질의 방지는 8℃ 이하의 저온저장이 효과적이다.

2) 과일주스 중의 효모

① **사과주스** : 신선한 사과주스에는 사과에 부착되어 생육하던 야생효모 *Candida*, *Torulopsis*, *Cryptococcus*, *Rhodotorula* 속 등 무포자 효모가 많으며, 발효주스에는 2차적으로 혼입한 유포자 효모인 *Saccharomyces* 속의 사과주 효모가 분리된다. *Hansenula* 속은 사과주에서 피막을 형성하며 강한 ester 취를 형성한다.

② **포도주스** : *Kloeckera apiculata* (레몬형 효모)가 가장 많으며, 다음이 *Sacch. ellipsoideus* 으로 이들이 포도주스에 있는 효모의 80% 이상을 차지한다. 그밖에 아황산에 강한 *Sacch. ludwigii*, 그리고 *Hansenula*, *Pichia*, *Torulopsis*, *Candida*, *Rhodotorula*, *Brettanomyces* 속 등도 발견된다. 이들 효모의 수나 종류

는 그 해의 강우량과 일조량에 따라 다르다.

③ 감귤류 주스 : 외피에는 *Candida, Hanseniaspora, Pichia* 속 등의 효모가 있으며, 주스에는 *Sacch. cervisiae, Sacch. ellipsoideus, Torulopsis, Mycoderma* 등 신선한 주스에 없던 균종이 나타난다. 이것은 낮은 pH 에서 원래의 균종은 사멸하고, 주스의 추출과정 중에 외부에서 혼입된 것으로 연유된다.

3) 주스 중의 곰팡이

주스 중에는 곰팡이가 많지 않고, 따라서 피해도 비교적 적다. 그 중 가장 흔한 곰팡이는 *Penicillium* 속이며 이것은 약간의 탄산가스로 생육이 억제된다. 포자의 저항력으로 생잔하는 *Asp. nidulans*, *Asp. fumigatus* 도 비교적 많이 검출된다.

Alternaria, Cladosporium, Botrytis, Oospora, Fusarium 속 등이 착즙 직후에 발견되나, 저장 주스에서는 잘 발견되지 않는다.

4) 주스 미생물을 감소시키는 처리법

① 원심분리법으로 효모의 수를 감소시킬 수 있으며, 그 효과는 rpm 에 따라 달라진다.

② 청징제 사용, 즉 gelatin, bentonite, 효소 등을 쓰면 고형물과 미생물이 흡착 및 침하(沈下)하여 감소한다.

③ 열처리에 의한 살균과 효소의 불활성화

④ 고압 CO_2 에 의한 저장

⑤ 저온살균법 : 사멸속도는 균의 종류, pH, 온도에 따라 다르다.

⑥ 아황산 혹은 그 염류 처리 : 강한 환원력으로 갈변 등의 화학적 변화를 억제하고 아울러 살균력도 있다.

⑦ 주스의 여과를 2~3회 반복하면 거의 무균상태로 만들 수 있다.

(4) 저장 과일주스의 미생물 변패

1) 혼 탁

화학적 작용에 의한 혼탁, 냉·고온 응고성 protein 의 응집에 의한 혼탁, tannin 에 의한 혼탁, 그리고 가장 흔한 효모에 의한 혼탁이 있다. *Torulopsis* 에 의한 혼탁이 흔히 발생하지만 병의 세척불량에 의하는 경우가 많다. 내열성에 강한 곰팡이 *Byssochlamys nivea, Paecilomyces varioti* 등의 혼탁이 시판 주스에서 잘 발생한다.

이들은 약간의 생육으로도 pectinase 이 생성되어 주스의 원하지 않는 청징화(淸澄化)와 곰팡이 냄새, 맛의 변화를 일으킨다. CO_2 함유 주스에는 이들 곰팡이의 발생이 적다.

2) 알코올의 생성

저장주스의 알코올 생성은 주로 효모에 의하며, 곰팡이는 큰 원인이 되지 않는다. 세균들 중 *L. buchneri* 는 fructose 의 약 40%를 알코올화하며, 혹종의 *Leuconostoc* 속 균주도 포도당에서 약간의 알코올을 생성한다.

고압 탄산가스의 저장으로 효모의 발효는 실질적으로 방지는 되지만, 효모를 사멸시키는 것은 아니다.

3) 유기산의 변화

포도주스에는 주석산(tartaric acid)과 사과산(malic acid)이 많으며, 귤, 포도, 사과, 배 등에는 구연산(citric acid)이 많다.

Tartaric acid 는 미생물에 가장 안전하여 효모는 이용하지 못하고 혹종의 세균 *Aerobacter*, *Escherichia* 와 곰팡이 *Penicillium*, *Aspergillus*, *Fusarium* 등을 탄소원으로 이용할 수 있다. Malic acid 의 분해는 혹종의 젖산균 *Lactobacillus* 또는 *Leuconostoc* 속에 의한 Malo-Lactic fermentation 이 있고, 또 어떤 세균은 사과산을 젖산(lactic acid)과 호박산(succinic acid)으로 분해한다.

곰팡이는 사과산을 분해하는 *Botrytis cinerea* 등과 사과산을 생성하는 *Rhizopus nigricans* 등이 있다. 과일주스 중 많은 젖산균은 구연산에서 초산, 젖산, 탄산가스 등을 생성하고, 초산이 증가하면 주스의 품질은 저하된다. 주스에서 효모에 의한 유기산의 변화는 적다. 그러나 호박산이 생성된다.

(5) 잼류의 미생물

잼류의 pH 는 3~4 정도로 산성이고 당농도는 65% 이상이며, 100℃ 이상에서 처리되어 미생물 변패는 적지만, 간혹 잼의 표면에 곰팡이나 효모가 발생하는 일이 있다. 이런 현상은 온도 변화에 의한 응축수에서 일어난다.

병조림이나 통조림은 85℃에서 10~15분간 살균하거나 sorbic acid 를 0.5g/kg 이하로 사용하여 변패를 막을 수 있다.

12-4 수산식품

1. 생선과 패류

생선은 수분함량이 70~80%, 단백질 10~15%, 지방 5~15%, 소량의 무기물, 탄수화물(glycogen) 및 아미노산 등과 같은 extract와 그 밖의 trimethyl amine oxide, 요소, betain, nucleotide 등을 함유한다.

어패류가 육류에 비해 쉽게 부패하는 이유는 다음과 같다.

① 살의 구조가 단순하고 조직이 연약하다.

② 육류보다 수분이 많으며, pH도 약알칼리성인 6~7.3 정도이다.

③ 세균과 효소가 많은 소화관, 겹질, 아가미, 내장 등을 분리할 때 이들에 부착되어 있던 세균들에 의한 오염의 기회가 더 많다.

④ 천연의 면역소가 적다.

(1) 어패류의 부패미생물

해양성 세균은 어체(魚體) 표피의 점질물, 아가미 또는 장내에 부착되어 있다가 고기가 죽은 다음, 어체의 사후경직이 풀릴 때 번식하기 시작한다. 어패류의 균군은 해역과 계절에 따라 큰 차이가 있다. 바다의 살아 있는 활어표면에는 1cm^{2}당 수백 마리이었던 세균이, 시장에서는 1만~10만, 또 점포에서는 10만~100만 마리가 되는 것이 인정된다.

표 12-6 어패류의 부패미생물

	균 종		비 고
해양어	*Pseudomonas* ○△ *Achromobacter* ○△ *Flavobacterium* ○△ *Mc. agilis* *Corynebacterium* ○ *Bacillus* (*Proteus*)	*Sarcina* ○ *Serratia* *Vibrio* ○ *Clostridium* *Escherichia* ○	○는 소화관 내에 서식한다. △는 호냉세균이고 빙장어나 냉장어의 변패에 중요한 역할을 한다. 해양어의 부패에는 효모가 관여하는 경우도 있다.
갑각류	*Myxococcus*		게 등의 갑각(甲殼)을 분해한다.
	Rhodotorula, Candida, Torulopsis, *Trichosporon, Pullularia, Gaffkya*		} 새 우
해수어	*Aeromonas, Brevibacterium, Alcaligenes,* *Lactobacillus, Streptococcus*		해양어에 있는 세균 그 밖의 균
패 류	생선의 경우와 비슷하나 토양세균도 혼재한다.		

(2) 어패류 변패에 관여하는 인자

① **생선의 종류** : 일반적으로 넓적한 생선이 둥근 생선보다 자기소화가 쉽게 일어나므로 부패가 빠르지만, 가자미(pH 5.5)는 변패가 더디다.

② **어획할 때의 상태** : 어획할 때 장시간 시달리고 산소 결핍으로 죽은 것은, 세포 내의 glycogen 이 심하게 소모되고 pH 의 저하가 일어나기 때문에 빨리 상한다.

③ **세균오염의 정도** : 오염 세균의 수가 10^6/g 정도가 되면 생선은 부패가 시작된다.

④ **온 도** : 생선의 주요 부패원인균인 *Pseudomonas*, *Achromobacter*, *Flavobacterium* 등의 생육온도는 0~30℃으로, 25℃ 부근에서 부패가 가장 빠르다. 생선을 0~1℃로 냉각하거나 －7℃로 냉장하여도 호냉균은 증식한다.

⑤ **어육의 성분 및 pH** : glycogen 등 탄수화물이 많으면 발효에 의하여 산성이 되고, 단백질 등 질소화합물의 분해가 늦어진다. 산성에서는 아미노산 탈탄산 효소에 의하여 아민이 생성되어 중독원인이 되나 NH_3 는 생성되지 않는다.

(3) 어패류 변패의 모양

요소로부터 요소분해 세균에 의해 많은 암모니아가 생성되고, 또한 TMAO 에서 TMA 도 많이 생겨 심한 악취가 발생한다. 암모니아 생성균은 *Achromobacter*, *Pseudomonas*, *Flavobacterium*, *Micrococcus*, *Corynebacterium*, *Sarcina*, *Enterobacter*, *Bacillus* 등 물에 유래되는 것이다.

새우, 게 등의 갑각류는 *Achromobacter*, *Pseudomonas*, *Flavobacterium*, *Proteus* 등이 부패를 일으킨다. 굴 등 패류는 껍질째 냉장하면 안전하지만 껍질을 벗기면 금방 변패한다.

패류에는 glycogen 이 많으므로 일단 산성이 되었다가 그 후 알칼리성으로 되는 부패과정에 특징이 있다. 굴은 동결점에 가까운 저온에서는 대표적인 저온균 *Pseudomonas, Achromobacter, Flavobacterium, Micrococcus* 속 등에 의하여 부패하고 고온에서는 글리코겐의 가수분해산물인 당을 이용하여 대장균, *Streptococcus*, *Lactobacillus*, 효모 등이 발효하여 산패한다.

(4) 어패류의 선도유지

일반적으로 선도유지를 위해서는 냉동·포장·위생적 관리가 필요하고, 특히 냉동법은 널리 이용되고 있다.

냉동은 급속동결(−25~−30℃)로 세포의 파손을 방지하며 미생물의 증식을 억제하고, 지방의 산화, 단백질의 변성, 유질의 변색, 맛의 변화 등을 방지하면서 약 1년 정도 선도유지를 할 수 있다. 동결 후 어체에 빙의(氷衣)를 입히면 공기와의 접촉이 차단돼 더욱 효과적이다.

포장(plastic film)은 호기성균의 침입을 방지하고 물리·화학적 변질도 더디게 하여 선도유지에 효과가 있다.

2. 수산 통조림

바지락, 조개, 대합 등의 통조림은 때로 *Clostridium nigrificans* 에 의해서 흑변(黑變)되는 경우가 있다. 내열성의 세균포자들이 바지락의 소화관 내에서 증식하다가, 일반적인 가열살균에는 사멸하지 않고, 서서히 발아하여 함황(含黃)아미노산을 분해하여 H_2S 를 발생한다. 이 H_2S 가 철 또는 구리 이온들과 반응하여 육질과 즙액을 흑변시킨다.

흑변의 방지는 원료의 철저한 살균 및 제거(전기영동법에 의한 제거 : 미산성에서 세균은 (−)로 대전하여 직류전장에서는 (+)극으로 이동한다), 혹은 금속이온을 Phytin 산으로 제거하는 등의 방법으로 처리한다.

3. 생선 소시지

각종 생선을 마쇄하여 향신료와 유지를 첨가하고 casing 을 하여 가열살균시킨 것이 생선 소시지이며, 성분상으로 보면 미생물에 의한 변패가 쉬운 식품같지만, 여름철에도 1개월 정도 보존이 가능하다. 이 보존성은 고온열탕에 의한 살균·밀봉 포장으로 2차 오염을 방지하고, 보존료(furylfuramide) 첨가 후에 가열 등으로 잔존 포자의 발아를 억제한다.

생선 소시지 변패에 관여하는 균은 대부분 혐기성균으로 *Clostrdium* 속의 잔존은 극히 적으며, 통성혐기성의 *Bacillus* 속에 의한 것이 대부분이다. 변패는 주로 *Bac. coagulans*, *Bac. firmus*, *Bac. subtilis*, *Bac. circulans*, *Bac. sphaericus* 등에

의하여 발생하며, 때로 *Streptococcus*, *Sarcina* 속 등도 관여한다. 이들 원인균이 $10^{6\sim7}$/g 이 되면 변패가 감지된다.

Bacillus 에 의한 변패의 진행은 산도의 증가, pH 의 저하, 휘발성 염기질소의 증가, 퇴색, 수분탈리 등의 변화와 산패취 및 맛의 변화 등 관능상의 변화가 감지된다.

또 포장품과 비포장품에서 *Bacillus* 의 대사가 다르게 진행되어 발생하는 대사산물도 다르게 나타난다. 즉, 포장품에서는 휘발산이 생성되지만, 휘발성 염기는 상당기간 생기지 않는다.

이것은 *Bacillus* 속 균의 대사에서 아미노산이 산화적 탈아미노 반응을 거침으로써 암모니아 생성경로의 활성을 혐기조건에서 저하시키는 까닭이다.

12-5 날고기와 육제품

1. 날고기

건전한 육질 내부에는 미생물이 거의 없지만, 도살 처리과정 중에 균이 부착된다. 날고기도 사후경직이 풀리면 생선의 경우처럼 단백질이 분해되어 가용성 단백질, peptide, 아미노산 등을 생성하여 미생물의 증식을 적합하게 한다. 그러므로 식육저장에서는 자가소화(autolyse)의 진행을 억제하고 미생물의 증식을 억제해야 한다.

냉장은 10℃ 이하의 저온에서 세균의 증식이 억제되지만, autolyse 는 정지되지 않는다. 장기저장은 −20℃로 냉각하여 그 온도로 저장하면 3~6개월 간을 품질의 변화 없이 저장이 가능하다.

(1) 육류오염 미생물

날고기에 오염되는 미생물은 주로 세균이 표면을 비롯해 내면까지도 침입하고, 곰팡이와 효모는 간혹 표면에 부분적으로 오염된다. 고기에 오염되는 주요 미생물은 표 12-7과 같다.

표 12-7 육류오염 미생물

세 균	*Pseudomonas*, *Achromobacter*, *Micrococcus*, *Streptococcus*, *Leuconostoc*, *Pediococcus*, *Lactobacillus*, *Sarcina*, *Proteus*, *Flavobacterim*, *Bacillus*, *Clostridium*, *Escherichia*, *Streptomyces*, 병원균 (장내세균)
곰팡이 효 모	*Cladosporium*, *Sporotrichum*, *Oospora*(*Geotricum*), *Thamidium*, *Mucor*, *Penicillium*, *Alternaria*, *Monilia*, *Candida*, *Trichosporon*

(2) 날고기의 변패상태

날고기의 물리화학적 성질·온도 및 산소의 유무 등이 미생물 증식을 좌우하며, 날고기에는 여러 영양분이 풍부하고 생육인자 등이 많이 함유되어 있기 때문에 증식이 빠르게 진행된다. 고기 표면의 수분함량에 따라 증식하는 미생물의 종류가 달라지고 냉장의 온도에서도 증식이 가능한 호냉균, 곰팡이, 효모 등은 서서히 증식할 수 있다.

0℃ 정도로 저장해도 *Achromobacter*, *Pseudomonas*, *Flavobacterium*, *Micrococcus* 등이 주로 증식한다. 고기 표면 cm^2당 10^6 정도의 세균이 증식하면 냄새가 변하고, $10^{7\sim8}/cm^2$ 에서는 점질물을 형성하고, $10^8/cm^2$ 가 되면 암모니아도 발생한다. 진공포장된 것은 젖산균에 의해 산패되는 경우도 있다.

(3) 날고기 저장의 미생물 관리

미생물의 오염을 적게 하고 온도를 낮게 조절하는 냉장법이 좋다. 오염균 수를 적게 하는 처리방법은 다음과 같다.

① 고기표면의 오염균 수를 다듬는 방법(trimming) 등을 사용한다.

② 냉장고 안을 청결히 유지한다.

③ 작업기구를 청결히 하고, 차아염소산용액 등으로 소독하는 것도 좋다.

(4) 호기적 조건에서의 변패

① **표면 점질물 생성 변패** : 오염균 수가 약 $10^7/cm^2$ 가 되면 점질물을 생성하게 되며, *Pseudomonas*, *Achromobacter*, *Micrococcus*, *Streptococcus*, *Bacillus* 등과 일부의 *Lactobacillus*, 효모 *Debaryomyces guilliermondii* var. *novazeelandicus* 등에 의해 발생한다.

② 고기색소의 변화 : 고기색이 다갈색, 녹색, 회색으로 변하며, 녹색화는 hetero 젖산균인 *Lactobacillus*, *Leuconostoc* 등에 의해서 일어난다.

③ 유지의 변패 : 화학적인 것이 많으나 유지분해성 균인 *Pseudomonas*, *Achromobacter* 와 효모인 *Candida lipolytica* 등에 의한 산패가 있다.

④ 착색세균에 의한 착색 및 반점 : 적색 색소 생성균인 *Serratia marcescens*, 청색 색소 생성균인 *Ps. syncyanea*, 황색 색소 형성균인 *Micrococcus, Flavobacterium*, 녹청색에서 다갈색을 띠고 있는 흑색의 *Chromobacterium lividum*, 효모에 의해 백색, 홍색, 회색의 반점 등이 나타나기도 한다.

⑤ 곰팡이 발생에 의한 변패 : 곰팡이는 생육 초기에 고기표면에 점성을 느끼게 하고, 닭털 모양의 균사를 착생시킨다.

주발생균은 *Thamnidium chaetocladioides*, *T. elegans*, *Mucor mucedo*, *M. lusitanicus*, *M. racemosus*, *Rhizopus* 등이다.

⑥ 곰팡이의 착색반점 : 흑색반점을 생성하는 *Cladosporium herbarum* 과 백색반점을 생성하는 *Sporotricum carnis*, *Geotrichum* 속이 있고, 녹색반점을 생성하는 *Pen. expansum*, *Pen. oxalicum*, *Pen. asperulum* 등이 있다.

⑦ 곰팡이의 유지분해 : 많은 곰팡이가 lipase 를 가지고 있어 유지를 가수분해하여 산화를 조장하며, 젖산균 또는 효모 등의 증식을 촉진시켜 산취와 산미를 내고 젖산 및 휘발산 등을 생성한다.

⑧ 방선균에 의한 흙냄새 : *Actinomycetes* 속에 의한 흙냄새의 흡착으로 악변한다.

(5) 혐기적 조건에서의 변패

① 부 패 : *Clostridium*, *Pseudomonas*, *Achromobacter*, *Proteus* 등에 의한 혐기적 단백질의 부패로, H_2S, Mercaptan 과 같은 불쾌한 냄새와 암모니아, 아민, indole, skadole, 지방산 등이 생성된다.

② 산 패 : *Clostridium*, 대장균 또는 고기 자체의 효소 등으로 산패가 일어나고, 부패에 의한 지방산, 젖산 및 산과 가스로 악취를 내며 산패한다. 진공포장된 고기는 혐기성균인 젖산균에 의해 산패를 일으킨다.

2. 고기 가공품

(1) 햄 · 베이컨

1) 햄 제품의 미생물

처음 원료육의 균체 수와 종류는 제조공정의 처리에 따라 달라지나, 햄 제품에는 주로 *Bacillus* 속이 많고 *Staphylococcus*, *Micrococcus* 가 혼재되어 있다. 햄의 변패는 주로 저온성균이나 내염성 세균인 *Achromobacter*, *Bacillus*, *Pseudomonas*, *Lactobacillus*, *Proteus*, *Serratia*, *Micrococcus*, *Clostridium* 속 등에 의해 일어난다.

2) 베이컨의 미생물

돼지 갈비살의 지방이 많은 고기를 정형 후 피빼기 ⇒ 소금물에 담그기 ⇒ 물에 담그기 ⇒ 저온훈연(15~30℃에서 1~2일간)의 과정을 거쳐 만드나, 끓이지는 않는다.

따라서 식염내성 또는 저온균인 *Micrococcus*, *Stphylococcus*, 젖산균의 *Sc. faecalis* 가 많이 존재한다. 냉장고 내의 포장 베이컨의 저장에서 제품의 수분이 약 22%일 때 곰팡이인 *Aspergillus*, *Alternaria*, *Monilia*, *Oidium*, *Fusarium*, *Mucor*, *Rhizopus*, *Penicillium* 등의 변패가 일어난다.

(2) 소시지

1) 제조공정 중의 미생물

원료육의 세균수는 적으나, 공정 중에 혼입되어 건조 및 훈연까지 고기의 품온이 서서히 높아짐에 따라 $10^{6\sim7}$/g 의 균수까지 증가한다. Boilling 에 따라 대다수의 세균은 사멸하고, *Bacillus* 속 포자는 약간 남게 된다. 소시지의 저장성은 제조공정에 있어서 위생관리로 좌우된다고 말할 수 있다.

2) 소시지의 미생물 변패

변패는 casing 의 표면, casing 과 고기의 사이, 그리고 내부에서 생긴다. 표면에는 세균 *Micrococcus* 나 효모 *Debaryomyces* 속이 점질물을 형성하고 이들은 또한 저온(2℃)에서 생육하고 식염내성도 있다. 표면과 고기 사이에도 *Micrococcus* 에 의하여 산과 점질물이 생성될 수 있다. 내부 변패는 장기간 냉장 혹은 10℃ 이상에서 보존할 때 *Mc. candidus*, *Leuconostoc* 에 의한 산패 등이 일어난다.

고기의 적색이 회백색으로 되는 현상도 세균에 의하여 촉진되며, 녹색화는 *Lactobacillus* 또는 *Leuconostoc* 등의 젖산균에 의하여 발생할 수 있다. 이 녹색화는 낮은 pH 와 약간의 산소 존재상태에서 더욱 심하다.

12-6 달 걀

1. 달걀의 미생물오염

갓 낳은 달걀의 내부는 거의 무균이다. 그러나 주위환경에 따라 세균 및 곰팡이 등이 껍질에 오염됨으로써 습한 껍질을 통하여 달걀 내부로 침입한다.

달걀은 자연적인 방어기구를 갖추고 있다. 껍질 표면에 mucin 이라는 점질물의 박피가 있고 껍질 내층에도 피막이 있기 때문에 우선 기계적으로 미생물의 침입을 차단한다. 그러나 달걀 표면에 습기가 있고, 또 mucin 의 박피가 손상되면 달걀의 기공을 통하여 오염균이 껍질 내부로 침입하여 증식할 수 있다.

난백 자체의 pH 가 약 9.6 정도로 높고 비단백태 질소가 적으며, riboflavin 이 단백질과 결합하고 있어서 세균의 배지로 불량하다. 또한 lysozyme, avidin, conalbumin 등, 세균의 발육을 저지하는 특수물질도 함유하고 있다.

이와 같은 악조건의 난백에서 증식한 세균이 난황에 침투하면, 난황은 세균에 좋은 배지가 되므로 급속히 증식하여 변패를 일으킨다. 달걀은 보통 호냉균인 *Pseudomonas*, *Proteus*, *Achromobacter* 속 등에 의한 변패 위험이 높다.

껍질에 오염되는 대부분의 세균은 부패와 관계가 적은 Gram (양성)의 구균 또는 간균이며, 부패력이 큰 Gram (음성)균은 적다. 간혹 병원성의 *Salmonella* 속이 오염되는 경우도 있는데, 동결란(凍結卵) 및 건조란(乾燥卵)에서 발견되기도 한다.

표 12-8 세균에 의한 달걀의 변패

부패형태	원 인 균	변패의 양상
녹 색 부 패	*Ps. fluorescens*	저온(0℃)에서 일어나며, 난백이 밝은 녹색이 되고, 차츰 난황이 분해되어 난백과 섞인다. 녹색이 퇴색되고 냄새는 적으나, 강한 형광을 발생한다.
무 색 부 패	*Pseudomonas*, *Achromobacter*, 혹종의 대장균	투과광선으로 투시하면 쉽게 식별된다. 난황도 분해되어 희게 되고 악취도 낸다.
흑 색 부 패	*Proteus melanovogenes*, 혹종의 *Pseudomonas*	저장온도가 높을 때 잘 발생하고 난백은 불투명해진다. 난황은 흑색으로 되었다가 파괴되고 회갈색으로 되며, 부패취와 H_2S를 발생하여 가스압이 높아진다.
분홍색 부 패	*Pseudomonas*	간혹 발생하며 녹색부패 후기에 나타나기도 한다. 무색 부패와 비슷하나 분홍의 침전물이 난황에서 나와 난백을 분홍색으로 만든다. 냄새의 악변은 적다.
적색부패	*Serratia*	

표 12-9 곰팡이에 의한 달걀의 변패

부패형태	원 인 균	변패의 양상
반 점 변 패	*Cladosporium* (흑~흑녹색) *Sporotrichum* (홍색)	보존 중 습도가 높으면 껍질의 표면 또는 안쪽에 작은 집락이 생기며, 황색에서 청록의 반점을 만드는 *Penicillium*도 껍질 안쪽에 발생한다.
표 면 변 패	반점변패의 원인곰팡이 외에 *Mucor*, *Thamnidium*, *Botrytis*, *Alternaria*	껍질표면에 곰팡이가 발생한다.
내 부 변 패	*Sporotrichum* (적색) *Cladosporium* (흑색)	기공·균열 등에 의하여 달걀 안으로 침입함으로써 난백을 젤리화·착색시키고, 곰팡이 냄새를 낸다.

2. 달걀 저장 중의 미생물 관리

(1) 달걀에 부착된 균의 제거

32~60℃의 차아염소산 소다나 제4급 암모늄화합물 등의 용액으로 세척하면 균의 제거와 살균에 효과적이다. 하지만 mucin도 제거되어 세균의 재침입도 우려된다. *Salmonella*는 60℃에서 3.5분 이상의 가열로 사멸되지만, 난백의 응고에 주의가 필요하다.

(2) 저온저장

가장 널리 이용되는 달걀 저장법으로, −1~−2℃에서 RH 80~90%의 조건으로 6개월 이상 보존이 가능하다. 수분증발과 공기의 투과를 막기 위하여 달걀을 냉장 전에 상온 또는 38~43℃의 광물유(鑛物油)에 몇 초간을 침지하는 경우도 있다.

그 밖의 방법으로 Water glass, 붕산염, 과망간산염 등의 용액에 침지하거나 보관상자를 Na-pentachlorophenolate로 처리하여 곰팡이 등의 오염을 방지하는 수가 있다. 또 ethylene oxide와 같은 가스살균 혹은 저농도의 탄산가스, 오존(1 ppm) 등을 저장 장소의 공기 중에 함유시켜도 유효하다.

12-7 우유와 유제품

1. 우 유

우유는 중성으로 유당, 지방, 단백질, 아미노산, 무기물 등 미생물에 좋은 영양분을 가지므로 많은 미생물이 잘 증식하는 좋은 배지가 된다. 때문에 여러가지 변패가 일어난다.

(1) 우유의 변패

1) 산 패

우유가 신맛을 내며 응결되는 변패로 정상발효젖산균인 *St. lactis*와 그 밖의 대장균, 장구균, *Micrococcus* 등이 10~37℃에서 원유를 잘 산패시킨다. 37~50℃에서는

St. thermophillus, *St. faecalis* 등이 약 1%의 산을 생성하고 *L. bulgaricus* 에 의해서 우유는 아주 신맛으로 변한다.

50℃ 이상에서 생육하는 젖산간균이 있으나 산은 많이 생성하지 않으며, *L. thermophilus*, *Bac. calidolactis* 등의 고온균은 더욱 높은 온도에서 생육한다. 우유의 저온살균(pasteurization)으로 활발한 산 생성균은 사멸하지만, 내열성 젖산균은 생존하여 보존온도가 높으면 젖산발효가 일어난다. 반면 냉장고 내의 저온저장에서는 호냉균에 의한 단백분해가 일어나기 쉽다.

2) 가스생성

세균에 의한 가스생성은 우유 및 유제품에서는 좋지 않은 현상이며, 주로 대장균, *Clostridium* 및 *Bacillus* 등에 의한 경우가 대부분이다. 이들 세균은 치즈 같은 유제품 생산에는 유해균이 된다.

3) 단백분해 (proteolysis)

우유의 단백질분해는 peptide 성 고미물질의 생성이 수반된다. 또한 변질의 유형은 다음과 같다.

① acid-proteolysis : Micrococcus, 내열성의 *St. faecalis* var. *liquefaciens* 또는 *Bac. cereus* 의 포자가 가열살균에도 생존하여 살균우유에서 산생성과 단백분해를 동시에 일으킨다. 수축한 curd 가 생성되고, 다음 단계로는 서서히 소화돼 종래에는 완전히 용해된다.

② 내생효소에 의한 단백분해 : 호냉성이며 단백분해력이 강한 *Micrococcus*, *Pseudomonas*, *Achromobacter*, *Flavobacterium* 등이 냉장우유에서 단백분해와 고미물질을 생성한다.

③ 알칼리성이 되는 단백분해

④ 세균 응유효소에 의한 응유화

4) 점질성 변패

세균에 의한 점패는 보통 저온에서 점질물생성균에 의해 잘 발생하고, 우유나 크림의 산도가 증가하면 점패는 감소한다. 세균성 점패에는 두 가지 형이 있다.

첫 번째는 우유의 표면이 *Alcaligenes viscolactis* 등에 의하여 점조(粘稠)하게 되는 것, 두 번째의 변패는 우유의 전면 점패로서 *Enterobacter aerogenes*, *Enterobacter cloacae*, *St. lactis* *L. bulgaricus*, *L. plantarum*, *L. casei* 등 많은 세균에 의하여 발생한다.

5) 열에 의한 우유의 변패

원유는 저장한 온도에 따라 미생물 microflora 의 전형적인 변화를 보인다. 냉장 온도에서는 *Pseudomonas* 속과 같은 저온균에 의해 시작되고, 이어서 곰팡이가 발생한다. 실온에서는 산발효가 일어나기 쉽다.

발효는 처음에 *Streptococcus* 속 젖산균과 대장균에 의해 시작되고, 이어서 내산성의 *Lactobacillus* 속에 의해서 더 많은 산이 생성된다. 그 후 우유 표면의 곰팡이 또는 산막효모의 생육으로 산을 분해하여 산도를 감소시키게 되므로 산생성은 더 계속되어 산의 대부분이 분해되면 단백분해성균 또는 부패균에 의해서 단백질까지 분해된다.

가열살균(HTST–법 등)에 의해서 효모, 곰팡이, 대부분의 호냉균, 대장균 및 *Streptococcus lactis* 와 같은 빠른 산생성균은 사멸된다. 이처럼 살균된 우유의 부패에는 살균에 의해서 사멸되지 않은 잔존 내열성 균과 포자형성균, 포장할 때의 제 2차 오염, 저장온도 등이 영향을 미치게 된다.

살균하여 밀봉한 carton 우유의 변패는 저장온도에 영향을 받는다. 근래에 있어서 살균우유의 부패문제는, 호냉성이며 포자형성균인 *Bacillus* 속 세균이 관련돼 있기 때문에 장기저장을 위해서 살균온도를 높이는 경향이다.

6) 유지방의 변화

유지방(milk fat)은 여러 종류의 미생물에 의해 분해되고, 다음과 같은 지방의 변화가 관찰된다.

① lipase 에 의한 가수분해

유지방이 lipase 에 의하여 가수분해되어 지방산과 glycerol 로 분해된다. 이들 lipase는 우유 자체의 효소이거나 미생물에서 유래한 것이다.

② 산화 및 가수분해에 의한 산패

③ 불포화 지방산의 산화

다른 분해와 연계하여 aldehyde, acid, keton 이 생성되고 소기름 냄새와 맛이 나게 된다. 이 반응은 금속·빛·산화미생물에 의해서 촉진된다.

7) 변 색

미생물에 의한 변색은 다음과 같은 것이 있다.

① 청변유 (blue milk)

Pseudomonas syncyanea 가 생성하는 색소에 의한 변색이며, 이 균 단독으로는 청회색에서 갈색 색소를 생성하나 *Streptococcus lactis* 와는 짙은 청색을 나타낸다. 이러한 변색은 방선균 또는 *Geotrichum* 속 균종에 의해서도 드물게 나타난다.

② 황변유 (yellow milk)

Pseudomonas synxantha 는 지방질 및 단백질 분해와 동시에 우유의 크림층을 황색으로 만들며, *Flavobacterium* 속 세균에 의해서도 우유는 황색을 띠게 된다.

③ 적변유 (red milk)

Serratia marcescens 에 의해서 붉은 색소를 형성하기도 하며, 우유의 표면에 붉은 층을 만드는 *Brevibacterium erythrogenes*, *Micrococcus roseus* 가 생육하여 붉은 침전이 생긴다. 또 효모는 분홍색 혹은 붉은 색의 집락 (colony)을 쉰 우유의 표면에 형성시킨다.

④ 갈변유 (brown milk)

Alteromonas putrefaciens 에 의해 갈색으로 되거나 *Pseudomonas fluorescens* 에 의한 tyrosine 의 효소적 산화로 갈변한다.

8) 풍미의 변화

미생물에 의해서 쉰맛, 쓴맛, 탄맛 등의 여러 맛이 생긴다.

① 쉰 맛

Streptococcus lactis 등의 산생성균에 의한 쉰 맛과 대장균, *Clostridium* 균종에 의한 불쾌한 휘발산 등에 의한 맛 등이 있다.

② 쓴 맛

주로 단백질 분해에 의해서 생기고, 유지의 분해나 젖당의 발효에 의해서도 생긴다. 대장균과 무포자 효모의 일부 균종에 의해서도 쓴맛이 생긴다.

③ 탄 내

Streptococcus lactis var. *maltigenes* 의 균주에는 우유를 과열처리한 것과 같은 탄내를 생성하는 것이 있다.

그 밖에도 *Enterobacter oxytocum* 에 의한 헛간 냄새, *Pseudomonas sapolactica* 등의 비누냄새 및 미생물에 의해 다양한 냄새가 생긴다.

2. 유제품

(1) 버 터

버터의 변패는 원료가 되는 크림에서 기인하는 경우가 대부분이다. 버터가 변패되는 양상은 보존되는 환경과 버터의 종류에 따라 달라진다. 가염버터는 염분농도가 높고 수분이 상대적으로 적기 때문에 무염버터보다 미생물이 잘 생육하지 않는다. 또한 버터는 살균된 크림에서 만들어질 뿐만 아니라 냉장하기 때문에 미생물 특히 세균의 생육이 매우 미약하다.

버터는 공기로부터 휘발성 물질을 잘 흡수하며, 미생물에 의한 냄새에는 ① *Alteromonas putrefaciens* 에 의해서 생성되는 짙은 땀냄새 같은 표면의 쉰 냄새 ② *Aeromonas hydrophila* 에 의한 생선 비린내 ③ *Pseudomonas fragi* 에 의한 ester 냄새 ④ *Pseudomonas mephitica* 에 의한 일광취 ⑤ 곰팡이가 생성하는 Roquefort 치즈 냄새 등이 있다.

버터 표면의 변색은 크림 살균이 불충분할 때 곰팡이, 효모 또는 세균에 의해서 생긴다. 예를 들면, *Alternaria, Cladosporium* 속 균종에 의한 암회색 또는 녹색 반점, *Stemphylium* 속의 흑색 반점, *Penicillium* 속의 녹색 착색, *Phoma* 속 또는 *Alternaria* 속 곰팡이의 갈색 부분, *Geotricum* 속에 의한 오렌지 혹은 황색 반점, *Fusarium culmorum* 에 의한 밝고 붉은 분홍색 등 많은 변색을 볼 수 있다. 오늘날 곰팡이의 발생은 dehydroacetic acid (DHA)의 사용으로 감소하고 있다.

(2) 치 즈

일반적으로 치즈 보존 중의 변패는 그 수분함량에 영향을 받는다. 수분이 많은 연질치즈(soft cheese)가 가장 변패되기 쉽고, 수분이 적은 경질치즈(hard cheese)는 잘 변패되지 않는다.

변패미생물은 주로 곰팡이이고, 대부분 표면에 착생하여 변색·불쾌취 등의 악변을 일으킨다. 치즈 표면의 곰팡이는 다음과 같은 것이 있다.

① *Geptricum* (Oospora)

연질치즈에 잘 발생하고 다른 곰팡이나 세균의 증식을 억제한다. 이 곰팡이층 밑의 curd 는 서서히 액화한다.

② *Cladosporium*

균사와 포자가 검어서 치즈가 흑변한다. 가장 흔한 균은 *Cladosporium herbarum* 이다.

③ *Penicillium*

Pen. puberum 등은 치즈에 초록색 반점을 *Pen. casei* 는 황갈색 반점 등을 만든다.

④ *Monilia*

Monilia nigra 는 단단한 치즈의 표면에 검은 점을 만든다. 치즈의 표면에 수분이 많으면 효모가 생육하여 착색된다. 산막효모가 생육한 곳에는 *Brevibacterium lenens* 가 증식하여 황색에서 적색으로 착색하는 일도 있다.

(3) 아이스크림

우유의 크림에 향료, 색소, 안정제 등을 섞어 공기가 함유되도록 하여 동결한 제품으로 미생물에 오염될 가능성이 높다. 대부분의 세균은 크림, 탈지유 및 우유에서 유래된다. 아이스크림 중의 세균수는 제품에 따라 차이가 있으나 보통 10^3~10_6/mL 의 세균이 존재하고, 대장균군도 종종 볼 수 있다.

(4) 분 유

세균수는 일반적으로 10^2~10^3/g 의 정도이며, 검출되는 주요균은 *Streptococcus faecalis*, *Micrococcus* 속 세균 및 포자형성균이다. 분유의 식품위생에 있어서 특히 중요한 균은 *Staphylococcus aureus* 이고, 이 균으로 중독되는 경우도 있다. 저장 중에 수분함량이 높아지면(8% 이상) 곰팡이가 증식한다.

12-8 통조림

1904년에 프랑스에서 Nicolas Appert 가 유리용기에 식품을 넣고 코르크 마개로 덮고 가열하는 식품의 저장법을 발명한 것이 통조림의 시초가 되었다. 그 이후, 영국에서 양철관(tin can)을 처음으로 고안하였고, 밀봉·탈기·살균방법의 발전으로 식품의 저장성을 높이는 데에 큰 기여를 하였다. 그러나 때로는 살균부족 또는 밀봉의 불량 등으로 변패가 발생하기도 한다.

미생물에 의한 통조림 변패는 일반적으로 고온균에 의한 변패와 중온균에 의한 변패로 나눈다. 또 다른 분류방법으로는 통조림 식품에서 생기는 변화의 종류, 즉 부패·산성화·가스생성 유무·흑변 등에 따른 분류가 있고, 식품의 종류에 따라 분류하는 방법도 있다.

1. 통조림의 변패

(1) 고온성 포자형성균에 의한 변패

대부분의 통조림 변패는 고온균에 의한 변패이며, 이것은 중온균의 포자보다 고온균의 포자가 내열성이 강하기 때문이다. 고온균에 의한 변패는 다음과 같다.

1) flat sour 변패

통조림의 외관은 정상으로 보이지만, 내용물은 젖산 등의 산 생성으로 산패되어 있다. 그러므로 개관(開罐)을 해야 비로소 변패를 알 수 있다. 이 변패는 완두나 옥수수 통조림과 같은 낮은 산도의 것에서 주로 일어나며, 대부분 *Bacillus* 속 균종이 원인이다.

토마토 또는 토마토 과즙과 같은 산성 통조림의 flat sour 변패는 고온균이며, 포자형성균인 *Bacillus coagulans* 가 원인이 된다. 이들 균의 유입 경로는 원료처리 중에 공장설비로부터 유입되지만, 이들은 원래 설탕 및 전분 또는 토양에서 유래된 것이다.

2) TA 변패

H_2S 를 생성하지 않으며 고온성의 혐기성균(thermophilic anaerobe, TA)인 *Clostridium thermosaccharolyticum* 에 의한 변패이다. 이 포자형성균은 산과 가스를 생성하고, 이 가스는 CO_2 와 H_2 의 혼합물로, 높은 온도에 오래 두면 통조림이 팽창하여 파열되기도 한다.

3) 황화물 변패

혐기성 유포자 세균인 *Cl. nigrificans* 에 의한 변패로, H_2S 의 가스를 생성하여 통조림을 개관할 때 악취를 낸다. 이 균의 발생은 가열살균의 열처리가 불완전했다는 것을 의미한다.

(2) 중온성 포자형성균에 의한 변패

불충분한 살균처리에서 비롯되는 중온균에 의한 대부분의 변패는 *Bacillus* 및 *Clostridium* 속의 포자형성균에 의한 것이며, 산성식품에서와 같이 완화된 가열처리에서는 비포자형성균, 효모나 곰팡이에 의해서도 변패될 수 있다.

1) 중온성 *Clostridium*

산성 또는 약산성의 통조림에서 당을 발효하여 낙산(butylic acid)과 동시에 CO_2와 H_2 가스를 생성하는 *Cl. butylicum* 과 *Cl. pasteurianum* 은 통조림을 팽창시킨다. *Cl. sporogenes*, *Cl. putrefaciens* 및 *Cl. botulinum* 과 같은 균종은 부패균으로 단백질을 분해하여 악취가 나는 CO_2, H_2, H_2S, NH_3, mercaptan, indole, skatole 과 같은 물질과 가스생성으로 통조림을 팽창시킨다.

Clostridium 속의 균종 중 탄수화물 분해력이 강한 균주의 포자는 비교적 내열성이 약하고, 이들 균에 의한 변패는 산성의 통조림에서와 같이 100℃ 또는 그 이하의 가열처리를 한 통조림에서 가장 흔하게 발생한다.

2) 중온성 *Bacillus*

중온균의 많은 포자는 100℃ 또는 그 이하의 온도에서 단시간에 사멸하지만, 일부 균종은 이보다 높은 온도에서도 생존할 수도 있다. *Bacillus* 속의 많은 균종은 호기성이므로 충분히 탈기된 용기에서는 생육할 수 없으며 이 속에 의해 변패되는 식품은 대부분 산도가 낮은 해산물, 육류 및 농축우유 등이다.

(3) 무포자 세균에 의한 변패

가열살균이 불충분하거나 통조림의 손상부위를 통하여 세균의 침입이 일어난다. *St. thermophilus*, *St. faecalis*, *St. faecium* (ham 통조림에 잘 발생), *Microc- occus* (고기 paste), *Lactobacillus* (과일, 토마토 제품), *Microbacterium* 등이 산취와 pH 저하를 일으킨다. 젖산 hetero 발효를 하는 균종은 CO_2 가스를 생성하여 통조림을 팽창시킨다.

(4) 효모에 의한 변패

가열처리의 불충분, 탈기(脫氣)의 불량 또는 관(罐)의 손상 등이 원인이 되어 과일, 잼, 젤리, 가당연유, 시럽 등의 통조림에서 발효성 효모가 탄산가스를 발생시킨다. 관을 팽창시키며, 피클 등에서는 산막효모가 표면에 발생하는 수도 있다.

(5) 곰팡이에 의한 변패

정상적인 공정으로 제조된 통조림에서는 곰팡이에 의한 변패가 거의 없다. 관의 밀봉불량에 의하여 곰팡이가 침입하면 당함량이 높고, 산도가 높은 잼류, 젤리 등의 통조림에서 곰팡이가 발생할 수 있다.

2. 변패의 식별

변패에는 한두 가지 종류의 식품에 한정되어 발생하는 형이 있다. 황화물변패는 완두 및 사탕수수에 한해서 발생하고, *Bacillus* 속 균종은 우유, 크림 및 연유 통조림에서 쓴맛과 신맛이 나고 응고하는 원인이 된다.

알칼리성의 야채는 단맛이 나는 특징이 있는 flat sour 변패 되는 등, 한정성을 보인다. 통조림 식품의 변패되는 원인을 계통적으로 식별하는 방법이고, 이 방법은 변패의 일반적인 형에 한하여 적용할 수 있다.

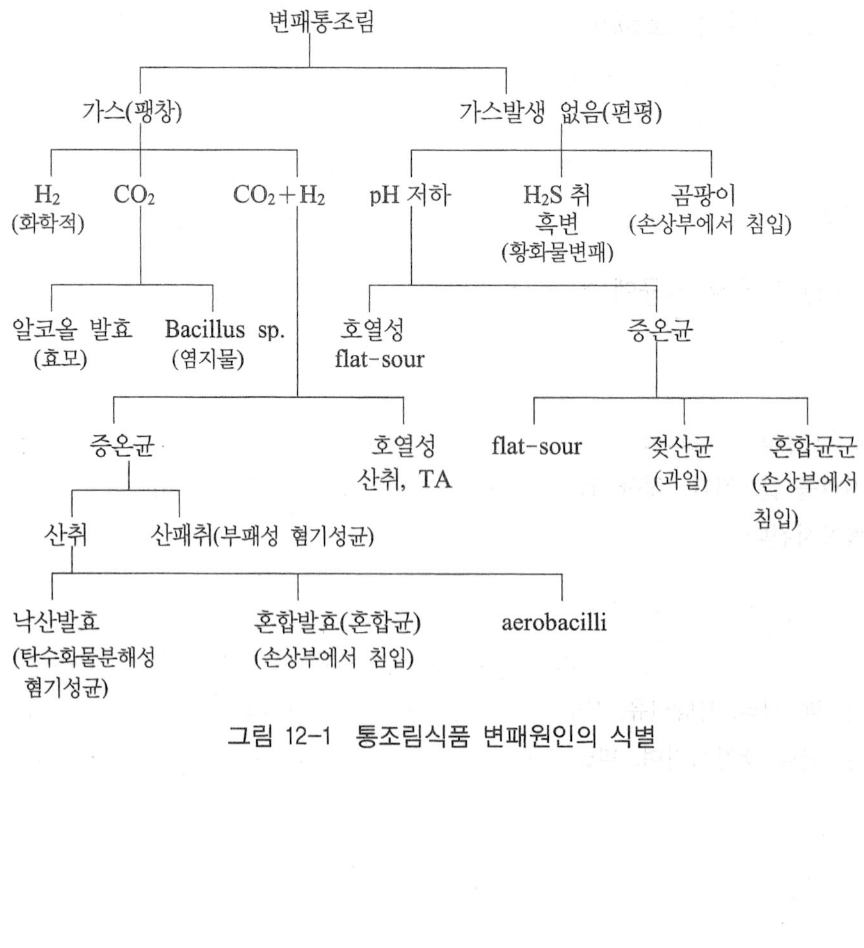

그림 12-1 통조림식품 변패원인의 식별

그림 12-1에서와 같이 산이 적은 통조림은 특히 flat sour 변패와 부패가 잘 일어나고, 산함량이 중간 정도의 통조림은 TA 변패가 잘 일어난다. 산성 통조림에서는 flat sour 변패 또는 당류 분해성의 혐기성 중온균에 의하여 변패된다. 산의 함량이 많은 통조림에서는 미생물 변패가 거의 없으나 수소발생으로 팽창이 일어날 수 있다.

통조림 제조에서는 충분한 살균과 밀봉이 그 보존성에 있어서 가장 중요하다. 그러므로 통조림의 pH 에 따라 적절한 살균을 하고, 통조림 내의 진공도(眞空度)를 충분히 하며, 보존 중 관의 손상을 방지하여야 한다. 또한 변패 원인균은 원료, 토양 등에서 유래하므로 제조공정에서 위생적 관리를 철저히 해야 한다.

12-9 건조식품

인스턴트식품으로 판매되는 건조식품의 수분은 육류, 생선 및 유제품의 경우 3% 이하, 야채 및 과일의 경우 5% 이하, 곡분의 경우 12% 이하이다. 이와 같이 낮은 수분으로 유지될 때에는 미생물 증식은 거의 없고 도리어 감소된다.

최근 식품가공기술의 많은 발전으로 식품건조법 중의 동결건조법(freeze drying)이 널리 이용되고 있는데, 이는 향미의 보존과 원래의 형태 복원성 등의 장점도 많으나, 다공질로서 흡습성이 높고 산화되기 쉬운 상태라서 보존 중의 변질을 막기 위해 포장재료 및 방법에 특히 유의하여야 한다.

1. 건조식품 저장 중의 미생물

건조식품을 낮은 수분으로 유지하면 식품 중의 세균수는 점차 감소한다. 그러나 건조식품이 공기에 노출된 상태에서는 보통 급속히 수분을 흡수하게 되며 수분함량이 10~15% 이상이 되면 미생물들이 증식하여 변패하기 쉽다.

동결건조식품에도 상당수의 세균이 있다. 동결공정에서 원료에 부착된 균의 사멸률(死滅率)은 낮다. 신선한 육류 또는 생선을 원료로 한 것은 약 10^5/g 의 세균이 함유되어 있다.

예컨대, 미국의 시판 건조수프에 대한 생균수 조사결과에 의하면 평균 총 균 수는 2.5×10^4/g 정도로 나타났다. 그 중 효모, 곰팡이, 대장균군 등은 100/g 이하로 적었다. 또한 호기성 유포자세균도 10^3/g 정도였다. 수분함량이 높은 식품을 건조하여 농축하면 미생물의 농도(숫자)도 증가한다. 건조공정에서 미생물의 사멸은 극히 적다. 그런데 식품위생의 지표가 되는 대장균수가 적다는 점을 따진다면 건조수프는 양호한 식품이라 하겠다.

그러나 주의가 필요한 것은 양파, 마늘 및 향신료 등을 사용한 수프이다. 여기에는 총 대장균수가 보통의 것보다 많기 때문이다. 즉, 다른 원료보다 세균수가 높다는 것이다. 그 밖의 셀러리, 양배추, 순무 등도 세균이 많은 원료이며, 셀러리와 순무에서는 대장균군도 검출된다.

건조식품의 미생물은 배합원료(配合原料)의 미생물이라고도 할 수 있다. 제품의 미생물수를 감소시키고 규격화하려면 사용하는 모든 원료에 대한 균수의 검사와 규제가 필요하다. 더욱이 제품의 안전한 보존을 위해서는 흡습(吸濕)이나 통기를 차단하는 적절한 포장법이 요구된다.

12-10 냉동식품

냉동식품은 대부분 －18℃ 이하에서 동결한 냉동상태의 식품을 말한다. 동결식품은 동결된 상태로 보존하므로 이 기간 중 미생물의 증식이나 변패는 거의 없다.

그러나 생선과 같이 가열처리를 하지 않고 생식을 하는 것도 있으며, 또 일단 해동(解凍)이 되면 자가소화 등으로 미생물 증식도 빨라지므로, 위생상 또는 미생물 관리면에서도 부착된 미생물의 수와 종류는 중요하다.

1. 냉동식품의 미생물

원료의 종류나 제조공정이 다양하므로 냉동식품에 부착되어 있는 균의 종류나 수에는 큰 차이가 있다. 보통 냉동식품에는 저온세균이 $10^{2\sim6}$/g 정도 존재하고, 극히 소수의 곰팡이와 혐기성 세균도 존재하고 있다.

그 중 *Pseudomonas*, *Flavobacterium* 속 등의 저온균이 가장 많이 부착되어 있으며, 전체 총 균수의 40% 이상으로 높다. 냉동생선의 저온성 혐기성균은 식품위생상 문제가 되는 미생물군들이다. 이를테면 편성혐기성의 *Clostridium* 속 세균은

5℃에서 8일째에, 통성혐기성균인 *Propionibacterium*, *Leuconostoc* 속 세균 등도 0℃에서 8일째에 생육을 시작하게 된다.

냉동식품을 조리할 때는 해동을 위해서 더 많은 열량을 필요로 하게 되어 살균을 위한 가열이 부족하게 되기 쉽다는 점을 고려해야 한다. 또한 해동 후에 시간이 경과하면 세균이 증식되고, 특히 *Staphylococcus* 속 등은 식중독의 원인이 되기도 하므로 신속한 처리가 요망된다.

2. 부착된 미생물의 작용

냉동식품의 미생물은 해동 후에 부패의 원인이 될 수 있다. 생선에 부착된 대부분의 세균은 해동 후 NH_3 나 H_2S 를 발생하고 glucose 나 sucrose 로부터 산을 생성하거나 indole, skatole 을 생성하는 균도 있다. 냉동야채에서는 산생성 및 가스생성을 하는 경우가 많고, 냉동과일에서도 주로 산생성을 많이 볼 수 있으나 H_2S 가 발생하는 경우도 있다.

냉동식품을 5℃ 정도의 해동온도에 보존하면 부착되어 있던 저온균이 증식을 할 뿐만 아니라, 이 정도의 저온에서는 효소반응도 빨리 진행되기 때문에 단시간 내에 변패가 일어날 수 있다. 그러므로 냉동식품의 취급에 있어서 동결·저장·수송 등을 통한 모든 공정을 통해서 도중에 해동되는 일이 없도록 각별히 주의하여야 한다.

12-11 식품가공재료의 미생물

1. 물

물은 식수용뿐만 아니라 식품가공용, 세척용, 냉각용, 제빙용 등 다양하게 필요하다. 자연수에는 기존의 일반 미생물인 *Pseudomonas*, *Flavobacterium*, *Chromobacterium*, *Achromobacter*, *Micrococcus*, *Proteus*, *Bacillus*, *Serratia* 속 세균 등이 있으며, 그 외에 토양, 동물, 하수 등으로 혼입된 오염균 *Aerobacter*, *Escherichia*, *Streptococcus* 등이 있을 수 있다.

위생적 관점에서 보면 대장균이 있어서는 안 되며, 이 균군이 존재한다는 것은, 즉 하수로 오염되었을 가능성이 크다는 뜻이다. 특히 *E. coli* 가 발견되면 동물 장내세균이므로 분변의 오염 가능성이 있다고 생각할 수 있다.

2. 식 염

식염에는 호염성, 내염성, 내삼투압성 미생물이 존재한다. 특히 바닷물로부터 생산되는 해염(海鹽)에는 고도호염균인 *Halobacterium*, *Micrococcus*, *Sarcina*, *Bacillus* 속 세균이 생존하고, 이 중 *Bacillus subtilis*, *Bac. megaterium* 은 총 세균의 약 3/4을 차지한다. 암염(岩鹽)에 존재하는 세균의 70%가 *Micrococcus* 속 세균이며, 그 밖에는 *Bacillus* 속 세균 및 혐기성 부패균이라고 한다.

해염에는 소수의 내삼투압성 곰팡이인 *Aspergillus*, *Penicillium* 과 효모 등이 존재하지만, 장기간의 저장으로 점차 감소한다.
식염에 존재하는 많은 호염균은 carotenoid 색소를 가지고 있는 것들이 많으며, 염장식품을 오렌지색 혹은 붉은색으로 변색시킨다.

3. 향신료

양파, 생강, 셀러리, 계피 등 보통 시판 중인 천연향신료에는 약 $10^{4\sim6}$/g 의 미생물이 부착되어 있다. 이 중 *Bacillus* 속의 포자가 가장 많으며, 약간의 *Clostridium* 속의 포자와 곰팡이 또는 효모, 그리고 드물게 대장균군도 검출된다.

생선 소시지 또는 식육가공품 등의 가열살균한 식품에서 사멸되지 않은 포자들에 의한 부패는 향신료에서 유래된 *Bacillus* 등의 포자일 때가 많다. 가스살균을 실시한 향신료에서도 일부 균은 생존하며, 용매로 추출한 향신료에는 균수가 $10^{1\sim2}$/g 으로 적은 편이다.

제 13 장 전염병, 식중독 및 곰팡이독

13-1 경구전염병

전염병균으로 감염된 식품을 섭취해 발병하는 전염병을 경구전염병이라고 한다. 장티푸스, 파라티푸스, 이질, 콜레라 등은 중요한 법정전염병이다. 이들 병원세균은 전염성이 강해 음식물에 소수가 부착되어 있어도 쉽게 전염된다.

1. 장티푸스(typhoid fever, typhus abdominalis)

장내세균과(Enterobacteriaceae)에 속하는 *Salmonella typhi* 의 감염으로 일어나는 급성전염병이다. 감염원인이 되는 것은 감염된 환자의 오줌이나 분변이며, 이것은 손과 음식을 통하여 체내에 침입해 창자의 점막(粘膜)에 병소(病巢)를 형성한다. 그리고 장의 점막에서 분변과 함께 배설되어 새로운 감염원이 된다.

종래에는 치사율이 12~15% 정도로 높은 법정전염병이었으나 근래는 항생물질 등의 발달로 치사율이 1% 미만으로 격감하였다. 그러나 때로는 균이 담낭(膽囊) 내에 장기간 잠복하여 분변에 배균(排菌)하는 보균자가 된다. 이 보균자가 식품을 취급하면 감염원이 된다.

이와 같이 장티푸스의 감염원은 환자와 보균자이므로 이들의 주변에 있는 음식물이 파리, 쥐 등을 매개로 하여 오염되며, 또 하천수, 우물 등이 오염돼 전염원이 되는 경우가 많다.

2. 파라티푸스

Salmonella 속에 속하는 *S. paratyphus* 균에 의한 급성전염병이다. 환자, 보균자, 보균동물 등에서 직접 혹은 음식물을 통하여 감염된다. 증상은 장티푸스와 비슷하나 일반적으로 경과가 가볍다.

파라티푸스균은 *Salmonella paratyphi* A (파라티푸스 A), *S. schot−tmuelleri* (파라티푸스 B), *S. paratyphi* C (파라티푸스 C), *S. sendai* (파라티푸스 K)의 4 균형(菌形)이 있다.

3. 이 질 (dysentery)

이질(痢疾)은 *Shigella dysenteriae* 에 의한 경구감염으로 발병하는 급성 감염성으로, 설사에 혈액이 혼입되어 점혈변이 되므로 적리(赤痢)라고도 한다. 이질균은 장내세균과에 속하는 *Shigella* 속 균이다. 즉, gram 음성의 간균이고 통성혐기성균이며, 포자를 형성하지 않고, 편모가 없으며 비운동성균이다.

이질균은 많은 균형이 있고, 그 분류가 복잡하여 현재 균의 생화학적 성상과 항원의 특이성에 의한 39개의 혈청형이 인정되고 있다. 이질균은 분변으로 배설되므로 1차적인 감염은 감염자와의 직접적인 접촉이나 파리, 바퀴벌레 등을 매개로 하거나, 또는 균이 물에서 번식하고, 다시 그 물이 식품을 오염시켜 감염되기도 한다.

4. 콜레라 (cholera)

Vibrio cholera 균의 감염으로 일어나는 급성전염병이다. 이 균은 Gram 음성이며, 편모는 단모성으로 활발히 운동한다. 현미경으로 검경할 때 고상(孤狀, comma)으로 보여 comma 균이라고도 부른다.

이 균에 경구로 감염되면 심한 설사로 인해 탈수상태가 되며, 심하면 치명적이다. 이 균은 감염력이 높기 때문에 전파가 빠르고 치사율이 높은 무서운 전염병을 갖고 있다.

콜레라의 감염원은 환자나 보균자의 배설물이며, 사람에서 사람으로 감염되는 것 외에 배설물이 하천이나 우물을 오염시키고, 이 물이 다시 식품을 오염시킨다.

콜레라는 열대지방에서 자주 유행하며, 그곳의 방문자가 감염돼 배설물로 식품에 감염되거나, 배설물로부터 감염된 바다의 어패류, 해산물 및 수입식품 등을 통하여 다른 지역으로 전파되기도 한다.

13-2 식 중 독

식중독(food poisoning)은 소화기 계통으로 음식물과 더불어 인체로 유입되는 유독·유해한 미생물이나 화학물질에 의하여 일어나는 급성·만성의 생리적 이상현상을 말한다.

세균성 식중독에는 식품에 부착하여 증식한 균의 섭취로 일어나는 **감염형**(感染型) 세균성 식중독과 식품에서 균이 증식하며 생성한 독소를 섭취함으로써 일어나는 **독소형**(毒素型) 세균성 식중독이 있다.

1. 감염형 세균성 식중독

(1) 살모넬라 식중독

Salmonella 균은 돼지콜레라병에 걸린 돼지로부터 1885년 E. Salmon 이 최초로 분리하였고, 그 후 유사균이 차례로 분리되어 이들 일련의 식중독 세균을 *Salmonella* 라고 명명하였다. 이들은 장내세균과(Enterobacteriaceae)에 속하고 700 종 이상의 균형이 있으며 혈청형으로 분리하고 있다. 식중독성세균 중에 가장 많으며 동·식물계에 널리 분포하는 병원균이다.

이 균은 Gram 음성의 간균으로 포자를 형성하지 않고 주모성(周毛性) 편모를 가지며 운동성이다. 호기성에서 통성혐기성이며 60℃에서 20분이면 사멸되지만, 실제의 내열성은 서식하는 식품의 종류에 따라 다르다. 대체로 10^6 이상의 균을 섭취하면 10~24시간 안에 발병한다.

감염원은 사람과 동물, 가축과 그 알, 쥐 등이 주요한 전파 매개체가 된다. 알이나 건조란 등은 특히 주의가 필요하다. 이들을 이용한 빵류, 아이스크림, 사탕, 케이크 등으로 혼입되고, 또 닭고기나 가축 고기 등의 가공품을 냉장하지 않고 오래 방치하면 발생한다.

식중독과 관계있는 균종으로는 *S. enteritidis*, *S. typhimurium*, *S. thompson*, *S. potsdam*, *S. oranienburg*, *S. senftenberg*, *S. narashino* 등이 알려져 있다.

(2) 장염 비브리오 (병원성 호염균)

Vibrio parahaemolyticus (장염 비브리오균)에 의한 식중독은 특히 생선회 등을 자주 먹는 지역에서 잘 발생한다. 이 균의 잠복기간은 12~19시간이며, 심하면 사망하기도 한다.

극모성의 편모로 운동성이며, Gram 음성의 무포자 형성균으로 통성혐기성균이다. 형태는 다형성(多形性) 간균, 즉 단간 · 장간 또는 다소 만곡의 형 등으로 혼재되어 있으며, 식염이 없는 배지에서는 생육하지 못하고 약 3% 이하의 식염에서 잘 생육한다.

식염의 내성에 의하여 다음 표 13-1과 같이 세 biotype 으로 나눌 수 있다. 이 세 가지 형은 7% 및 10%의 식염을 첨가한 peptone 수에서 생육 여부로 판별하고, 병원성은 1과 2형에 한정되며, 3형은 비병원성의 *Vibrio anguillarum* 과 같은 균주이다.

이 균은 분열속도가 빨라서 세대시간이 11~13분, 때로는 9~10분이며, 20~37℃에서 잘 번식하고 10℃ 이하에서는 발육하지 않는다. 60℃에서는 15분, 80℃에서는 10분 만에 사멸한다.

표 13-1 장염 비브리오의 형

형	생육식염농도(%)	최적식염농도(%)	VP 반응	소 재
1	0.5~9.0	3	−	환자의 분변
2	0.5~12	3~7	+	연안해수, 생선, 식품
3	1~6	3	−	해수

* VP 반응(Voges-Proskauer 반응)시험 : 장내세균의 일반생물학적 성상의 한 검사법으로, erosine 과 같은 홍색의 형광을 발색하는가의 유무를 검사하는 방법

일년 중 7~10월 연안해수에 많이 존재하며, 이 시기에 잡히는 전갱이의 90% 이상이 이 균에 오염되어 있다고 한다. 이들이 유통과정에서 다른 연안 어패류, 오징어, 문어 등과 그 가공품을 오염시키므로 중독이 발생하기도 한다.

발병에는 적어도 10^6~10^{10}의 균수가 있어야 하며, 조리장의 여러 기구나 행주에서도 오염된다. 중독방지에는 가열조리와 냉장보관이 필요하다.

2. 독소형 식중독균

(1) botulism

Clostridium botulinum 에 의한 식중독을 botulism 이라 하고, 육류 및 생선 등의 식품에 이 균이 증식해 생산하는 독소에 의한 식중독이다. Gram 양성의 포자형성 간균으로 주모로 활발히 운동하며 절대혐기성균이다. 토양, 바다, 하천 등의 모래 진흙 등에 많이 분포한다. 치명률이 약 30~80%가 되는, 강력한 독소를 생산하는 식중독이다.

잠복기간은 약 12~36시간이다. 생선, 채소, 각종 육류의 저산성 통조림, 소시지, 김밥 등에서 독소를 생산해 중독을 일으킨다. 독소의 강도는 식품성분에 따라 달라진다. *Cl. botulinum* 의 포자는 내열성이며, 완전사멸은 100℃에서 360분, 105℃에서 120분, 110℃에서 36분, 115℃에서 12분, 120℃에서 4분이 소요된다.

botulinus 독소는 균체외(菌體外) 독소이다. 이 독소는 항독소를 이용한 중화반응에서 A, B, C, D, E 및 F 의 6형으로 나누어진다. 이 중 사람에게 식중독을 일으키는 것은 A, B, E 및 F 형이고, 독소는 단순단백질에서 열에 약하여 80℃ 30분의 가열로 부독화되며, 특히 A 및 B 형은 더욱 약해서 80℃에서 1~15분의 가열로 파괴되어 독성을 상실한다.

(2) 포도상구균

포도상구균에 의하여 enterotoxin 이 생성된 식품을 섭취하여 발생한 식중독을 포도상구균 식중독이라 한다. 포도상구균속에는 *Staphylococcus aureus*, *Staphy. epidermidis*, *Staphy. saprophyticus* 등의 균종이 있으나, 식중독과 관계되는 것은 주로 황색포도상구균인 *Staphy. aureus* 이다.

이 균은 자연계에 널리 분포하고, 사람의 피부나 점막 등의 상처에 침입하여 염증을 일으키는 대표적인 화농성(化膿性)균이다. 피부염, 중이염, 그 밖에 피부 속 깊은 곳의 화농소, 패혈증 등의 원인균의 하나이며, enterotoxin 을 생성하는 균주도 있다.

이 독소는 내열성으로 30분간 끓이거나 120℃에서 20분간 가열로도 독성을 잃지 않는다. 잠복기간은 2~6시간으로, 육제품, 크림빵 또는 전분과 단백질을 적당히 함유한 식품에서 독소생성이 많다. 이 균의 방지에는 10℃ 이하의 냉장이 유효하다.

(3) *Cl. perfringens*

이 균이 생성하는 여러 독소의 성상으로, *Cl. perfringens* 은 A 부터 E 까지의 형으로 나누어서 구분한다. Gram 양성이며 무편모로서 혐기성간균인 이 균은 난원(卵圓)형의 큰 포자를 형성한다. 5%의 식염으로 생육이 억제되고 A_w 값은 0. 97이다.

자연계에 널리 분포하고 사람이나 동물의 장관 내에도 존재한다. 포자는 생식품, 가열된 고기제품, 닭고기, 동물피부, 토양, 하수 등에도 존재한다. 상당히 많은 균수가 증식되어야 중독이 일어난다. 식품을 냉장하는 것이 중독방지에 효과적이다.

표 13-2 각종 식중독세균의 성질

생육과 살균조건 / 세 균	생육온도(℃)			생육최저	살균조건	
	최저	최적	최고	pH	℃	분
Salmonella	6.6	37	45	5.5	60	30
Vibrio parahaemolyticus	10	37	42	5.0	60	15
Cl. botulinum A, B 형	10	35	48	4.7	121	15
Cl. botulinum E 형	3.3	30	48	5.0	80	15
Cl. perfringens	15~20	43~47	50	5.0	100	1~4시간
Staphy. aureus	6. 6	35	47	4.8	63	30

(4) 아민중독

histidine 탈탄산효소를 가지는 *Proteus morganii*, *Aeromonas* 등은 histidine 에서 histamine 을 생성하여 amine 중독, 즉 알레르기성 중독을 일으킨다. 특히 여름철 생선에서 많이 발병하며, *Proteus morganii* 에 의한 꽁치의 histamine 중독은 잘 알려져 있다. 붉은살 생선인 방어, 정어리, 꽁치, 다랑어 등은 유리의 histidine 함량이 많기 때문에 주의가 필요하다.

표 13-3 주된 세균성 식중독의 증세

병 명	형	잠복기	주된 증세
Salmonella 식중독	감염형	12~24시간	구역질, 구토, 두통, 발열, 복통, 설사
장염 *Vibrio* 식중독 (*Vibrio parahaemolyticus*)	감염형	12~24시간	구역질, 발열, 복통, 설사
포도상구균 식중독 (*Staphylococcus aureus*)	독소형	3시간	구역질, 구토, 복통, 설사
Botulinus 균 식중독 (*Cl. botulinum*)	독소형	12~36시간	시력저하, 삼키기 곤란, 언어장애, 호흡장애 (신경장애)
Welchii 균 식중독 (*Cl. perfringens*)	독소형	10~12시간	구역질, 구토, 복통, 설사
Cereus 균 식중독 (*Bacillus cereus*)	독소형	8~16시간	구역질, 복통, 설사
병원성 대장균 식중독 (pathogenic E. coli)	독소형		설 사 (장염)

(5) 그 밖의 세균성 식중독

Streptococcus faecalis 에도 감염형 식중독 원인균주가 있으며, *E. coli* 도 식중독을 일으키는 균주가 있다. *Proteus vulgaris*, *Proteus mirabilis* 등도 식품에 많이 증식하면 설사를 일으킨다. *Bacillus cereus*, *Bac. subtilis* 등도 전분식품에서 장내독을 생성한다는 보고가 있다.

3. 곰팡이독

곰팡이의 대사산물이 사람 혹은 가축 등의 온혈(溫血)동물에 섭취되었을 때 병변(病變) 또는 유해작용을 나타내는 물질을 총칭하여 곰팡이독(mycotoxin)이라 한다. 곰팡이독의 섭취로 야기되는 질병을 곰팡이독 중독증 또는 **진균 중독증**(mycotoxicosis)이라고 하며, 이것은 곰팡이의 감염으로 발병하는 **진균증**(mycosis)과는 구별된다.

곰팡이에 의한 식품의 오염은 종래 식품의 악화 혹은 저열화 등의 면에서 검토되어 왔으나, 최근에는 사람의 건강에 미치는 곰팡이독의 영향이 식품위생상의 문제로서 주목받고 있다.

곰팡이에 의한 식중독은 맥각중독, 맥류의 적미병균 및 황변미 등에 의한 중독 등이 잘 알려져 있고, 근래에는 aflatoxin 의 발견 이후 발암물질로서 세계적으로 관심과 연구가 활발히 진행되고 있다.

미코톡신 생성곰팡이로는 *Aspergillus*, *Penicillium*, *Fusarium*, *Alternaria*, *Gibberella* 속 등이 있고, 현재까지 100여 종 이상의 미코톡신이 발견되고 있다. 미코톡신은 비교적 저분자의 물질로 병원미생물이 생성하는 독소가 고분자물질인 것과 대조적이다. 또 곰팡이류는 일반적으로 열에 약하여 50~60℃에서 10분간 가열하면 쉽게 사멸하지만, 미코톡신은 비교적 열에 안정적으로 분해되지 않으므로 식품위생상 중요시된다.

미코톡신이 동물장기에 미치는 영향은 다양하여 간장장해, 신장장해, 신경장해, 위장장해, 조혈장해 등의 질환을 볼 수 있으며, 특히 암과의 관련성에 대한 관심이 집중되고 있다.

(1) *Aspergillus* 속 곰팡이가 생성하는 독소

1) Aflatoxin

주된 생성 곰팡이는 *Aspergillus flavus* 이고, 그 밖에 *Aspergillus parasiticus* 등 많은 *Aspergillus* 속 곰팡이와 *Penicillium*, *Mucor*, *Rhizopus* 속 곰팡이에 의해서도 aflatoxin 의 생산이 보고되고 있으며, *Asp. flavus* 속의 모든 균주가 aflatoxin 생산능력이 있는 것은 아니다.

오염식품으로는 곡류, 두류, 치즈 등이다. 인체에 나타나는 증상은 간장장해, 간암 등으로 발암 원인물질로 추정된다.

Aflatoxin 에 의한 중독은 우리나라에서는 아직 알려져 있지 않으나, 과거의 재래식 된장과 메주에서 검출되었다는 보고가 있었다.

2) Sterigmatosin

Asp. versicolor, *Asp. nidulans*, *Asp. flavus*, *Asp. rugulosus* 등이 생성하는 mycotoxin 이며, aflatoxin 과 화학구조가 비슷하고 인체에는 간장장해를 일으킨다.

만성중독으로는 간암 발생의 원인이 된다. *Asp. versicolor* 는 농작물, 특히 곡류로부터 검출빈도가 높은 곰팡이이다.

3) Ochratoxin

Asp. ochraceus 가 생성하는 대사물질이며 A, B, C 3종류가 알려져 있다. 이 중에서 ochratoxin A 의 독성이 가장 강하고, 쥐에 대한 경구독성 LD_{50} 은

22mg/kg 이며, 그 장해는 주로 간장 및 신장에 나타난다. 그러나 사람에 대한 장해는 아직 확실하지 않다.

(2) *Penicillium* 속 곰팡이가 생성하는 독소

[황변미 독소]

쌀에 *Penicillium* 속 곰팡이가 착생하여 황색으로 착색되면 이를 황변미라고 한다. 또한 이 황변미 독소를 yellow rice toxins 라고 한다. 이 mycotoxin 을 생성하는 *Penicillium* 속 곰팡이에는 *Pencillium islandicum*, *Pen. citrinum*, *Pen. citreoviride* (종래의 *Pen. toxicarium*) 등이 있다.

① citreoviridin : *Pen. citreo−viride* 에서 분리된 독소로 중추신경에 강한 작용을 하며, 동물은 전신마비와 호흡곤란으로 죽게 된다. 생쥐에 대한 경구독성은 LD50 = 8mg/kg (복강투여), 30mg/kg (경구투여)이다.

② citrinin : *Pen. citrinum* 에 오염된 태국의 황변미에서 분리된 독소로 쥐에게 신장장해를 일으킨다.

③ rubratoxin : *Pen. rubrum* 에서 분리하였으며 쥐에게 강한 간장장해를 일으키나, 발암성은 인정되지 않았다.

(3) *Fusarium* 속 곰팡이가 생산하는 독

Fusarium 속의 곰팡이가 기생한 밀, 보리, 옥수수 등을 가축에게 사료로 주면 중독을 일으킨다. 이것이 혼입된 밀가루 등을 사람이 섭취하면 구역질, 구토, 설사 등의 증세를 나타낸다. 이런 원인물질로서 *Fusarium nivale* 에 의한 nivalenol 과 fusareon X 가, *Fusarium tritinctun* 에 의한 T−2 toxin 이 밝혀졌으며, 이들의 mycotoxin 은 단백질합성 저해, 골수나 흉선 등의 면역세포 장해 등을 일으키는 것이 동물실험에서 증명되었다.

mycotoxin 외에 가축 중독사고의 원인물로서 maltoryzine, sporidesmin, slaframin, 8-methoxypsoralen 등 많은 미코톡신이 있다.

제 14 장 식품산업분야의 미생물관리 및 기준

14-1 식품의 미생물관리

인간의 생활환경에는 수많은 종류의 미생물이 살고 있으며, 이는 인간생활과 밀접한 관계를 가지고 있다. 미생물은 선택적으로 이용되는 유용균으로, 또는 식품의 품질에 좋지 않은 영향을 끼치는 유해균으로 취급되고 있다.

오늘날의 식품산업은 대형화, 유통영역의 확대, 가공식품의 소비 증대 등으로 미생물 오염의 기회도 넓어지고 있다. 식품을 통하여 인간에 끼칠 미생물 오염의 위해 가능성은 가볍게 다룰 수 없는 중요한 문제이므로 식품의 품질, 안전한 공급 등의 면에서 오염방지를 위한 연구개발을 꾸준히 계속해 나가야 한다.

1. 식품의 미생물오염원

식품의 미생물오염 경로를 살펴보면, 식품의 원료인 동물과 식물이 환경조건이나 수확시기의 기후와 장소에 따라 조금씩 다르게 오염되기 시작하여 가공·처리 중에도 오염이 일어난다. 또한 식품을 처리하는 종사원과 포장재료까지지도 오염원이 될 수 있다.

2. 원료 미생물의 관리

식품원료의 우선적인 고려 사항은 오염방지이며, 원료의 세균검사는 필수이다. 오염세균이 많은 원료는 식품의 풍미를 손상하지 않는 범위 내에서 살균하여야 하고, 살균을 할 수 없는 식품원료는 정선하여 오염이 적은 것으로 구입해 사용하여야 한다.

어떤 식품의 원료 중에는 가공처리과정 중 균체수가 증가하기도 하고, 가열 후에도 부원료인 설탕, 전분, 밀가루, 향신료 등에 함유되어 있던 내열성 세균의 포자가 생존하여 제품 제조과정 혹은 저장 중에 변패의 원인이 되는 경우가 자주 있다.

오염세균은 가공처리 중에도 증식의 기회가 되면 급속도로 증식하는 경우가 허다하므로, 원료의 미생물검사는 물론이고, 가공공정에 따라 생균수를 검사하여 어떤 과정에서 세균수가 증가하는지를 알 필요가 있다.

3. 공기 중의 미생물관리

대기 중의 미생물 수는 동·식물의 존재, 토양, 대기의 온도, 습도, 바람의 세기 및 방향 등에 영향을 받으며, 특히 곰팡이의 포자는 수천 미터 이상의 상공까지 도달하고 수평방향으로는 수백 미터까지 운반된다.

실내의 공기는 환기가 제한되어 있으므로 국부적인 면에서 특색 있는 microflora를 나타내며, 실내에 놓여 있는 식품의 종류라든가 출입하는 사람과 그 출입빈도에 따라 미생물의 수와 종류가 달라진다.

(1) 공기 중의 미생물

건조에 약한 대장균 등의 gram 음성균은 산 채로 장시간 공기 중에 떠 있기 어렵다. 그러나 건조에 강한 세균인 *Bacillus*, *Micrococcus*, *Streptococcus* 와 곰팡이인 *Mucor* 포자 등은 오랫동안 산 채로 부유할 수 있다.

그 밖에도 *Staphylococcus*, *Flavobacterium*, *Proteus* 등을 비롯하여 맥주 양조에 있어서 문제가 되는 젖산균 *Lactobacillus pastorianus*, *Pediococcus cerevisiae* 등도, 공기 부유균으로 식품의 오염원이 되고 있다.

일반적으로 공기 중 미생물을 분류하면 세균류로서는 구균, 간균, 유포자세균, 방선균 등이고, 특히 구균의 비율이 높다. 곰팡이류는 *Penicillium*, *Cladosporium*, *Aspergillus*, *Fusarium*, *Mucor*, *Tricoderma* 속 등이며, 그 밖에도 *Monilia*, *Botrytis*, *Catenularia*, *Citromyces*, *Oidium* 등이 알려져 있다. 효모류는 산막효모, *Rhodotorula* 등이 주류를 이룬다.

공기 중 미생물 flora는 먼지의 농도와 균수와는 비례하지 않지만, 유기질이나 식물성의 먼지에는 균이 많다. 또한 계절에 따라서도 미생물의 수와 종류에 차이를 보이지만, 대체로 온도가 높고 습도가 높은 계절에는 그 수도 증가한다.

식품공장 내의 미생물수는 대기 중의 미생물관계 외에도 장소, 풍향, 풍량, 조업상황, 종업원의 움직임 등에 크게 영향을 받는다. 특히 원료창고, 원료선별장 등에서는 원료에 묻어 있던 미생물이 공기 중에 떠다니며 계속적인 오염원이 된다.

(2) 공기 중의 미생물검사법

검사방법은 ① 낙하균시험일반법 ② anderson sampler 법 ③ 정전형 포집기법(靜電型捕集器法) ④ membranefilter 법 ⑤ 액체포집법 등이 이용되고 있다.

1) 낙하균시험일반법

보통 한천배지가 담긴 페트리접시를 검사장소에서 5~30분간 개방하여 그 시간 동안에 낙하하는 균을 포집·배양해 균수를 측정하는 방법인데, 균의 종류는 알 수 있으나 정량적이지는 않다.

2) anderson sampler 법

펌프를 사용하여 한 개의 페트리접시 표면에 공기를 불어넣어 균을 포집하는 방법이며, 공기의 부피를 측정하여 정량적 균수를 측정할 수 있다.

3) 정전형 포집기법

7,000 Volt의 전류를 대전(帶電)시킨 금속판 위에 두 개의 평판배지를 놓고, 펌프로 1분 간 14L의 속도로 공기를 도입하는 방법이다. 대장균은 대체로 (+)전극상의 평판에, 또 일반공기세균은 (−)극에 포집된다.

4) membrane filter 법

filter의 공경(孔經)이 0. 8 μ인 membrane filter로 여과하여, filter를 배지 표면에 밀착시켜 배양하거나, 멸균수(滅菌水) 중에 filter를 담가서 그 세액(洗液)으로부터 평판배양을 하는 방법이다. filter에 염색한 후에 검경으로 균수를 측정할 수 있다.

5) 액체포집법

펌프로 흡입한 공기를 멸균수로 유도하여 공기 중의 균을 포집하고, 그 물을 평판 배양하는 방법이며, 조작이 간편하여 널리 이용된다.

(3) 공기의 제균 및 살균

공기 중의 미생물제거 및 살균을 위하여 사용하는 방법은 ① 여과에 의한 제균법 ② 자외선 조사법 ③ 약제살균법 등이 있다.

1) 공기의 여과

식품 및 제약업계에서 공기 중 미생물을 제균할 목적으로 사용하고 있는 air filter 에는 membrane filter, ceramic filter, glass wool 등이 있으며, 그 중에서도 glass wool 은 무균공기를 얻기 위하여 가장 널리 이용되고 있다. 그러나 최근에는 filter 의 수명이 길고 압력손실이 적은 polyvinyl-alcohol sponge 에 내열(耐熱)가공을 한 판상-filter(PVA filter)가 개발되어 사용되고 있다.

2) 자외선 조사

자외선은 물질분자를 여기(勵起)시켜 불평형상태(不平衡狀態) 또는 반응력이 증가된 상태로 만들어서 미생물 세포 내의 핵단백실구소에 변화를 일으킴으로써 미생물을 살균하게 된다. 자외선 중에서도 살균력이 가장 강한 파장 2,537Å을 낼 수 있는 살균 등이 널리 이용되고 있다.

3) 약제에 의한 공기살균

살균력이 강한 formalin 은 자극적인 냄새가 강하고, ozon 은 인체의 점막을 손상시키며, 페놀용액은 그 효과가 강하지 않다. 일반적으로 사용되는 것은 NaOCl(차아염소산나트륨), resorcine, glycerol 류 등이다.

① NaOCl : 1% NaOCl 용액 1g 을 4,000L 의 공기 중에 분무하면 공기 중 균 99%를 사멸시킬 수 있다. 그러나 공기 중의 습도가 낮거나 유기물 함량이 높으면 그 효력이 감소하고 금속, 고무, 털 등은 부식되므로 주의해야 한다.

② resorcine ($C_6H_4(OH)_2$, hexylresorcine) : 이들은 glycerol 에 녹여서 사용하며, 효과는 크나 값이 비싼 것이 단점이다. 125~130℃에서 증발시키면 지름이 1μ 이하의 입자가 되어 실내를 부유하며 살균한다. hexylresorcine 은 resorcine 보다 효과는 느리지만 낮은 농도에서도 유효하며 지속성이 있다.

③ glycerol 류 : propyleneglycol 의 증기는 연쇄상구균, 포도상구균을 단시간 내에 사멸시킬 수 있고, 습도 45~70%와 온도 27℃에서 가장 효과가 크다.

4. 식품공장에서의 물처리

식품 원료 중의 하나로 물은 식수 외에도 세척수, 냉각수, 얼음제조용 등으로도 많이 사용되고 있다. 그러나 물에 오염되어 있는 미생물은 때때로 여러 경로를 통하여 식품에 나쁜 영향을 주는 경우가 많다. 각종 식품제조장치, 기구, 용기 등의 물세척을 통한 오염은 제품에 많은 피해를 줄 수 있다.

(1) 물의 염소소독

수중 염소농도가 1.5ppm 이면 균류는 완전히 사멸하며, 대장균은 0.1ppm 에서 사멸한다. 염소는 NaOCl 또는 액화염소를 사용하여 공급한다.

(2) 여과, 자외선살균, 그 밖의 방법

자연수나 지하수의 경우는 침전지에서 부분적으로 정화되나, 여과를 거쳐야 균수를 감소시킬 수 있다. 그러나 여과판(filter)이 도리어 오염원이 되는 수가 있어 청량음료용 물은 자외선살균등의 방법을 이용하고 있다.

은전극(銀電極)에 약한 전류가 통과하도록 하여 은이온을 유리시킴으로써 수중 미생물을 살균하는 방법(catadyn process)도 음료수 및 청징과즙 등의 살균에 유효하다고 알려져 있다.

5. 토양미생물의 오염과 방지

식품의 직·간접적인 미생물 오염은 토양미생물에 기인한 것이 대부분이다. 토양미생물은 바람이나 물에 오염되어 식품으로 이행함으로써 식품을 변패시킨다. 따라서 식품에 오염된 미생물은 대부분이 흙에서 유래했다고 할 수 있다.

이들 세균에는 *Pseudomonas*, *Achromobacter*, *Flavobacterium*, *Alcaligenes*, *Escherichia*, *Aerobacter*, *Proteus*, *Micrococcus*, *Streptococcus*, *Lactobacillus*, *Arthrobacter*, *Clostrdium*, *Streptomyces* 등을 비롯하여 부패균인 *Bac. subtilis*, *Bac.cereus*, *Bac. megaterium*, *Bac. mycoides* 등과, 통성혐기성균인 *Bac. polymyxa*, *Bac. macerans* 와 pectin 분해균과 전분가공품의 변패원인균들이 모두 토양으로부

터 유래된다.

곰팡이류로는 *Penicillium*, *Aspergillus*, *Mucor*, *Rhizopus* 속 등이 토양 중에서 널리 발견되고, 또한 효모류로는 *Pichia membranaefaciens*, *Hansenula anomala* 등의 산막효모 등이 흙 속에 많다.

따라서 식품공장에서는 식품의 원료나 식품의 표면을 잘 씻어서 토양미생물을 제거하고, 또한 흙먼지로부터의 오염을 방지하기 위해 노력하는 것이 중요하다.

6. 종업원으로부터의 오염과 관리

식품을 다루는 종업원도 식품에 미생물을 오염시키는 오염원이 될 수 있다. 특히 사람의 장(腸) 내에는 상주균(常住菌)으로서 대장균군을 가지고 있고, 그 밖에도 *Streptococcus*, *Staphylococcus* 등의 세균을 식품에 오염시키는 매개체 역할을 하고 있다.

따라서 종업원의 건강관리는 물론, 작업을 할 때에는 손 따위를 역성비누 등으로 씻어서 소독을 하고, 또한 식품에 될 수 있는 한 직접 손을 대지 않도록 하여야 한다.

14-2 식품의 미생물 기준

식품에 오염되어 있는 미생물의 종류 및 균수, 즉 기준규격은 식품의 안정성이나 품질면에서의 수적 기준뿐만 아니라 식품제조공장에서의 위생관리나 보전성에도 하나의 척도로 적용된다.

1. 식품 일반에 대한 미생물 기준

이 장에 소개된 식품의 미생물 기준규격은 식품공전에 의한다.

[식중독균]

식육(제조, 가공용 원료는 제외한다), 살균 또는 멸균처리하였거나 더 이상의 가공·가열조리를 하지 않고 그대로 섭취하는 가공식품은 특성에 따라 살모넬라(*Salmonella spp.*), 황색포도상구균(*Staphylococcus aureus*), 장염비브리오균(*Vibrio parahaemolyticus*), 클로스트리디움 퍼프린젠스(*Clostridium perfringens*), 리스테리아 모노사이토제네스(*Listeria monocytogenes*), 대장균 O157:H7(*Escherichia coli* O157:H7), 캠필로박터 제주니(*Campylobacter jejuni*), 여시니아 엔테로콜리티카(*Yersinia enterocolitica*) 등 식중독균이 검출되어서는 안 된다.

식육 및 식육제품에 있어서는 결핵균, 탄저균, 브루셀라균이 검출되어서는 안 된다. 다만, '제5. 식품별 기준 및 규격'에서 식중독균에 대한 규격이 정해진 식품에는 해당식품의 규격을 적용하며, 그 외의 가공식품 중 바실러스 세레우스(*Bacillus cereus*)는 다음과 같이 적용한다.

① 장류(메주 제외) 및 소스류, 복합조미식품, 김치류, 젓갈류, 절임식품, 조림식품 : g 당 10,000 이하(단 멸균제품은 음성이어야 한다)

② 위 ① 이외의 식품 및 개별규격이 정하여지지 아니한 식품 중 더 이상의 가공·가열조리를 하지 않고 그대로 섭취하는 가공식품 : g 당 1,000 이하(단 멸균제품은 음성이어야 한다).

2. 장기보존식품의 세균 기준

<table>
<tr><th colspan="3">식 품 류</th><th>세 균 수</th><th>대장균군</th></tr>
<tr><td colspan="3">통·병조림 식품</td><td>세균발육 음성</td><td></td></tr>
<tr><td colspan="3">레토르트 식품</td><td>세균발육 음성</td><td></td></tr>
<tr><td rowspan="3">냉동식품</td><td colspan="2">가열하지 않고 섭취하는 냉동식품</td><td>100,000/1g 이하</td><td>10/1g 이하</td></tr>
<tr><td rowspan="2">가열하여 섭취하는 냉동식품</td><td>냉동 전 가열제품</td><td>100,000/1g 이하</td><td>10/1g 이하</td></tr>
<tr><td>냉동 전 비가열제품</td><td>300,000/1g 이하</td><td></td></tr>
</table>

3. 규격 외 일반가공식품의 세균 기준

식 품 유 형		세 균 수	대장균군
곡류가공품 두류가공품 서류가공품 전분가공품	식용유지가공품 당류가공품 수산물가공품 그 밖의 가공품	음성이어야 함. (멸균제품에 한함)	음성이어야 함. (살균제품에 한함)

4. 식품별 세균 기준

표 14-1 일반 식품의 세균 기준

식 품 류		세 균 수	대장균군
과자류	과자 · 캔디류	10,000/1g 이하	
	빙과류(검체를 녹인 액체)	3,000/1mL 이하	10/1mL 이하
빵 또는 떡류 (크림을 도포 또는 충전한 것에 한함)		황색포도상구균 · 살모넬라 음성이어야 함.	
코코아 가공품류 또는 초콜릿류		10,000/1g 이하	
식육 또는 알 가공품		음성	10/1g 이하
어육가공품		음성	음성
두부류 또는 묵류			두부 · 전두부 : 10/1g 이하 묵류 : 음성
면류		1,000,000/1g 이하(주정처리제품) 100,000/1g 이하(살균제품)	음성
다류(액상제품)		100/1mL 이하	음성
커피(액상제품)		100/1mL 이하	음성
음료류		100/1mL 이하	음성
두유류	두유액 · 두유	40,000/1mL 이하	10/1mL 이하
	분말두유	20,000/1g 이하	10/1g 이하
	그밖의 두유	40,000/1mL 이하	10/1mL 이하
발효음료류		100/1mL 이하	음성
인삼 · 홍삼음료		100/1mL 이하	음성
그 밖의 음료		100/1mL 이하	음성

표 14-2 특수용도 식품의 세균기준

<table>
<tr><th colspan="2">식 품 류</th><th>세 균 수</th><th>대장균군</th></tr>
<tr><td colspan="2">영아용 조제식</td><td>20,000/1g 이하</td><td>음성</td></tr>
<tr><td colspan="2">성장기용 소시지</td><td>20,000/1g 이하</td><td>음성</td></tr>
<tr><td colspan="2">영 · 유아용 곡류조제식</td><td></td><td>음성</td></tr>
<tr><td colspan="2">그 밖의 영 · 유아식</td><td>100/1mL 이하</td><td>음성</td></tr>
<tr><td>특수의료
용도 등
식품</td><td>환자용 균형 영양식
당뇨환자용 식품
신장질환자용 식품
장질환자용 가수분해식품
열량 및 영양공급용 의료용도 식품
선천성 대사질환자용 식품
영 · 유아용 특수조제식품
연하곤란환자용 점도증진식품</td><td>100/1mL 이하
(분말제품은 20,000/1g 이하)</td><td>음성</td></tr>
<tr><td colspan="2">체중조절식품</td><td>바실러스 세레우스 :
100/1g 이하</td><td>음성</td></tr>
<tr><td colspan="2">임신 · 수유부용 식품</td><td>100/1mL 이하</td><td>음성</td></tr>
</table>

표 14-3 장류 및 조미식품의 세균기준

식 품 류	세 균 수	대장균군
장류		음성
소스류	음성	음성
토마토 케첩		음성
카레	음성	음성
고춧가루	곰팡이수 : 20% 이하	
향신료 가공품	곰팡이수 : 10% 이하 (고추 또는 고춧가루 함유제품)	음성
복합조미식품		음성

표 14-4 드레싱, 발효식품 및 주류 등의 세균기준

식 품 류	세 균 수	대장균군
드레싱		음성
김치류		음성
젓갈류		음성
절임식품	음성	음성
조림식품	음성	
주류	진균수 : 음성	
건포류	황색포도상구균 : 100/1g 이하	음성

표 14-5 그 밖의 식품의 세균기준

식 품 류	세 균 수	대장균군
과채가공품류		음성
벌꿀류		음성
모조 치즈		음성
식물성 크림		음성
추출가공식품	100/1mL 이하	음성
생식류	클로스트리디움 퍼프린젠스 : 100/1g 이하 바실러스 세레우스 : 1,000/1g 이하	음성
시리얼류		음성
얼음류(식용 · 어업용)	100/1mL 이하	음성/50mL
즉석 섭취 · 편의식품류	100,000/1g 이하	10/1g 이하
버섯가공식품		음성
자라가공식품		음성
효모식품		음성
효소식품		음성
화분가공식품		음성

제 15 장 미생물학 실험

15-1 실험실에서의 주의사항

취급하는 대상이 눈으로 볼 수 없는 작은 생물이므로 실험을 할 때에는 미생물의 오염을 방지하는 것이 가장 중요하며, 특히 미생물에 의한 감염에 주의하여야 한다. 미생물 실험실에서는 다음의 사항을 잘 지켜야 한다.

① 항상 실습복을 착용해야 한다.
② 실험실과 실험대는 항상 청결히 해야 하며, 필요한 도구를 제외하고는 어떤 물건도 올려놓아서는 안 된다.
③ 절대 금연하고, 음식 등을 먹어서는 안 된다.
④ 어떤 경우에도 손가락, 연필, 그 밖의 어떤 물건도 입에 넣어서는 안 된다.
⑤ 항상 정숙하여야 하며, 먼지나 바람이 일지 않도록 해야 한다.
⑥ 실험하는 중에 입은 상처는 아무리 가벼운 상처라도 즉시 보고하고, 적절한 처치를 받아야 한다.
⑦ 실험이 다 끝난 미생물이나 재료는 멸균 처리한다.
⑧ 실험이 끝난 후에는 비누와 소독수로 손을 깨끗이 씻는다.
⑨ 싱크대는 액상오물만 버리게 되어 있기 때문에 휴지, 유리조각, 솜마개, 배지 등 고형오물은 별도의 쓰레기통에 버리도록 한다.
⑩ Ether, alcohol, gas 같은 인화성 물질을 사용하는 경우에는 화재에 주의하여야 한다.
⑪ 실험이 끝난 후 사용한 물품은 사용 전 상태대로 깨끗이 정리하여 둔다.
⑫ 실험이 끝나고 퇴실할 때에는 전등, 가스, 수도, 전열기 등이 제대로 처리되었는가를 확인한다.

그 밖에 필요한 주의사항은 그 즉시 지도교수의 지시를 받고 처리한다.

15-2 살균 및 제균 조작

미생물을 취급하는 미생물 실험은 다른 실험보다 멸균(滅菌, steriliza- tion)과 무균조작에 세심한 배려가 필요하다. 효과적이고 믿을 수 있는 실험결과를 얻기 위해서는 목적하는 미생물 이외의 잡균의 오염이나 공존을 허용해서는 안 된다.

미생물의 순수배양을 보장하기 위해서는 실험에 직접 이용되는 모든 기구를 비롯하여 미생물 배양을 위한 배지 등을 살균하여야 한다. 그밖에도 잡균의 오염을 방지하기 위하여 배양용기의 입구를 면전(솜마개, cotton plug)으로 막아서 외부의 공기가 용기 내로 들어가지 못하게 하는 것이 중요하다.

[면전 제조법]

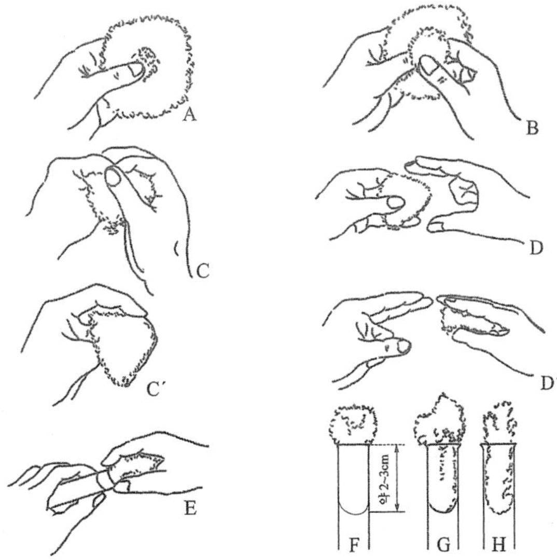

그림 15-1 면전 제조방법의 예

면전(綿栓)은 이불솜 또는 옷솜으로 만들며, 공기 등의 기체는 자유로이 통과시키면서 잡균의 오염을 방지해 순수 배양의 목적을 위하여 이용된다.

면전용의 솜은 물의 흡수가 쉬운 탈지면은 사용할 수 없다. 면전은 용기 입구의 크기에 알맞게 만들어서 용기 안으로는 3~4cm 들어가게 넣고, 용기 밖으로는 2~3cm 정도를 내어놓는다. 이때 면전이 너무 딱딱하면 공기의 출입에 영향을 주고, 허술하면 잡균이 침입하거나 고압멸균시 면전이 빠져버려서 멸균조작이 안될 가능성도 있다. 또 용기 내로 들어간 길이가 너무 짧으면 면전이 빠지기 쉽다. (그림 15-2 참조)

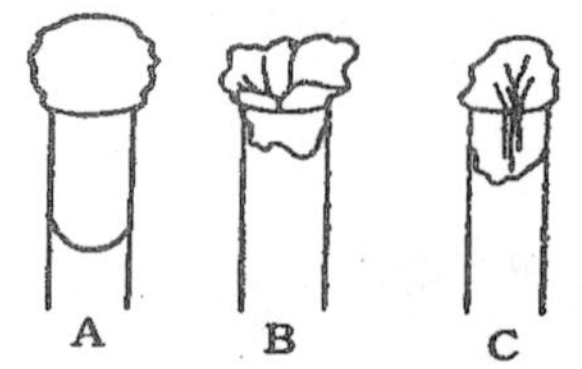

A : 잘된 것 B·C : 잘못된 것

그림 15-2 면 전

1. 살 균 법

(1) 건열살균법 (dry air sterilization)

건열살균기(oven, 그림 15-3 참조)를 이용하여 면전한 배양용 용기를 비롯해 페트리접시, 피펫 등 높은 열(150~160℃)에 파손되지 않는 초자기구(유리기구)류나 여지 등을 살균할 때 쓰이는 방법이다.

살균요령은 면전한 배양용 용기, 종이에 싼 페트리접시, 피펫 등을 넣어서 150℃에서는 60분간, 160℃로는 30분간 살균한다. 살균이 끝나면 살균기 내에서 어느 정도 식힌 후에 꺼내어, 급격한 냉각으로 인한 초자기구의 파손을 미연에 방지한다. 살균의 정도는 면전이나 포장종이의 색이 누렇게 변한 것으로 판단한다.

그림 15-3 건열살균기

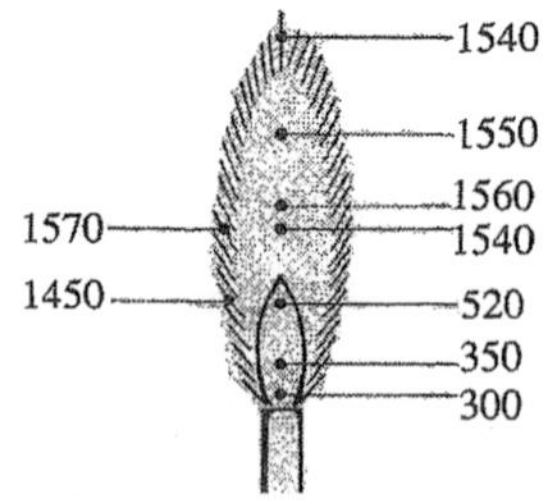

그림 15-4 분센불꽃 각 부위의 온도

(2) 화염살균 (flaming sterilization)

그을음이 나지 않는 알코올(methyl) 램프나 가스버너 등을 이용한 불꽃에 직접 살균하는 방법이다. 백금선류(그림 15-5 참조), 핀셋, 배양용기 입구 및 금속붙이 등을 살균할 때 이용된다.

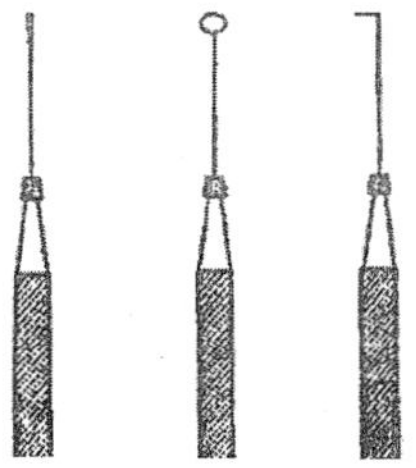

그림 15-5
백금선의 종류

백금선류는 6~8cm×0.5mm 정도의 백금선(니크롬선)을 알루미늄이나 스테인리스스틸 자루에 꽂은 것이며, 그 모양에 따라 다음과 같이 나눈다.

백금선(白金線)은 직선으로 된 것이며, 백금구(白金鉤)는 끝을 ㄱ 자로 구부린 것이고, 백금이(白金耳)는 직경이 2mm 정도인 원형으로 만든 것이다. 백금구는 곰팡이를 취급할 때 쓰이고, 백금선과 백금이는 효모 및 세균의 이식에 사용하고, 천자배양(穿刺培養)할 때는 백금선이 사용된다. 백금이의 직경이 2mm 인 것을 표준으로 하여 여기에 부착된 미생물을 1백금이량이라고 한다.

(3) 습열살균법 (moist heat sterilization)

수증기의 열을 이용하여 살균하는 방법으로, 면전을 한 배지나 용기, 병 등을 살균할 때 주로 쓰이며, 상압법(常壓法)과 가압법(加壓法)이 있다.

1) 상압습열살균법

원통형의 솥에 원추형의 뚜껑이 붙어 있으며, 밑에서 가열하여 물을 끓여 발생되는 증기로 멸균한다. 주로 배지의 살균에 쓰이나 완전 밀폐상태가 아니므로, 증기압은 1기압 이상 오르지 않기 때문에 온도 역시 100℃가 한도이다.

내열성의 세균이나 포자는 사멸시킬 수 없으므로 간헐살균이나 고압살균한다. 살균요령은 100℃에서 1회에 30분 내지 1시간을 하되, 배지용량에 따라 시간을 달리한다. 이 살균법은 건열살균에 견디기 어려운 기구류 등의 살균에도 이용된다.

- **간헐살균** (間歇殺菌, Tyndallization) : 1회의 살균이 끝나면 내열성 포자를 발아시키기 위하여 30~37℃의 항온기(恒溫器, incubator)에 넣어 24시간 정도 두었다가 다음날 또다시 같은 요령으로 살균을 반복하되, 3일에 걸쳐 3회 간헐적으로 살균하는 방법을 말한다.

2) 가압습열 살균법 (high pressure steam sterilization)

가압솥이나 autoclave (그림 15-6 참조) 등을 이용한 살균법으로, 100℃ 이상의 고압 증기에 의한 내열성 포자나 호열균 등을 단시간에 사멸시키는 멸균법이다. 가압살균의 조건은 15lbs (121℃)에서 15 분이고, 10lbs (115℃)에서는 30분이며, 단 한번의 살균으로 충분하다.

● autoclave 취급법 : 자동적으로 탈기, 시간조절장치가 붙은 기종

그림 15-6 autoclave

① 일정량의 물을 넣고 밸브를 잠근다.

② 배양기 등의 살균 목적물을 멸균기 안에 넣는다. 이들은 멸균기 내부 부피의 2/3 이상을 넘지 않아야 한다.

③ 뚜껑을 잠그고 열원을 넣는다. 압력조절밸브를 사용하고자 하는 위치에 맞추어 놓으면 그 후로는 자동적으로 가열하여 끓고 탈기되며, 소정의 압력에 도달하면 타임스위치가 자동적으로 조절된다.

④ 정해진 시간이 되어서 열원이 끊어지면 압력계가 0을 나타낼 때까지 기다린다(높은 압력으로 수증기가 분출하여 화상을 입을 위험이 있으므로 그 전에 절대 뚜껑을 열어서는 안 된다).

⑤ 수증기가 새지 않는지를 점검한다.

⑥ 배지 등이 새어 나와서 물이 흐려지기 쉬우므로 때때로 물을 교환하여야 하며, 안전핀을 점검하는 등 세심한 주의가 필요하다.

표 15-1 증기압과 온도와의 관계

수증기압 (kg/cm^2)	기 압	온 도(℃)	용 도
0.4	1.4	110	15~20분(낮은 pH용)
0.7	1.7	115	
1.0	2.0	121	15~20분(중성 pH용)

(3) 자외선등 살균법

자외선 조사장치를 이용하여 2,000~2,800Å까지의 복사선을 발생시켜 공기 및 물을 살균하는 방법이며, 공간의 살균을 목적으로 무균실 등에 장치하여 사용한다.

자외선은 눈에 해로우므로 등을 직접 바라보지 않도록 한다. 눈에 통증이나 결막염을 일으킬 수 있으므로 주의가 필요하다.

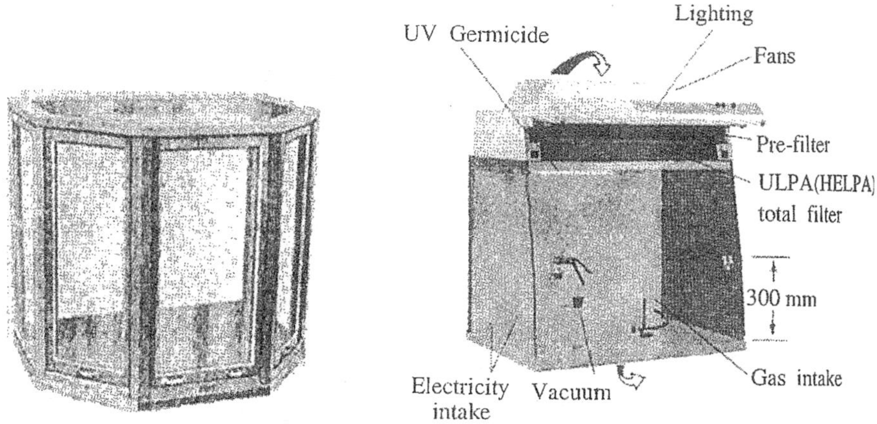

그림 15-7 무균상자

(4) 약제 살균법

가열살균이 가능하지 않는 무균실, 무균상자(그림 15-7 (a), (b) 참조), 초자기구 등을 비롯하여 실험대 및 손 등을 살균할 때에 약제를 이용하는 방법이며, 그 종류는 다음과 같은 것이 있다.

1) 승홍수 (昇汞水, $HgCl_2$)

0.1% 수용액을 만들어 사용하며, 분해방지를 위하여 1L 당 5g 의 식염을 첨가한다. 이것은 사람에게 유독하므로 식별을 위하여 fucsin 으로 염색해 사용한다. 목제기구나 초자기구의 외면, 페트리접시, 무균상자의 내부 등에 분무하여 20~30분간 방치하면 살균된다.

2) 에틸알코올-용액

살균력이 가장 강한 70% 알코올 용액을 사용하며, 여러 실험용구, 즉 유리봉, 피펫, slide glass, cover glass, 유리 삼각봉(drigalski), 금속용기, 손 등의 세척 및 살균에 이용된다.

3) 석탄산수 (石炭酸水, phenol, C_6H_5OH)

3% 수용액을 만들어 실험대 및 의류 등에 이용되며 식염이나 염산을 가하면 살균력이 증가된다. 지각신경을 마비시키는 작용이 있기 때문에 인체에는 사용하지 못한다.

4) 역성(逆性)비누액

계면활성제로 양성비누라고도 한다. 손, 조리대, 식기류 등의 세척 및 소독용으로 사용된다.

5) 포르말린-용액

0.1~0.2% 용액을 만들어서 무균실 및 공간살균에 이용한다.

2. 제 균 법

(1) 여과멸균 (filtration for sterilization)

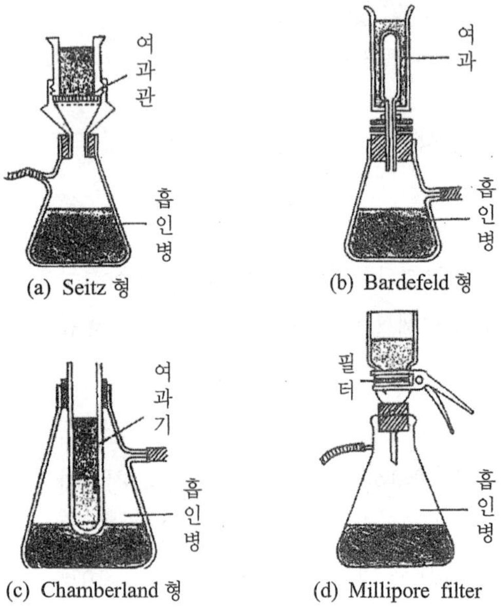

그림 15-8 여과기의 종류

가열을 하는 멸균법에서는 변질되는 재료, 즉 당·효소·혈청·요소 등의 멸균과 균을 대사산물과 분리할 때 이용되는 방법이다. 여과는 펌프 또는 압송(壓送)에 의하여 처음에는 서서히 하다가 차차 압력을 높이면서 한다.

동일 여과기를 장시간 사용하면 세균이 여과통(濾過筒) 내에 번식하여 오염될 가능성이 있으므로 연속사용은 피하는 것이 좋다.

1) 여과기의 종류 (그림 15-8 참조)

(a) Seitz filter (b) Berkefeld filter (c) Chamberland filter (d) Milipore filter 또는 membrane filter (한외여과법)

2) 사용상의 주의사항

① 재료는 여과지로 여과하거나 원심침전 등으로 침전물을 제거한 것을 사용한다.

② 여과기의 장치는 미리 멸균한 것을 사용한다. 여과 장치의 유리기구 금속부분 등은 통상적으로 유산지 등으로 싸서 고압멸균한다.

③ 흡입펌프를 이용할 때에는 20~30mmHg 정도의 vacuum압이 필요하다. 흡입이 너무 강하면 혈청 등은 거품을 일으키고, 너무 낮으면 여과시간이 길어진다.

④ 점조성의 액체를 여과할 경우에는 멸균증류수나 멸균생리식염수 등을 먼저 통과시킨 후에 젖은 상태에서 여과한다.

⑤ Berkefeld 및 Chamberland fliter 는 사용 후에 석탄산수로 충분히 살균하고 여과할 때와는 반대방향으로 물을 통과시켜 충분히 세척한 후 건조한다.

⑥ 흡입여과인 경우에는 흡입펌프와 흡입병 사이에 역류방지장치(trap)를 사용한다(그림 15-9 참조).

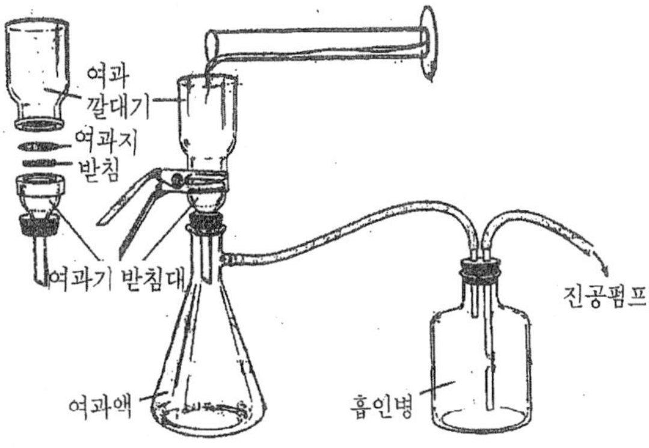

그림 15-9 한외여과장치(membrane filter)

(2) 공기 제균법

배양용기 내에 다량의 무균공기를 넣어 줄 필요가 있을 때, 즉 호기적 균인 곰팡이, 초산균, 효모배양 등을 위하여 공기 중의 잡균을 제거할 목적으로 면여과관(그림 15-10 참조)을 사용한다.

면여과관(綿濾過管)은 길이 10~15cm, 직경 1.5~2cm 의 유리관을 사용하며, 사용 전 관 내에 면(綿)을 채우고 건열살균한다. 한쪽 관은 배양병에, 또 다른 한쪽은 공기흡입장치에 연결한다. 배양병에 꽂는 관의 끝도 화염멸균을 한 후 배양관에 연결한다. 특히 면은 건조되어 있어야 하며, 사용 중 흡습하기 쉬우므로 사용할 때마다 건열살균을 실시하여야 한다.

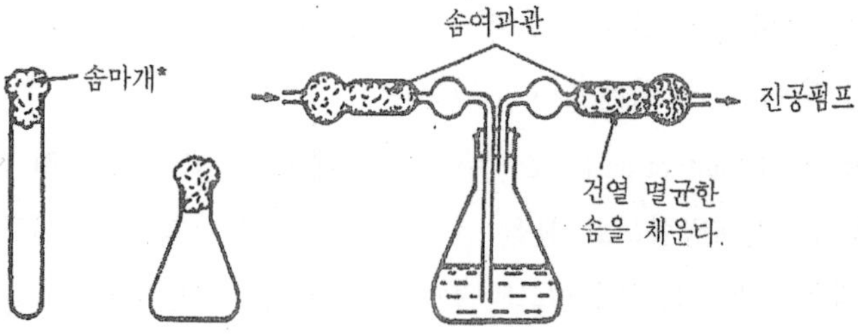

그림 15-10 공기의 여과장치

15-3 현미경의 구조와 사용법

현미경은 육안으로 관찰할 수 없는 극히 작은 미생물이나 단세포생물을 연구하는 데 반드시 도움이 필요하다. 따라서 현미경을 사용하기에 앞서 현미경의 종류, 구조, 관리법 및 적절한 사용법에 대한 이해와 조작방법의 숙달이 요구된다. 현미경의 종류는 그 기능에 따라 여러 가지 구조를 갖는다.

일반적으로 널리 사용되는 **광학현미경** (light microscope), 습윤표본으로 암시야 콘덴서를 이용하여 어두운 시야에서 빛나는 물체를 관찰하는 **암시야현미경** (darkfield microscope), 생물체를 해부할 때 사용하는 **해부현미경** (stereoscopic microscope), 자외선에 의한 형광반사광을 이용한 **형광현미경** (fluorescens microscope), 피검체의 광학적 두께의 차이에 의하여 상에 생긴 명암의 차로 관찰할 수 있는 **위상차현미경** (phase contrast microscope), 조명광선 대신에 전자파를 이용하여 세포의 미세구조까지 관찰이 가능함과 동시에 높은 해상력을 가진 **전자현미경**(electron microscope) 등 다양한 종류가 있다.

이와 같이 다양한 종류의 현미경이 있음에도 불구하고, 전자현미경을 제외한 일반 광학현미경들의 기본구성은 거의 대동소이하다.

1. 현미경의 기본구조

현미경의 구조는 그 기능에 따라 렌즈부분, 조명부분 및 기계부분으로 나눌 수 있다.

(1) 렌즈부분

① 접안렌즈(ocular lens)

경통의 상단에 위치하고, 이것을 통하여 물체를 관찰하게 되며, 확대 배율은 대물렌즈의 확대상을 5×, 10×, 15×로 한다.

② 대물렌즈(objective lens)

경통의 하단 대물렌즈의 회전판에 부착되어 있으며, 물체를 1차적으로 확대하는 역할을 한다. 10×, 20×, 40×, 100×(유침렌즈) 배율이 있다.

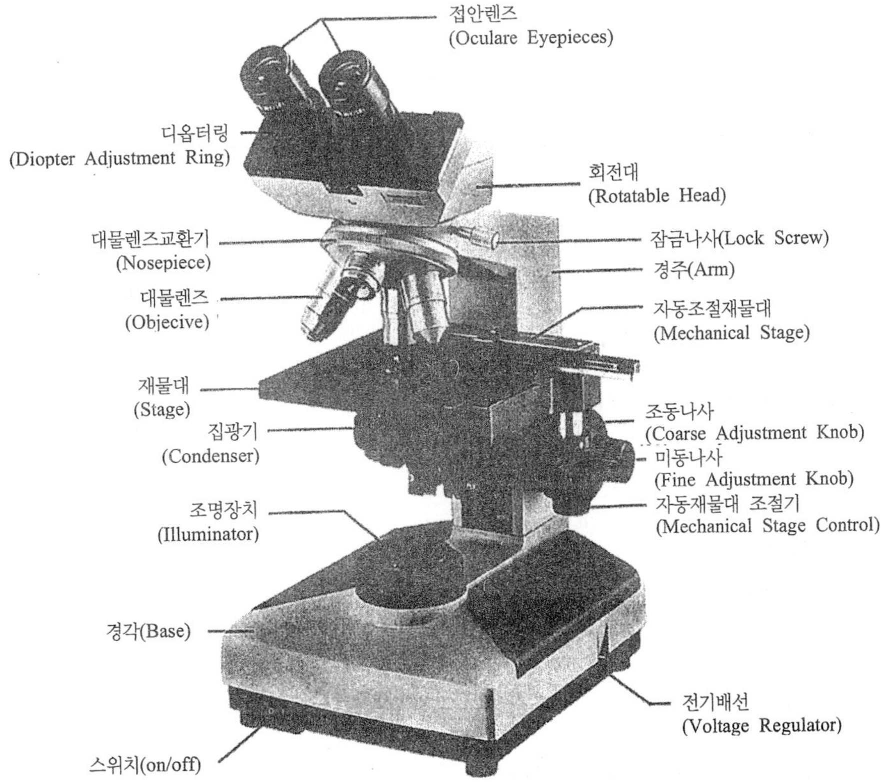

그림 15-11 현미경의 구조

(2) 조명부분

① 광 원 (light source)

다양한 lamp 가 사용되는데 이상적인 광원은 집중조명광원(spot light source)이다. 또한 빛의 색은 자연광에 가까운 백색광이어야 한다. 백열등은 적색광이 많기 때문에 상의 색이 자연스럽지 못하고 적색광의 열선 효과에 의하여 시료가 가열되어 건조해지기 쉽다.

② 반사경 (mirror)

광원에서 온 광선을 반사시켜 집광기로 보내는 거울로서 광원이 내장되어 있지 않은 현미경에서 사용된다. 오목거울은 강력하게 광선을 보낼 수 있어 일반적으로 사용하며, 평면거울은 광원이 태양광선일 경우에 사용한다.

③ 조리개 (diaphragm)

너무 강한 광선은 현미경의 상을 흐리게 하기 때문에 광량을 줄이고 광도를 적당하게 조절하는 역할을 한다.

④ 집광기 (condenser)

대물렌즈에 적절한 밝기를 주는 장치로, 여러 개의 렌즈로 구성되어 있으며, 전체가 볼록렌즈의 역할을 한다.

⑤ 광선여과판 (light filter)

(3) 기계부분

① 재물대 또는 검체판 (stage)

관찰할 물체(slide glass)를 올려놓는 수평의 판이다.

② 경 통 (body tube)

위쪽은 접안렌즈를 끼고, 아래 끝에는 대물렌즈가 달려 있다.

③ 조준장치 (focusing adjustment)

대물렌즈와 물체의 거리를 조절하여 가장 선명한 상을 얻기 위한 대략의 조준을 하는 조동나사(coarse adjustment screw)와 조준을 정밀하게 조절하는 미동나사(fine adjustment screw)가 있다.

④ 슬라이드 고정판 (mechanical stage)

검체가 있는 슬라이드를 고정하는 역할을 한다.

⑤ 대물렌즈 회전판

배율이 다른 렌즈를 사용하기 위하여 대물렌즈를 회전하는 역할을 한다.

2. 현미경 사용법

(1) 일반 검경법

① 현미경을 수평면에 똑바로 놓고 광원을 확인한다. 반사경을 조절하여 빛이 집광기를 통과하도록 조절한다.

② 검체를 도말한 slide glass의 표면이 위쪽으로 오게 하여 재물대 위에 올려놓고, 슬라이드 고정판을 이용하여 검체가 중앙 렌즈 아래로 오도록 조절한다.

③ 집광기를 아래로 내리고 대물렌즈를 저배율(10×)로 돌린 후, 대물렌즈의 끝이 slide glass에 거의 닿을 정도로 조동나사를 이용하여 경통을 밑으로 내린다.

④ 접안렌즈로 보며 반사경과 조리개 등을 이용하여 광원을 조절하고, 조동나사를 서서히 돌려서 경통을 위로 올리며 초점을 물체에 맞춘다. 미동나사를 전후로 미세하게 돌리며 미세구조를 해상(解像)관찰한다.

⑤ 조동나사로 동경을 아래로 내리면서 상을 찾지 않도록 한다. 10× 이상의 대물렌즈는 slide glass 높이보다 아래로 더 내려가서 표본을 파손할 염려가 있기 때문이다.

⑥ 현미경을 관찰할 때에는 양쪽 눈을 뜨고 보는 습관을 들여야 한다.

(2) 유침검경법(油沈檢鏡, oil immersion)

40×에서 보다 더 확대하여 검경하기 위하여 유침 대물렌즈(immersion oil lens)를 사용하여 표본과 대물렌즈와의 사이에 ceder oil 층을 만들어 검경하는 방법이다.

① 미리 집광기를 위까지 올려놓고, 경통도 위로 올려놓는다.

② 표본의 중앙에 ceder oil 한 방울을 떨어뜨린

③ oil lens (100×)를 회전시킨 후 경통을 아래로 내려서 lens를 oil에 담근 다음, 될 수 있는 한 표본에 접근시킨다. 그러나 표본에 닿으면 안 된다.

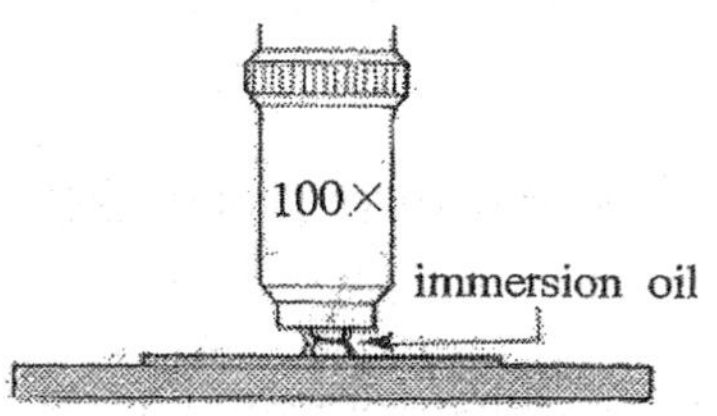

그림 15-12 유침검경

④ 접안렌즈를 들여다보며 미동나사를 돌려서 상을 찾는다.

⑤ 검경이 끝나면 lens paper에 xylene을 약간 적신 다음, 렌즈를 깨끗이 닦아낸 후, lens paper로 닦는다.

(3) 표본 고정용 slide glass 취급법

slide glass나 cover glass는 모두 흠이 없는 깨끗한 것을 사용한다.

① slide glass는 ethyl-alcohol 용액(70~100%)에 담가 두는데, 이는 유리의 기름때 등을 용해시켜 제거하는 의미도 있다. 사용하기 직전에 알코올램프의 화염을 통과하여 살균과 동시에 알코올제거를 한 후에 방냉(放冷)한다.

② slide glass 위에 살균멸균수 한 방울을 떨구고, 그 속에 시료를 옮겨 섞는다.

③ cover glass의 한쪽을 물방울 끝에 세우고 cover glass를 시료 위에 덮어 씌워서 시료와 밀착시킨다. cover glass 끝 둘레에 스며 나오는 물은 여과지나 휴지로 흡수시켜 제거한다.

이 표본을 오래 보존하고자 할 때에는 cover glass 둘레에 파라핀을 칠하여 봉해 두거나 vaseline을 칠해 두면 된다.

15-4 현미경을 이용한 실험실습

1. 검 경(microscopy)

(1) 머리카락 검경

① 알코올 용액에 담겨 있던 slide glass를 cornet pincette(그림 15-13 참조)로 집어서 알코올 램프 위를 통과시키며 불을 붙여 살균·건조 후에 멸균수 한 방울을 떨어뜨린다.

② 머리카락을 1cm 정도 잘라서 slide 위의 멸균수에 놓고 cover glass를 덮은 다음에 검경한다.

③ 대물렌즈 10×로 머리카락을 찾아서 초점을 맞춘 후, 미동나사로 머리카락의 무늬를 볼 수 있도록 연습한다. 머리카락은 성장하면 일정한 간격으로 무늬를

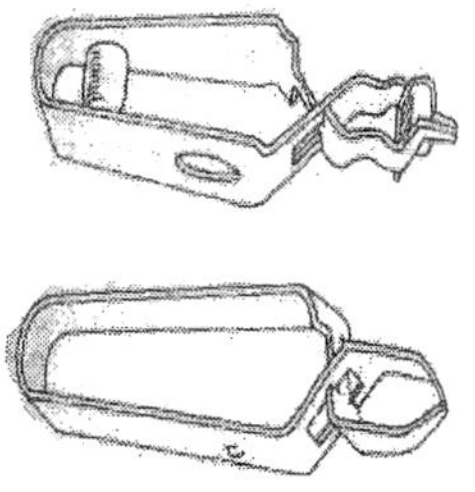

그림 15-13
cornet pencette

만드는데, 그 끝은 마치 톱니 같다. 기초적 해상능력을 기르기 위한 실습이다.

④ 100×로 그리고, 그 옆에 다시 400×로 그린 후에 그 크기를 비교한다.

스케치 방법

① 왼쪽 눈으로 검경하면서 오른쪽 눈으로 스케치한다. ② 그리기 실습은 현미경상의 시료 크기와 종이 위에 그리는 크기가 거의 일치하게 그리는 연습으로 가장 가느다란 연필을 사용한다. ③ 그림은 입체적으로 그리려 해서는 안 되며 주관에 치우치지 말고 객관적 사실만을 그린다. 먼지와 같은, 대상 이외의 확실치 않은 것을 그리지 않는다. ④ 연필을 이용하며 될 수 있는 대로 가느다란 선으로 스케치하여야 한다.

(2) 솜의 성장점 찾아 그리기

① 화염살균한 slide 위에 멸균수 한 방울을 떨어뜨리고, 그 위에 면전(솜)을 조금 올려놓고 cover glass를 씌우고 검경한다.

② 솜의 끝부분에서 다른 솜의 끊어진 것과는 구분이 되는 성장 세포의 모습을 볼 수 있다.

③ 100×와 400×로 그린다.

슬라이드 고정판(mechanical stage)을 전·후로 움직이며, 검경하는 연습을 위한 실습이다.

(3) 감자 전분입자 검경

① slide glass 상에 멸균수 한 방울을 떨구고, 생감자를 절편한 후, 멸균한 칼이나 pincette로 감자를 살짝 긁어 멸균수에 잠깐 담근다.

② cover glass를 덮은 후에 검경한다.

③ 감자 starch의 특징인 독특한 무늬를 볼 수 있도록 미동나사로 조절하며 스케치한다.

④ 100×와 400×를 나란히 그린 다음에 비교한다.

> 감자 전분모양의 특징은 홍합조개 같은 모양과 줄무늬가 있다.

(4) 옥수수 전분입자 검경

① 감자 전분에서와 같은 순서로 하며, 옥수수 알갱이 일부를 칼로 베어 낸 후에 속의 전분을 살짝 긁어 멸균수에 잠깐 담근다.

② cover glass를 덮고 검경하고 스케치한다.

> 옥수수 전분 모양의 특징은 마치 어금니 이빨을 위에서 내려다본 것 같은 모습을 한 것들이 많이 섞여 있다.

(5) 쌀 전분입자 검경

① 적은 양의 쌀을 막자사발에 물과 함께 넣고 분쇄해 뿌연 액체상태로 만든 후에 그 액을 한 백금이 취하여 멸균수에 담가서 섞는다.

② cover glass를 덮고 검경하고 100×와 400×로 스케치한다.

> 쌀 전분은 마치 차돌을 깨놓은 것 같은 모가 난 불규칙적인 작은 알갱이 모양이 특징이다.

(6) 막걸리 검경

① 막걸리를 잘 저은 후, 살균 및 건조가 된 slide 위에 한 방울을 떨군 다음, cover glass를 덮고 검경한다.

② 슬라이드 고정기를 전·후·좌·우로 움직이며, 막걸리에 함께 섞여 있는 곰팡이(*Asp. oryzae*)들과 효모(*Sacch. cerevisiae*)들을 검경한다.

③ conidial head와 효모를 스케치한다.

> *Asp. oryzae* 여러 종류의 conidial head를 찾아볼 수 있다.

2. 현미경 표본제작법

(1) 염색법

미생물은 대부분 무색투명하므로 생균체를 현미경으로 관찰하면 명암의 차가 분명치 않아서 분별하는 데 불편할 때가 있다. 이런 까닭에 균체를 염색하여 검경하는 염색법이 개발되고 있고, 검경목적에 따라 많은 염색법이 있다.

1) 생체균 염색법

생체균를 그대로 염색하는 방법이며, 무염색 표본과 같이 조작한다. 즉 slide glass에 소량의 시료를 옮겨놓고, 증류수 한 방울과 1백금이량의 색소액을 가하여 혼합한 후, cover glass를 덮어서 검경한다. 여기에 사용되는 색소로는 carbolic, fuchsin, methyleneblue, gentian violet 등의 염기성 aniline 색소와 Lugol 액 등이 쓰인다.

이 방법은 균체 내의 성분, 세포의 생사 등의 식별을 위하여 응용된다. 색소분말의 무수알코올 포화용액을 원액이라 하며, 오른쪽과 같이 만들어 병에 담아 둔다.

methyleneblue 5g + 무수알코올 100mL
fuchsin 11g + 무수알코올 100mL
gentian violet 7g + 무수알코올 100mL

일반적으로 사용하는 각종 염색액은 다음과 같다.

① Methylene blue 염색액 : methylen blue 원액 10mL + 0.01% KOH 100mL를 혼합·여과 후 사용

② Fucsin 염색액 : fucsin 원액 10mL + 5% phenol 100mL를 혼합·여과 후에 사용

③ Gentiana violet 염색액 : gentian violet 원액 10mL + 5% phenol 100 mL를 혼합·여과 후 사용

④ Lugol 액 : I2 0.3g + KI 1g + 증류수 100mL

2) 고정염색법

균체를 slide glass 에 도말하여 불꽃 위에서 고정하여 염색하는 방법이 있으며, 가장 일반적으로 이용되는 cover glass 를 이용한 고정염색법의 기본적인 조작순서는 다음과 같다.

도말(smearing) ⇒ 건조(drying) ⇒ 고정(fixing) ⇒ 염색(staining) ⇒ 수세(washing) ⇒ 건조(drying) ⇒ 표본(specimen)

불꽃으로 살균한 cover glass 를 cornet pincette 로 집어서 그 위에 증류수로 현탁한 균체를 도말하여 공기 중에서 자연히 건조시킨 다음, 도말면을 위로 하여 불꽃 속을 2~3회 통과시켜서 고정한다.

다음 균체도말면에 염색액을 떨구어 1~2분간 염색하고, 여분의 염색액은 버리고 조금씩 흐르는 물에 염색면을 아래로 하여 씻거나 물속에서 조용히 흔들어, 세척한

물이 염색되지 않을 때까지 씻는다. 그런 다음 여지로 물을 흡수시키고 자연건조시켜 slide glass 위에 도말면을 밑으로 하여 덮어서 현미경으로 검경한다.

3) Gram 염색법

Gram에 의해서 고안되었으며, Hucker 에 의해서 개량된 방법이 많이 이용된다. 세균 분류학상 중요한 지표가 되는 염색법이며, 숙련을 필요로 하는 조작이므로 Gram 양성균으로 *Staphylococcus aureus* (포도상구균)를, Gram 음성균으로 *Escherichia coli* (대장균)를 사용하여 미리 그 방법을 익히고 염색결과를 확인해 두어야 한다.

Gram 염색에 있어서는 활발하게 증식하고 있는 균을 사용하여야 하며, 배양이 오래되면 염색성이 변하는 경우가 있으므로 주의하여야 한다. 또 세균 중에는 Gram 염색성이 일정치 않은 종류도 있다.

Hucker의 개량법에 의한 Gram 염색에 사용하는 염색액은 다음과 같다.

A 액 : crystal violet 2g + 95% 알코올 20mL } 사용할 때 혼합
B 액 : ammonium oxalate 0.8g + 증류수 80mL

Lugol 액 : I_2 1g + KI 2g + 증류수 300mL

대비염색액(對比染色液) : safranin O (0.2% alcohol solution) 10mL + 증류수 100mL

Gram 염색 순서

① 배양균액을 slide glass의 윗면에 한 백금이를 취하여 직경 1cm 정도의 넓이로 엷게 칠하여 실온에서 풍건(風乾 : 입으로 불어서는 안 된다) 고정한다.
② ammonium oxalate crystal violet 액을 그 위에 한두 방울 떨구어서 1분간 염색한다.
③ 염색면을 아래로 하여 흐르는 물로 차분히 수세(水洗)하고 여과지로 물을 흡수시킨다.
④ Lugol 액을 다시 고정된 균을 덮을 정도로 떨구어 1분간 작용시킨다.
⑤ ③의 방법과 같이 염색면을 아래로 하여 수세 건조한다.
⑥ 95% 알코올 중에 slide glass를 전부 담그고, 30초 동안 가볍게 위아래로 움직여 헹구면서 과잉의 crystal violet을 제거하여 풍건한다.
⑦ Safranin 액 1~2mL를 떨구어 10초~1분간 염색한다.
⑧ ③의 방법과 같이 수세 및 건조한 후에 검경한다.

위의 방법에 의하여 gram 양성균은 청색으로 물들고, gram 음성균은 적색(赤色)으로 물든다. Gram 염색을 하는 균은 반드시 새롭게 배양한 신선한 균을 사용하는 것이 좋고, 오래된 균에서는 음성 및 양성의 구별이 불분명한 경우가 많다. 또 균 중에는 Gram 부정(不定, gram variable)이라 하여 구별이 명확하지 않은 것이 있어, 주의가 필요하다.

일반적으로 포도상구균, 연쇄상구균, 폐염구균 등의 구균류와 포자형성균은 거의 Gram 양성이며, 그 밖에도 *Typhteria*, 결핵균, 유산간균 등도 이에 포함된다. 장내세균과(Enterobacteriaceae)의 대부분(*Salmonella*, 이질균, 대장균, *Cholera* 등)을 비롯하여 *Pseudomonas* 등은 Gram 음성이다. 그 밖에도 편모염색(flagella stain), 포자염색법, 핵염색법 등의 염색법이 있다.

3. 균체계측법

미생물세포 크기의 측정에는 micrometer를 사용한다. 마이크로미터에는 stage micrometer (대물측미계)와 ocular micrometer (접안측미계)가 있다.

Stage micrometer는 slide glass 중앙의 원형 안에 눈금이 새겨져 있고, 이 초자판에는 한 눈금이 10μ (0.01mm)되는 미세한 눈금이 새겨져 있다.

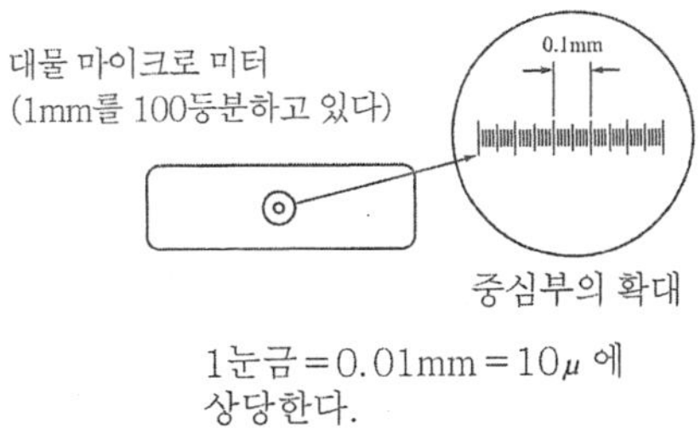

그림 15-14 대물 micrometer (stage micrometer)

접안 마이크로미터는 직경이 약 2cm 되는 원형초자판이며, 그 표면에는 한 눈금이 0.1mm 간격으로 새겨져 있다. 이들을 현미경에 장착하는 방법은 우선 접안렌즈의 상부렌즈를 돌려서 떼어내고 접안 마이크로미터를 그 속에 넣고 다시 원상태로 돌려 끼운 후, 현미경에 장치한다.

이때 접안 마이크로미터는 반드시 눈금이 새겨져 있는 면이 위로 향하게 해야 한다. 또한 접안 마이크로미터의 눈목이 뿌옇게 보인다거나 흐리게 보이면 장치를 다시 되풀이하여야 한다.

대물 마이크로미터는 현미경 재물대 위에 고정시키고 접안렌즈를 들여다보면서 집점을 맞추면 두 마이크로미터의 눈목을 동시에 볼 수 있다. 이어서 접안렌즈를 돌리면서 두 마이크로미터의 눈금이 평행이 되도록 조절한다.

이 두 마이크로미터의 장치가 끝나면 접안 마이크로미터의 한 눈금이 대물 마이크로미터의 몇 눈금에 해당하는가를 읽어 둔다. 만약 이 때의 상황이 그림 15-16과 같이 되었다면 접안 마이크로미터의 20눈목은 대물 마이크로미터의 3눈목에 해당하게 되므로 접안 마이크로미터의 한 눈목은 30μ /20 = 1.5μ 가 된다.

이와 같이 대물렌즈와 접안렌즈의 여러 배율조건에서 그 값을 구해두면 그 뒤에는 대물 마이크로미터 대신에 표본을 고정시켜 미생물 크기를 접안 마이크로미터의 눈목만으로 계측할 수 있게 된다.

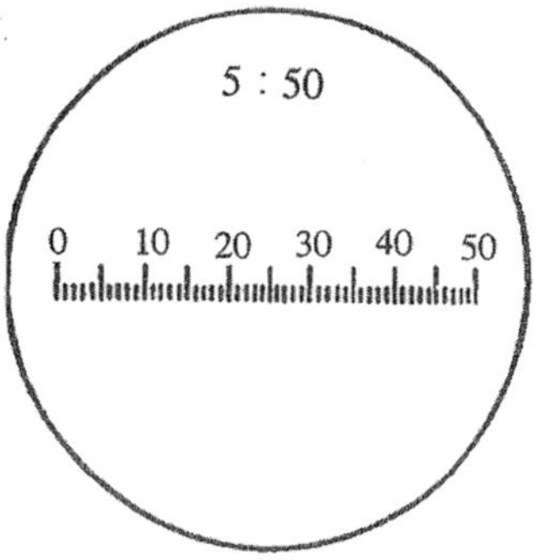

그림 15-15 접안 마이크로미터

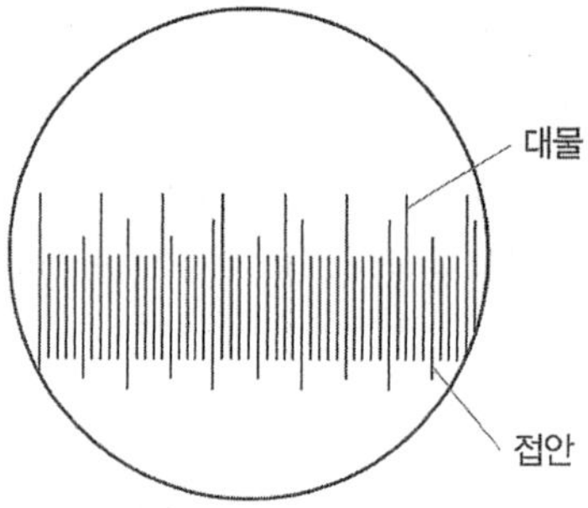

그림 15-16 접안 마이크로미터와 대물 마이크로미터의 겹친 모양

4. 균체수의 측정법

생균수 측정법으로서 평판배양법이 이용되나, 총 균수(生균수+死세포)의 측정에는 Thoma의 혈구계(血球計, haematometer)를 이용하는 방법이 간편하다(그림 15-17 참조).

Slide glass 중앙에 현미경으로만 볼 수 있을 정도로 미세하게 바둑판 모양의 줄이 그어져 있으며, 그 한 칸의 가로 세로는 각각 0.05mm이다. 커버글라스를 그 위에 얹으면 slide glass와의 사이에 0.1mm의 틈이 생긴다. 따라서 한 칸의 용적은 0.05×0.05×0.1mm = $0.00025mm^3$이다.

이 한 칸 안에 대략 5~6개의 균체가 보일 정도가 되도록 정확하게 희석한 균체현탁액을 관찰하여 5칸의 균수를 측정한다.

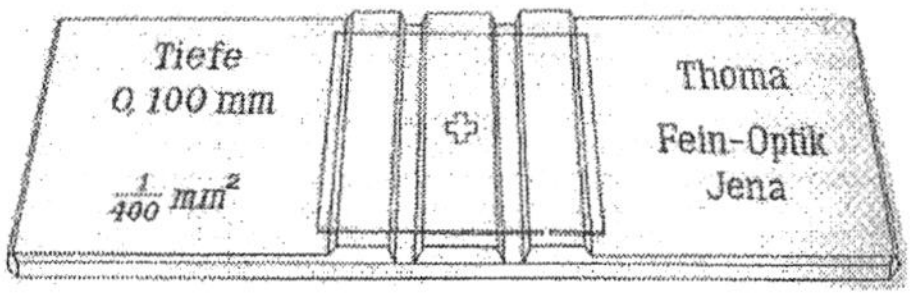

그림 15-17 (a) Thoma-haematometer (혈구계측기)

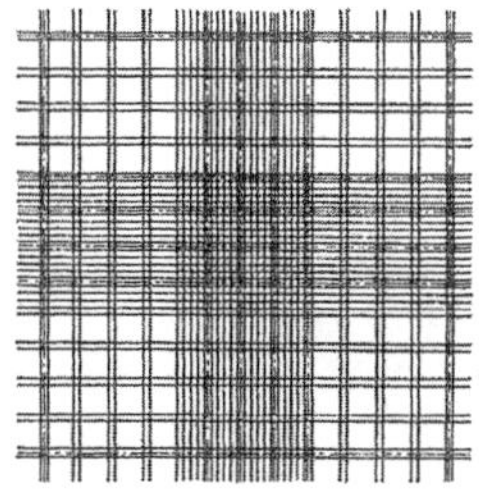

그림 15-17 (b) Thoma-혈구계측기의 눈금

Hematometer의 보이는 장소를 옮겨서 50~100 이상의 칸을 측정하여 그 평균치를 계산한다. 동일 시료에 대해서 이와 같은 방법으로 4회 반복 측정하여, 총 평균치와 희석배수로부터 1mL 중의 균수를 계산할 수 있다.

측정조작에 있어서 주의할 점은 다음과 같다.

① 균체현탁액은 잘 혼합하여 균체의 분포가 균일하게 되도록 만들어서 빨리 pipette 으로 혈구계의 중앙 눈금 부분에 넣는다.

② 커버글라스는 옆으로부터 밀어서 덮고, 기포가 들어가지 않도록 한다.

③ 혈구계를 재물대에 얹은 후 균체가 혈구계면 위에 가라앉을 때까지 5~7 분간 기다린다.

④ 줄 위의 균체는 그 칸의 두 변의 것만 가산하고, 다른 두 변의 것은 계산하지 않는다.

다섯 칸에 대하여 실측한 평균치를 산출하여 이로부터 계산에 의하여 시료배양액 중의 세포수를 구한다. 한 예를 들면 다음과 같다.

미생물의 액체배양액 1mL를 살균한 증류수 5mL에 희석하여 세포수를 계측한 결과, 다음 표(표 15-2 참조)와 같았다면 다섯 칸 중에 20.4개의 세포가 있었다는 결과가 된다.

표 15-2 세포수 계측 결과의 계산

	1 차	2 차	3 차
1 회	27	24	20
2 회	21	16	25
3 회	18	20	15
4 회	23	17	18
5 회	20	19	23
평 균	21.8	19.2	20.2

$(21.8 + 19.2 + 20.2) \div 3 = 20.4$

따라서 한 칸 내에는 그의 1/5인 4.08개의 세포가 있으며, hematometer 한 칸 용적은 0.00025mm^3 이므로 계측에 사용한 희석액 1mL 중에는 4.08×1,000/0.00025=6.32×106이 존재한다. 따라서 최초의 액침배양액 1mL 중에는 16.32×106×6=97.92×106의 세포가 존재한 셈이 된다.

15-5 배 지

미생물 실험에 쓰여지는 배지(culture medium)는 미생물이 필요로 하는 각종 영양소를 골고루 함유하고 있어야 한다. 영양소에는 탄소원, 질소원, 비타민류, 무기염 등이 있으며, 미생물의 종류와 그 성질에 따라서 사용하는 배지의 조성은 각각 다르다.

일반적으로 곰팡이와 효모에는 맥아즙(malt extract)과 국즙(koji extract)이, 세균에는 육즙(bouillon)이 적합하다. 또한 미생물 배양에는 배지의 pH가 특히 중요하며, 보통 효모와 곰팡이용 배지의 pH는 약산성(5.0~5.8), 세균용 배지는 pH 7.0~8.0인 중성 내지 약알칼리성으로 조정한다. pH 조절에는 묽은 수산화나트륨이나 염산이 쓰인다.

1. 배지의 종류

배지는 그 조성에 따라 두 종류로 나눈다. 배지 중 영양분이 모두 천연물인 동·식물체에서 얻은 것으로, 그 화학조성이 복잡하고 명확하지 않은 것을 천연배지(natural medium)라고 하고, 배지 중에 함유된 영양소의 모든 화학적 조성이 명확한 것으로 조제한 배지를 합성배지(synthetic medium)라고 한다. 또 배지는 그 상태에 따라 액체배지(liquid medium)와 고체배지(solid medium)로 나눈다.

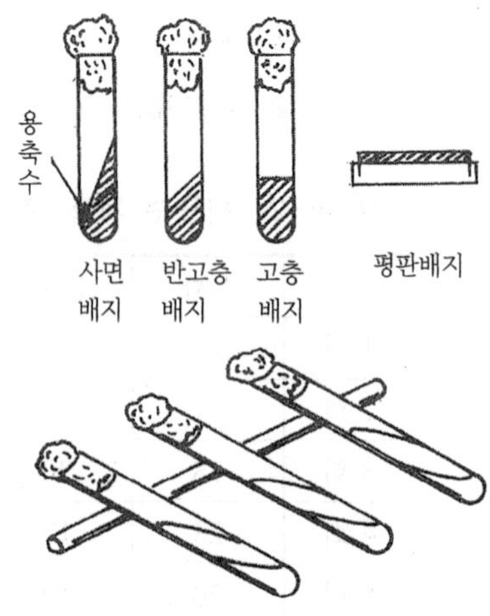

그림 15-18 각종 고체배지의 형태와 사면배지 만드는 법

고체배지는 액체배지에 한천이나 젤라틴을 첨가하여 고체화시킨 것이다. 50℃ 이상의 고온에서

액상이 되는 고체배지는 시험관에 분주하여 멸균한 후 냉각 고체화시킬 때, 목적에 따라 사면배지(斜面培地, slant)(그림 15-18 참조), 고층배지(高層培地, stab), 평판배지(平板培地, plate) 등으로 만든다.

사면배지는 보통 호기성 세균이나 효모의 배양에, 고층배양은 젖산균 등의 미호기성균의 천자배양(stab culture)에 사용되고, 또 평판배양은 colony를 형성시켜 미생물을 순수분리할 때에 사용한다.

액체배지는 일반적으로 시험관에 넣어 사용하지만 호기성이 강한 균을 대상으로 할 경우에는 삼각플라스크 등에 넣어 사용한다.

2. 배지의 조제

(1) 배지제조 시의 유의점

1) pH 조절

배지의 수소이온농도는 미생물 증식환경 조건으로서 큰 영향을 끼치는 인자이다. 따라서 각 미생물군의 최적 pH 범위를 벗어나지 않도록 조절하여야 하며, 또한 살균과정에서 배지의 pH는 유리용기로부터 영향을 받을 수 있으므로 주의가 필요하다.

pH를 수정하려면 산 또는 알칼리 용액을 이용하며, 이때에는 4% NaOH, 10% $Na_2CO_3 \cdot 10H_2O$, 3~4% HCl 용액 등이 수정용으로 사용된다.

2) 조성분의 농도

배지의 함유물질의 총량이 20% 이상이 되면 조성분의 농도가 너무 지나쳐서 삼투압이 높아지고 이는 미생물 생육을 저해한다. 그러므로, 특히 액체배지에서는 20% 이하가 되도록 조제한다.

3) 여과 및 분주

배지를 맑게 하기 위해서는 일반적으로 여과지, 탈지면, 가제, glass wool, flannel 등을 사용하여 여과하여야 한다. 분주할 때에는 배양관이나 병의 입구에 배지가 묻지 않도록 하며, 면전에 묻게 되면 잡균오염의 원인이 된다.

4) 한천 고체배지

한천 고체배지는 액체배지에 여름에는 2.0%, 겨울에는 1.5%의 한천을 넣어서 녹인 후에 응고해 만든 것이다. 명칭은 사용한 액체배지에 따라 육즙을 사용하였으면 육즙 한천배지, koji 즙일 경우는 koji 즙 한천배지라 부른다. 한천배지의 살균조건은 15lbs (121℃)에서 15분간 가압살균하는 것이 통례이지만 pH 4.0 이하로 산성이면 한천의 고화력(固化力)이 저하된다. 또한 살균이나 용해된 한천배지를 40~45℃로 냉각하면 고화되기 때문에 한천액체상태로 유지하려면 그 이상의 온도를 유지하여야 한다.

5) 젤라틴 고체배지

젤라틴 고체배지는 한천의 경우와 같이 육즙 젤라틴 배지, koji 즙 젤라틴 배지라 부르며, 겨울철에는 15~20%, 여름철에는 20~25%를 액체배지에 첨가한다. gelatine 을 첨가하면 기본배양액이 다소 산성으로 치우치게 되므로 pH 조절이 필요할 경우 Na_2CO_3 용액으로 수정한다.

Gelatine 은 또 과열처리할 경우는 gel 화하기 어려워지므로, 한천배지의 살균처리시간보다 적게 처리하는 것이 좋다.

(2) 배지 제조방법

1) 천연배지

① 국즙(麴汁, koji extract)과 국즙한천(koji agar)

쌀 koji 1 kg에 4~5L의 물을 넣고 품온을 55~65℃로 유지하면서 때때로 저어주면 5~6시간으로 당화(糖化)가 끝난다. 때때로 lugol 액(옥도 0.3g과 옥도칼리 1.0g을 100mL의 증류수에 녹인 것)으로 전분의 반응을 조사하여 보라색을 띠지 않을 때까지 당화하여 가제나 포대로 거른 다음, 이것을 약 10분 간 끓여서 다시 여지로 여과하면 투명한 국즙이 얻어진다.

이 액을 Balling 당도계를 사용하여 10℃ 내외로, pH를 NaOH나 HCl로써 5.5~6.0으로 각각 조절한다. 이 액을 분주하여 115℃에서 15분간 고압멸균하면 국즙배지가 얻어지며, 이 액에 한천을 2.0~2.5%를 가하여 용해시켜 용기에 넣고 같은 조건으로 멸균하면 국즙한천배지가 된다.

② 맥아즙(麥芽汁, malt extract)과 맥아즙 한천(malt agar)

분쇄한 건조맥아 1 kg에 대하여 미리 45℃로 가온한 수돗물이나 우물물 5L를 가하여 60~65℃의 온도를 유지하면서 때때로 저으며 당화한다. 국즙을 만들 때와 같이 때때로 Lugol 액으로 전분의 당화상태를 조사한다. 당화가 끝난 후 10~20분간 끓여서 냉각시켜 여지로 여과한다.

③ 육즙(肉汁, bouillon)과 육즙 한천(bouillon agar)

시판되는 세균용 meat extract를 사용한다. meat extract 10g, peptone 10 g, NaCl 5g에 물 1L를 넣고 가온하여 잘 녹인 후 pH를 7.0~7.2로 조절하여 분주한다. 이 배지의 살균은 120℃에서 15분간의 고압멸균을 한다. 육즙 한천은 이것에 한천 1.5~2.0%를 첨가하여 조제한 것이다.

육즙에 glucose를 10% 첨가하여 조제한 것을 가당육즙(加糖肉汁, glucose nutrient broth)이라고 하며 때때로 쓰인다.

④ peptone water (펩톤수)

Peptone 10g, NaCl 5g을 물 1L에 녹여서 pH를 7.0~7.2로 조절하고, 필요에 따라 여과하여 분주 살균한 것이다. 펩톤수는 세균의 배양 특히 indole반응검사 등에 사용한다.

⑤ 우유와 litmus 우유

배지용 우유는 신선한 우유를 증기멸균기로 30분간 가열한 후 방치하여 상부에 뜬 크림층을 제거하고, 분주하여 120℃에서 15분간 고압멸균한다. 우유 대신에 탈지분유 10g을 물 90mL에 녹인 것을 사용해도 좋다.

우유배지는 특히 젖산균 배양에 많이 사용된다. 탈지유에 litmus 액(litmus 1.0g을 증류수 60mL에 녹인 것)을 한 방울씩 가하여 보라색이 선명히 나타나면 litmus milk가 된다. Litmus milk는 세균의 생산성과 casein의 응고성 등을 검사하는 데 사용된다.

⑥ 효모수 (酵母水, yeast water)

압착효모 100g에 물 1L를 가하여 증기멸균기로 약 2시간 가열하고 여과하여 분주 살균한다. 세균배양에 사용한다.

⑦ 간장육즙 (肝臟 bouillon, liver broth)

Clostridium 등의 혐기성 세균의 분리 배양에 사용된다. 중성의 육즙 1L에 신선한 말이나 소의 간장 300g을 큰 토막으로 썰어서 넣고 100℃에서 약 1 시간씩 침출시켜 여과한다. 여액을 pH 7.8로 조절하여 중형 시험관에 10mL씩 분주하고 이것에 삶아 낸 간장의 조각(5mm 정도로 작게 잘라 물로 세척한 것)을 2~3개씩 넣고 120℃, 15분간 멸균한다. 멸균 후의 pH는 6.8~7.0이 된다.

⑧ Waksman 배지

Glouse 10g, peptone 5.0g, meat extract 5.0g, NaCl 5.0g을 1L의 수돗물에 녹이고 난 다음에 pH 7.1로 조절한다. Streptomycin의 생산에 이용된다.

이상의 천연배지 외에도 특수하게 사용되는 청주, 맥주, 혈청, 감자, 과즙, 간장 등이 있다.

2) 합성배지

곰팡이, 효모, 세균용으로 많은 합성배지가 고안되어 널리 이용되고 있다. 미생물의 영양요구성 검토와 미생물정량법(微生物定量法, bioassay) 등에는 합성배지를 쓰지 않을 수 없다.

① Czapek-Dox 씨액 (곰팡이 배양용)

sucrose 또는 glouse	30.0g
$NaNO_3$	2.0g
K_2HPO_4	1.0g
$MgSO_4 \cdot 7H_2O$	0.5g
KCl	0.5g
$FeSO_4$	0.01g
증 류 수	1.0L

② Hayduck 씨액 (효모 배양용)

Sucrose	100.0g
Asparagine	2.5g
KH_2PO_4	1.0g
$MgSO_4 \cdot 7H_2O$	3.0g
수돗물 또는 우물물	1.0L
pH	5.5~6.0

③ Uschinsky 씨액 (세균 배양용)

Glycerol	30.0~40.0g
Sodium asparginate	3.0~4.0g
K_2HPO_4	1.0~2.5g
$MgSO_4 \cdot 7H_2O$	0.2~0.4g

NaCl	5.0g
$CaCl_2$	0.1g
증 류 수	1.0L

④ Glucose · asparagine 한천배지 (방선균용)

Glucose	10.0g
Asparagine	0.5g
K_2HPO_4	0.5g
한 천	15~20g
증 류 수	1.0L

15-6 미생물의 순수분리

자연계에 존재하는 모든 미생물은 각종 미생물과 함께 섞여 존재하며, 최소한 각각 자신들이 원하는 생육조건이 갖추어진 곳에서 자라고 있다. 따라서 원하는 유용(有用) 미생물뿐만 아니라 식품오염원이 되는 미생물을 분별하기 위해서도 목적하는 미생물을 우선 순수분리하게 된다. 보통 시료를 그대로 사용하거나 적당히 희석해 고체배지의 표면에 독립된 colony가 형성돼 순수하게 분리하게 된다.

1. 집식배양

목적하는 미생물이 있을 가능성이 있는 천연물(天然物)을 선택하고 그것을 그들 미생물이 가장 잘 자랄 수 있는 배지에 넣어서 최적배양조건을 주고, 다른 균들보다 우선적으로 생육해 집식배양(集殖培養, enrichment culture)하는 방법을 사용한다.

일반적으로 다른 잡균이 동반 증식하는 것이 상례(常例)이므로 순수분리법(純粹分離法)을 되풀이함으로써 목적하는 미생물을 순수분리하여 순수배양(純粹培養, pure culture)으로 많이 얻을 수 있다.

(1) 곰팡이의 집식배양

곰팡이는 일반적으로 당류를 함유한 배지를 좋아하며, 효모나 세균에 비해서 내산성이 강하므로 분리용 배지의 pH 를 citric acid (구연산) 등을 이용하여 3~5로 조절하는 것이 좋다. 분리용 배지로는 Koji agar, malt agar, 및 Czapek–Dox agar 등이 사용된다.

곰팡이의 균주를 얻기 위해서는 5% sucrose 액에 적신 식빵이나 물기 있는 떡을 페트리접시에 놓고 25~30℃에 방치해 두면 곰팡이가 발생한다. 황록색의 반점은 *Aspergillus oryzae*의 colony이며, 청록색의 반점은 *Penicillium*의 colony이다.

Rhizopus (거미줄곰팡이)는 이름과 같이 거미줄 모양이며, 검은색을 띠는 것이 많다. colony로부터 이 균을 분리하려면 화염살균한 백금구로 포자가 날지 않도록 조용히 긁어서 포자를 취하여 곰팡이 분리용 평판배지에 이식한다.

(2) 효모의 집식배양

포도나 사과 등의 과실을 마쇄(磨碎)하여 면전(솜마개)한 시험관에 넣고 1~2일간 30℃로 유지하면 효모가 번식하여 발효가 시작된다. 이것은 포도주형 효모가 집식된 것이다. 청주의 술찌꺼기를 맥아즙에 넣고 30℃에서 1~2일간 배양하면 곡주형(穀酒型) 효모를 얻고, 또 압착효모 혹은 시판하는 소위 생효모를 얻는다. 그것을 맥아즙에 넣고 같은 조건으로 배양하면 빵효모를 얻을 수 있다.

(3) 젖산균의 집식

젖산균 중에서 정상젖산균의 집식을 위해서는 맥아, 쌀 koji 등을 소량씩 koji 즙 혹은 맥아즙이 들어 있는 면전된 시험관에 넣어 48~50℃에서 24시간 배양하면 배양액이 탁해지고 pH는 산성이 된다. 이는 호열성의 젖산간균(*Lactobacillus*)이 자랐다는 것을 나타낸 것이다. 또 간장 등을 소량 koji 즙에 배양하면 *Lactobacillus plantarum* 형의 젖산균을 얻을 수 있다.

그 밖에도 요구르트형 젖산균인 *Lactobacillus bulgaricus* 또는 *Streptococcus lactis* 등을 얻으려면 탈지유(脫脂乳)를 30~37℃에 보존하여 casein이 응고할 때에 얻을 수 있다. 또한 이상젖산균의 분리에 있어서는 김치나 김칫국 또는 흙 등의 재료를 소량씩 취하여 합성배지, 즉 xylose 2%, yeast extract 1%, peptone 1%, $CaCo_3$ 2%(탄산칼슘은 별도로 건열멸균하여 분주할 때 혼합한다), 한천 2%로 조제한 평판배지에 접종 배양한다.

30℃에서 24시간 배양하면 유기산(젖산)을 만드는 균의 colony 주위는 탄산칼슘이 용해되어 용해환(溶解環)을 형성하므로 백금선을 이용하여 균을 따서 분리한다.

(4) Natto 균의 집식

증자한 소량의 대두를 삼각 flask에 넣고 솜마개를 한 후에 멸균한다. 이 멸균된 대두 배지에 소량의 가위로 썰은 신선한 볏짚을 넣고 37℃로 24시간 배양하면 대두는 물러지고 청국장의 독특한 냄새가 발생한다. 이런 현상은 *Bacillus subtilis* (일명 *Bacillus natto*)의 집식에 의한 것이다.

(5) Butyric acid 균의 집식

Butyric acid 생성균은 혐기성이며 내열성포자를 형성하므로, 이 성질을 이용하여 집식배양을 한다. peptone 0.5%를 첨가한 국즙배지에 곡류나 토양 또는 변질된 음식물의 소량을 가한 다음, desiccator에 넣고 진공펌프로 desiccator 내부의 공기를 뽑아서 혐기상태를 만든다. 이것을 37℃에서 2~3일간 배양하고 배양액 중에서 butyric acid의 냄새가 강한 것을 선정한다.

선정된 배양액을 그대로 끓는 물에 1~2분 가열하면 포자 이외의 미생물은 모두 사멸한다. 이것을 일명 heat shock라고 하며, 혐기배양과 heat shock를 2~3회 반복하면 보다 순수한 butyric acid 생성균(*Clostridium butyricum*)을 얻을 수 있다.

2. 순수분리법

미생물의 생육은 물리화학적 주위환경, 즉 온도, 산소의 유무, pH, 염농도, 영양물질 등의 인자들에 영향을 받는다. 따라서 목적하는 미생물의 성질에 따라 배지나 배양온도 등의 분리조건을 잘 선택해 분리하여야 한다.

집식배양된 배양액 등은 아직 순수하지 못하며, 각종 잡균이 함께 혼재하므로 순수한 목적균을 얻기 위해서는 순수분리법의 조작을 반복해야 한다.

(1) 평판배양법(平板培養法, plate culture)

배양액 중 무수히 존재하는 미생물도 이것에 적당히 희석하면 하나의 평판이 소수의 독립된 큰 집락(colony)을 형성시킬 수 있고, 평판배양 위의 독립된 하나의 colony는 보통 1개의 세포가 번식하여 육안으로 볼 수 있을 정도의 집단까지 증식된 것으로 생각할 수 있다.

그러므로 이 집락을 따서 순수하게 분리하는 것이 평판배양법의 원리이며, 순수분리뿐만 아니라 식품 중의 오염미생물 등을 조사할 때에도 사용되고 있는 가장 초보적인 미생물 취급법이다.

모든 미생물 실험과 마찬가지로 필요한 모든 기구나 균을 다루는 무균상자 등을 완전히 살균하여 무균상태로 한 후에 시작한다.

우선 건열멸균한 페트리접시의 포장지를 풀어서 무균상자에 넣는다. 그리고 항온수조(water bath)에서 가열용해한 한천 고층배지(한천농도는 약간 낮게 하는 것이 조작에 유리하다) 3개와 면전시험관에 분주한 희석용 멸균수 1개를 승홍수 역성비누 등의 멸균액으로 외부 유리 부분을 닦고 또 면전의 겉부분을 불꽃으로 살균하여 균을 다룰 무균상자 내의 stand 에 세워 둔다.

무균상자 내에서의 조작은 다음과 같다(그림 15-19 참조).

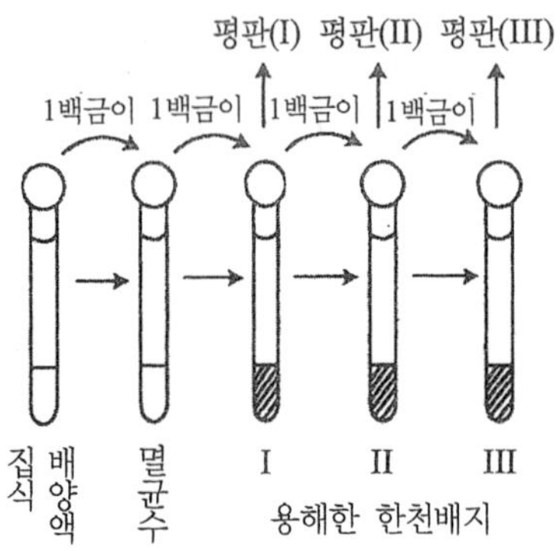

그림 15-19 평판배양법

① 화염살균한 백금이로 미생물의 집식배양액에서 1백금이량을 취하여 멸균수에 넣고 잘 흔들어서 섞어 준다.

② 한천 고층배지의 온도가 45~50℃(배지를 손바닥으로 감싸쥐었을 때 겨우 견딜 수 있는 정도의 온도, 이것보다 고온이면 미생물이 사멸되고, 이보다 저온이 되면 조작 중에 한천이 응고하여 불편하다)로 되었을 때에 위의 미생물을 희석한 멸균수로부터 1백금이량을 취하여 미리 준비한 액체상태의 한천배지(Ⅰ：그림 15-19)에 옮겨 잘 흔들어 섞는다.

③ 한천배지(Ⅱ)에 앞의 배지(Ⅰ)로부터 살균한 백금이로 1백금이량을 취하여 옮긴다. 또 한번 이와 같은 조작을 반복하면 단계적으로 희석된 3개의 액체상태의 한천고층배지가 생긴다.

④ 이 3개의 액체상태 배지를 흔들어서 충분히 섞고 3개의 페트리접시에 각각 옮겨서 한천이 응고하면, 페트리접시 뚜껑에 생긴 응축수의 낙하와 오염을 방지하기 위하여 페트리접시를 거꾸로 하여 항온 배양기(incubator) 내에 두고, 1~3일간 배양한다.

3개의 페트리접시 중 콜로니가 적당히 분산되어 있는 접시에서 형태나 색깔로 비교해 보아 같은 종류의 콜로니가 가장 많은 한 콜로니를 선택하여 균체를 한 백금이로 따서 액체배지에 접종하고 배양한다. 이렇게 얻어진 배양은 반드시 순수하다고 할 수 없으므로, 다시 평판배양을 2~3회 반복하고 현미경으로 관찰하여 순수 여부를 확인한다.

(1) 호기성 및 통성호기성 미생물의 순수분리

1) 평판혼합배양

이 평판법은 식품이나 물의 세균수 측정에도 응용된다. 이 때의 조작은 정량적이며, 일정량의 시료를 일정량의 멸균수(예로써 10mL)에 희석하고, 이것을 다시 10^{-2}, 10^{-3}, 10^{-4}, 10^{-5} 등의 희석배율로 희석액을 만든다. 이 희석액을 만드는데 이용하는 pipette 들은 건열멸균한 것을 사용한다.

각 희석액에서 정확히 0.1~1mL 를 그림 15-20과 같이 멸균된 페트리접시에 넣고, 여기에 용액상태의 멸균된 한천배지를 부어서 충분히 혼합해 평판을 만든다. Incubator 에서 일정시간 배양하여 나타난 콜로니수를 측정하여 원 시료 중의 세균수를 계산할 수 있다. 이 때 1개의 평판에 30~300개의 콜로니가 있고 희석배율과 같은 비율로 증식된 것을 가장 믿을 수 있는 세균수로 취급하여 환산한다.

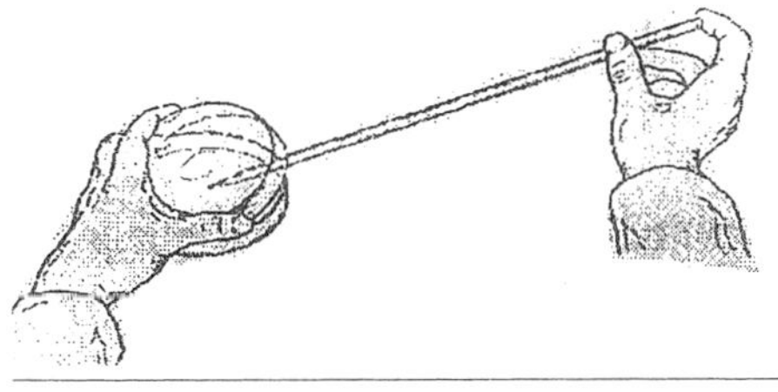

그림 15-20 시료접종법

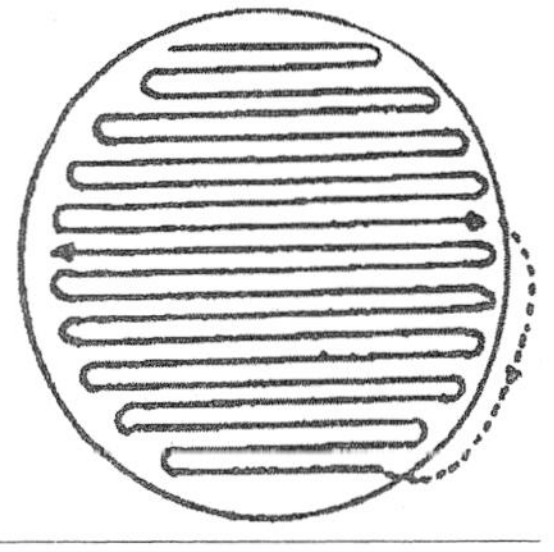

그림 15-21 평판도말법

2) 평판도말법 (streak plate method)

미생물의 순수분리에 평판혼합배양의 변형된 방법인 평판도말법도 곧잘 이용된다. 액상의 3% 한천배지를 멸균된 페트리접시에 부어 고화시켜 평판을 만든다. 미리 희석된 시료에서 1백금이량을 취하여 그림 15-21과 같이 평판의 일단에서 표면을 상하지 않도록 가볍게 평행으로 도말한다.

이 도말법을 실시하면 도말 최초의 부분은 많은 수의 미생물에 의해서 연결된 콜로니를 형성하여 증식하나, 도말의 끝으로 갈수록 독립된 원형의 콜로니가 나타난다. 시료의 희석을 알맞게 하면 1개의 평판으로도 목적을 달성할 수 있으므로 간편하다.

3) Lindner 소적배양법 (drop culture)

평판배양법에 의한 순수배양은 실용적이기는 하나, 단일세포로부터 출발했다고 확신하기는 어렵다. 그러므로 단 한 개의 세포를 직접 현미경으로 확인하여 순수분리하는 방법이 Lindner 의 소적배양법이다.

멸균된 페트리접시 내에 멸균된 맥아즙이나 koji 즙을 넣고, 따로 배양한 신선한 효모의 액체배양액으로부터 1백금량을 취하여 섞는다. 다음에 화염 혹은 건열멸균한 slide 의 한 가운데가 오목하게 패인 hollow slide glass 와 커버글라스를 이용하여 다음과 같이 조작한다.

커버글라스 위에 멸균된 소형 둥근 펜촉으로 앞서 만든 페트리접시 중의 효모희석액을 묻혀서 몇 개의 작은 점(小滴)을 찍는다. 점 찍힌 면을 아래로 하여 hollow slide glass 의 오목한 부위 위에 고정한다. 이때 고정을 위해 vaseline 을 slide 의 오목 부위 둘레를 어느 정도 두껍게 바른 후에 커버글라스를 고정한다(그림 15–22 참조).

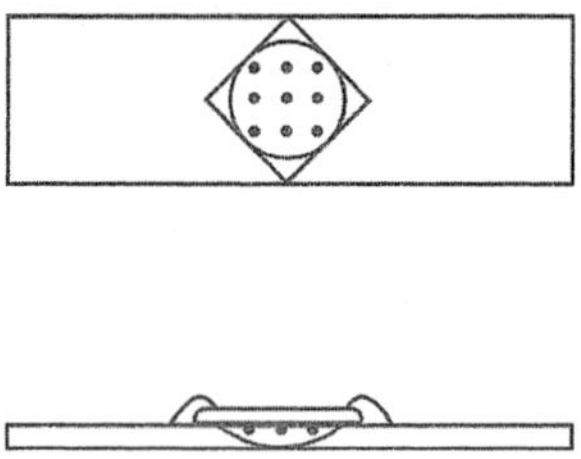

그림 15–22
Lindner 소적배양법

검경은 한 방울 중에 단 한 개의 세포가 들어있는 것을 골라서 표시한 후 페트리접시에 담아서 25~30℃에서 배양한다. 배양한 후 표시한 것을 다시 검경하여 증식여부를 확인한 후에 해당 물방울을 백금이로 취하거나, 살균된 작은 삼각형의 여과지, 또는 모세관으로 흡취하여 시험관 중의 배지에 넣어서 증식 배양한다.

4) 현미해부기(顯微解剖機, micromanipulator) 에 의한 분리법

많은 세포 중에서 희망하는 세포만을 골라내기란 매우 어렵다. 특히 잡균이 혼재하는 경우는 거의 불가능하다. 현미해부기란 가느다란 유리봉을 불꽃에 달군 후에 길게 늘려서 매우 가늘고 날카로운 바늘을 만들어, 상하좌우로 조동나사와 미동나사로 움직일 수 있는 고정장치에 이 유리바늘을 고정시킨 다음 현미경상에 보이는 목적하는 미생물을 바늘에 부착해 기계적으로 순수분리하는 장치이다.

이렇게 분리된 단세포를 배양액에 접종시켜 순수배양한다.

그림 15-23 현미해부기

(2) 혐기성 미생물의 분리배양

혐기성 세균 중에는 *Clostridium cperfringens* 나 *Bacteroides fragilis* 등과 같이 산소접촉에 다소 내성을 보이는 종류(aerotolerants)로서 소량의 산소에 노출되어도 쉽게 사멸하지 않는 것들이 있다. 어떤 종류는 organic oerixudes 등과 같이 배양배지가 산소와 접촉할 때 생성되는 독성 산화물질에 견디지 못하는 것도 있기 때문에 혐기성 세균 배양에는 특별한 기술이 요구된다.

[혐기성 세균 배양법의 요건]

① 배지와 산소가 접촉할 때, 유독성 산화물질이 생성되지 아니할 것

② 배양하는 동안 배지가 산소와 접촉하지 아니할 것

③ 배지의 산화환원전위(ORP)를 낮게 유지시킬 것

그러나 흔히 쓰이는 배양법은 위의 세 가지 요구조건을 다 충족시키는 것은 아니나, 가급적 이를 충족시키면서 실질적으로 쓰이는 편리한 방법들이다. 검체로부터 혐기성세균을 분리하고자 할 때는 액체배지보다 고체배지가 효율적이지만 일단 얻어진 순수배양체를 다루는 데에는 액체배지가 편리하다.

지금까지 여러 종류의 혐기성 세균배양법과 기구들이 개발되어 사용되고 있는데, 이들은 중층(重層)방법(Burri 법), 산소흡수 또는 수소치환법, 환원제를 이용하는 방법 등 3가지 유형이 있다.

1) Burri 법

깨끗이 씻은 Burri 관 두 개를 한쪽 끝에 고무마개를 하고, 그 반대쪽 끝에는 면전을 하여 autoclave 로 120℃에서 20분간 살균을 한다. 한편 육즙한천배지와 가당 육즙한천배지를 각각 3개씩 가열·용해하여 둔다. 이어서 위의 두 종류의 배

지에 각각 평판배양 때와 같이 세균을 희석접종한다.

Burri 관의 고무마개 부분을 밑으로 세워 놓고 면전을 뺀 다음, 균의 함량 수가 제일 적은 제3의 희석배지를 붓고, 같은 요령으로 재빨리 응고시킨다. 이어서 그 위에 제1의 희석배지를 부어 응고시켜 다시 면전을 한 다음, 배양기에 넣어서 집락의 발생을 기다린다.

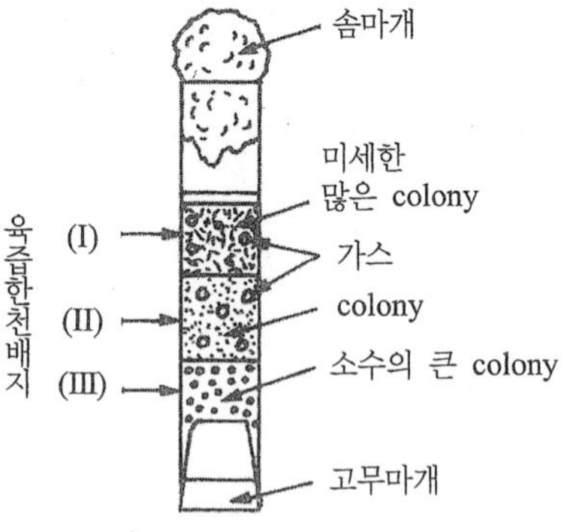

그림 15-24　Burri 관

Burri 관의 하층일수록 집락의 수가 적어지고 상층부일수록 많아진다. 그렇지만 표면은 공기와 접촉되어 있는 까닭에 균이 생육하지 않는다. 균종에 따라서는 가당육즙한천을 사용하였을 때 내부에 가스가 발생하여 한천에 금이 생겨서 갈라지는 수가 있으나, 육즙한천에서는 가스발생이 거의 없다.

세균이 증식되어 colony 가 확인되면 건열멸균한 여지 위에 내용물을 빼내고 예리한 멸균면도칼로 집락이 있는 부분을 적당히 얇게 자른다. 다음 백금선으로 독립된 집락을 채취하여 시험관 내의 액체배지에 접종한다. 혐기성균은 산소를 제거하면 Burri 관을 사용하지 않아도 배양이 가능하므로, 평판을 만든 다음에 알칼리성 Pyrogarol 이 든 진공 데시케이터(desiccator) 안에서 배양하면 무산소 상태로 되어 혐기성균의 순수분리가 가능하다.

2) 혐기성 jar 법

페트리접시나 시험관을 사용하여 혐기성 미생물을 분리하거나 배양할 때에는 밀폐된 혐기성 jar 를 이용하는 것이 편리하다. Jar 중의 공기는 산소가 제거된 다른 가스로 치환하고 잔류 산소를 촉매에 의하여 화학적으로 흡수하는 방법으로, 혐기적 환경을 만든다.

Jar 안에 배지와 촉매를 넣고 진공펌프로 배기한 다음에 수소가스, 탄산가스와 수소가스 또는 질소가스와 혼합가스를 넣어서 남은 가스와 치환하는 조작을 2~3회 반복하고 배양한다. 촉매로서는 팔라듐 등이 사용되고 가열하여 활성화되지만, 가열하지 않아도 쓸 수 있는 촉매도 있다. 근래에는 이러한 조작 없이도 혐기적으로 만들 수 있는 Gas Pak 에 의한 방법이 이용된다.

물에 적셨을 때 수소가 발생하는 sodium borohydride 가 든 팩, 물에 적셨을 때 탄산가스가 발생하는 구연산과 중탄산소다가 든 팩, 촉매가 든 팩, 혐기의 정도를 나타내는 지시종이(indicator strip : 주로 resazurin 을 사용)가 세트로 판매되고 있어서 사용에 편리하다.

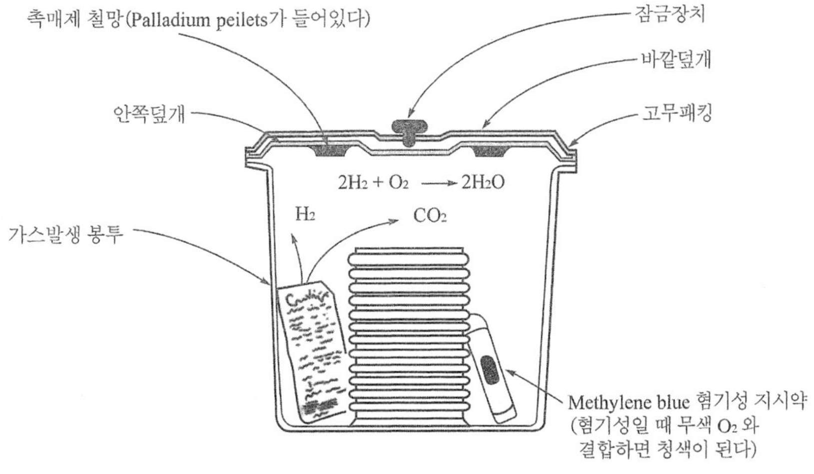

그림 15-25 Gas pak 장치의 원리

3) 환원성 물질을 배지에 첨가하는 배양법 (sodium thioglycollate 첨가법)

가당육즙 1L 에 분말한천 1g 과 sodium thioglycollate 1g 을 가한 다음, 그대로 110℃에서 20분간 가압살균기에서 살균한다. 살균한 것을 10mL 씩 시험관에 분주하고, 그 시험관을 121℃에서 30분간 autoclave 로 살균한다. 이때 지시약으로서 methylenblue (0. 0001%)를 첨가하면 감식(鑑識)에 편리하다. 가검균(可檢菌)을 접종한 후는 호기적 배양법과 같이 배양기에 넣어서 배양한다.

3. 미생물의 순수배양법

(1) 고체배양법

순수하게 채취된 미생물은 균종의 보존이라든지 그의 생태 및 생리 등의 관찰을 위하여 고체배지에 옮겨서 배양하며, 미생물의 특성에 따라 사면배양 또는 천자배양을 한다.

1) 사면배양법 (streak culture)

한천사면배지를 사용하여 주로 호기성균의 순수배양에 이용하며 살균한 백금선으로 균종을 취하여 사면 위에 밑에서 위쪽으로 가볍게 직선 또는 지그재그(zigzag)로 선을 긋는다(그림 15-26 참조).

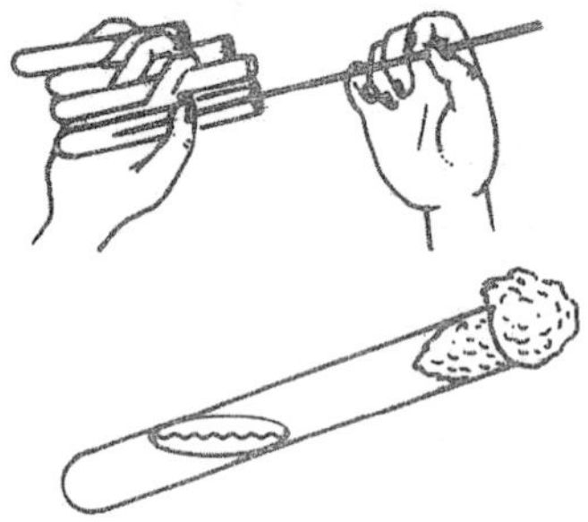

그림 15-26 사면배지 접종법

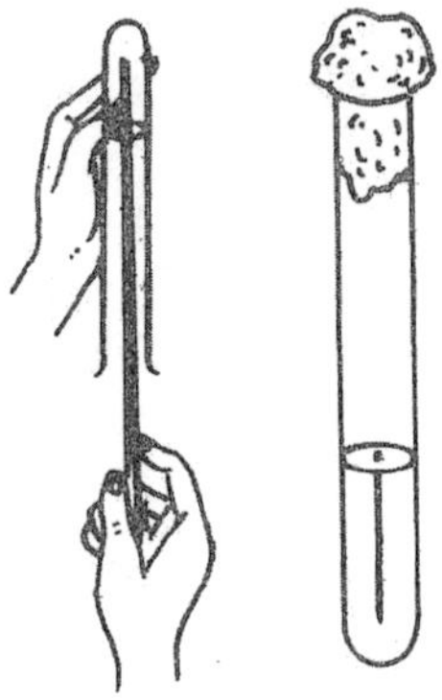

그림 15-27 천자 접종법

2) 천자배양 (stab culture)

이 방법은 통성혐기성 세균의 보존이나 일반 세균 및 효모의 생태, 생리작용의 관찰을 위하여 사용된다. 한천 또는 gelatin 의 고층배지가 이용되며, 접종요령은 백금선 끝에 종균을 취하고 배양관 입구를 거꾸로 하여 배지의 중앙 바닥 가까이 천자한다. 가스 발생균에서는 거품을 내어 균열이 생긴다. 또한 호기성균은 산소와 접할 수 있는 표면에서 자라지만, 혐기성균은 배지 내부에서 자란다.

(2) 액체배양법 (liquid culture)

액체배양법에는 정치(靜置)배양법, 통기(通氣)배양법, 진탕(振盪)배양법 등 세 가지가 있다. 이 방법들은 미생물의 생리작용, 생태의 관찰이나 발효액의 화학적 분석을 목적으로 할 경우, 균체를 다량 얻고자 할 경우, 배양액 중에 통기를 필요로 할 경우 등에 이용된다.

1) 정치배양 (stationary culture)

시험관 내에서 액체배양을 할 경우는 5~10mL 의 배양액을 시험관에 넣고 살균한 백금이로 접종한 후에 배양기에서 배양한다. 이 시험관 배양을 통하여 관찰이 가능한 사항은 미생물 증식여부, 피막 생성여부, 침전물 생성여부, 가스 발생여부 등을 비롯한 생산물의 검출반응 등이다.

대형의 배양용기를 이용할 경우에는 적절한 크기의 삼각 flask, round bottom flask 등으로도 가능하지만, 호기성균일수록 액층은 얕고 배양액 표면면적을 넓게 하며, 혐기성균의 경우는 반대로 액층을 깊게 하고 표면적은 좁게 하는 것이 필요하다(그림 15-28 참조).

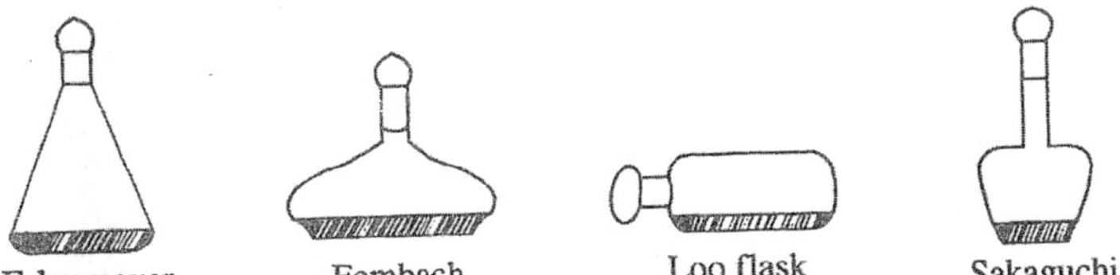

그림 15-28 여러 배양병의 모양

2) 통기배양법 (aerate culture)

호기성미생물인 곰팡이나 효모의 배양을 촉진하고자 할 경우, 산화적 발효를 목적으로 할 경우, 산화세균이나 효모를 다량 증식시키고자 할 경우에는 통기배양을 한다. 이 목적을 위하여 일반적으로 삼각 flask 등에 면여과관을 연결하여 이것을 거쳐 공기를 넣어 줄 수 있는 장치가 이용된다.

3) 진탕배양법 (shaking culture)

일종의 통기배양법으로 배양병을 고정시켜 배양액을 연속적으로 진탕함으로써 통기와 교반효과를 얻는다. 배양병에는 60~100mL 의 배양액을 넣어 배양하며, 잡균의 오염방지를 위하여 면전이 젖지 않도록 주의한다. 진탕기의 종류에는 왕복진탕기(reciprocating shaker)와 회전진탕기(rotary shaker)가 있다.

4) jar fermentor 에 의한 배양법

공업용 발효조를 적게 축소한 것으로, 대량배양을 위한 여러 조건을 검토하기 위하여 사용하고 있다. 일반적인 구조는 그림 15-30에서와 같이 교반기, 공기송입구, 공기배출구, 균접종구, 배지주입구, 산·알칼리·소포제(消泡濟) 첨가구 등이 장치되어 있다.

보통 3~30L 정도의 용적을 가진 것이 많으며, 근래의 것에는 자동 pH 제어장치, 자동소포장치가 달린 것이 있다. 배양액의 주입량은 발효조 용적의 40~60%이다.

그림 15-29 진탕 배양기

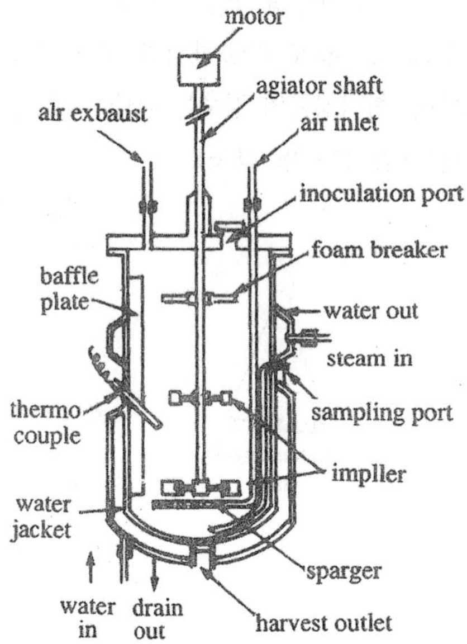

그림 15-30 jar fermentor

4. 미생물의 보존법

순수분리된 미생물은 오염되거나 성질이 변하지 않게 보존되어야 한다. 그렇지 않으면 그릇된 미생물 실험의 결과와 결론을 얻는 경우가 종종 생기며, 실제 공업적인 생산에 있어서는 큰 손실을 가져오게 된다.

실험실에서 보존되는 미생물 배양을 보존균주(保存菌株, stock culture)라고 하는데, 균주는 보존 중 오염에 항상 주의하여야 하며, 균주의 성질이 퇴화하거나 사멸하는 경우도 있으므로 변이를 방지하고 장기간 보존할 수 있는 여러 가지 방법을 이용한다.

일반적으로 보존에 적절한 장소는 직사광선이 들지 않고 습기가 적은 곳이 좋고, 온도는 2~4℃에서 보존하는 것이 바람직하다.

(1) 계대(繼代) 배양보존법 (periodic transfer method)

적당한 배지를 선택하여 호기성의 곰팡이, 효모, 세균 및 방선균은 한천사면배양으로 배양하고, 혐기성균은 한천천자배양으로 각각 배양하여, 온도 2~10℃와 습도 약 55%의 저온실에 보관한 다음, 정기적으로 이식하여 보존한다. 미생물을 취급하는 경우에 반드시 이용하는 기본적인 방법이다.

보통 곰팡이와 효모는 맥아즙 또는 국즙한천배지, 호기성 세균은 육즙한천배지, 방선균은 glucose·asparagine 한천배지를 각각 이용하여 3~6개월마다 이식한다. 젖산균, 초산균, gluconic acid 균 등의 산생성균은 그 균이 생산하는 산으로 인하여 사멸되기 쉬우므로 침강성의 탄산칼슘을 첨가하여 생성된 산을 중화시키고 관에 넣어 2~3℃의 냉장고 내에 보존한다. 이 경우에는 한 달에 한 번 정도를 이식하는 것이 좋다.

이들 보존균주는 항상 두 개씩 보존하여 사고 시에 대비한다.

(2) 당액 중 보존법

주로 효모에 이용한다. 배양한 효모를 살균한 10%의 sucrose 또는 lactose 용액 중에 가하여 빛이 들지 않는 찬 곳에 보존한다.

(3) 유동 paraffin 중층보존법

고체배지에 충분히 생육한 균체 위에 멸균한 유동 paraffin을 약 1cm의 두께로 첨가하여 저온 또는 실온에서 보존하는 방법이다. 건조가 방지되고 공기가 차단되어 대사작용이 억제된다. 포자 형성능이 약한 곰팡이의 보존법으로 이용된다.

(4) 토양 중 보존법 (soil culture)

도앙보존법은 자연건조시킨 토양에 물을 첨가하여 수분 20% 정도로 만들고 면전시험관에 분주하여 120℃에서 3시간 살균하고, 2일 후에 다시 같은 방법으로 살균하여 균 또는 포자의 현탁액을 가하여 배양하거나 그대로 저온 또는 실온에서 보존하는 방법이다. 곰팡이, 방선균 및 일부 세균의 장기보존에 적합하다.

(5) 모래보존법 (sand culture)

acetone · butanol 균(예 : *Clostridium*)과 같이 건조상태에 강한 세균이나 곰팡이 보존에 자주 이용되는 방법으로, 잘 세척된 모래를 시험관에 넣어서 건열멸균하고 균액과 잘 혼합하여 진공 desiccator 중에서 완전히 건조시킨 다음, 시험관을 진공상태에서 불로 녹여 봉한 후에 보존하는 방법이다.

(6) 동결보존법 (freezing method)

세포를 동결하여 대사활동을 정지시켜 장기간 생존하게 하는 보존법이다. 균체 동결을 위하여 냉동고, dry ice (약 −70℃), 액체질소(액상, −196℃, 기체상 −150~−170℃)가 이용된다. 적용범위가 넓은 보존법이지만, 세포는 동결에 의해서 장해를 받기 쉬우므로 동해방지제, 예를 들어 glycerol, dimethyl sulfoxide, 각종 당류, 탈지유, 혈청 등을 첨가하기도 한다.

세포는 동결속도에 따라 상태가 달라지는데, 동결속도가 늦을 경우에는 세포 밖의 액만 얼고 세포 자체는 얼지 않으며, 반대로 동결속도가 빠르면 세포 내에도 얼음이 생긴다.

세포 내 동결에 대해 저항성이 강한 미생물도 있으나, 일반적으로는 어떤 동결에 의해서도 장해를 받기 쉽다. 동해방지제는 세포 밖의 동결에 의한 장해를 방지하므로, 미생물의 경우는 동해방지제를 첨가하고, −35℃까지 매분 1℃ 이하의 속도로 동결시키면 세포 내의 동결은 크게 문제되지 않는다.

(7) 동결건조보존법 (lyophile method)

미생물균체를 동결한 다음, 감압한 상태 충분히 동결건조시키고 밀봉하여 5~7℃의 저온에 보존하는 방법이다. 균체로부터 대부분의 물을 제거하면 세포의 생화학반응이 정지된 상태가 되므로 장기간의 보존이 가능하게 된다. 장기보존할 미생물은 영양이 충분한 배지에서 배양하여 정지기 초기의 세포를 이용한다. Ampoule 로 밀봉한 균주는 10~15년 이상의 장기보존이 가능하다.

5. 미생물 보존기관

각국의 미생물보존기관에서는 각종 표준균주(type culture)를 분담 보존하고 있으며, 보존균주의 목록을 발행하고 있고, 그 균주에 대해서 유료로 분양하고 있다.

외국의 유명한 미생물 보존기관으로는 미국의 The American Type Culture Collection (ATCC) 및 The Northern Regional Research Laboratory(NRRL), 네델란드의 Centralbureau voor Schimmelculture (CBS) 등과 일본의 동경대학 응용미생물연구소(IAM), 동경대학 의과학연구소(IID), 재단법인 발효연구소(IFO) 등의 일본미생물보존기관연맹(JFCC) 가입기관이 있다. 우리나라에는 한국과학기술연구소, 유전공학센터, 유전자은행(KCTC)과 한국종균협회(KFCC)가 있다.

15-7 효모의 알코올 발효성 시험

호모를 당액에 접종 배양하여 방출하는 CO_2 의 양으로 알코올의 발효력을 측정한다.

[조 작]

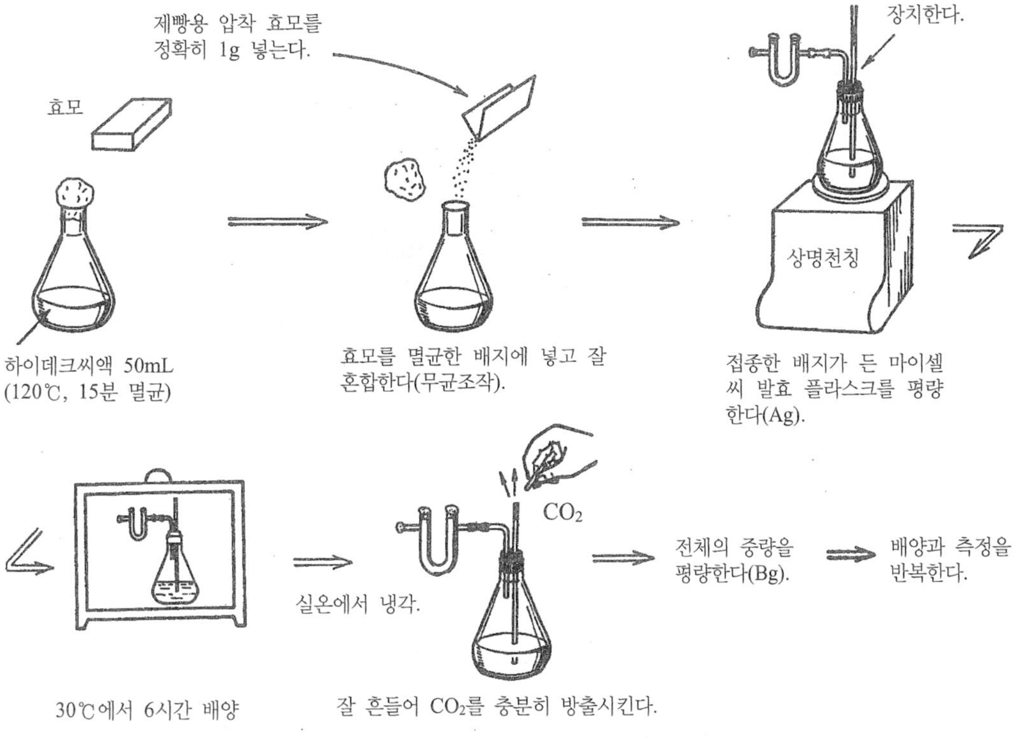

[계 산]

CO_2로서 방출한 양 = (A−B) [g]

[발효곡선의 작성]

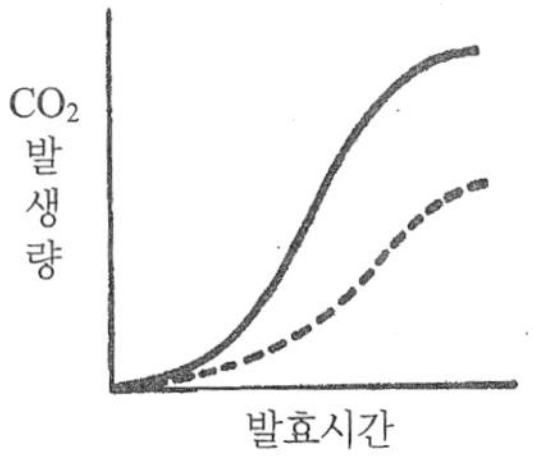

[주] $\underset{180}{C_6H_{12}O_6} \longrightarrow 2\ C_2H_5OH + \underset{88}{2\ CO_2}$

하이테크씨액 50mL 중의 당은 5g 이므로 완전히 발효했을 때의 CO_2 발생량은 2.4g 이다.

$$5 \times \frac{88}{180} \fallingdotseq 2.4\ g$$

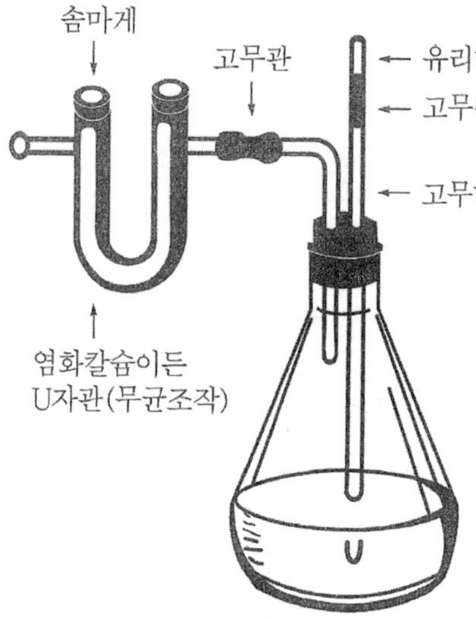

① U자관($CaCl_2$ 넣음)
유리 부속품 } 신문지에 싸서 건열멸균

② 고무마개와 고무관은 소독용 알코올에 담가 두며, 사용할 때에 조립하여 플라스크에 설치한다.

15-8 대장균군의 검사법

식품이나 음료수가 전염병원균*으로 오염되어 있는지를 조사하기 위해 대장균군 **의 유무를 검사한다. 대장균군 검사는 일반적인 검사법에 준하여 대장균군의 추정시험을 한다.

1. Deoxycholate 배지에 의한 방법

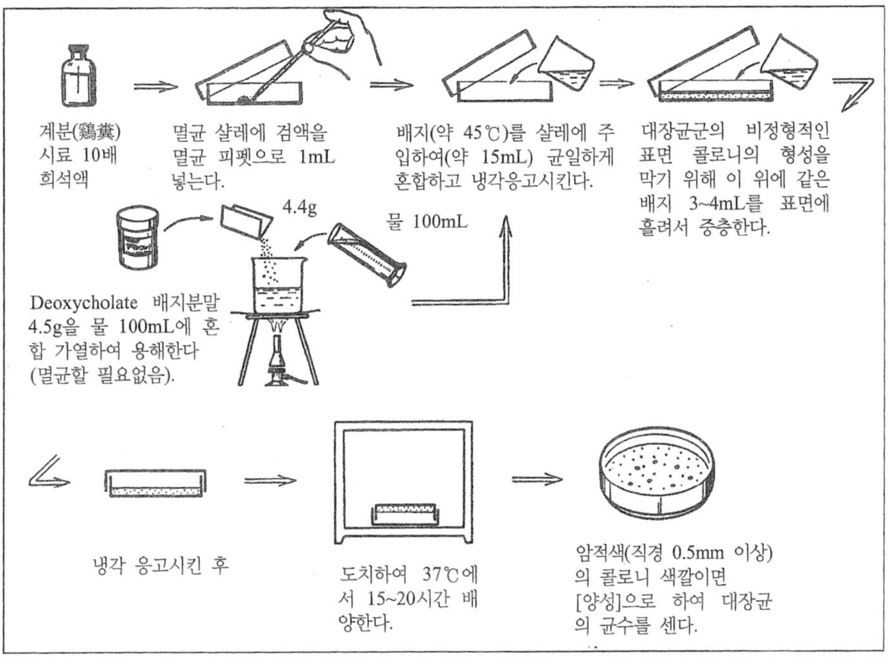

[주] 대장균군이 젖당을 분해하여 생기는 산에 의해서 Sodium deoxycholate가 deoxychol로 변화하고 이것이 지시약(neutral red)과 반응하여 colony를 적색으로 변화시킨다. 일반적으로 갈색의 콜로니를 형성한다. 이 배지는 물, 그 밖의 음식물 중 대장균의 검출에 쓰인다.

* 적리, 콜레라, 장티푸스, 살모넬라균 등

** Gram 음성, 무아포의 간균으로 젖당을 분해하여 가스를 발생하는 모든 호기성 및 통성 혐기성의 세균을 말한다.

2. BGLB 배지에 의한 방법

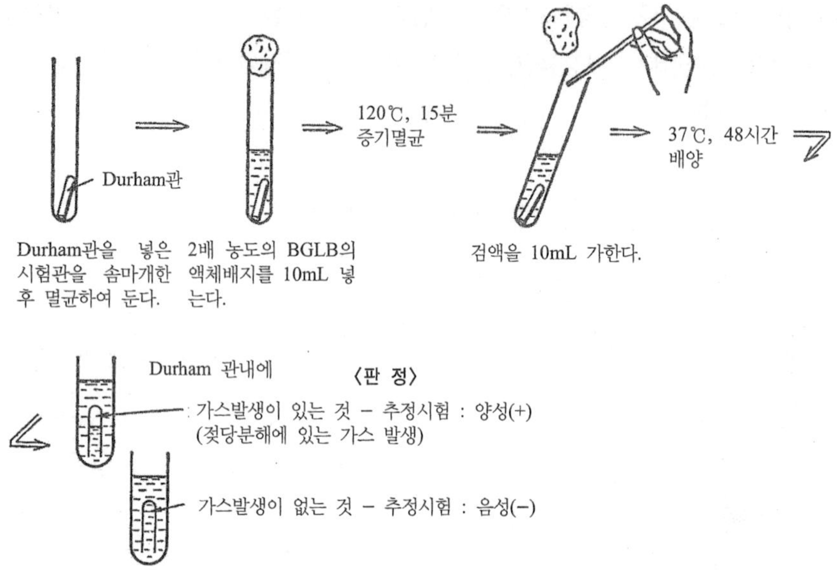

[주]

(1) BGLB 배지조성 : BGLB (Brilliant green lactose broth)는 펩톤 10g, 담즙분말 20g, brilliant green 0.0331g, pH 7.2 ± 0.1 H_2Ol (이 배지는 Gram양성균의 발육을 방지하고 대장균의 증식을 용이하게 한다. 120℃ 15분)

(2) 대장균군을 간단히 조사하기 귀한 대장균군의 간이검출지가 시판되고 있다.

[연구 과제]

1. 공중목욕탕, 해수욕장, 풀장 등의 물을 채취하여 그것이 대장균에 의해서만 오염되어 있는가를 조사해 보라.

2. 우유, 분말스프 등의 식품에서 대장균이 검출될 수 있는가 조사해 보라.

[풀장의 대장균 검사]

수영풀장의 관리상 안전하고 위생적인 수질을 유지하고 이용자가 안심하고 이용할 수 있도록 정기적인 검사 외에 일상의 검사도 필요하다.

여기서는 풀장물의 수질기준 가운데 특히 대장균군(추정시험)의 검사 방법을 설명한다.

1. 배지의 조제 : 3배 농도의 젖당부이용배지*(배지 54g 을 1L 의 증류수에 용해한 것)를 멸균 솜마개(또는 캡) 시험관에 약 5mL 씩 분주하고 Durham 관의 주둥이를 아래로 하여 넣고, 120℃에서 15분 동안 고압증기 멸균한 후, 즉시 냉수에 담그어 냉각한다.

- 시험관 : 내경 약 18mm, 길이 약 180mm 의 것.
- Durham 관 : 내경 약 6mm, 높이 30mm 의 것,
- LB 배지 : *펩톤 10g, 젖당 5g, 분말육엑스 5g, BTB 0. 224g, pH 7

2. 검수의 첨가배양 : Durham 관이 아래에 잠기어 기포가 없는 것을 확인한 후에 마개를 뽑고 멸균 피펫으로 검사[1]10mL 를 한다.
시험관 입구를 화염살균하고 정온기에 넣어 37℃에서 41~51시간 배양한다.

3. 판 정 : Durham 관내에 가스의 발생이 확인되면 액이 황색으로 변한다. 대장균군은 확실한 양성이므로 가스발생의 유무가 불확실한 경우라도 액이 불투명하면 양성으로 판정한다.[2]

---

1) 검수의 채취는 다음과 같이 행한다. 시료의 용기는 10mL 의 공전유리병(에틸렌 옥사이드 가스로 멸균한 플라스틱제의 것이 시판되고 있다)을 증류수로 미리 잘 닦아 둔다. 검수는 잔류 염소를 함유하는 경우가 많으므로 이것을 제거하기 위해 미리 시료 100mL 에 대해 치오황산나트륨 분말 0.02~0.05g을 용기에 넣고 120℃에서 20분간 고압증기 멸균하여 둔다. 여기서 검수는 채취한 즉시 시험한다. 보통 채취할 때는 풀장의 출발 측 및 그 반대측의 검수를 채취한다.

2) 검사결과의 기입 예는 다음과 같다.

장소명	채수일시	일 기	대장균군		판 정	비 고
			출발측	반대측		
			/5	/5	적 · 부적	

항 목	기 준
① 수소이온농도(pH)	5.8~8.6이어야 한다.
② 탁 도	5도를 넘지 않아야 한다.
③ 과망간산 칼륨 소비량	12ppm 을 넘지 않아야 한다.
④ 잔류 염소	유리잔류 염소가 0.499ppm 이상이든가 또는 총 잔류염소가 1.0ppm 이상이어서는 안 된다.
⑤ 대장균군	시로 10mL 씩 5개에 대해 시험할 때, 양성은 2개를 넘지 말아야 한다.

---

① 원인물질로서 콘크리트의 잿물, 약제 등
② 먼지, 때 등
③ 유기물, 초, 인지(人脂), 콧물, 가래 등
④ 살균소독제 TICA(trichloroisocyanuric acid)가 흔히 쓰이고 있는데, 사용량은 풀장 1m^3 당 TICA 3g(물장 수량 500 m^{3}에서는 1 일 1.5kg 에 상당)을 수영장에 들어가기 전에(5~15분 전) 떨어뜨리면 대체로 잔류염소가 0.4~1.0ppm 으로 된다. 0.4ppm 이상이면 병원균은 물론, 아데노 비루스의 감염도 예방할 수 있다.

15-9 pH 조건과 미생물의 생장

미생물의 환경에서는 수소이온 농도가 미생물의 생장에 매우 중요한 환경 요인의 하나이다. 수소이온 농도는 pH 로 표시($=\log 1/H^+$)하며, pH 는 미생물 효소의 활성을 좌우하는 영향력을 행사한다. 즉, 새로운 원형질 합성에 관여하는 여러 종류의 효소들은 모두 수소이온 농도에 따라 활성이 좌우되므로 pH 조건은 곧 미생물의 생장과 직결되는 환경 요인인 것이다.

온도의 경우에서도 최적 온도가 있듯이 미생물마다 최적 수소이온 농도가 존재하는데, 최적 수소이온 농도에서 생장이 가장 빠르고 양호하다. 배지의 조성, 배양온도, 삼투압 등의 환경조건이 달라질 경우에는 수소이온 농도도 달라지기 마련이다. 미생물의 생장이 일어날 수 있는 최소값의 pH, 또는 그 반대로 최대 pH 값을 각각 최소 수소이온농도(minimum hydrogen ion concentration)와 최대 수소이온농도(maximum hydrogen ion concentration)라 부른다.

본 실험에서는 수소이온 농도가 서로 다른 배지에서 미생물을 배양해 봄으로써 생장억제 효과를 실험을 통하여 알아보기로 한다.

1. 관찰 요령

[재 료]

pH 3.0의 nutrient broth 가 든 시험관 다수
pH 5.0의 nutrient broth 가 든 시험관 다수
pH 7.0의 nutrient broth 가 든 시험관 다수
pH 9.0의 nutrient broth 가 든 시험관 다수

Saccharomyces cerevisiae 액체배양액
Escherichia coli 액체배양액
Alcaligenes visoolactis 액체배양액
Staphylococcus aureus 액체배양액
전광비색계 및 cuvettes 다수

[과 정]

① 수소이온 농도가 다른 nutrient 액체배지에 배양세균 및 효모들을 접종시키고 37℃에서 48시간 배양한다.

② 48시간 동안의 배양을 완료한 후 pH 조건에 따른 탁도의 변화를 관찰해 보자.

③ 전광비색계를 사용하여 배양액의 투광률을 측정하고, 광학밀도를 산출한 후 pH와 광학밀도의 관계를 그래프 용지에 옮겨 보자(그래프 용지는 semilog 눈금이 있는 것을 사용하는 것이 편리하다).

15-10 항생제 감수성 검사

질병의 치료와 진단을 실시함에 있어서 가장 효과적인 항생제를 선택하는 일은 매우 중요하다. 질병의 원인으로 의심되는 미생물을 순수 분리한 다음에는 그림 15-31에서 나타낸 바와 같은 방법으로, 그 미생물이 어떠한 종류의 항생물질에 어느 정도의 감수성을 가지고 있는가를 시험하게 되는 것이다.

이 검사방법은 매우 간단한 시험법의 하나이지만, 이러한 생체외 실험(*in vitro*)이 임상실험의 결과와 항상 일치하는 것은 아니라는 점을 유의해야 한다. 기초 실험실에서 훌륭한 결과를 얻은 까닭에 간혹 의사들에게 어떤 항생제의 사용을 권하더라도 실제의 치료에서는 실패하는 경우를 흔히 볼 수 있다.

그 이유는 시험하는 접종 세균의 크기, 배지의 두께, 항생제의 확산 속도, 항온처리하는 동안의 항생제 변성 등의 여러 요인 때문에 정확한 투여량을 알 수 없기 때문이다. 그러나 이 시험방법은 미생물에 대한 항생제의 일차적인 감수성 정도를 판단하는 데에는 좋은 결과를 나타낸다.

본 실험에서는 수년 동안 사용해 온 disc를 이용한 검사 방법에 대하여 알아보기로 하자.

여러 개의 disc에 희석한 항생제를 저농도로부터 고농도에 이르기까지 주입하여 세균을 접종시킨 한천평판 위에 그림 15－31처럼 처리해 주었을 때, 고농도를 처리한 disc뿐만 아니라 저농도의 disc 주변까지도 상당한 억제효과를 나타냈다면, 그 항생제는 적어도 해당 세균에게는 감수성이 매우 높다는 사실을 추측할 수 있다.

이러한 원리를 이용한 검사 방법이 Kirby－Bauer의 방법으로 개량되어 쓰이고 있는데, 억제효과뿐만 아니라 항생제의 확산속도, 배지의 유형, 미생물의 종류 등의 여러가지 요인까지도 판단할 수 있다.

본 실험의 생물재료로 Gram음성의 *Escherichia coil*과 Gram양성의 *Staphylococcus aureus*를 가지고, 가장 보편적으로 사용하는 몇 가지 항생제에 대한 감수성 정도를 측정해 보기로 하자.

[재 료]

Brain heart infusion agar
(혹은 Mueller－Hinton 배지를 넣은 페트리 접시 평판)
*Staphylooccus aureus*와 *Escherichia coli*의 액체배양액
여러 개의 disc (Dkfco 사 제품이 시판되고 있다)

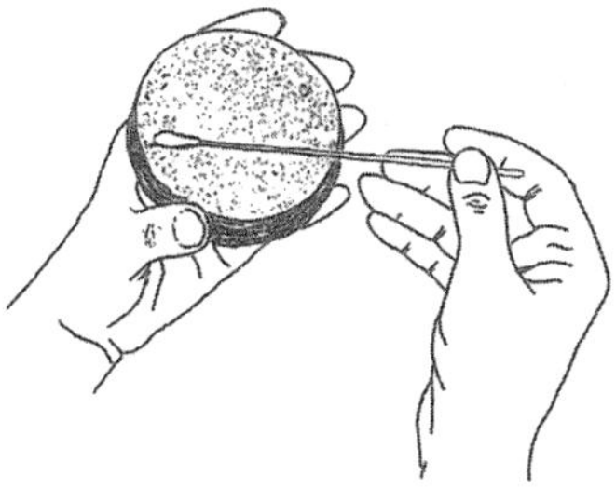

① 평면배지의 전 표면에 시험해야 할 세균을 고르게 도말한다.

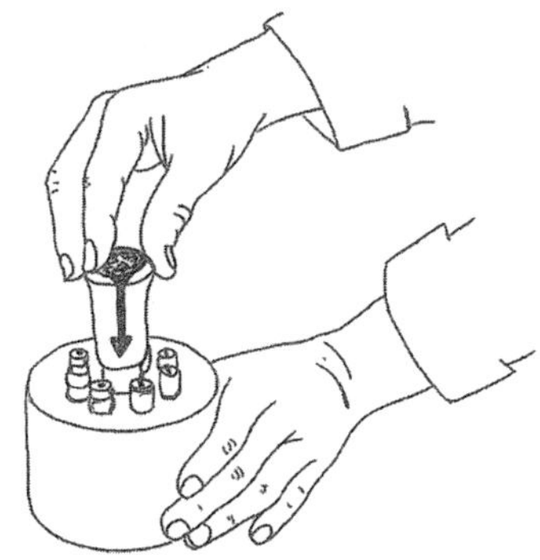

② Dispenser로 8개의 disc를 배지 위에 올려 놓는다.

③ Dispenser가 없으면 disc 하나하나를 side lever로 눌러서 배지 위에 놓는다.

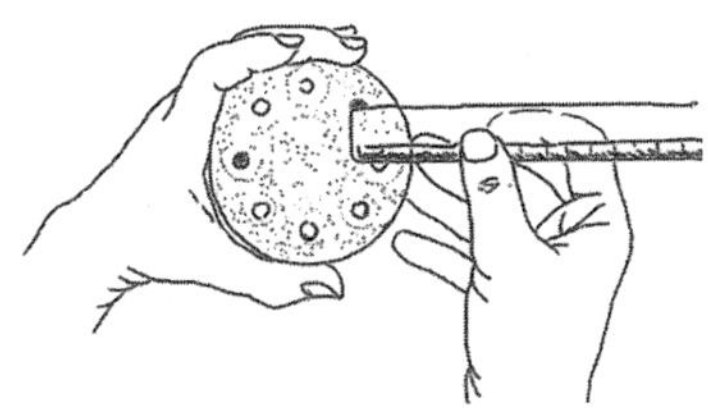

④ 24~48시간 배양 후 disc 주변의 억재대의 크기를 잰다. 억재대의 크기는 disc 원주로부터 측정하는 것이다.

[과 정]

① 삼각 유리봉 또는 나무막대에 소량의 솜을 말아서 한천평판 위에 세균액을 고르게 도말한다(세균배양액을 넣은 유리병 또는 시험관 입구를 반드시 불꽃으로 멸균 조치할 것).

② Disc dispenser 가 있으면(그림 15-31 참조) 손쉽게 disc 를 한천평판 위에 올려 놓을 수 있다.

③ 37℃에서 48시간 동안 배양한 후, disc 주위에 형성된 억제대(zone of inhibition)의 크기를 측정하고 레포트 용지에 기록한다.

제 16 장 식품의 위생검사

식품위생검사는 식품, 식품첨가물, 식품용 기구, 포장 등에 대해서 실시하며, 그 검사방법은 관능검사, 생물학적 검사, 화학적 검사, 물리적 검사 및 독성검사로 크게 나눌 수 있다. 여기서는 식품의 일반세균, 대장균군, 병원성 세균 등을 검사하는 생물학적 검사 중 식품과 관계가 깊은 몇 가지 항목에 대하여 기술하고자 한다.

16-1 식품미생물 검사의 일반법

1. 미생물 검체의 채취

식품으로부터 미생물 검체(檢體)를 채취하여 실험실로 옮겨지기까지의 기본적 주의사항은 다음과 같다.

① 검체의 채취는 무균적(無菌的)으로 이루어지도록 조심하여야 하며, 용기에 담긴 것은 그대로 운반되어야 하고, 일부분을 취해야 할 경우에는 적절히 살균된 용기에 담는다. 액상식품은 멸균된 pipette 으로 채취하고, 고형식품은 멸균된 pincet, spoon, 칼 등을 사용하여 채취한다.

② 식품이 여러 부위로 되어 있을 경우는 각각 식품의 구성부분을 따로따로 취하여야 하고, 특히 오염된 특정부분 등은 따로 취하여 서로 혼합되지 않게 하여야 한다. 또 어류, 육류, 과일 및 채소 등과 같이 미생물의 존재가 일정표면에 있을 경우는 그 표면부분에서만 채취한다.

③ 채취량은 검체 전체를 대표할 수 있는 통계적인 최소량을 취하는 것을 원칙으로 한다.

④ 검체의 운반은 5℃ 이하의 낮은 온도에서 재빨리 운반하는 것을 원칙으로

하며, 검체 중 미생물의 변화가 검사할 때까지는 일어나지 않도록 방지하여야 한다. 예를 들어, 냉장된 것은 얼음이나 dry ice 등을 사용하여 빨리 운반되도록 해야 한다.

2. 검사용 시료조제법

(1) 시료의 예비처리

① 밀폐용기에 들어 있는 식품의 경우는 그 용기를 깨끗이 씻고 건조하여 열고자 하는 부위를 알코올 살균을 하고 알코올을 불꽃 중에서 증발시킨다. 그리고 종이상자, 셀로판, 플라스틱필름 등의 포장제품은 열고자 하는 부분을 살균제로 살균한다.

② 균체의 균일화를 꾀하기 위하여 액체 또는 유동성의 것은 내용물이 균일하게 될 때까지 흔들고, 연유(練乳) 또는 반유동성의 것은 무균상 내에서 뚜껑을 열고 spoon 으로 잘 혼합한다.
분말상의 것은 잘 흔들어 섞거나 spoon 으로 잘 저어 준다. 고형상의 것은 살균된 mortar 내에서 잘게 부수어 분말화하여 고루 섞고, 그 밖의 것은 가위, 칼, pincette 등으로 잘게 잘라 혼합한다.

(2) 시료원액의 조제

액체상의 검체는 그대로 일정량을 멸균된 pipette 로 취하거나 적당하게 희석하여 시료로 한다. 그 밖의 것은 무균상자에서 일정량을 달아서 시료를 조제한다.

1) 시료조제병을 이용하는 방법

일정량의 시료를 시료조제병에 넣고 희석용액을 100 mL 의 표선까지 채운 다음, 격렬하게 진탕 및 침출하여 시료원액으로 한다. 이 원액은 시료 10 g 을 달아서 넣었을 경우에 10배 희석액이 되고, 1 mL 중에는 검체 10/100 g 을 함유한다.

2) 균질기를 이용할 경우

칭량한 검체를 균질기(均質器, homogenizer)로 처리하여 균질유상화(均質乳狀化)시키거나 또는 mortar 내에서 부수어 시료를 만들며, 이 때에 가해지는 희석용액은 다음 일반식에 따라 임의로 희석배수의 원액을 필요량만큼 만들 수 있다.

시료 S g + (n－1) S mL = 원액 n·S mL (n : 소요희석배수)

일반적으로 희석원액의 일부는 균질할 때에 넣고, 나머지는 균질기를 씻어 합하여 시료원액으로 한다.

3. 검사법의 종류

미생물의 검사법에는 총 균수, 특히 중요시하는 미생물수의 정량(定量)법, 어떤 종류의 미생물인가 혹은 이들의 생산물이 무엇인가를 정성(定性)하는 방법, 용기나 포장된 식품은 무균상태의 검사, 식품보전성의 검사 등으로 분류할 수 있으며, 그 실시방법에는 다음과 같은 예가 있다.

(1) 한천평판법

만들기 쉬운 배지를 이용하여 식품, 식품공장에서의 공정검사, 식품과 접촉하는 장치의 검사 등에 이용된다.

1) 시료의 희석

1 개의 페트리접시에 30~300 개의 집락(colony)을 얻을 수 있도록 검체(檢體) 중의 추정균수에 따라 희석을 한다(표 16-1 참조).

균체의 추정균수가 적을 경우는 시료원액을 그대로 사용하나, 많을 경우는 십진법으로 여러 단계의 희석을 하게 된다. 희석 시에는 1 mL 짜리, 최소눈금이 0.01 mL 인 pipette 를 사용하며, 페트리접시에 1 mL를 붓는다. 희석 때마다 피펫을 바꾸고 희석단계마다 2 개 이상의 페트리접시를 사용한다.

표 16-1 희석단계의 선택

검체 중(g 당)의 추정균수	검체에 대한 희석배수
30~300	
300~3,000	1 : 10
3,000~30,000	1 : 100
30,000~300,000	1 : 1,000
300,000~3,000,000	1 : 10,000
3,000,000~30,000,000	1 : 100, 000

2) 시료의 전처리

내열성균(耐熱性菌)을 분리할 때는 시료의 희석액을 가열처리하여 내열성균이 아닌 균들을 살균한 후 배양한다. 예를 들면, 생우유의 내열성 세균을 계측할 때에는 살균(pasteurization)을 하고 설탕, 전분, 향신료, 통조림 등의 세균포자수를 계측할 때는 시료를 미리 100℃에서 5 분 이상 가열한 후에 배양한다.

3) 배 지

배양하고자 하는 균에 따라 그 균이 잘 증식하는 배지를 선택하여야 한다. 예를 들면, 곰팡이와 효모를 배양하기 위하여는 pH 3. 5~4의 산성배지를 사용하고, 세균용으로는 중성 pH 의 배지를 사용하는 등 미생물의 생육 pH 를 고려하여야 한다.

또한 식품 중에는 여러 종류의 미생물이 혼재되어 생육하고, 또 생육속도도 서로 달라서 계측에 어려움이 있다. 이런 점을 고려하여 목적하는 미생물 이외의 잡균 증식을 억제하는 각종 약제나 항생물질을 첨가한 **선택배지**(選擇培地, selective media) 또는 특정미생물의 집락을 분별하기 위한 **분별배지**(分別培地, differential media) 등이 이용된다.

분별배지에는 pH 지시약(指示藥, BCP)을 첨가하여 colony 주변의 색조변화를 산 생성균의 지표로 삼거나 배지에 casein 현탁액을 첨가하여 균을 배양하여 colony 주변을 투명하게 만드는 균을 단백분해성균으로 분별하는 등의 여러 분별배지가 있다.

배지는 15 lb(121℃)에서 약 15분간 살균을 하고 43~45℃의 온도에서 약 15 mL 를 petri 접시에 부어서 시료와 잘 섞는다. 시료를 페트리접시에 넣고 배지를 부울 때까지 20분 이상을 초과하지 않는 것을 원칙으로 한다.

4) 배양온도

세균배양을 위한 적정 온도는 30℃를 이용하며, 곰팡이나 효모 배양에는 21~26℃이다. 일반적으로 고온세균을 대상으로 배양할 때에는 55℃이고, 호냉균의 경우에는 5~10℃에서 배양한다.

평판배양법에서 주의하여야 할 점은 혹종의 세균이 배지표면에서 확산하여 다른 세균의 생육을 억제하므로 계측상 장해가 될 수 있다. 그 요인으로는 배양온도가 높다든가, 한천배지표면이 너무 습한 데서 오는 수가 있다. 따라서 배양기 내에서 petri 접시를 거꾸로 하여 뚜껑을 조금 열고 2 시간가량 방치하여 표면을 건조시킨다든지, 배지에 담즙분말(oxgall)을 첨가한다든지, 배지표면에 멸균된 배지를 엷게 중층으로 덮어서 굳힌다든지, 한천농도를 3%까지 높이는 등의 방법이 확산방지에 유리하다.

5) 균수 산출방법

colony counter (집락계수기, 그림 16-1 참조)를 사용하는 것이 좋고, 30~300 개 정도의 집락이 형성된 평판을 골라서 계수한다. 이 평균값에 희석배수를 곱해서 검체 1 mL 또는 1 g 중의 생균수를 계측한다.

그 밖에 선택배지, 분별배지를 이용하였을 경우도 같은 방법으로 특정 미생물을 셀 수 있다.

그림 16-1 colony counter

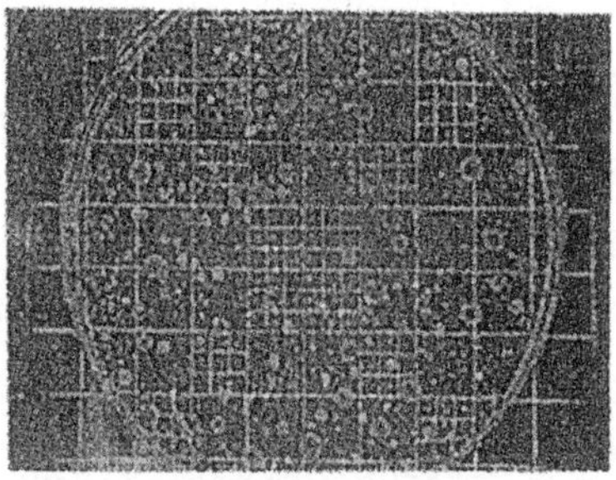

그림 16-2 colony counter 의 계산구획

(2) 직접검경법

검체 중의 살아 있는 균과 이미 죽은 균을 함께 계수할 수 있어서 식품 중의 총 균수를 셀 수 있는 방법이다. 식품 중에 균수가 g 당 100 만 이상일 경우, 또는 식품의 미생물 오염 경과를 탐지하고자 할 때에도 유용하다.

곰팡이와 효모용으로는 Howard 법이 있고, 세균용으로는 Breed 법이 있으며, membrane filter 로 일정량의 검체를 여과하여 filter 위의 균체를 직접 또는 염색하여 검경하는 방법도 있다.

(3) 최확수 (MPN, most probable number)

시료원액을 계단적으로 희석하고 그 중의 일정량을 시험관의 액체배지에 접종하여, 그 결과로부터 확률론적으로 원액 중의 균수를 구하는 방법을 최확수라 한다. 이 방법은 대장균군이나 기타 장구균군 등의 정량시험에 이용되고 있다.

(4) 색소환원시험

세균수를 간접적으로 추정할 때 이용되는 방법으로, 검체는 우유, 액란 등이며, 생균수가 많을수록 탈수소능이 강하다. 단시간 내에 색소가 변화하는 성질을 이용하여, 산화·환원 지시약인 methyleneblue, resazurin 등으로 검사한다.

(5) 오염 여부의 확인검사

식품 또는 식품가공과 관련된 모든 환경에 대하여 미생물의 오염 여부를 확인하는 검사법이다. 포장식품의 경우에는 무균적으로 채취한 일부를 적당한 배지 중에 넣거나, 만약 그 식품 자체가 배지 구실을 할 수 있으면 포장을 열지 않은 채로 적당한 온도를 유지하면서 내용물의 변화를 관찰하며, 외관상 변화가 없을 때에는 평판법 또는 직접검경법으로 검사한다.

그 밖에 식품의 용기, 가공기구, 장치 등은 한천배지를 그 속에, 또는 그 위에 붓거나 넓은 표면에 붙여서 배양한다. 형상이 일정치 않거나 또는 굴곡이 심한 기구·기계 등은 스폰지나 가제로 일정한 면적을 닦아낸 것을 평판법으로 검사하는 Swab method를 이용하게 된다. 식품공장 공간환경의 오염 여부를 검사하기 위하여 공중낙하균에 대하여 검사를 하기도 한다.

(6) 보존성 검사

식품공장에서 출하된 제품이 유통과정에서 거쳐야 할 여러가지 환경조건을 가상하여 그 조건 상태에서 식품의 보존성을 검사하는 검사법을 말한다. 일반적으로 몇 가지 다른 온도·습도에서 실행하게 되며, 정기적으로 식품의 변패 여부를 조사하게 된다.

예를 들면, 채소류 통조림이나 무당(無糖)연유 통조림의 경우에는 55℃에서 고온균의 증식여부를 확인하고, 35~37℃에서 중온균의 증식을 조사한다. 그 원료인 채소류는 실온 또는 냉장환경 상태에서의 보유 중 오염 여부를 조사하게 된다.

4. 대장균의 측정

장티푸스균, 파라티푸스균, 이질균 등의 전염병원균이 식품 중에 존재해서는 안되며, 이들 병원균들의 존재 여부를 매번 검사한다는 것은 매우 번거로운 일이므로 검사가 비교적 용이한 대장균군을 대변오염의 지표균으로 삼아서 검사하고 있다.

대장균에 의해서 오염된 식품은, 사람이나 동물의 분변과 직접 혹은 간접으로 접촉이 있었다고 추정할 수 있고, 또 식중독균인 살모넬라균 등의 소재도 의심받게 된다. 즉, 대장균군의 검사를 빌려서 식품의 병원균 오염 여부를 판단하는 지표로 삼고 있다.

그 밖에도 식품가공 과정의 살균처리 정확성을 위한 목적으로 대장균검사를 실시하기도 한다. 이 검사법은 일정량의 식품 중 대장균군의 소재 여부를 판정하는 정성시험과 그 수를 정확히 가려내는 정량시험이 있다.

(1) 검사법

1) 유당 bouillon 법

① 정성시험

이 시험은 추정, 확정, 완전시험의 3단계로 나누어 시행된다.

- **추정시험** : 물의 경우는 10 mL 씩 5개, 그 밖의 검체에서는 10 mL, 1 mL, 0. 1 mL 를 각각 2개씩 유당 bouillon (lactose broth) 발효관(그림 16-3 참조)에 접종하고, 35~37℃에서 45~50 시간까지 관찰한다. 가스 발생이 없는 것은 추정시험 음성, 가스발생이 있는 경우는 추정시험의 양성으로 다음의 확정시험을 한다(검체 10 mL 씩을 접종하였을 경우에는 10 mL 씩 분주(分注)한 이배농도 유당 bouillon (double strength lactose broth)을 사용한다.

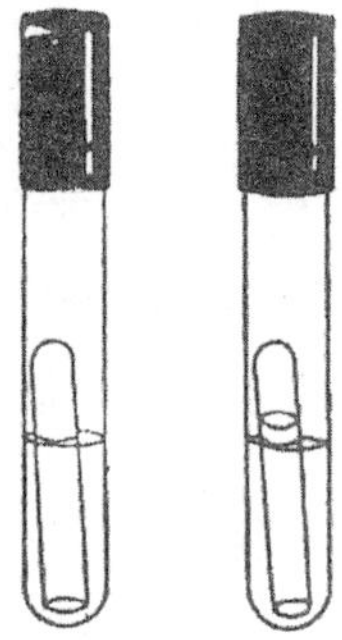

그림 16-3 Durham 시험관

- **확정시험** : 가스가 생긴 발효관으로부터 1 백금이를 평판감별배지(Endo 배지 혹은 EMB 배지)에 접종하여 35~37℃에서 22~26 시간 배양하든지, 또는 BGLB 발효관에 이식하여 35~37℃에서 45~50 시간 배양한다.
  평판감별배지에서 정형적인 집락, 즉 Endo 배지에서는 선홍색의 집락, EMB 배지에서는 녹색의 금속광택의 집락이 발생하는 경우, BGLB 발효관에서 가스를 발생한 것은 추정시험 양성으로 판정한다.
- **완전시험** : 추정시험에서 양성으로 나타난 정형적 colony 2개 이상에서 백금이로 개체를 각각 보통 한천사면에 이식하여 35~37℃에서 45~50시간 배양한다. 이 집락을 Gram 염색을 한 후, 검경을 하여 무포자간균이며 Gram 음성이 증명되면 완전시험 양성이 된다.

2) 정량시험

검체의 10 mL, 1 mL, 0. 1 mL 를 5 개씩 유당 bouillon 발효관에 접종하고, 그 후는 완전시험의 정성시험과 같은 조건으로 배양한다. 양성발효관수를 세어서 최확수(MPN) 표로부터 검체 100 mL 또는 100 g 중의 대장균수를 산출한다. 이 표는 시료 10 mL, 1 mL, 0. 1 mL 씩 접종하였을 경우의 검체 100 mL 중의 대장균수를 나타내고 있으므로, 접종량이 1 mL, 0. 1 mL, 0. 01 mL 일 때에는 표에서 얻은 수치를 10 배로 하면 된다.

(2) BGLB 배지법 (brilliant green 유당담즙배지)

1) 정성시험

2 배 농도의 배지를 사용할 검체에는 시료원액의 10 mL 씩을 3 개, 그리고 그 밖의 것은 검체 또는 시료원액의 1 mL, 0. 1 mL, 0. 01 mL 를 각 2 개씩 BGLB 발효관에 접종하고, 35~37℃에서 45~50 시간 배양하여 가스발생 여부를 관찰한다.

가스발생이 없는 것은 대장균군 음성이 되고, 가스발생이 있는 것은 그 발효관으로부터 한 백금이를 취하여 유당 bouillon 법 확정시험 중 평판감별배지 시험방법에 따라 확정시험 및 완전시험을 한다.

2) 정량시험

시료를 취하는 방법은 유당 bouillon 법 중 정량시험에 따른 것이며, 그 후의 조작은 각 발효관에 대하여 BGLB 법에 의한 정성시험과 똑같이 하여 대장균군의 유무를 조사하고 MPN 표에 의하여 최확수를 산출한다.

16-2 검사보고서 작성법

검사보고서에는 최소한 다음과 같은 내용을 기술하여야 한다.

① 검사시료의 종류, 출처 및 외견

② 시료채취의 방법 및 시간

③ 실험시작의 시간

④ 시료채취 후 검사시작까지의 저장온도 관리상태

⑤ 시료의 관능검사 결과

⑥ pH−측정

⑦ 시료제조방법

⑧ 검사방법

⑨ 배지의 종류, 배양온도와 시간, 희석액의 종류

⑩ 희석배율에 의하여 배양된 집락수

⑪ g 당 또는 mL 당 생균수

⑫ 실험결과의 예상하지 못한 편차

[실험보고서의 진술내용의 예]

① 일시	② 식품의 종류	③ 검사방법
④ 식품의 양	⑤ 희석액의 종류	⑥ 분쇄방법 및 기계
⑦ 배양방법	⑧ 배지명	⑨ 배양온도 및 시간
⑩ 희석배율에 따라 배양된 균총수		⑪ 결과 : 생균수/g 또는 mL

제 17 장 식품미생물학 응용실험

17-1 식중독균 배양 및 균수 측정법

식중독 (Incidence) 이란 식품 또는 물의 섭취에 의해 발생되었거나 발생된 것으로 생각되는 감염성 또는 독소형 질환으로서 대표적인 것이 대장균(*E. coli*)이다. 따라서 식품공전에 각 식품유형별로 대장균의 기준치를 정해놓고 관리하고 있다. 이 실험을 통해 대장균을 배양하여 평판도말배양에 의한 균수 측정법을 익히도록 한다.

- 식중독균 : *Escherichia coli*
- 배지 : Müeller–Hilton broth 또는 agar 배지
- 기기 : Autoclave, 교반배양기(Shaking incubator), 정치배양기(Standing incubator)

[실험 방법]

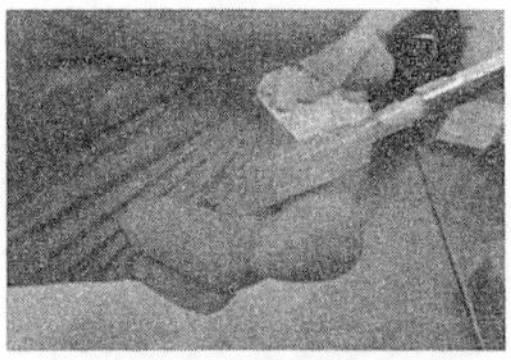

초저온 냉동고(Deep Freezer)에 저장되어 있던 대장균을 꺼내어 마이크로 피펫(micropipet)을 이용하여 100μL 취한다

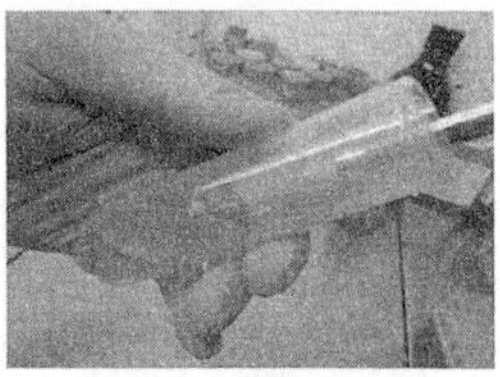

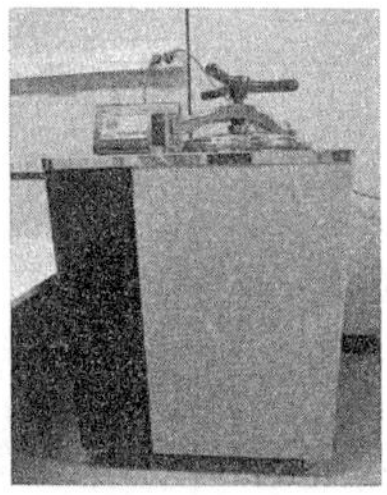

고압습열멸균기(Autoclave)에서 멸균된 배지에 대장균을 접종한다.

튜브의 뚜껑을 닫고 교반배양기(shaking incubator)에서 1일간 배양한다(37℃).

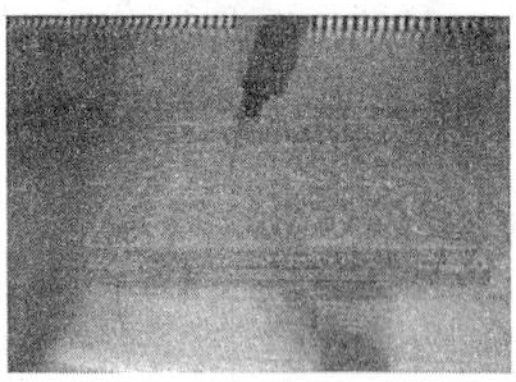

배양된 대장균을 96 well-plate에서 배지에 10배씩 10^6까지 희석하여 희석액을 마이크로피펫(micropippet)을 이용하여 100 μL 취한다.

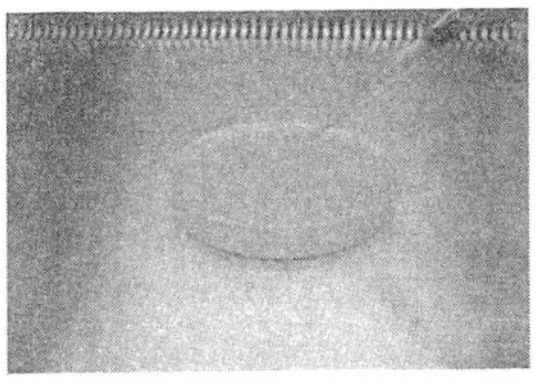

취해진 100μ L를 agar 배지 위에 분주한다.

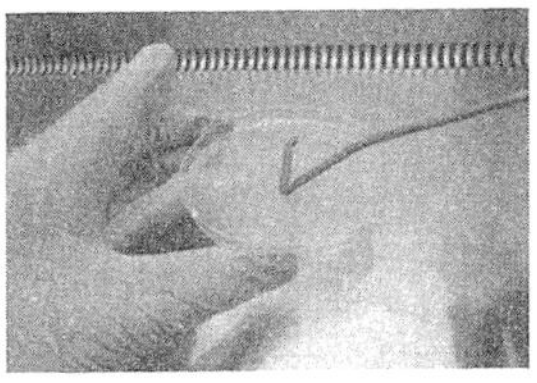

Spreader를 이용하여 도말한 후 정치배양기에 거꾸로 하여 1일 간 배양한다(37℃).

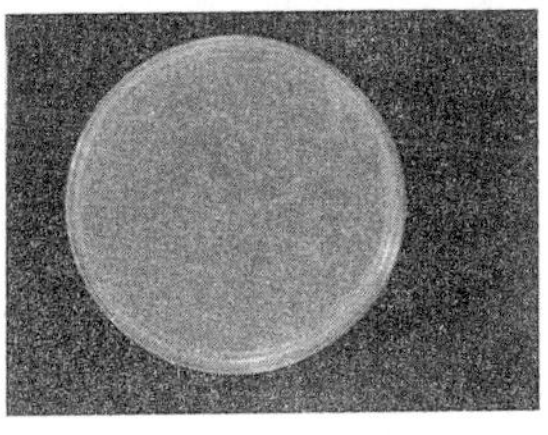

1일 배양 후 집락(colony)이 형성되면 집락 수를 센다.

Work sheet

■ 각 개인별 집락 사진을 붙이시오.

■ 대장균수는 얼마인지 각 개인별로 비교해 보고 10명씩 그룹을 지어서 평균과 편차를 구하시오.

연습

1. 도말 후 정치 배양기에 거꾸로 하여 배양하는 이유를 설명하시오.

2. 각 희석배수별로 배양하여 집락을 셀 때 희석배수별로 집락수가 10배씩 차이가 나는지 토론하시오. 만일 그렇지 않다면 문제가 무엇일지 설명하시오.

17-2 항균활성 평가법

특정 미생물의 증식을 저해하는데 요구되는 항미생물제의 양을 결정하는 방법으로 저해농도는 사용하는 균주, 접종량, 배지의 조성, 배양시간, 온도, pH, 통기 등 배양 조건에 따라 달라진다. 그러나 모든 조건을 철저히 표준화하면 여러 종류의 항미생물제의 저해농도를 비교할 수 있고 다양한 미생물에 미치는 영향도 평가할 수 있다.

항미생물제의 역가는 최소저해농도(minimum inhibitory concentration, MIC)로 알려진 생장을 저해하는 최소의 약제 농도를 측정하여 표기한다. 항미생물제의 MIC를 평가하는 방법은 액체배지상에서의 시험관 희석법(Broth dilution 방법)에 의한 최소저해농도 결정법과 고체배지상에서의 paper disc 방법에 의한 최소저해농도 결정법이 있다.

1. 액체배지상에서의 최소저해농도 결정법

- 식중독균 : *Escherichia coli*
- 배지 : Müeller-Hilton broth 또는 agar 배지
- 기기 : Autoclave, 교반배양기(Shaking incubator)

[실험 방법]

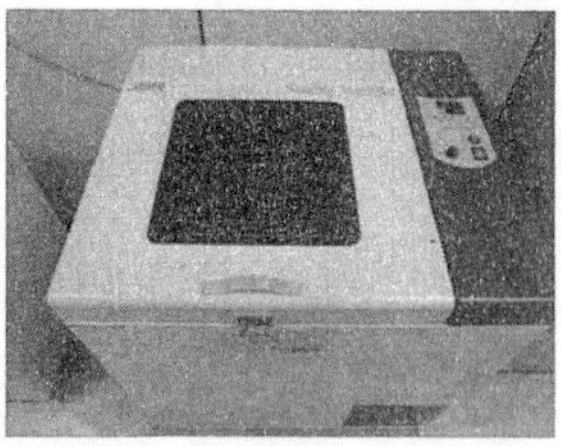

초저온 냉동고(Deep freezer)에 저장되어 있던 대장균을 꺼내 멸균된 배지에 접종하여 교반배양기(shaking incubator)에서 1일 동안 배양한다.

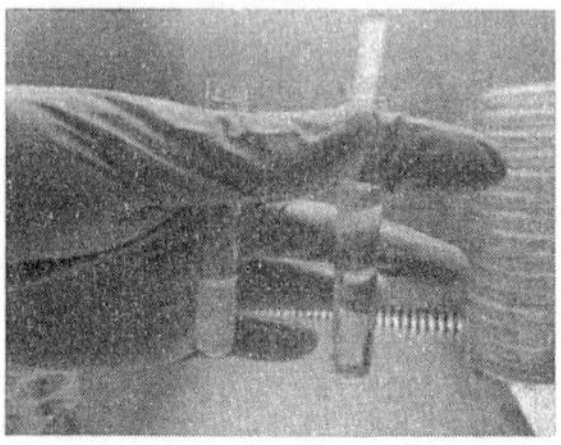

10^3~10^6 세포/mL 농도로 시험균을 함유하는 동일량의 배지의 시험관을 여러 개 준비한 다음 각각의 시험관에 다양한 농도의 항미생물제를 첨가한다.

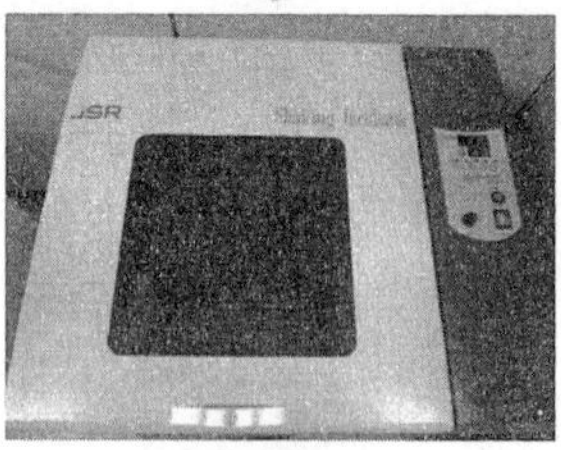

교반배양기(shaking incubator)에서 1일 동안 배양한다.

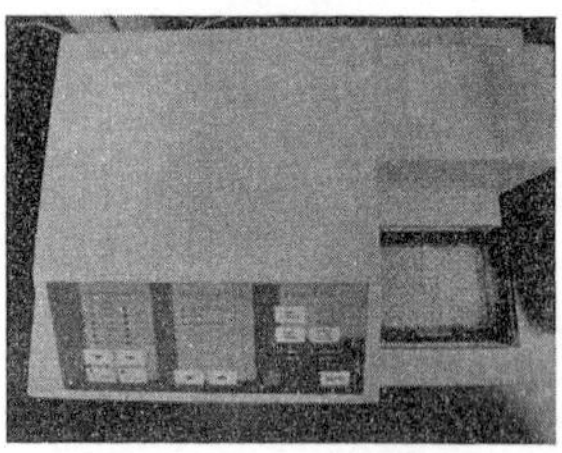

각 시험관의 탁도를 spectrophotometer나 microplate leader로 측정하여 충분한 성장저해가 일어나 투명한 상태로 남아있는 시험관 중 가장 적은 양의 항미생물제를 포함하는 시험관의 항미생물제 농도를 MIC로 결정한다.

Work sheet

■ 각 조별로 다양한 항미생물제를 준비하여 실험하고, MIC값이 차이가 얼마나 나는지 비교하시오.

■ 기존의 항생제로 사용되는 항생제들을 조별로 다르게 하여 대장균에 대해 MIC값이 얼마나 차이가 나는지 비교하시오.

2. 고체배지상에서의 최소저해농도 결정법

고체배지상에서의 최소저해농도 결정법은 액체배지 사용 시보다 이로운 점은 하나의 평판배지에 여러 시험 균주를 동시에 접종할 수 있어 한 번의 조작으로 여러 세균에 대한 MIC 측정이 가능하다는 것이다.

- 식중독균 : *Escherichia coli*
- 배지 : Müeller–Hilton broth 또는 agar 배지
- 실험재료 및 기기 : Autoclave, 교반배양기(Shaking incubator), 정치배양기(Standing incubator), paper disc(6mm), 핀셋

[실험 방법]

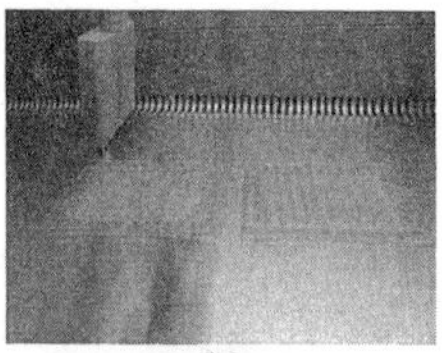

저장되어 있던 항미생물제를 잘 녹는 용매에 희석한다.

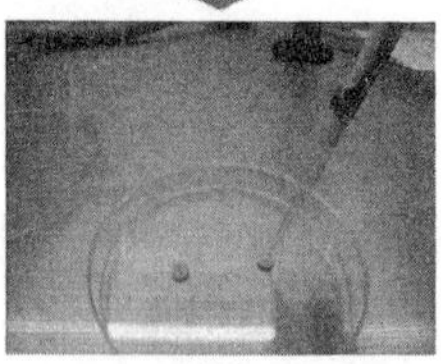

희석된 항미생물제를 농도별로 paper disc에 흡수시킨다.

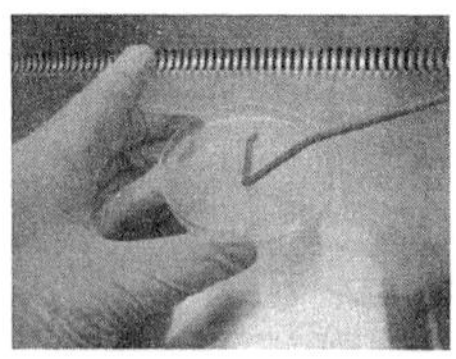

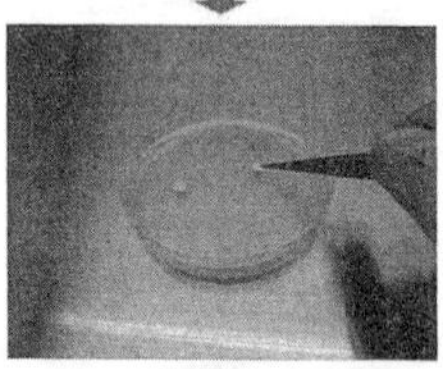

용매가 마른 paper disc를 대장균이 도말된 배지 위에 농도별로 올려놓는다.

정치배양기에 1일 동안 배양한다(37℃).

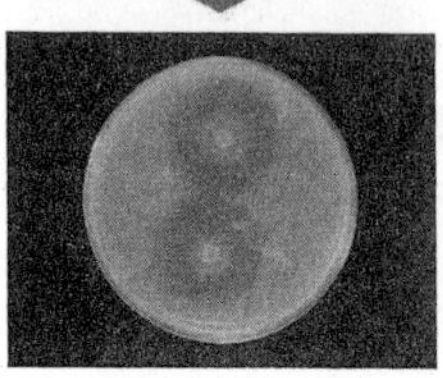

대장균의 집락 형성을 저해하는 고체배지의 최소농도를 결정한다.

Work sheet

■ 항미생물제를 녹이는 용매를 여러 가지로 하여 음성대조군(negative control)으로 사용하였을 경우 대장균에 미치는 영향을 설명하시오.

■ 각 조별로 1일 배양 후 형성된 clear zone의 크기를 재어보고 MIC를 구하여 비교하시오.

연습

1. 같은 항미생물제를 사용하여 액체상에서와 고체상에서 실험했을 경우 차이가 있는지 관찰하시오.

2. 휘발성이 좋은 용매에는 어떠한 것들이 있는지 설명하시오.

3. Paper disc는 어떻게 멸균해야 하는지 설명하시오.

찾아 보기

ㅈ

ㅊ

ㅌ

ㅍ

ㅎ

A

B

C

D

E

F

G

H

I

J

K

L

M

N

O

P

R

S

T

V

Y

Z

참고 문헌

- 노완섭 외, "식품미생물학" -실험편-, 지구문화사, 2004.
- 변유량 외, "현대 식품공학", 지구문화사, 2007.
- A. J. B. Zehnder etc, "Biology of anaerobic Microorganisms", John Wiley & Sons, 1988.
- D. Freifelder, "Microbial Genetics", Johes and Bartlet Publishers, Inc., 1987.
- E. A. Birge, "Bacterial and Bacteriophage Genetics", 2 nd ed., Springer Verlag, 1988.
- G. J. Tortara etc, "Microbiology an introduction", the Benjamin/Cummings Publishing Co., 1995.
- Hans Juergen Rehm, "Industrielle Mikrobiologie zweite Auflage", Springer-Verlag Berlin Heidelberg New York, 1980.
- J. I. Pitt and A. D. Hocking, "Fungi and Food Spoilage", Academic Press, 1985.
- J. M. Jay, "Modern Food Microbiology", 3 rd ed., Van Nostrand Reinhold Co., 1986.
- Juergen Baumgart, "Mikrobiologische Untersuchung von Lebensmitteln", Behr' verlag, 1986.
- L. R. Beuchat, "Food and Microbiology", 2 nd ed., Van Nostrand Reinhold Co., 1987.
- M. D. Pierson and N. J. Stem, "Foodbone Microorganisms and Tier Toxins, Developing methodology", Marcel Dekker, Inc., 1986.
- T. D. Brock and M. T. Madigan, "Biology of Microoganisms", 4 th ed., Prentice-Hall, 1988.

[학술 잡지]
- 한국농화학지, 한국미생물학회지, 한국산업미생물학회지, 한국식품과학지, 한국식품연구문헌총람
- Applied and Environmental Microbiology, Journal of Bacteriology, Journal of Food Science

NEW 식품미생물학 & 실험

2011년 3월 7일 초판 발행
2012년 3월 1일 재판 발행
2018년 2월 20일 재판 발행

저　자 홍태희 / 여생규 / 윤재영 / 최화정
하상철 / 현재석 / 홍강희

발행인 주병오

발행처 지구문화사
JIGU PUBLISHING Co.

경기도 파주시 회동길 209
파주출판문화정보산업단지
영업팀 (031) 955-7566 / 7577
편집팀 (031) 955-7731
FAX (031) 955-7730
홈페이지 www.ji-gu.co.kr
전자우편 jigupub@hanmail.net

등록번호 1979년 7월 13일 제 9-57호

ISBN 978-89-7006-540-3　값 18,000원